移动Web开发从入门到精通

巅峰卓越 编著

人 民 邮 电 出 版 社
北 京

图书在版编目（CIP）数据

移动Web开发从入门到精通 / 巅峰卓越编著. -- 北京 : 人民邮电出版社, 2017.1
ISBN 978-7-115-41469-4

Ⅰ. ①移… Ⅱ. ①巅… Ⅲ. ①移动终端－应用程序－程序设计 Ⅳ. ①TN929.53

中国版本图书馆CIP数据核字(2016)第006940号

内 容 提 要

本书以零基础讲解为宗旨，用实例引导读者学习，深入浅出地介绍了移动 Web 开发的相关知识和实战技能。

本书第 1 篇【基础知识】主要讲解网页和网站制作基础、搭建移动 Web 开发环境、打造移动 Web 应用程序等；第 2 篇【核心技术】主要讲解与移动 Web 开发相关的核心技术和工具，包括 HTML、HTML5、CSS、JavaScript、jQuery Mobile、PhoneGap 等，还通过实例介绍了移动设备网页的开发方法；第 3 篇【知识进阶】主要讲解 WebSockets 实时数据处理、Web Workers 通信处理、页面数据离线处理、绘制三维图形图像、使用 Geolocation API 等；第 4 篇【典型应用】主要介绍了 jQTouch 框架和 Sencha Touch 框架；第 5 篇【综合实战】通过实战案例，介绍了完整的移动 Web 程序开发流程。

本书所附 DVD 光盘中包含了与图书内容同步的教学录像。此外，还赠送了大量相关学习资料，以便读者扩展学习。

本书适合任何想学习移动 Web 开发的读者，无论读者是否从事计算机相关行业，是否接触过移动 Web 开发，均可通过学习快速掌握移动 Web 开发的方法和技巧。

◆ 编　　著　巅峰卓越
责任编辑　张　翼
责任印制　杨林杰

◆ 人民邮电出版社出版发行　　北京市丰台区成寿寺路 11 号
邮编　100164　　电子邮件　315@ptpress.com.cn
网址　http://www.ptpress.com.cn
大厂聚鑫印刷有限责任公司印刷

◆ 开本：787×1092　1/16
印张：33.25
字数：968 千字　　2017 年 1 月第 1 版
印数：1 – 2 500 册　　2017 年 1 月河北第 1 次印刷

定价：79.80 元（附光盘）

读者服务热线：(010) 81055410　印装质量热线：(010) 81055316
反盗版热线：(010) 81055315
广告经营许可证：京东工商广字第 8052 号

序

国家863软件专业孵化器建设是“十五”初期由国家科技部推动、地方政府实施的一项重要的产业环境建设工作，在国家高技术发展研究计划（863计划）和地方政府支持下建立了服务软件产业发展的公共技术支撑平台体系，围绕“推广应用863技术成果，孵化人、项目和企业”为主题。以“孵小扶强”为目标，在全国不同区域开展了形式多样的软件孵化工作，取得了较大的影响力和服务成效。特别是在软件人才培养方面，国家863软件孵化器各基地都做了许多有益探索。其中设在郑州的国家863中部软件孵化器连续举办了四届青年软件设计大赛，引起了当地社会各界的广泛关注；开展校企合作，以软件工程技术推广、软件国际化为背景，培养了一大批实用软件人才。

目前，我国大专院校每年都招收数以万计的计算机或者软件专业学生，这其中除了一部分毕业生继续深造攻读研究生学位之外，大多数都要直接走上工作岗位。许多学生在毕业后求职时，都面临着缺乏实际软件开发技能和经验的问题。解决这一问题，需要大专院校与企业界的密切合作，学校教学在注重基础的同时，应适当加强产业界当前主流技术的传授；产业界也可将人才培养、人才发现工作前置到学校教学活动中。国家863软件专业孵化器与大学、企业都有广泛合作，在开展校企合作、培养软件人才方面具有得天独厚的条件。当然，做好这项工作还有许多问题需要研究和探索，比如校企合作方式、培养模式、课程设计与教材体系等。

欣闻由国家863中部软件孵化器组织编写的“从入门到精通”丛书即将面市，内容除涵盖目前主流技术知识和开发工具之外，更融汇了其多年从事大学生软件职业技术教育的经验，可喜可贺。作为计算机软件研究和教学工作者，我衷心希望这套丛书的出版能够为广大年轻学子提供切实有效的帮助，能够为我国软件人才培养做出新的贡献。

北京大学信息科学技术学院院长　梅宏

2010年3月12日

前 言

本书是专门为初学者量身打造的一本编程学习用书，由知名计算机图书策划机构“巅峰卓越”精心策划而成。

本书主要面向移动 Web 开发的初学者和爱好者，旨在帮助读者掌握移动 Web 开发的基础知识，了解开发技巧并积累一定的项目实战经验。

为什么要写这样一本书

荀子曰：不闻不若闻之，闻之不若见之，见之不若知之，知之不若行之。

实践对于学习的重要性由此可见一斑。纵观当前编程图书市场，理论知识与实践经验的脱节，是很多移动 Web 开发图书的写照。为了杜绝这一现象，本书立足于实践，从项目开发的实际需求入手，将理论知识与实际应用相结合。目标就是让初学者能够快速成长为初级程序员，并获得一定的项目开发经验，从而在职场中拥有一个高起点。

移动 Web 开发的最佳学习路线

本书总结了作者多年的教学实践经验，为读者设计了最佳的学习路线。

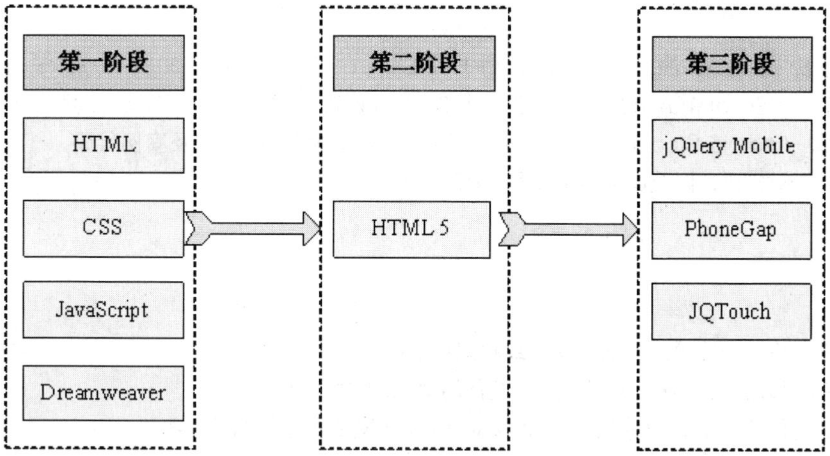

本书特色

▶ 零基础、入门级的讲解

无论读者是否从事计算机相关行业，是否接触过移动 Web 开发，是否开发过移动 Web 项目，都能从本书中找到最佳起点。

▶ 超多、实用、专业的范例和项目

本书彻底摒弃枯燥的理论和简单的说教，注重实用性和可操作性，结合实际工作中的范例，逐一讲解移动 Web 开发所需的各种知识和技术。最后，还以实际开发项目来总结本书所学内容，帮助读者在实战中掌握知识，轻松拥有项目经验。

▶ 随时检测自己的学习成果

每章首页罗列了“本章要点”，以便读者明确学习方向。每章最后的“实战练习”则根据所在章的知识点精心设计而成，读者可以随时自我检测，巩固所学知识。

▶ 细致入微、贴心提示

本书在讲解过程中使用了“提示”“注意”“技巧”等小栏目，帮助读者在学习过程中更清楚地理解基本概念，掌握相关操作，并轻松获取实战技能。

超值光盘

▶ 11 小时全程同步教学录像

涵盖本书所有知识点，详细讲解每个范例及项目的开发过程及关键点，帮助读者更轻松地掌握书中所有的移动 Web 开发知识。

▶ 超多王牌资源大放送

赠送大量超值资源，包括 7 小时 HTML5 + CSS + JavaScript 实战教学录像、157 个 HTML+CSS+JavaScript 前端开发实例、571 个典型实战模块、184 个 Android 开发常见问题 / 实用技巧及注意事项、Android Studio 实战电子书、CSS3 从入门到精通电子书及案例代码、HTML5 从入门到精通电子书及案例代码，以及配套的教学用 PPT 课件等。

读者对象

- ▶没有任何移动开发基础的初学者和编程爱好者
- ▶有一定的移动 Web 开发基础，想精通移动 Web 开发的人员
- ▶有一定的移动 Web 开发基础，缺乏移动 Web 开发项目经验的从业者
- ▶大专院校及培训学校相关专业的老师和学生

光盘使用说明

01. 光盘运行后会首先播放带有背景音乐的光盘主界面，其中包括【配套源码】、【配套视频】、【配套 PPT】、【赠送资源】和【退出光盘】5 个功能按钮。

02. 单击【配套源码】按钮，可以进入本书源码文件夹，里面包含了“配套源码”和“课后练习”两个子文件夹，如下左图所示。

03. 单击【配套视频】按钮，可在打开的文件夹中看到本书的配套视频教学录像子文件夹，如下右图所示。

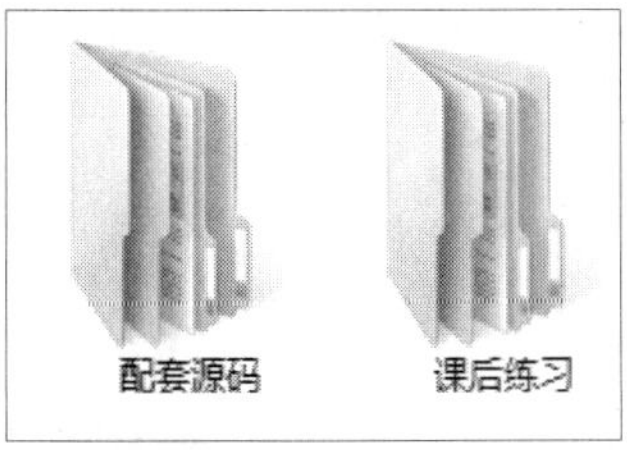

04. 单击【配套 PPT】按钮，可以查看本书的配套教学用 PPT 课件，如下左图所示。

05. 单击【赠送资源】按钮，可以查看本书赠送的超值学习资源，如下右图所示。

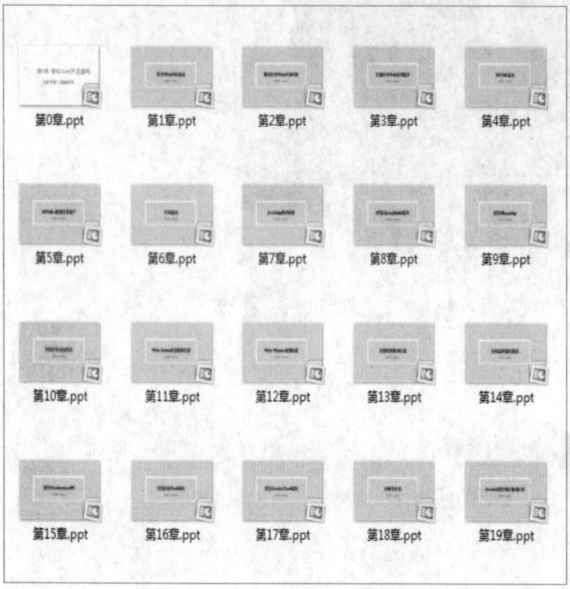

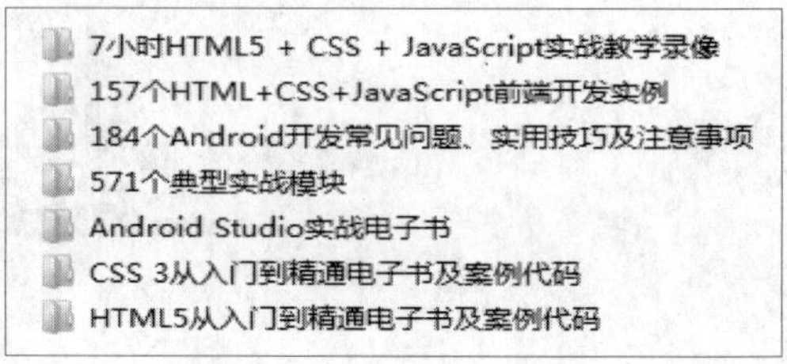

06. 单击【退出光盘】按钮，即可退出本光盘系统。

本书由巅峰卓越编著，参加资料整理的人员有周秀、付松柏、邓才兵、钟世礼、谭贞军、张加春、王教明、万春潮、郭慧玲、侯恩静、程娟、王文忠、陈强、何子夜、李天祥、周锐、朱桂英、张元亮、张韶青、秦丹枫等。

由于编者水平有限，纰漏和不尽如人意之处在所难免，诚请读者提出意见或建议，以便修订并使之更臻完善。若读者在学习过程中遇到困难或疑问，或有任何建议，可发送电子邮件至 zhangyi@ptpress.com.cn。

编　者

2016 年 10 月

目 录

第0章 移动Web开发学习指南..1

本章教学录像：23分钟

移动Web程序是指能够在智能手机、平板电脑、电子书阅读器等可移动设备中完整运行的Web程序。和传统桌面式Web程序相比，移动Web要求程序更加简单并且高效，而且具备传统桌面Web程序所没有的硬件优势，例如GPS定位、传感器应用等。本章简要介绍开发移动Web应用程序的基础知识，为读者步入本书后面知识的学习打下基础。

0.1 Web标准开发技术..2
0.1.1 结构化标准语言..2
0.1.2 表现性标准语言..2
0.1.3 行为标准..2
0.2 移动Web开发概览..3
0.2.1 主流移动平台介绍..3
0.2.2 移动Web的特点..4
0.2.3 设计移动网站时需要考虑的问题..5
0.2.4 主流移动设备屏幕的分辨率..5
0.2.5 使用标准的HTML、CSS和JavaScript技术..6
0.3 移动Web开发必备技术..7
0.4 移动Web开发学习路线图..8

第1篇 基础知识

开启移动Web开发之门。

第1章 网页和网站制作基础..10

本章教学录像：24分钟

Web站点是专业人员对各种站点的统称，普通浏览用户通常将这些站点称为网站。互联网中存在形形色色的站点，为浏览用户提供了海量的信息。一个独立的站点是由一个或多个网页构成的，网页和网站是构成Web站点的最核心元素。本章对网页和网站的基础知识进行概述，为读者步入本书后面知识的学习打下基础。

1.1 认识网页和网站..11
1.1.1 何谓网页..11

第 2 章 搭建移动 Web 开发环境......19

本章教学录像：21 分钟

“工欲善其事，必先利其器”出自《论语》，意思是要想高效地完成一件事，需要有合适的工具。对于移动 Web 开发人员来说，开发工具同样至关重要。作为一项新兴技术，在进行开发前首先要搭建一个对应的开发环境。本章详细讲解搭建移动 Web 开发环境的基础知识，为读者步入本书后面知识的学习打下基础。

第 3 章 打造移动 Web 应用程序......35

本章教学录像：35 分钟

在本书前面的内容中，已经详细讲解了搭建移动 Web 开发环境的方法。本章重点讲解在 Android 和 iOS 系统中创建移动 Web 程序的方法，为读者步入本书后面知识的学习打下了基础。

第 2 篇 核心技术

掌握了基础知识，便跨入了移动 Web 开发的大门。

本章教学录像：35 分钟

HTML 即超文本标记语言，是 HyperText Mark-up Language 的缩写。HTML 按一定格式来标记普通文本文件、图像、表格和表单等元素，使文本及各种对象能够在用户的浏览器中，显示出不同风格的标记性语言，从而实现各种页面元素的组合。通过使用 Dreamweaver CS6，可以更加快捷地生成 HTML 代码，提高了设计网页的效率。本章简要讲解 HTML 标记语言的基础知识。

第 5 章　HTML5 99

本章教学录像：36 分钟

HTML5 是 Web 标准的巨大飞跃。和以前的版本不同，HTML5 并非仅仅用来表示 Web 内容，它的使命是将 Web 带入一个成熟的应用平台。在这个平台上，视频、音频、图像、动画以及同电脑的交互都被标准化。尽管 HTML5 的实现还有很长的路要走，但是 HTML5 正在改变着 Web。本章详细讲解 HTML5 的基础知识，特别是新特性方面的知识，为读者步入本书后面知识的学习打下基础。

本章教学录像：40 分钟

CSS（层叠样式表）是 Cascading Style Sheet 的缩写，简称为样式表，是 W3C 组织制定的、控制页面显示样式的标记语言。CSS 的最新版本是 CSS 3.0，这是现在网页所遵循的通用标准。本章将详细讲解 CSS 技术的基础知识。

第 7 章 JavaScript 脚本语言 151

本章教学录像: 48 分钟

页面通过脚本程序可以实现用户数据的传输和动态交互。本章简要介绍 JavaScript 技术的基础知识，并通过实例来介绍其具体的使用流程，为读者步入本书后面知识的学习打下坚实的基础。

本章教学录像：43 分钟

jQuery Mobile 不仅给主流移动平台带来 jQuery 核心库，而且拥有一个完整统一的 jQuery 移动 UI 框架，支持全球主流的移动平台。本章详细讲解 jQuery Mobile 的基础知识，为读者步入本书后面知识的学习打下基础。

第 9 章　使用 PhoneGap 219

本章教学录像：1 小时 23 分钟

PhoneGap 基于 HTML、CSS 和 JavaScript 技术，是一个创建跨平台移动应用程序的快速开发平台。通过 PhoneGap，开发者能够利用 iPhone、Android、Palm、Symbian、WP7、Bada 和 Blackberry 等智能手机的核心功能，包括地理定位、加速器、联系人、声音和振动等。此外 PhoneGap 拥有丰富的插件，可以以此扩展无限的功能。本章详细讲解 PhoneGap 的基础知识，为读者步入本书后面知识的学习打下基础。

第 10 章　开发移动设备网页 249

本章教学录像：22 分钟

人们用手机这个通信工具来上网是“大势所趋”，所以我们很有必要专门开发能在手机上浏览的网页，即能在手机上浏览的网站。本章详细讲解通过 CSS 设置出符合 Android 标准的 HTML 网页的方法。

第 3 篇 知识进阶

熟练掌握移动 Web 开发，迈入高级开发人员行列。

本章教学录像：35 分钟

Web Sockets 是 HTML5 中的一种 Web 应用通信机制，能够在客户端与服务器端之间进行非 HTTP 的通信。本章详细介绍在移动 Web 页面中使用 Web Sockets API 实现通信的方法，为读者步入本书后面知识的学习打下基础。

第 12 章 Web Workers 通信处理 313

本章教学录像：26 分钟

在移动 Web 页面开发应用中，使用 Worker 可以将前台中的 JavaScript 代码分割成若干个分散的代码块，分别由不同的后台线程负责执行，这样可以避免由于前台单线程执行缓慢出现用户等待的情况。本章详细介绍使用 Worker 线程实现前台数据和后台数据交互的过程，并通过具体实例来演示具体实现流程。

第 13 章 页面数据离线处理 339

本章教学录像：32 分钟

在 Web 应用技术中，离线技术已经成为了最主要的应用之一，它确保了即使在离线的情况下，也可以正常实现数据交互功能。在 HTML5 中新增加了一个专用 API，用于实现本地数据的缓存，这个 API 使得开发离线应用成为可能。本章将详细介绍在移动 Web 页面中实现页面数据离线处理的基本过程，为读者步入本书后面知识的学习打下基础。

本章教学录像：16 分钟

WebGL 是一种 3D 绘图标准，这种绘图技术标准允许把 JavaScript 和 OpenGL ES 2.0 结合在一起，通过增加 OpenGL ES 2.0 的一个 JavaScript 绑定，WebGL 可以为 HTML5 Canvas 提供硬件 3D 加速渲染，这样 Web 开发人员就可以借助系统显卡在浏览器里更流畅地展示 3D 场景和模型了。本章详细讲解使用 WebGL 在移动 Web 页面应用中绘制三维图形图像的基础知识。

本章教学录像：21 分钟

Geolocation API 用于将用户当前的地理位置信息共享给信任的站点，因为在这个过程中会涉及用户的隐私安全问题，所以当一个站点需要获取用户的当前地理位置时，浏览器会提示用户是“允许”或“拒绝”。本章详细讲解在移动 Web 网页中使用 Geolocation API 实现定位处理的方法，为读者步入本书后面知识的学习打下基础。

第 4 篇 典型应用

熟悉典型框架，助力移动开发

本章教学录像：12 分钟

jQTouch 是一个 jQuery 插件，主要用于手机的 Webkit 浏览器，是实现动画、列表导航、默认应用样式等各种常见 UI 效果的 JavaScript 库。本章详细讲解在移动 Web 网页中使用 jQTouch 的方法，为读者步入本书后面知识的学习打下基础。

第 17 章 使用 Sencha Touch 框架 445

本章教学录像：19 分钟

Sencha Touch 是一个应用于手持移动设备的前端 JavaScript 框架，与 ExtJS 是同一个门派的。Sencha Touch 框架的功能强大，效果炫丽，能够快速开发出适应于在 Android 和 iOS 等移动系统中运行的 Web 页面。本章详细讲解在移动 Web 网页中使用 Sencha Touch 框架的方法，为读者步入本书后面知识的学习打下基础。

第 5 篇 综合实战

学以致用才是目的，只有掌握实际项目开发技能，才算真正成为移动 Web 开发人员。

第 18 章 记事本系统 474

本章教学录像：13 分钟

经过本书前面内容的学习，相信读者已经掌握了移动 Web 开发技术的基本知识。本章综合运用前面所学的知识，结合使用 HTML5、CSS3 和 jQuery Mobile 技术开发一个能够在移动设备中运行的记事本管理系统。希望读者认真阅读本章内容，仔细品味 HTML5+jQuery Mobile+CSS 组合在移动 Web 开发领域的真谛。

第 19 章 Android 版电话本管理系统 491

本章教学录像：16 分钟

本章综合运用前面所学的知识，结合 CSS 和 JavaScript 技术，开发一个在 Android 平台运行的电话本管理系统。希望读者认真阅读本章内容，仔细品味 HTML5+jQuery Mobile+PhoneGap 组合在移动 Web 开发领域的真谛，为步入以后的工作岗位打下坚实的基础。

赠送资源（光盘中）

► 1. 7 小时 HTML5+CSS+JavaScript 实战教学录像

► 2. 157 个 HTML+CSS+JavaScript 前端开发实例

► 3. 571 个典型实战模块

► 4. 184 个 Android 开发常见问题、实用技巧及注意事项

► 5. Android Studio 实战电子书

► 6. CSS3 从入门到精通电子书及案例代码

► 7. HTML5 从入门到精通电子书及案例代码

第 0 章

本章教学录像：23 分钟

移动 Web 开发学习指南

移动 Web 程序是指能够在智能手机、平板电脑、电子书阅读器等可移动设备中完整运行的 Web 程序。和传统桌面式 Web 程序相比，移动 Web 要求程序更加简单并且高效，而且具备传统桌面 Web 程序所没有的硬件优势，例如 GPS 定位、传感器应用等。本章简要介绍开发移动 Web 应用程序的基础知识，为读者步入本书后面知识的学习打下基础。

本章要点（已掌握的在方框中打钩）

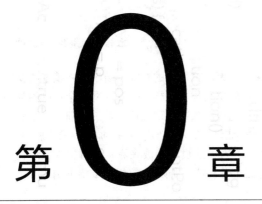

- □ Web 标准开发技术
- □ 移动 Web 开发概览
- □ 移动 Web 开发必备技术
- □ 移动 Web 开发学习路线图

0.1 Web 标准开发技术

本节教学录像：5 分钟

自从互联网推出以来，因其强大的功能和娱乐性而深受广大浏览用户的青睐。随着硬件技术的发展和进步，各网络站点也纷纷采用不同的软件技术来实现不同的功能。这样，在互联网这个宽阔的舞台上，站点页面技术将变得更加成熟并稳定，将会推出更加绚丽的效果展现在广大用户面前。为了保证 Web 程序能够在不同设备中的不同浏览器中运行，国际标准化组织制定出了 Web 标准。顾名思义，Web 标准是所有站点在建设时必须遵循的一系列硬性规范。因为从页面构成来看，网页主要由结构（Structure）、表现（Presentation）和行为（Behavior）这三部分构成，所以对应的 Web 标准由这 3 个方面构成：

0.1.1 结构化标准语言

当前使用的结构化标准语言是 HTML 和 XHTML，下面将对这两种语言进行简要介绍。

- HTML

HTML 是 HyperText Markup Language（超文本标记语言）的缩写，是构成 Web 页面的主要元素，是用来表示网上信息的符号标记语言。通过 HTML，可以将所需要表达的信息按某种规则写成 HTML 文件，通过专用的浏览器来识别，并将这些 HTML 翻译成可以识别的信息，这就是所见到的网页。HTML 语言是网页制作的基础，是网页设计初学者必须掌握的内容。

- XHTML

XHTML 是 Extensible HyperText Markup Language 的缩写，是根据 XML 标准建立起来的标识语言，是由 HTML 向 XML 的过渡性语言。

0.1.2 表现性标准语言

目前的表现性语言是我们本书讲的 CSS。CSS 是 Cascading Style Sheets（层叠样式表）的缩写，当前最新的 CSS 规范是 W3C 于 2001 年 5 月 23 日推出的 CSS3。通过 CSS 技术可以对网页进行布局，控制网页的表现形式。CSS 可以与 XHTML 语言相结合，实现页面表现和结构的完整分离，提高站点的使用性和维护效率。

0.1.3 行为标准

当前的行为标准是 DOM 和 ECMAScript。DOM 是 Document Object Model（文档对象模型）的缩写，根据 W3C DOM 规范，DOM 是一种与浏览器、平台和语言的接口，使得你可以访问页面其他的标准组件。简单理解，DOM 解决了 Netscape 的 JavaScript 和 Microsoft 的 JScript 之间的冲突，给予 Web 设计师和开发者一个标准的方法，让他们来访问他们站点中的数据、脚本和表现层对象。从本质上讲，DOM 是一种文档对象模型，是建立在网页和 Script 及程序语言之间的桥梁。

ECMAScript 是 ECMA（European Computer Manufacturers Association）制定的标准脚本语言（JavaScript）。

上述 Web 标准间的相互关系如图 0-1 所示。

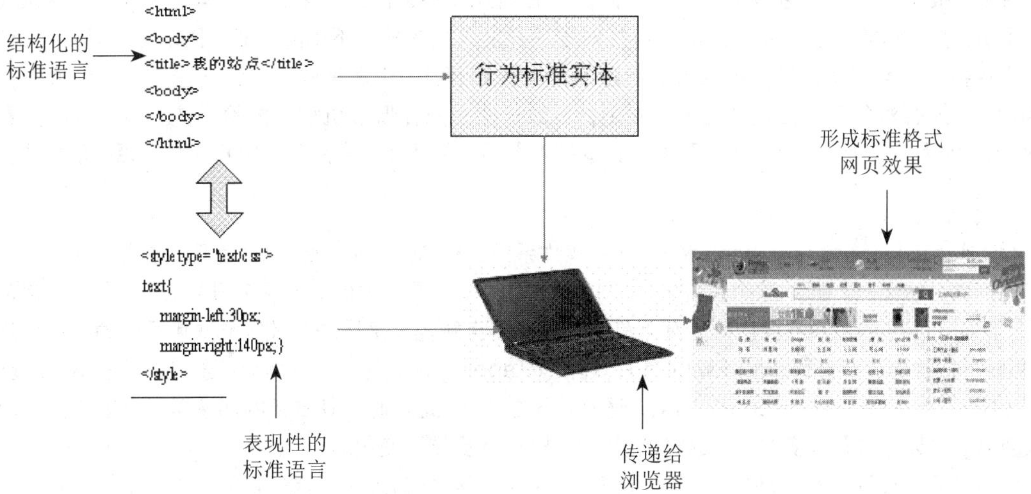

图 0-1　Web 标准结构关系图

上述标准大部分由 W3C 组织起草和发布，也有一些是其他标准组织制定的标准，如 ECMA 的 ECMAScript 标准。

注 意　Web 标准并不是某一技术的规范，而是构成页面三大要素的规范的集合体。

0.2 移动 Web 开发概览

本节教学录像：12 分钟

说起移动 Web，就不得不说传统桌面 Web。传统桌面 Web 是指在台式机和笔记本电脑中运行的 Web 程序，随着互联网技术的兴起和发展，我们所说的 Web 通常就是指桌面 Web。而随着近年来智能手机和平板电脑等可移动设备的发展和兴起，人们纷纷在可移动设备中浏览网页，这就推动了移动 Web 技术的发展。

0.2.1 主流移动平台介绍

在当今市面中有很多智能手机系统，形成了百家争鸣的局面。但是最受大家的欢迎的当属 Android、iOS、Windows Phone、Blackberry OS 等。在接下来的内容中，将对主流移动平台进行简要介绍。

1. Android

Android 一词最早出现于法国作家利尔・亚当在 1886 年发表的科幻小说《未来的夏娃》中，书中将外表像人的机器起名为 Android。Android 机型数量庞大，简单易用，相当自由的系统能让厂商和客户轻松地定制各样的 ROM、各种桌面部件和主题风格。简单而华丽的界面得到广大客户的认可，对手机进行刷机也是不少 Android 用户所津津乐道的事情。

目前 Android 版本数量较多，市面上同时存在着 1.6、2.0、2.1、2.2、2.3 等各种版本的 Android 系统手机，应用软件对各版本系统的兼容性对程序开发人员是一种不小的挑战。同时由于开发门槛低，导致应用数量虽然很多，但是应用质量参差不齐，甚至出现不少恶意软件，让一些用户受到损失。同时 Android 没有对各厂商在硬件上进行限制，导致一些用户在低端机型上体验不佳。另一方面，因为 Android 的应用主要使用 Java 语言开发，其运行效率和硬件消耗一直是其他手机用户所诟病的地方。

2. iOS

iOS 作为苹果移动设备 iPhone 和 iPad 的操作系统，在 App Store 的推动之下，成为了世界上引领潮流的操作系统之一。原本这个系统名为“iPhone OS”，直到 2010 年 6 月 7 日 WWDC 大会上宣布改名为“iOS”。iOS 的用户界面的概念基础是能够使用多点触控直接操作。控制方法包括滑动、轻触开关及按键。与系统交互包括滑动（Swiping）、轻按（Tapping）、挤压（Pinching, 通常用于缩小）及反向挤压（Reverse Pinching or unpinching，通常用于放大）。此外通过其自带的加速器，可以令其旋转设备改变其 *y* 轴以令屏幕改变方向，这样的设计令 iPhone 更便于使用。

优秀的系统设计以及严格的 App Store 审核标准，iOS 作为应用数量最多的移动设备操作系统，加上强大的硬件支持以及内置的 Siri 语音助手，无疑使得用户体验得到更大的提升，感受科技带来的好处。

3. Windows Phone

早在 2004 年时，微软就开始以“Photon”的计划代号开始研发 Windows Mobile 的一个重要版本更新，但进度缓慢，最后整个计划都被取消了。直到 2008 年，在 iOS 和 Android 的冲击之下，微软才重新组织了 Windows Mobile 的小组，并继续开发一个新的行动操作系统。Windows Phone 作为 Windows Mobile 的继承者，把网络、个人电脑和手机的优势集于一身，让人们可以随时随地享受到想要的体验。内置的 Office 办公套件和 Outlook 使得办公更加有效和方便。

4. Blackberry OS（黑莓）

Blackberry 系统，即黑莓系统，是加拿大 Research In Motion（RIM）公司推出的一种无线手持邮件解决终端设备的操作系统，由 RIM 自主开发。它和其他手机终端使用的 Symbian、Windows Mobile、iOS 等操作系统有所不同，Blackberry 系统的加密性能更强、更安全。安装有 Blackberry 系统的黑莓机，指的不单单是一台手机，而是由 RIM 公司所推出，包含服务器（邮件设定）、软件（操作接口）以及终端（手机）大类别的 Push Mail 实时电子邮件服务。

黑莓系统的稳定性非常出色，其独特定位也深得商务人士的青睐。可是也因此在大众市场上得不到优势，国内用户和应用资源也较少。

0.2.2 移动 Web 的特点

其实移动 Web 和传统的 Web 并没有本质的区别，都需要 Web 标准制定的开发规范，都需要利用静态网页技术、脚本框架、样式修饰技术和程序联合打造出的应用程序。无论是开发传统桌面 Web 程序，还是移动 Web 应用程序，都需要利用 HTML、CSS、JavaScript 技术和动态 Web 开发技术（例如 PHP、JSP、ASP.NET 等）。

移动 Web 是在传统的桌面 Web 的基础上，根据手持移动终端资源有限的特点，经过有针对性的优化，解决了移动终端资源少和 Web 浏览器性能差的问题。和传统 Web 相比，移动 Web 的主要特点如下。

1. 随时随地

因为智能手机和平板电脑等设备都是可移动设备，所以用户可以利用这些设备随时随地浏览或运行移动 Web 程序。

2. 位置感应

因为智能手机和平板电脑等可移动设备具备 GPS 定位功能，所以可以在这些设备中开发出具有定位功能的 Web 程序。

3. 传感器

因为智能手机和平板电脑等可移动设备中内置了很多传感器，例如温度传感器、加速度传感器、湿度传感器、气压传感器和方向传感器等，所以可以开发出气压计、湿度仪器等 Web 程序。

4. 量身定制的屏幕分辨率

因为市面中的智能手机和平板电脑等可移动设备的产品种类繁多，屏幕的大小和分辨率也不尽相同，所以在开发移动 Web 程序时，需要考虑不同屏幕分辨率的兼容性问题。

5. 高质的照相和录音设备

因为智能手机和平板电脑等可移动设备具有摄像头和麦克风等硬件设备，所以可以开发出和硬件相结合的 Web 程序。

0.2.3 设计移动网站时需要考虑的问题

对于网页设计师们来说，不要为移动网站设计所迷茫，尽管移动设备的种类与日俱增，包括手机、平板电脑、网络电视设备，甚至一些图像播放设备。在为这些不同设备创建移动网站时，首先需要确保设计的网站能够适用于所有浏览器及操作系统，也就是说可以在尽量多的浏览器及操作系统中运行。除此之外，在为移动设备创建网站时，还需要考虑如下所示的问题。

- 移动设备的屏幕尺寸和分辨率。
- 移动用户需要的内容。
- 使用的 HTML、CSS 及 JavaScript 是否有效且简洁。
- 网站是否需要为移动用户使用独立域名。
- 网站需要通过怎样的测试。

0.2.4 主流移动设备屏幕的分辨率

在当前的市面中，智能手机的屏幕尺寸主要包括如下所示的几种标准。

- 128×160 像素
- 176×220 像素
- 240×320 像素
- 320×480 像素
- 400×800 像素
- 480×800 像素
- 800×960 像素
- 1920×1080 像素

就手机的尺寸而言，Android 给出了市场占有率的具体统计，详情请参阅 http://developer.android.com/resources/dashboard/screens.html，如图 0-2 所示。

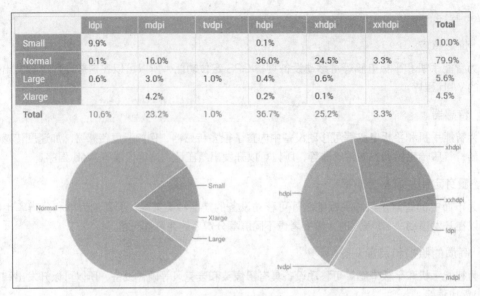

	ldpi	mdpi	tvdpi	hdpi	xhdpi	xxhdpi	Total
Small	9.9%			0.1%			10.0%
Normal	0.1%	16.0%		36.0%	24.5%	3.3%	79.9%
Large	0.6%	3.0%	1.0%	0.4%	0.6%		5.6%
Xlarge		4.2%		0.2%	0.1%		4.5%
Total	10.6%	23.2%	1.0%	36.7%	25.2%	3.3%	

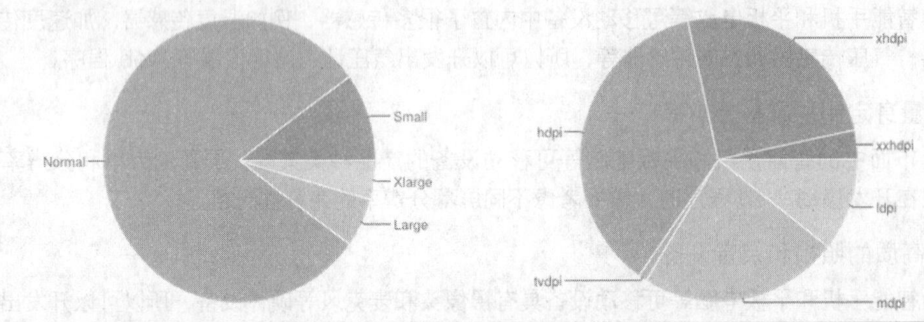

图 0-2　Android 设备屏幕尺寸的市场占有率

由此可见，在目前市面中主要是以分辨率为 480×800 和 720×1280 的手机用户居多。另外，作为另一种主流移动设备的平板电脑来说，它不仅拥有更大的屏幕尺寸，而且在浏览方式上也有所不同。例如，大部分平板电脑（以及一些智能手机）都能够以横向或纵向模式进行浏览。这样即使在同一款设备中，屏幕的宽度有时为 1024 像素，有时则为 800 像素或更少。但是一般来说，平板电脑为用户提供了更大的屏幕空间，我们可以认为在大部分平板电脑设备的屏幕尺寸为最主流的（1024 ～ 1280）×（600 ～ 800）像素。事实证明，在平板电脑中可以很轻松地以标准格式浏览大部分网站，这是因为其浏览器使用起来就像在计算机显示器上使用一样简单，并且通过 Android 系统中的缩放功能可以放大难以阅读的微小区域。

0.2.5 使用标准的 HTML、CSS 和 JavaScript 技术

在开发移动网站时，只有使用正确的、标准格式的 HTML、CSS 和 JavaScript 技术，才能让页面在大部分移动设备中适用。另外，设计师可以通过 HTML 的有效验证来确认它是否正确，具体验证方法是登录 http://validator.w3.org/，使用 W3C 验证器检查 HTML、XHTML 以及其他标记语言，除此之外，它还可以验证 CSS、RSS，甚至是页面上的无效链接。

在为移动设备编写网页时，需要注意如下所示的 5 个"慎用"。

（1）慎用 HTML 表格。由于移动设备的屏幕尺寸很小，使用水平滚动相对困难，从而导致表格难以阅读，请尽量避免在移动布局中使用表格。

（2）慎用 HTML 表格布局。在 Web 页面布局中，建议不使用 HTML 表格，而且在移动设备中，这些表格会让页面加载速度变慢，并且影响美观，尤其是在它与浏览器窗口不匹配时。另外，在页面布局中通常使用的是嵌套表格，这类表格会让页面加载速度更慢，并且让渲染过程变得更困难。

（3）慎用弹出窗口。通常来讲，弹出窗口很讨厌，而在移动设备上，它们甚至能让网站变得不可用。有些移动浏览器并不支持弹出窗口，还有一些浏览器则总是以意料之外的方式打开它们（通常会关闭原窗口，然后打开新窗口）。

（4）慎用图片布局。与在页面布局中使用表格类似，加入隐藏图像以增加空间及影响布局的方法经

常会让一些老的移动设备死机或无法正确显示页面。另外，它们还会增加下载时间。

（5）慎用框架及图像地图（image maps）。在目前的许多移动设备中，都无法支持框架及图像地图特性。其实从适用性上来看，HTML5 的规范中已经摈弃了框架（iframe 除外）。

因为移动用户通常需要为浏览网站而耗费流量并需要付费的，所以在设计移动页面时应尽可能地确保少使用 HTML 标签、CSS 属性和服务器请求。

0.3 移动 Web 开发必备技术

本节教学录像：4 分钟

除了前面介绍的 HTML、XHTML、CSS、JavaScript、DOM 和 ECMAScript 技术之外，开发移动 Web 还需要掌握如下技术。

（1）HTML5

HTML5 是当今 HTML 语言的最新版本，将会取代 1999 年制定的 HTML 4.01、XHTML 1.0 标准，以期望能在互联网应用迅速发展的时候，使网络标准符合当代的网络需求，为桌面和移动平台带来无缝衔接的丰富内容。

（2）jQuery Mobile

jQuery Mobile 是 jQuery 在手机上和平板设备上的版本。jQuery Mobile 不仅会给主流移动平台带来 jQuery 核心库，而且会发布一个完整统一的 jQuery 移动 UI 框架。支持全球主流的移动平台。jQuery Mobile 开发团队说：能开发这个项目，我们非常兴奋。移动 Web 太需要一个跨浏览器的框架，让开发人员开发出真正的移动 Web 网站。

（3）PhoneGap

PhoneGap 是一个用基于 HTML、CSS 和 JavaScript 的，创建跨平台移动应用程序的快速开发平台。PhoneGap 使开发者能够利用 iPhone、Android、Palm、Symbian、WP7、WP8、Bada 和 Blackberry 智能手机的核心功能，包括地理定位、加速器，联系人、声音和振动等，此外 PhoneGap 拥有丰富的插件供开发者调用。

（4）Node.js

Node.js 是一个基于 Chrome JavaScript 运行时建立的一个平台，用来方便地搭建快速的易于扩展的网络应用。Node.js 借助事件驱动，非阻塞 I/O 模型变得轻量和高效，非常适合运行在分布式设备的数据密集型的实时应用中。

（5）JQTouch

JQTouch 是一个 jQuery 插件，主要为手机 Webkit 浏览器实现一些包括动画、列表导航、默认应用样式等各种常见 UI 效果的 JavaScript 库。支持 iPhone、Android 等手机，是提供一系列功能为手机浏览器 WebKit 服务的 jQuery 插件。

（6）Sencha Touch

Sencha Touch 和 JQTouch 密切相关，是基于 JavaScript 编写的 Ajax 框架 ExtJS，将现有的 ExtJS 整合 JQTouch、Raphaël 库，推出适用于最前沿 Touch Web 的 Sencha Touch 框架，该框架是世界上第一个基于 HTML5 的 Mobile App 框架。同时，ExtJS 更名为 Sencha，JQTouch 的创始人 David Kaneda，以及 Raphaël 的创始人也已加盟 Sencha 团队。

当然，除了上述主流移动 Web 开发技术之外，还有其他营利性商业组织推出的第三方框架，这些框架都方便了开发者的开发工作。读者可以参阅相关资料，了解并学习这些框架的知识。

0.4 移动 Web 开发学习路线图

本节教学录像：2 分钟

学习移动 Web 开发是一个漫长的过程，需要读者总体规划合理的学习路线，这样才能够达到事半功倍的效果。学习移动 Web 开发的基本路线图如图 0-3 所示。

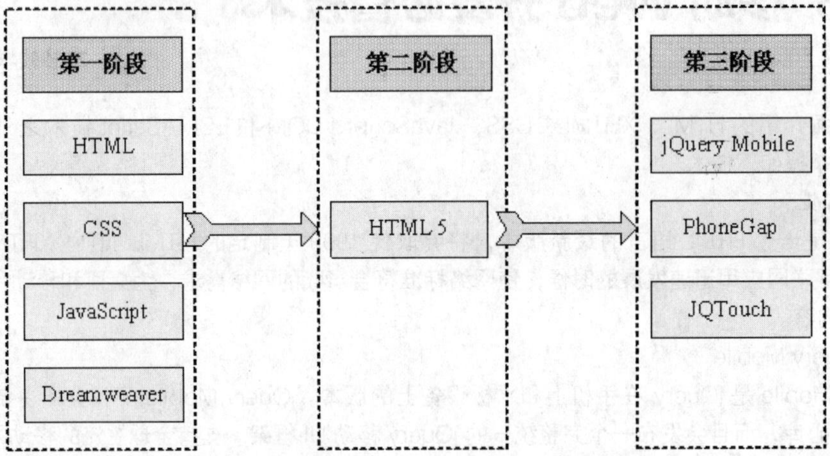

图 0-3 移动 Web 学习路线图

1. 第一阶段——打好基础

这一阶段主要做好基础方面的工作，HTML、CSS 和 JavaScript 是网页设计的最基础技术，无论是学习传统桌面 Web 开发还是移动 Web 开发，都必须掌握这 3 项技术。而 Dreamweaver 是非常流行的网页设计和开发工具，使用它可以达到事半功倍的效果。

这几种技术是相互贯通的，并且可以同时学习并使用。这一阶段比较耗时，要达到基本掌握需要耗时 3 个月左右的时间。

2. 第二阶段——学习最前沿技术

HTML5 是当今 HTML 技术的最新版本，和以前的版本相比，HTML5 的功能更加强大，并且支持移动Web应用。因为HTML5和第一阶段中的HTML技术有很多共同之处，所以这一阶段的学习比较容易，需要一个月左右的时间即可掌握。

3. 第三阶段——学习开源框架

本阶段的主要任务是学习第三方开源框架，例如 jQuery Mobile、PhoneGap、JQTouch 和 Sencha Touch 等框架。这部分的内容多而复杂，但是因为在第一阶段和第二阶段已经打下了基础，所以本阶段的学习会比较轻松，图中的 3 个框架需要一个月左右的时间即可掌握。

本书后面的内容就是按照上述学习路线图进行内容安排的。

第 1 篇

基础知识

第 1 章

本章教学录像：24 分钟

网页和网站制作基础

Web 站点是专业人员对各种站点的统称，普通浏览用户通常将这些站点称为网站。互联网中存在形形色色的站点，为浏览用户提供了海量的信息。一个独立的站点是由一个或多个网页构成的，网页和网站是构成 Web 站点的最核心元素。本章对网页和网站的基础知识进行概述，为读者步入本书后面知识的学习打下基础。

本章要点（已掌握的在方框中打钩）

- □ 认识网页和网站
- □ 网页的基本构成元素
- □ 制作网页的基本流程
- □ 制作网站的基本流程

1.1 认识网页和网站

本节教学录像：4 分钟

本节将简要介绍网页和网站方面的内容，为读者学习本书后面知识打下基础。

1.1.1 何谓网页

网页是指我们在互联网上看到的丰富多彩的站点页面。从具体定义上讲，网页是 Web 站点中使用 HTML 等语言编写而成的单位文档，它是 Web 中的信息载体。网页是由多个元素构成的，图 1-1 所示的就是 ESPN 的主页。

图 1-1　ESPN 的主页

1.1.2 何谓网站

网站是由网页构成的，一个网站可能由一个页面构成，也可能由多个页面构成，并且这些构成的页面相互间存在着某种联系。一个典型网站的具体结构如图 1-2 所示。

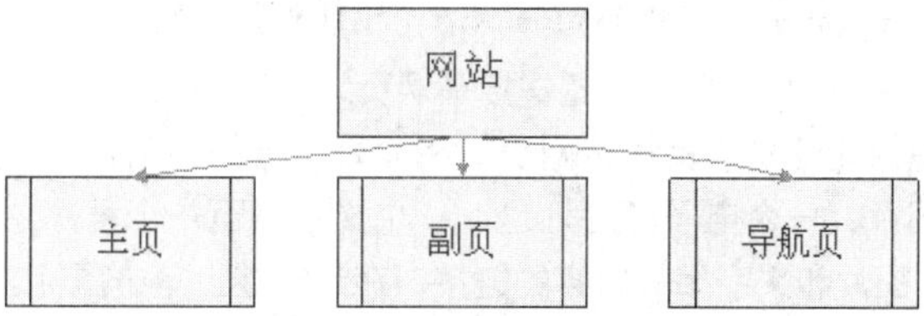

图 1-2　网站基本结构图

上述网站的基本结构在服务器中的具体存在方式如图 1-3 所示。

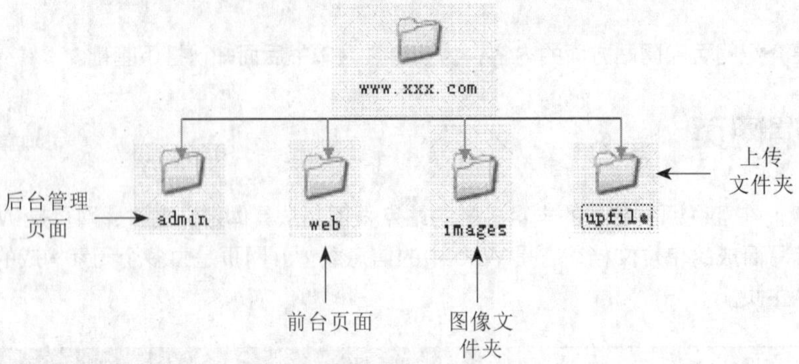

图 1-3　网站存储结构图

1.2 网页的基本构成元素

本节教学录像：6 分钟

由本章 1.1 节的内容了解到，网页是构成站点的基本元素，是一个网络站点的基础。本节将对网页的各基本构成元素进行简要介绍。

下面将通过分析 ESPN 的主页来介绍网页基本的构成元素，具体说明如图 1-4 所示。

1. 文本

文本是网页中最重要的信息，在网页中可以通过字体、大小、颜色、底纹、边框等来设置文本的属性。在网页概念中的文本是指文字，而并非图片中的文字。在网页制作中，文本都可以方便地设置成各种字体、大小和颜色。

2. 图像

图像是页面中最为重要的构成部分。在网页中只有加入图像后才会使页面达到完美的显示效果，可见图像在网页中的重要性。在网页设计中用到的图片一般为 JPG 和 GIF 格式。

注 意

虽然图像在网页中不可或缺，但也不能太多和太大。如果网页上插入了过多和过大的图像，则可能会很长时间打不开，并且如果布局不合理，还会造成页面的混乱。

3. 超链接

超链接是指从一个网页指向另一个目的端的链接，是从文本、图片、图形或图像映射到全球广域网上的网页或文件的指针。在全球广域网上，超链接是网页之间和 Web 站点之间主要的导航方法。

超链接是网站的灵魂，能够指向另一个网页或相同网页上的不同位置，这个目的端通常是另一个网页，但也可以是一幅图片、一个电子邮件地址、一个文件甚至一个程序。超链接广泛地存在于网页的图片和文字中，提供与图片和文字相关内容的链接，在超链接上单击鼠标左键，即可链接到相应地址（URL）的网页。有链接的地方，鼠标经过时会变成小手形状。

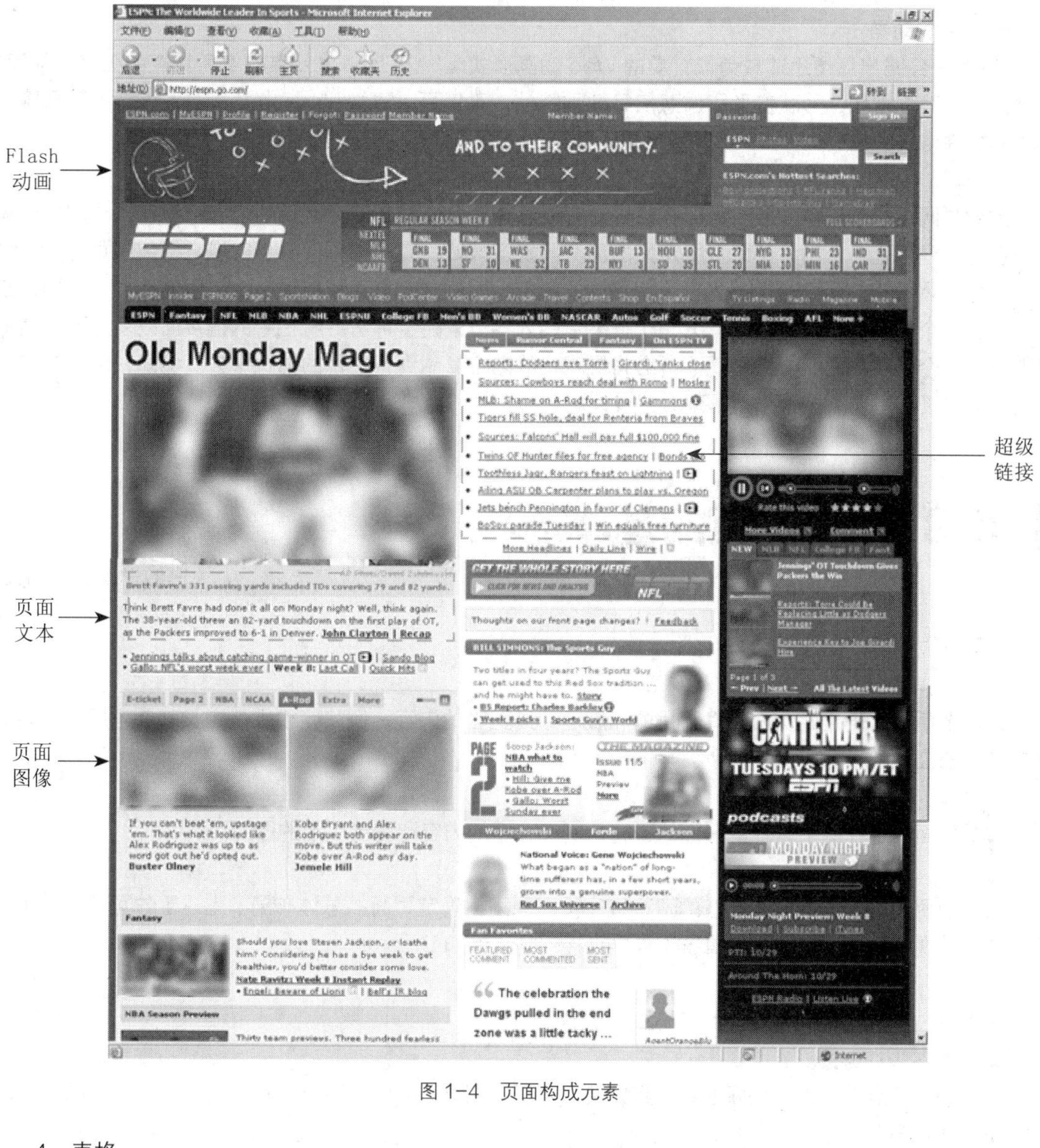

图 1-4　页面构成元素

4. 表格

表格是传统网页排版的灵魂，即使 CSS 标准推出后，它也能够继续发挥不可限量的作用。通过表格可以精确地控制各网页元素在网页中的位置。表格是页面语言中的一种元素，主要用于网页内容的排列，组织整个网页的外观，通过在表格中放置相应的图片或其他内容，即可有效地组合成符合设计效果的页面。有了表格的存在，网页中的元素得以方便地固定在设计的位置上。

5. 表单

表单是用来收集站点访问者信息的域集，是网页中站点服务器处理的一组数据输入域。当访问者单击按钮或图形来提交表单后，数据就会传送到服务器上。表单是在网页与服务器之间传递信息的重要途径，表单网页可以用来获取浏览者的意见和建议，以实现浏览者与站点之间的互动。站点访问者可以通过表单的方式输入文本信息，单击单选按钮与复选框，以及从下拉菜单中选择选项进行具体的信息输入。在填写好表单之后，可以将填写的数据发送出去。所以说，表单是动态交互页面的基础。

6. Flash 动画

Flash 一经推出后便迅速成为最首要的 Web 动画形式之一。Flash 利用其自身所具有的关键帧补间、运动路径、动画蒙版、形状变形和洋葱皮等动画特性，不仅可以建立 Flash 电影，而且可以把动画输出为不同文件格式的播放文件。

7. 框架

框架是网页中的一种重要组织形式之一，它能够将相互关联的多个网页的内容组织在一个浏览器窗口中显示。框架是一个由框架网页所定义的浏览器视窗区域，它通过框架网页实现。框架网页是一种特别的 HTML 网页，它可将浏览器视窗分为不同的框架，而每一个框架可显示一个不同的网页。例如，我们可以在一个框架内放置导航栏，另一个框架中的内容可以随着单击导航栏中的链接而改变，这样我们只要制作一个导航栏的网页即可，而不必将导航栏的内容复制到各栏目的网页中去。例如，现实中常用的网站后台管理系统大多都采用框架方式设计。

1.3 制作网页的基本流程

本节教学录像：4 分钟

典型网页的基本制作流程如下。

第 1 步：选题。

选题要明确，确定此页面的真正目的和展示给浏览者的内容。例如，如果是主页就要考虑页面导航和广告位的位置。

第 2 步：准备素材资料。

根据页面的选择的主题准备好你的素材，例如介绍的内容和需要展示的图片。

第 3 步：规划布局。

根据前两步确定的选题和准备的资料进行页面规划，确定页面的总体布局。上述工作可以通过画草图的方法实现，也可以直接在编辑器工具里直接规划，例如 Dreammweaver。

第 4 步：插入素材资料。

将处理过的素材和资料插入到布局后页面的指定位置。

第 5 步：添加链接。

根据整体站点的需求在页面上添加超链接，实现站点页面的跨度访问。

第 6 步：美化。

将上面完成的页面进行整体美化处理。例如，利用 CSS 将表格线细化，设置文字和颜色，对图片进行滤镜和搭配处理等操作。

上述步骤的具体运行流程如图 1–5 所示。

注 意　特殊页面可以脱离上述流程进行单独设计。例如动态站点中的数据库连接文件，就不必按照上述步骤进行，只需编写出连接代码即可。另外，在总体布局过程中不但要注重页面元素的协调性，还要注意颜色的搭配尺度，不要一味追求花俏。因为网页的目的是向用户展示主题信息，也就是以最容易得到信息为主要的目标。怎样让用户方便、快捷地得到信息是设计者的目标，所以重点的栏目要在首页显眼位置显示出来，让人一进网站就能看到。

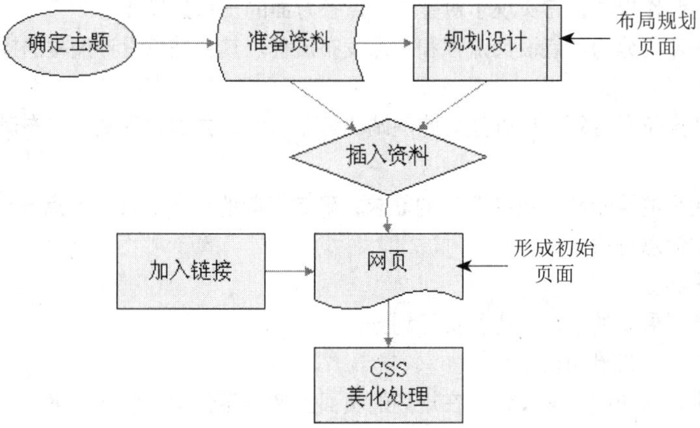

图 1-5　网页设计流程图

1.4 制作网站的基本流程

本节教学录像：10 分钟

在前面的内容中，向读者详细介绍了网页的基本制作流程，并对制作过程中的注意事项和技巧做了简要说明。在本节的内容中，将对网站的发展趋势进行简要介绍，并对其基本制作流程向读者进行详细阐述。

1.4.1 网站发展趋势

在当前网站发展应用中，网站的整体发展趋势如下所示。

- 纵深化

制约网络发展的瓶颈随着各种新技术的涌现和硬件的升级，使网站的发展深度得到了扩展。

- 个性化

互联网的出现和发展对传统秩序造成了巨大冲击，为人们个性张扬和创造力的发挥提供了一个广阔的平台。

- 专业化

专业化趋势主要表现为两个方面。①面向个人消费者的专业化趋势。为满足消费者个性化的需求，提供专业化的服务至关重要，这也为网站设计者提出了更高的要求。②面向个人企业客户的专业化趋势。随着 B2B 电子商务模式的蓬勃发展，以大的行业为依托的网站平台前景十分看好。

- 国际化

由于互联网本身的特点决定了网站的跨地域特性，同时也将面临更多的发展机遇和更加强有力的挑战。

1.4.2 网站制作流程

了解了网站的发展趋势后，设计者在设计过程中应充分考虑发展趋势造成的影响。另外，由前面的内容中了解到，网站是由网页构成的。所以，网页设计始终贯穿于网站设计流程。为此，网站设计实质上是网页设计升级的制作规划，它实现了对整个站点各方面的一系列操作。

完整网站的制作流程分为站点设计流程和站点发布流程。其中站点设计流程的操作步骤如下所示。

第 1 步：初始商讨。

确定站点的整体定位和主题，明确建立此网站的真正目的，并确定网站的发布时机。

第 2 步：需求分析。

充分考虑确定用户的需求和站点拥有者的需求，确定当前的业务流程。重点分析浏览用户的思维方式，并对竞争对手的信息进行分析。

第 3 步：综合内容。

确定各个页面所要展示的信息，进行页面划分。

第 4 步：页面布局，设计页面。

根据页面内容进行对应的页面设计，在规划的页面上使内容合理地展现出来。

第 5 步：测试。

对每个设计的分页进行浏览测试，最后要对整个网站的页面进行测试。

站点发布流程的操作步骤如下所示。

第 1 步：域名申请。

选择合理、有效的域名。

第 2 步：选择主机。

根据站点的状况确定主机的方式和配置。

第 3 步：选择硬件。

如果需要自己的站点体现出更为强大的功能，可以配置自己特定的设备产品。

第 4 步：软件选择。

选择与自己购买的硬件相配套的软件，例如服务器的操作系统和安全软件等。

第 5 步：网站推广。

充分利用搜索引擎和发布广告的方式对网站进行宣传。

上述步骤的具体运行流程如图 1-6 所示。

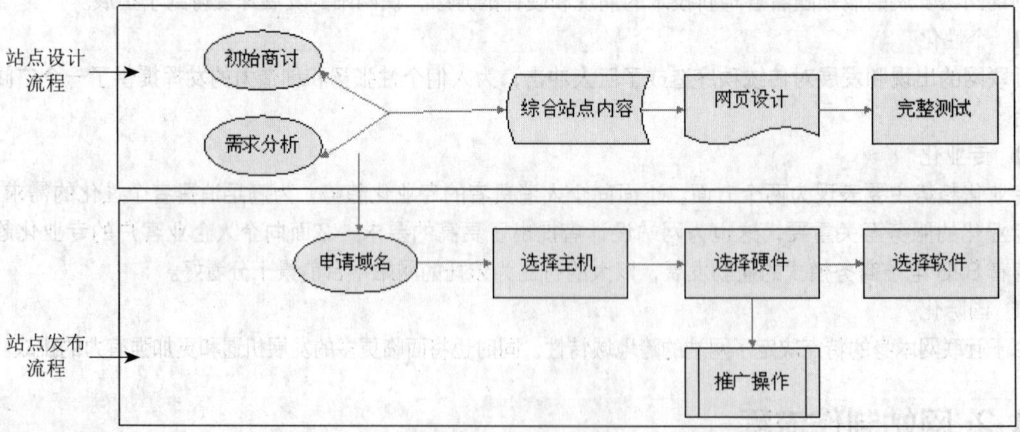

图 1-6　网站制作流程图

注意　在上面发布流程的操作步骤中，第 1 ~ 4 步操作可以在站点设计流程步骤前进行，也可以同时进行，此处要视自己的具体状况而定。

1.4.3 网站设计原则

在设计网站时，需要充分遵循以下基本原则。

- 网页内容要便于阅读。
- 站点内容要精、专和及时更新。
- 注重整体的色彩搭配。
- 考虑带宽因素。
- 适当考虑不同浏览器、不同分辨率的情况。

另外还需要遵循网站设计的通用原则，其具体内容如下所示。

- 网站的设计目的决定设计方案。
- 浏览者的需求第一位。
- 页面的有效性。
- 保持页面布局的统一性。
- 使用表格和适当的结构来设计网页。
- 谨慎使用图片。
- 平面设计意识。
- 减少 Java Applet 和其他多媒体的使用。

1.5 高手点拨

1. 网页设计师要抓住设计的灵魂

优秀的网页设计必然服务于网站的主题，什么样的网站应该有什么样的设计。而网页的视听元素尤为重要，它主要包括文本、背景、按钮、图标、图像、表格、颜色、导航工具、背景、动态影像等。无论是文字、图形、动画，还是音频、视频，网页设计者所要考虑的是如何以感人的形式把它们放进页面这个“大画布”里。网页艺术设计与网站主题的关系应该是这样的：首先，设计是为主题服务的；其次，设计是艺术和技术结合的产物，既要“美”，又要实现“功能”；最后，“美”和“功能”都是为了更好地表达主题。当然，在有些情况下，“功能”即“主题”，还有些情况下，“美”即“主题”。

任何设计都有一定的内容和形式。内容是构成设计的一切内在要素的总和，是设计存在的基础，被称为“设计的灵魂”；形式是构成内容诸要素的内部结构或内容的外部表现方式。设计的内容就是指它的主题、形象、题材等要素的总和，形式就是它的结构、风格或设计语言等表现方式。

希望大家多欣赏一些国内外经典网站，这样才能透视整个网页设计的内涵和衍生概念。

2. 明确建立网站的目标和用户需求

Web 站点的设计是展现企业形象、介绍产品和服务、体现企业发展战略的重要途径，因此我们必须明确设计站点的目的和用户需求，从而做出切实可行的设计计划。我们会根据消费者的需求、市场的状况、企业自身的情况等进行综合分析，以“消费者”为中心，而不是以“美术”为中心进行设计规划。

在设计规划时我们需要考虑下面的因素。

- 建设网站的目的是什么?
- 为谁提供服务和产品?
- 企业能提供什么样的产品和服务?
- 网站的目标消费者和受众的特点是什么?
- 企业产品和服务适合什么样的表现方式（风格）?

1.6 实战练习

1. 网站界面的设计原则是什么?
2. 如何推广一个网站?

第 2 章

本章教学录像：21 分钟

搭建移动 Web 开发环境

“工欲善其事，必先利其器”出自《论语》，意思是要想高效地完成一件事，需要有合适的工具。对于移动 Web 开发人员来说，开发工具同样至关重要。作为一项新兴技术，在进行开发前首先要搭建一个对应的开发环境。本章详细讲解搭建移动 Web 开发环境的基础知识，为读者步入本书后面知识的学习打下基础。

本章要点（已掌握的在方框中打钩）

□ 安装 Dreamweaver CS6

□ 安装 jQuery Mobile

□ 搭建 PhoneGap 开发环境

□ 搭建测试环境

2.1 安装 Dreamweaver CS6

本节教学录像：3 分钟

在当今市面中，Dreamweaver 是最常用的网页设计工具之一。Adobe Dreamweaver CS6 版本是当前最常用的一个版本，对移动 Web 开发提供了良好的支持。在本节的内容中，将以安装 Dreamweaver CS6 的过程为例，向读者介绍安装 Dreamweaver 的方法。Dreamweaver CS6 的安装步骤如下所示。

（1）下载完安装文件后双击打开安装图标，弹出解压缩界面，在此选择一个保存解压缩安装文件的路径，如图 2-1 所示。

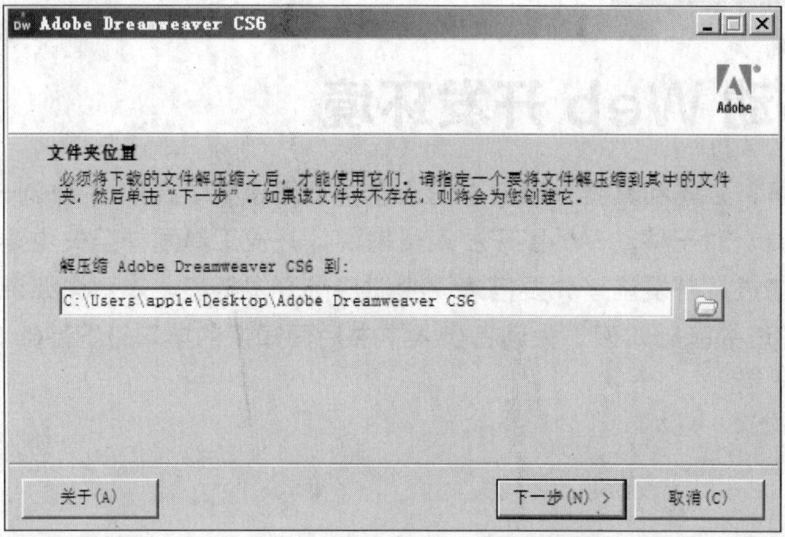

图 2-1　选择一个保存解压缩安装文件的路径

（2）单击“下一步”按钮后弹出“准备文件进度框”界面，如图 2-2 所示。

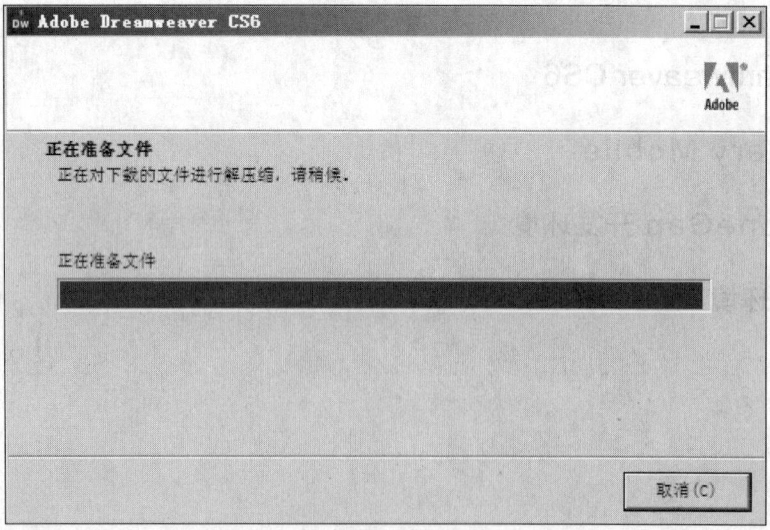

图 2-2　“准备文件进度框”界面

（3）进度完成后弹出“欢迎”界面，在此选择“安装”选项，如图 2-3 所示。

图 2-3　“欢迎”界面

（4）弹出“Adobe 软件许可协议”界面，在此单击“接受”按钮，如图 2-4 所示。

图 2-4　“Adobe 软件许可协议”界面

（5）弹出“序列号”界面，在此输入合法的序列号，并单击“下一步”按钮，如图 2-5 所示。

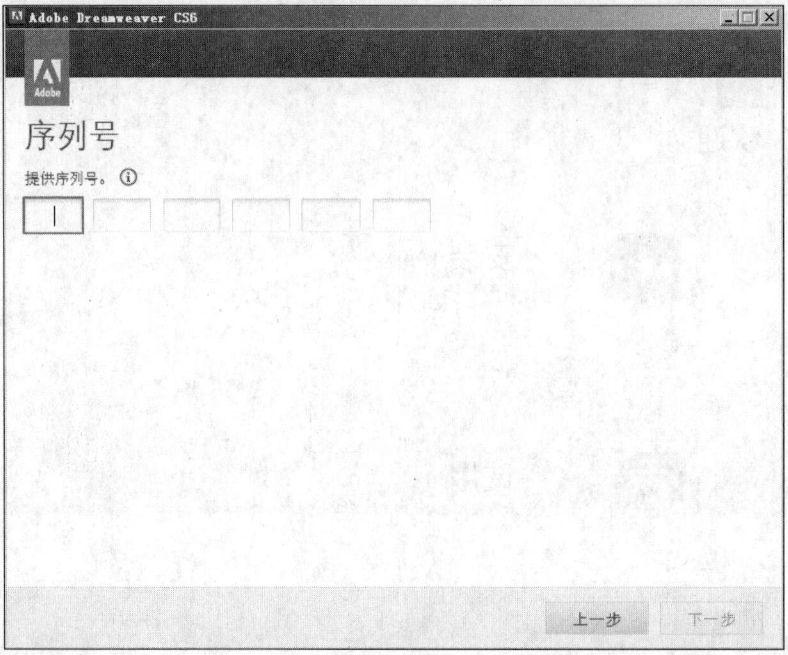

图 2-5 “序列号”界面

（6）在弹出的“选项”界面中选择安装目录，然后单击“安装”按钮，如图 2-6 所示。

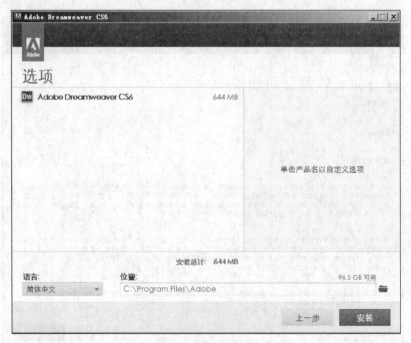

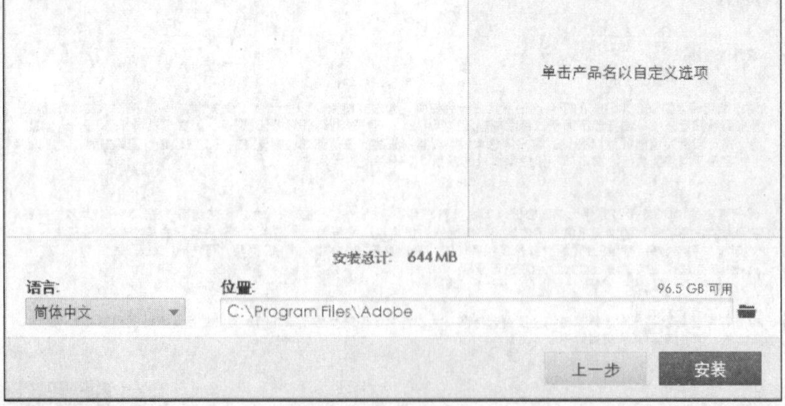

图 2-6 “选项”界面

（7）在弹出的“安装”界面中显示安装进度条，如图 2-7 所示。

图 2-7 “安装”界面

（8）进度条完成弹出“安装完成”界面，如图 2-8 所示。

图 2-8 “安装完成”界面

（9）当第一次打开 Dreamweaver CS6 的时候，会弹出“默认编辑器”对话框，在此可以选择我们常用的文件类型，如图 2-9 所示。

（10）单击图 2-9 中的“确定”按钮后来到“启动”界面，如图 2-10 所示。

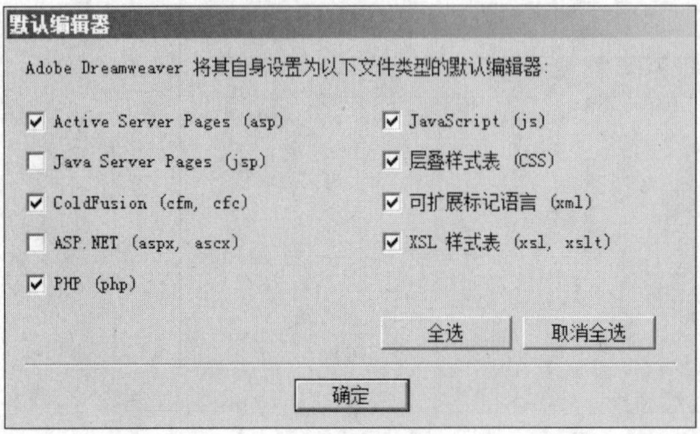

图 2-9 “默认编辑器”对话框

图 2-10 “启动”界面

（11）启动 Dreamweaver CS6 后的界面效果如图 2-11 所示，在此可以选择新建页面的类型。

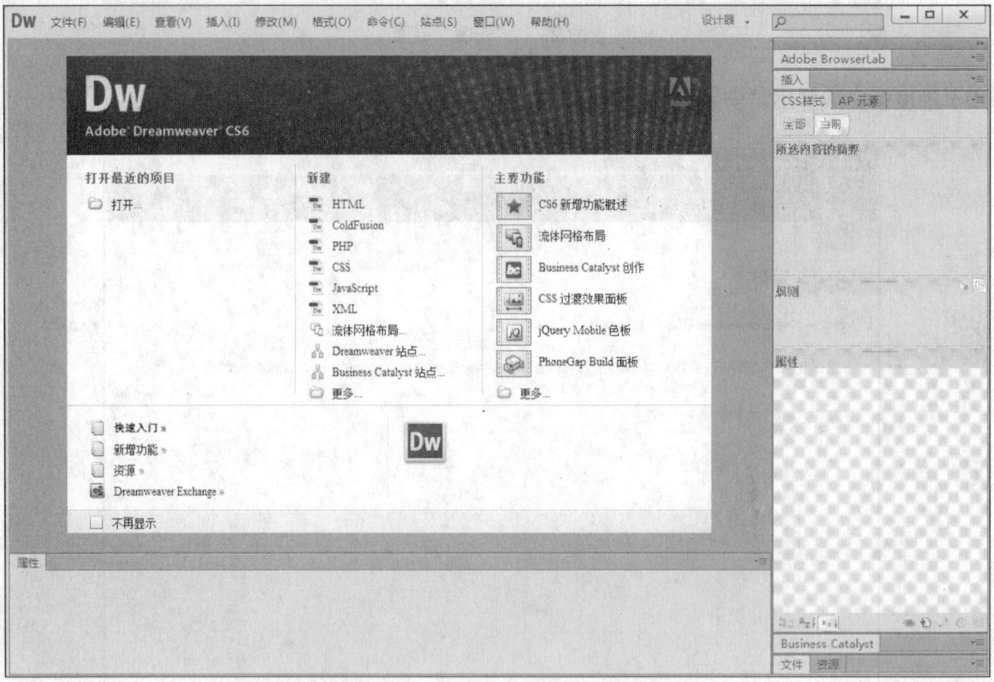

图 2-11 启动 Dreamweaver CS6 后的界面效果

注 意

在安装 Dreamweaver CS6 之前，一定要确保在本地机器上没有安装过 Dreamweaver。如果已经安装过其他版本，请确保卸载干净，否则安装 Dreamweaver CS6 会失败。

2.2 安装 jQuery Mobile

本节教学录像：11 分钟

在移动 Web 开发应用中，jQuery Mobile 框架的作用十分重要，能够实现 JavaScript 特效效果。在本节的内容中，将详细讲解安装 jQuery Mobile 的基本知识。

2.2.1 下载 jQuery Mobile 插件

要想正确运行 jQuery Mobile 移动应用页面，需要至少包含如下所示的两个文件。

- jQuery.Mobile-1.4.5.min.js：jQuery Mobile 框架插件，目前的最新版本为 1.4.5。
- jQuery.Mobile-1.4.5.min.css：与 jQuery Mobile 框架相配套的 CSS 样式文件，目前的最新版本为 1.4.5。

下载 jQuery.Mobile 插件的基本流程如下所示。

（1）登录 jQuery Mobile 官方网站（http://jquerymobile.com），如图 2-12 所示。

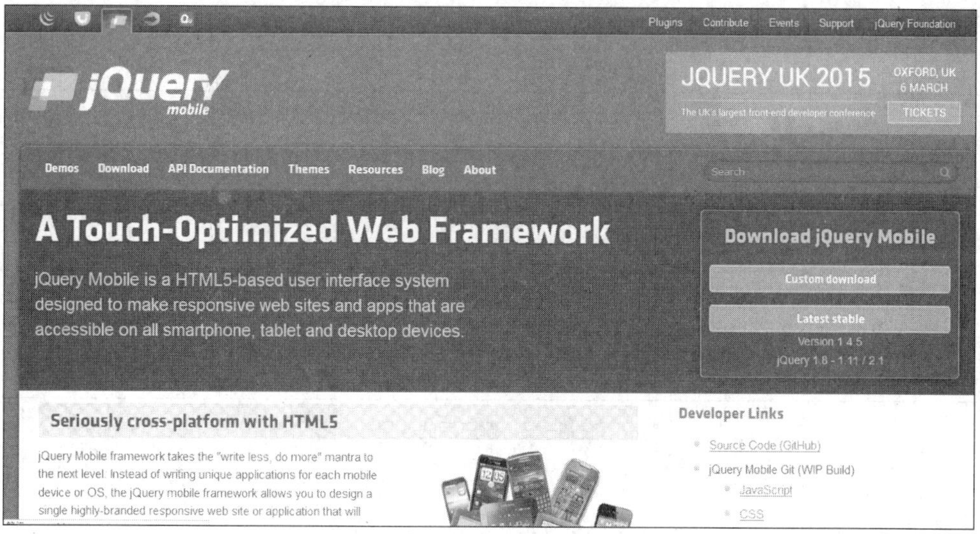

图 2-12　jQuery Mobile 的官方网站界面

（2）单击右侧导航条中的“Custom download”链接进入文件下载页面，如图 2-13 所示。

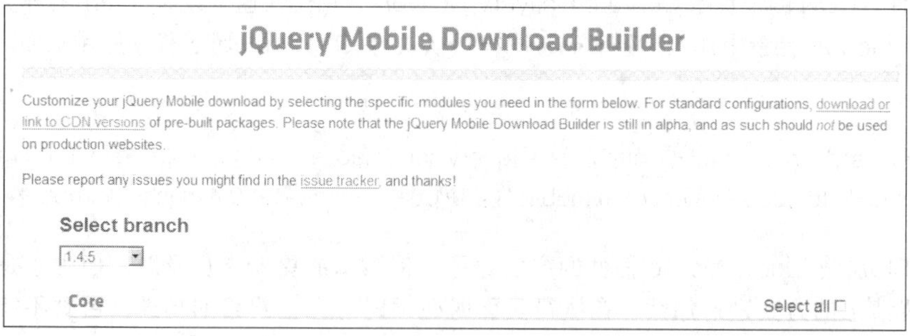

图 2-13　文件下载页面

（3）单击“Select branch”中的下拉框，可以选择一个版本，此时最新版本是 1.4.5。勾选图 2-13 右下角的“Select all”复选框开始下载，建议读者使用第三方下载工具进行下载，例如使用迅雷工具进行下载，其界面如图 2-14 所示。

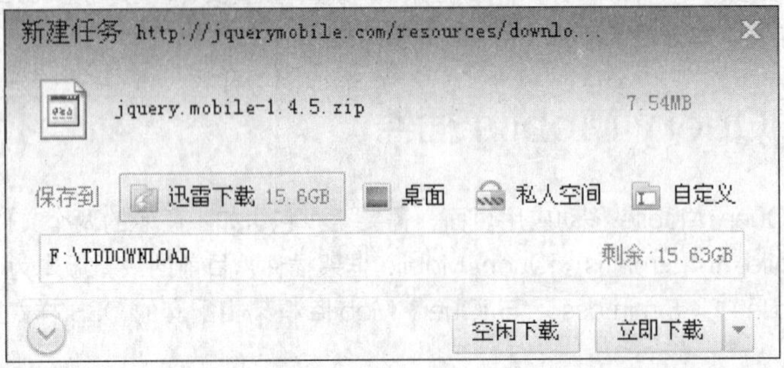

图 2-14　下载 1.4.5 版本

（4）下载后成功后会获得一个名为“jquery.mobile-1.4.5.zip”的压缩包，解压后会获得 CSS、JS 和图片格式的文件，如图 2-15 所示。

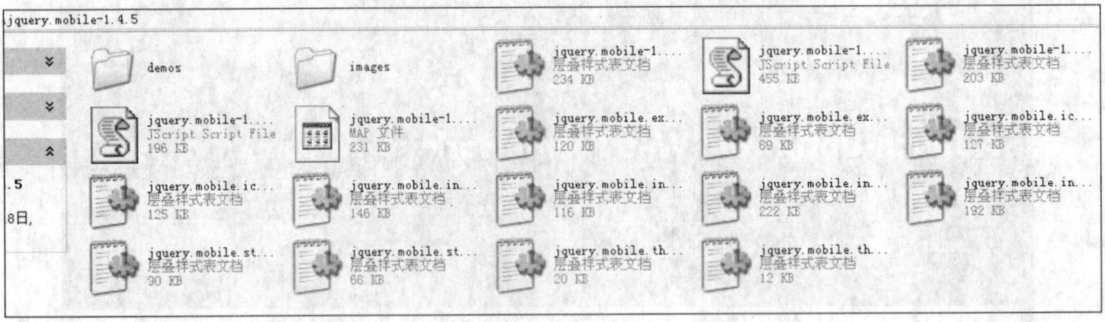

图 2-15　解压后的效果

2.2.2 使用 URL 方式加载插件文件

除了可以在官方下载页下载对应的 jQuery Mobile 文件外，还可以使用 URL 方式从 jQuery CDN 下载插件文件。CDN 的全称是 Content Delivery Network，用于快速下载跨 Internet 常用的文件，只要在页面的 <head> 元素中加入下列代码，同样可以执行 jQuery Mobile 移动应用页面。加入的代码如下所示：

```
<link rel=" stylesheet" href=" http://code.jquery.com/mobile/1.4.0/jquery.mobile-1.4.0.min.css" />
<script src="http://code.jquery.com/mobile/1.4.0/jquery.mobile-1.4.0.min.js"></script>
```

通过 URL 加载 jQuery Mobile 插件的方式，可以使版本的更新更加及时，但由于是通过 jQuery CDN 服务器请求的方式进行加载，在执行页面时必须时时保证网络的畅通，否则不能实现 jQuery Mobile 移动页面的效果。

2.3 搭建 PhoneGap 开发环境

本节教学录像：5 分钟

在移动 Web 开发应用中，PhoneGap 框架的作用也十分重要。在使用 PhoneGap 进行移动 Web 开发之前，需要先搭建 PhoneGap 开发环境。在本节的内容中，将详细讲解搭建 PhoneGap 开发环境的基本知识。

2.3.1 准备工作

在安装 PhoneGap 开发环境之前，需要先安装如下所示的框架。

- Java SDK
- Eclipse
- iOS SDK
- ADT Plugin

2.3.2 获得 PhoneGap 开发包

在写本书的时候，PhoneGap 的最新版本是 3.6.3。，读者可以登录 PhoneGap 的官方网站 http://www.phonegap.com 在线下载 PhoneGap 2.9.0 及其以前的版本。

下面以获得 PhoneGap 2.9.0 为例，讲解获得 PhoneGap 2.9.0 及其以前的版本开发包的基本流程。

（1）登录 PhoneGap 的官方网站 http://phonegap.com/download/，如图 2-16 所示。

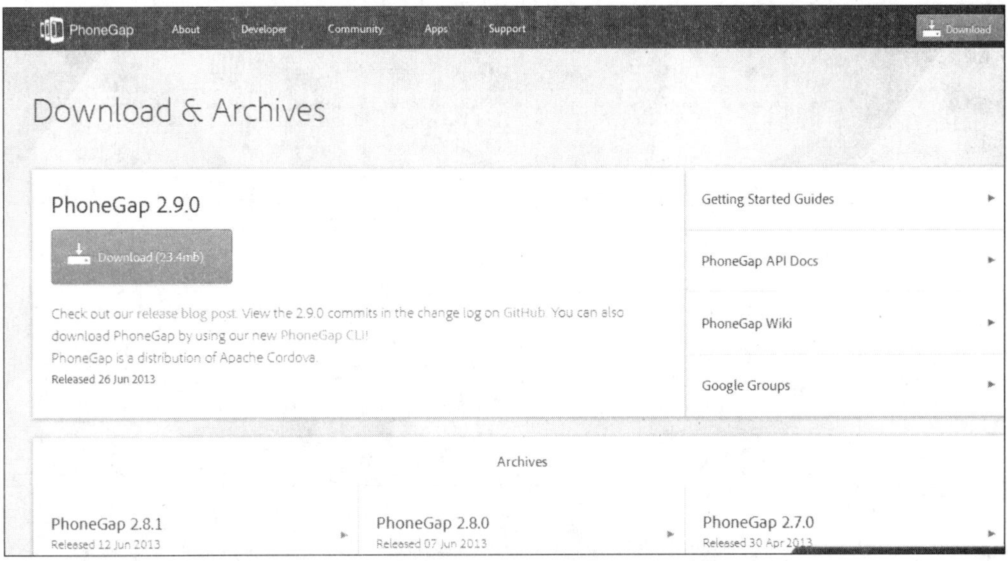

图 2-16　PhoneGap 的官方网站

（2）单击最新版本下方的  按钮下载 PhoneGap 开发包，下载成功后的压缩包名为“phonegap-2.9.0.zip”。

（3）解压缩文件 phonegap-2.9.0.zip，假设解压到本地硬盘的“D:\”目录下，解压后的根目录名是“phonegap-2.9.0”，双击打开后的效果如图 2-17 所示。

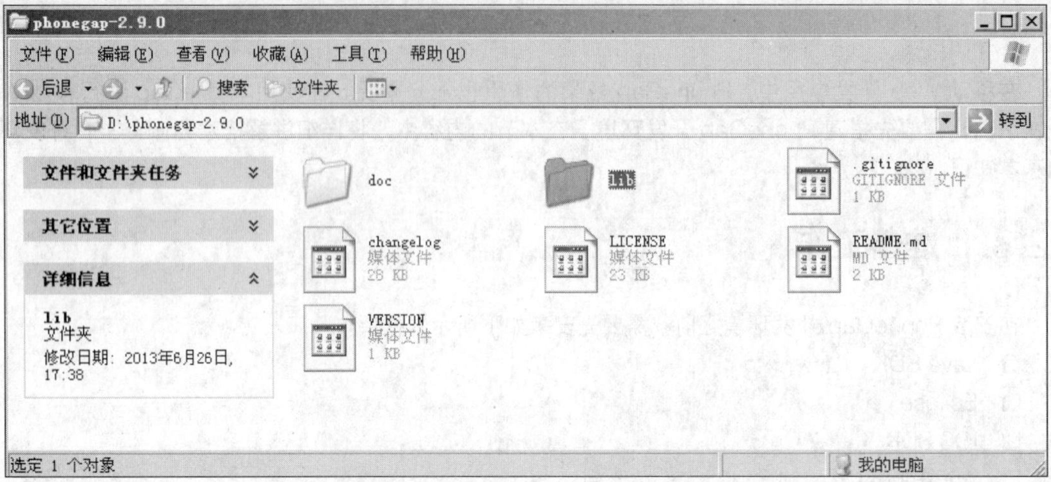

图 2-17 “phonegap-2.9.0”的根目录

对图 2-17 中各个子目录的具体说明如下所示。

❑ “doc”：其中包含了 PhoneGap 的源代码文档，如图 2-18 所示。

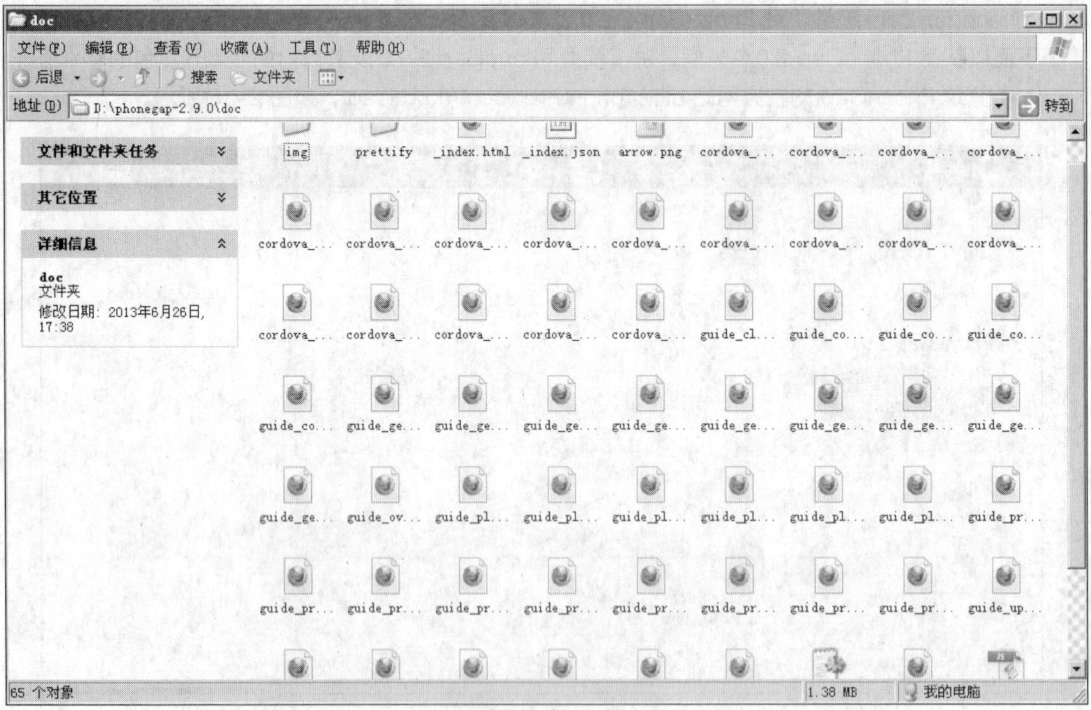

图 2-18 “doc”目录

❑ “lib”：其中包含了 PhoneGap 支持的各种平台，如图 2-19 所示。

图 2-19　“lib”目录

- “changelog”：一个日志文件，保存了更改历史记录信息和作者信息等。
- “LICENSE”：Apache 软件许可证（v2 版本）。
- “README.md”：帮助文档。
- “VERSION”：版本信息。

从 2.9.0 以后的版本开始，PhoneGap 使用 Node.js 进行管理，获得 PhoneGap 2.9.0 以后版本开发包的基本流程如下。

（1）登录 http://nodejs.org 下载 Node.js，如图 2-20 所示。

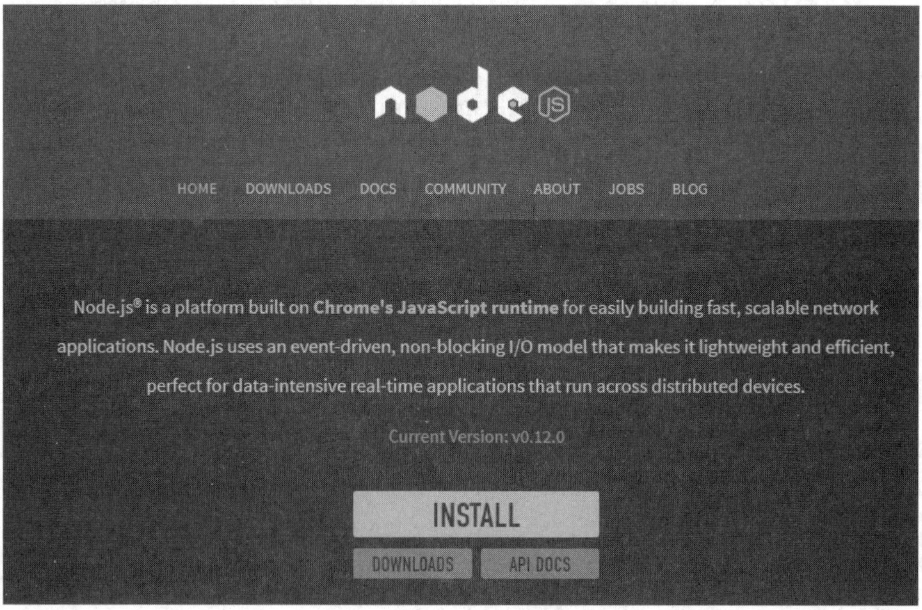

图 2-20　登录 http://nodejs.org

（2）http://nodejs.org 页面会自动识别当前计算机的操作系统版本和位数（32 位或 64 位），单击“INSTALL”按钮后将自动下载适用当前计算机的版本。下载界面如图 2-21 所示。

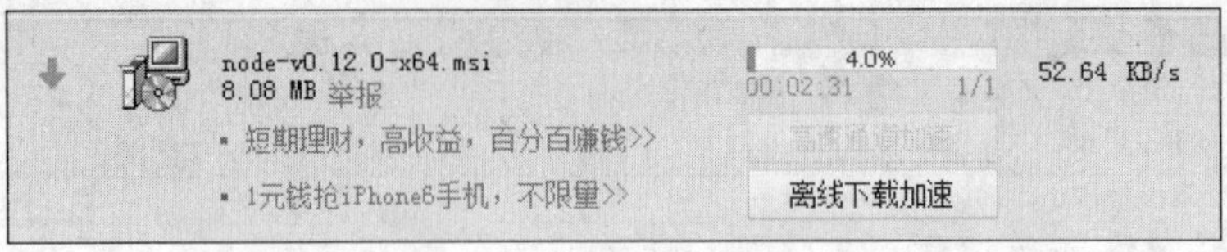

图 2-21　下载 Node.js 界面

（3）双击下载的文件 node-v0.12.0-x64.msi，在弹出的欢迎界面中单击“Next”按钮，如图 2-22 所示。

（4）在弹出的协议接受界面中勾选“I accept…”选项，然后单击“Next”按钮，如图 2-23 所示。

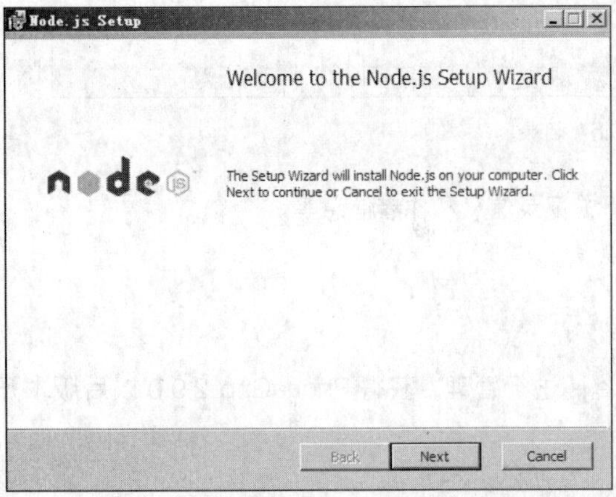

图 2-22　欢迎界面

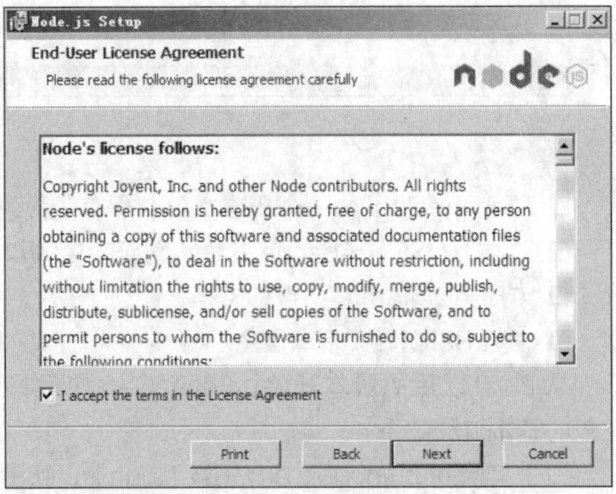

图 2-23　协议接受界面

（5）在弹出的安装路径界面中设置安装路径，然后单击“Next”按钮，如图 2-24 所示。

（6）在弹出的典型设置界面中单击“Next”按钮，如图 2-25 所示。

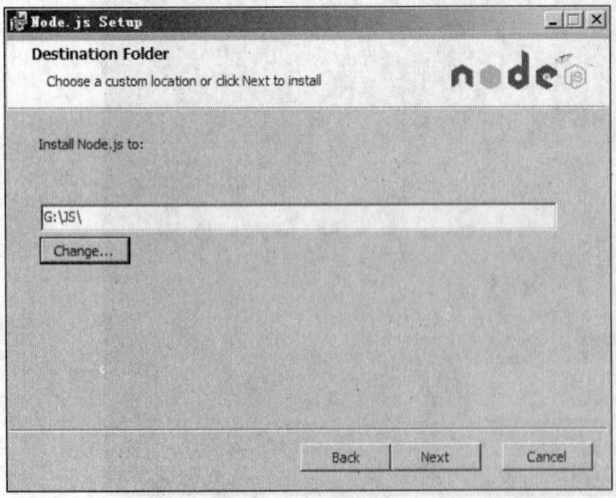

图 2-24　安装路径界面

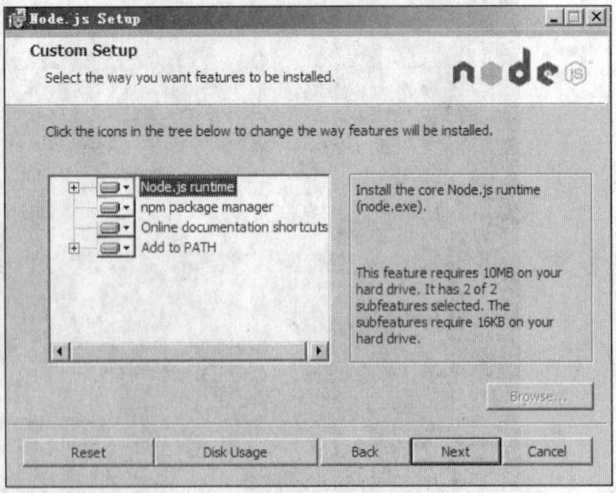

图 2-25　典型设置界面

（7）在弹出的准备安装界面中单击“Install”按钮开始安装，如图 2-26 所示。

（8）在弹出的安装界面中显示安装进度条，如图 2-27 所示。

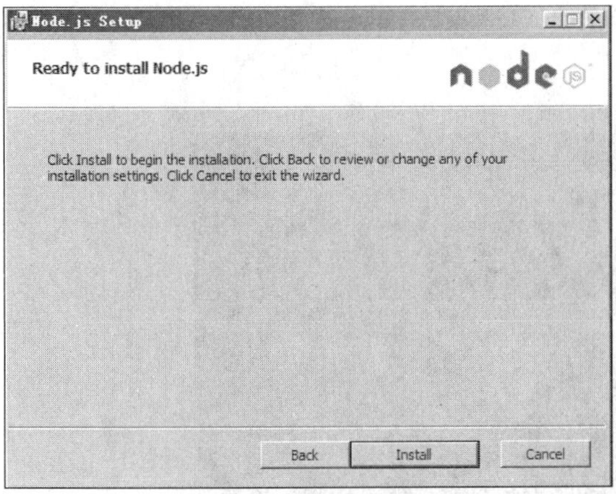

图 2-26　准备安装界面

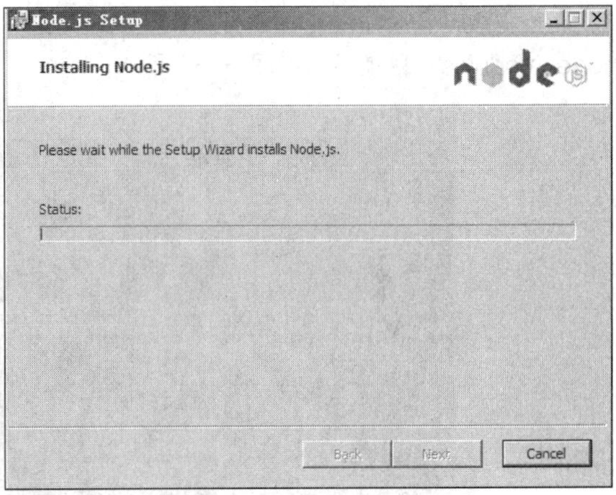

图 2-27　安装界面

（9）在弹出的完成界面中单击“Finish”按钮完成安装操作，如图 2-28 所示。

（10）接下来开始使用 Node.js 获得 PhoneGap，单击“开始”菜单中的“Node.js command prompt”选项，启动 Node.js，如图 2-29 所示。

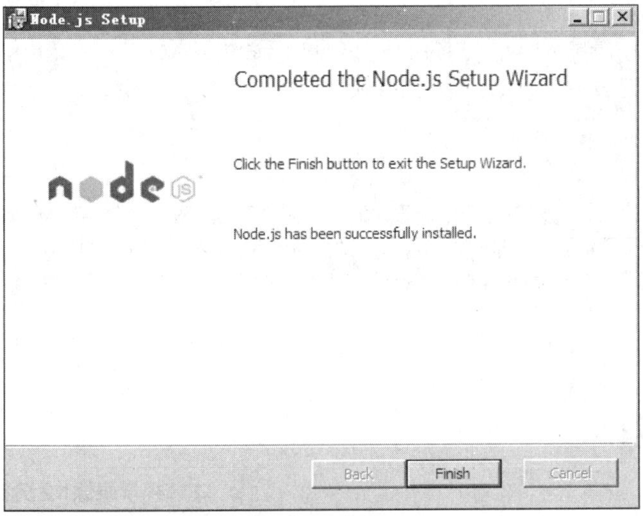

图 2-28　完成安装

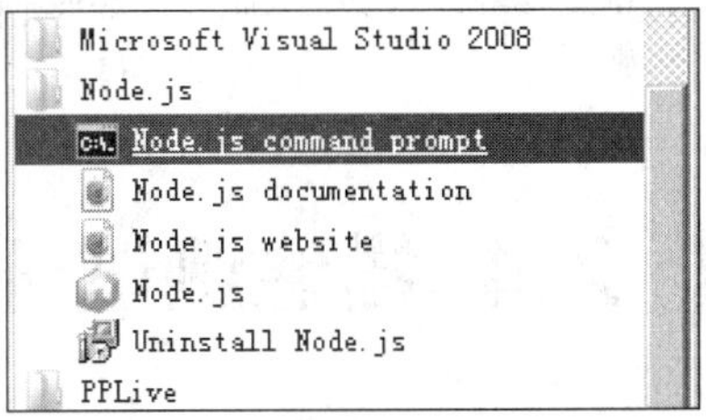

图 2-29　启动 Node.js

（11）在弹出的命令行界面中输入命令“npm install -g phonegap”进行安装，此时系统会自动检测并安装当前最新版本的 PhoneGap，如图 2-30 所示。

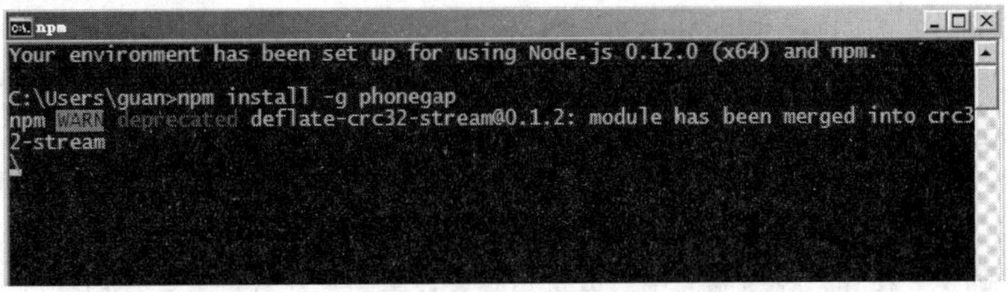

图 2-30　安装命令行界面

（12）通过安装命令行界面可知，获取后的文件保存在“C:\Users\ 用户名 \AppData\Roaming\npm\node_modules”目录下，如图 2-31 所示。

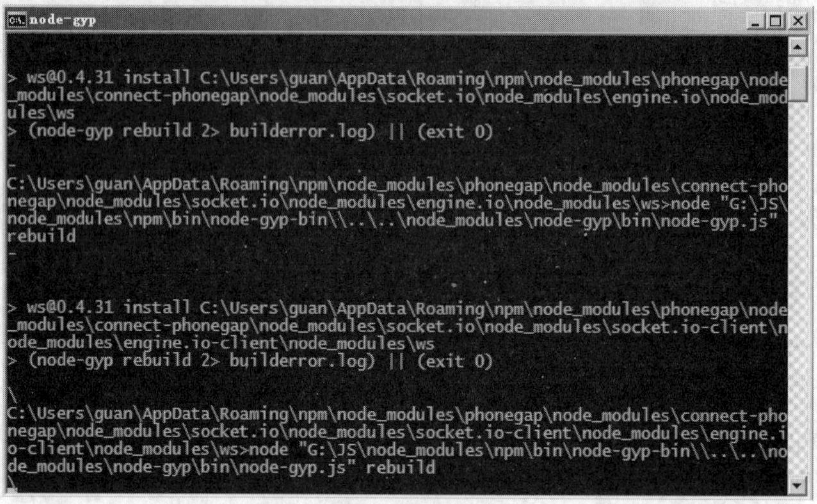

图 2-31　安装路径

注意

当用 Node.js 安装 PhoneGap 时，解决提示“not found git”的问题。

先登录 http://nodejs.org/ 下载安装 Node.js，然后执行命令：

```
npm install -g phonegap
```

有时会报错，提示“没有安装 git”。解决方法是下载 msysgit 并安装，然后设置系统环境变量，把 git 安装目录的 *\bin 目录添加到 PATH 中。若提示缺少 libiconv-2.dll，则需要单独下载 libiconv-2.dll，并放到 bin 目录中（git 做些简单的配置）。

2.4 搭建测试环境

本节视学录像：2 分钟

移动 Web 的开发过程是网页开发的过程，和传统网页开发相比，唯一的差别是这些网页需要在移动设备中运行。有时开发者不具备 iOS、Android 等软硬件测试平台，此时可以尝试借助于第三方工具进行简单的测试，例如 Opera Mobile Emulator。在开发过程中，搭建 Opera Mobile Emulator 移动 Web 测试环境的基本流程如下所示。

（1）登录 Opera 官方网站，如图 2-32 所示。

（2）下载 Opera Mobile Emulator，下载完成后会获得一个可运行文件，作者获得的是 Opera_Mobile_Emulator_12.1_Windows.exe，如图 2-33 所示。

（3）双击上述可运行文件进行安装，安装成功后双击“Opera Mobile Emulator”图标运行，初始运行界面如图 2-34 所示。此处选择语言“简体中文”。

（4）单击“确定”按钮，在新界面中可以进行相关设置，在此我们只需使用默认设置即可，如图 2-35 所示。

图 2-32　Opera 官方网站

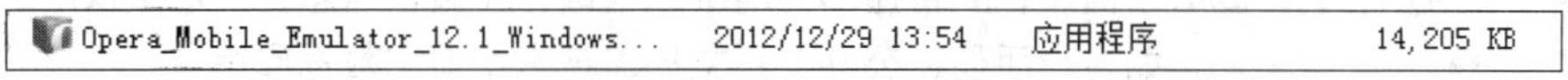

图 2-33　获得的可运行文件

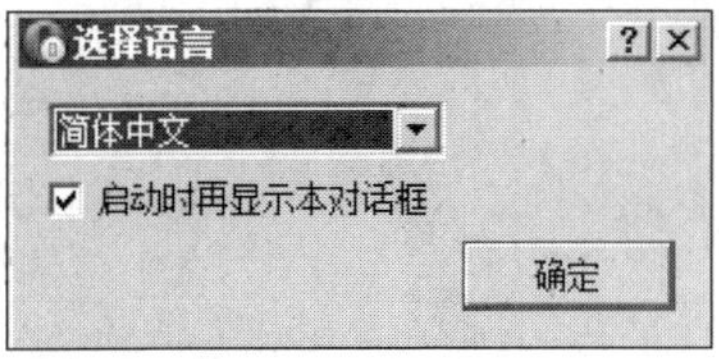

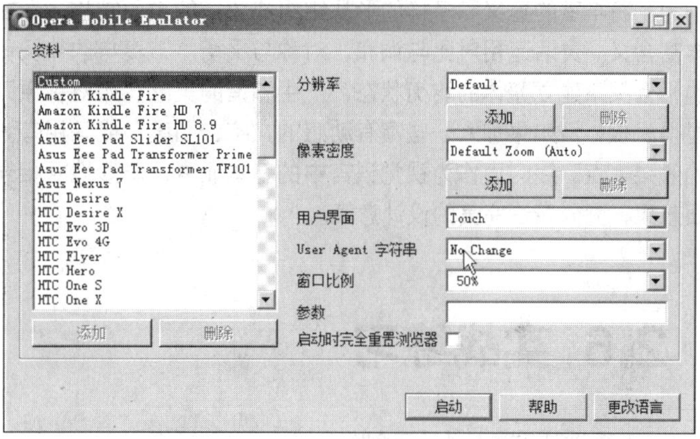

图 2-34　选择语言　　　　图 2-35　设置界面

（5）单击“启动”按钮后成功运行测试工具 Opera Mobile Emulator，如图 2-36 所示。

图 2-36　Opera Mobile Emulator 运行效果

2.5 高手点拨

1. 网页设计总体方案的主题要鲜明

在目标明确的基础上，完成网站的构思创意即总体设计方案。对网站的整体风格和特色做出定位，规划网站的组织结构。Web 站点应针对所服务对象（机构或人）的不同而具有不同的形式。有些站点只提供简洁的文本信息；有些则采用多媒体表现手法，提供华丽的图像、闪烁的灯光、复杂的页面布置，甚至可以下载声音和录像片段。好的 Web 站点把图形表现手法和有效的组织与通信结合起来。

为了做到主题鲜明突出，要点明确，我们将按照客户的要求，以简单明确的语言和画面体现站点的主题；调动一切手段充分表现网站的个性和情趣，做出网站的特点。

Web 站点主页应具备的基本成分包括：①页头，准确无误地标识你的站点和企业标志；② E-mail 地址，用来接收用户垂询；③联系信息，如普通邮件地址或电话；④版权信息，声明版权所有者等。

我们要充分利用已有信息，如客户手册、公共关系文档、技术手册和数据库等。

2. 实现网页设计形式与内容相统一

为了将丰富的意义和多样的形式组织成统一的页面结构，形式语言必须符合页面的内容，体现内容的丰富含义。灵活运用对比与调和、对称与平衡、节奏与韵律及留白等手段，通过空间、文字、图形之间的相互关系建立整体的均衡状态，产生和谐的美感。如对称原则在页面设计中，它的均衡有时会使页面显得呆板，但如果加入一些富有动感的文字、图案，或采用夸张的手法来表现内容，往往会达到比较好的效果。点、线、面作为视觉语言中的基本元素，巧妙地互相穿插、互相衬托、互相补充构成最佳的页面效果，充分表达完美的设计意境。

2.6 实战练习

1. 下载并安装网页设计三剑客。
2. 下载并安装 FrontPage。

第3章

本章教学录像：35 分钟

打造移动 Web 应用程序

在本书前面的内容中，已经详细讲解了搭建移动 Web 开发环境的方法。本章重点讲解在 Android 和 iOS 系统中创建移动 Web 程序的方法，为读者步入本书后面知识的学习打下了基础。

本章要点（已掌握的在方框中打钩）

- □ 创建通用网站的实现流程
- □ 将站点升级至 HTML5
- □ 将 Web 程序迁移到移动设备
- □ 搭建 Android 开发环境
- □ 搭建 iOS 开发环境

3.1 创建通用网站的实现流程

本节教学录像：8 分钟

要设计一个好的移动 Web 页面或应用程序，关键在于不要仅针对移动设备设计。W3C 将此称为“Design For One Web”，即“一次设计，能在所有设备运行”之意。在设计一个 Web 时，不应该只针对智能手机浏览器、平板电脑浏览器或桌面浏览器，好的设计应考虑到所有的设备类型。

在规划一个站点时，常规步骤是从桌面版开始，然后进入移动设备版。如果要设计一个移动设备应用程序，可以先从面向想要支持的移动设备浏览器开始规划，在完成移动设备网站设计后，再将其改进或改变为桌面浏览器版本。

3.1.1 确定应用程序类型

事前计划是网站及移动设备 Web 应用程序开发的关键。许多人常常径直坐下来就开始动手写代码，其实这是一种错误的做法。通过计划，会更清楚地了解到自己想要的是一个怎样的网站，以及如何将它实现。在具体开始之前，我们需要明白如下 7 个问题。

（1）要开发的 Web 应用程序的用途是什么？

（2）开发这个应用程序的目标是什么？

（3）应用程序的用户会是哪些人？

（4）该应用程序的竞争对手有哪些？

（5）对潜在的竞争者进行尽可能多的调查。他们产品的盈利是多少？市场占有率为多少？他们的优点和缺点分别是什么？

（6）还有什么其他风险可能影响到应用程序的成功？

（7）开发进度是怎样安排的？

在计划好应用程序的用途之后，接下来要设计应用程序的外观。例如绘制一个应用程序在智能手机或平板电脑上外观的简单原型。这里绘制步骤不需要任何美化操作，甚至不需要有颜色或图片，只要能够表现出页面外观的基本思路即可。

3.1.2 使用 CSS 改善 HTML 外观

在进行了应用程序功能及外观的基本规划后，就可以开始设计页面布局了。大多数设计者较倾向于先设计智能手机页面布局，因为它使用单列布局，而且 HTML 也很简单。

原始的 HTML 文档外观是很沉闷的，颜色为黑白色，没有图像或色彩，甚至没有调整各部分在布局中的位置。文本以长单列的方式按其在 HTML 中的顺序显示在页面上。但可以通过 CSS 来改变字体族及颜色，添加背景色和图像，甚至更改页面布局。

1. 更改字体

更改标题及正文文本的字体大小和字体族是经常要完成的设置。读者可能会认为由浏览器自动选择字体大小就可以了，但这是不行的——绝大多数计算机都以默认的 16 px（像素）来显示字体。对于在移动设备上运行的网站或应用程序来说，像素不能作为尺寸单位。正确的做法是根据浏览器来使用 ems 或百分比作为单位。

HTML 文档中的 em 相当于当前默认字体大小。因此，不带任何样式的 1 em 相当于 16 px，但这个字体大小实在太大了，许多开发者希望能将它缩小。尽管可以给字体一个小一点的 em 尺寸（例如，0.8 em），但是将默认尺寸减小然后再使用 em 是更便捷的做法。

例如将默认字体尺寸从 16px 减少到 10px（这是完成乘除算法最简便的数字），只需要在样式表中添加如下代码即可。

```
body {
   font-size: 62.5%;
}
```

注意，这里用的是百分比数字，16px 的 62.5% 就是 10px。当需要使用 14px 字体时，将段落标签设为 1.4 ems（14px 除以 10 为 1.4）。

```
p {
  font-size: 1.4em;
  line-height: 1.8em;
}
```

使用 ems 指定行高度也是一个不错的方法。漂亮的文本应当在行与行之间有合适的宽度，这样会使页面更易于阅读。通常将字体大小再加上 5 ～ 7px 作为行高。因此对于基本大小为 10px 的字体来说，相当于再增加 0.5em。在前面的代码中，只在字体大小基础上增加了 0.4em 作为行高。

2. 加入颜色及背景图像

可以使用许多方法来为应用程序或网站选择颜色。一些人的做法是选择一种最喜欢的颜色，或者从一幅图片的调色板中取色。若无法确定想用哪种颜色，网站 ColourLovers（www.colourlovers.com/）可以提供一些灵感，它们对 Web 调色板、模型及颜色进行了充分的讨论。

在前面的解谜程序中，使用蓝色和白色作为基本色，并为设计加入一些其他颜色。下面是应用程序中经常用到的一些颜色。

- #3c6ac3：用于基本蓝色。
- #3c3cc3：用于强调的深蓝色。
- #c3963c：用于标注的棕褐色。
- #000000：用于文本的黑色。
- #fffffF：用于背景的白色。

logo 区域会用到一个拼图碎片的图片，多准备几张图片是不错的主意，这样可以定期更换它们。如下所示，可以使用 color 属性来更改字体颜色。

```
color:#000000;
```

更改背景颜色使用的是 background-color 属性。

```
background-color: #3c6ac4;
```

还可以用 CSS 通过 background-image 来设定背景图像。该图像通过指定 URL 导入。

```
background-image: url('background.png');
```

这个语句将图片平铺贴片至背景。要避免重复贴片，可以使用 background-repeat 属性，然后使用 background-position 属性定义图片位置。还可以单独使用属性 background 来设置背景的图像、颜色、平铺及位置。

要在白色背景中加入一个背景图像，不重复，位于容器元素左上角往下往右各 1em 时，可以写为：

```
background: #fff url(background.png) no-repeat 1em 1em;
```

3. 设置布局样式

在平板电脑等大的屏幕上，需要创建双列布局，增加包含其他信息的页脚，这样做在设计上的好处是加重了页面底部，吸引用户往下看，从而浏览整个页面。此类布局的有趣之处在于它如何处理移动设备及非移动设备页面。通常希望在小于 480 像素的设备窗口中阅读单列布局，而在更大的浏览区域上阅读双列布局（以及四列页脚）。而在拥有宽度小于 320 像素的浏览区域的设备上，还希望去掉图片，这样页面能显示得更快，并且不会占据许多空间。

当使用 CSS3 媒体查询时，应当忽略会在不同设备上保持一致的样式。主 CSS 样式表应包括媒体类型 all 或 screen，以便让所有设备读取。因此可以使用媒体查询样式表来修改主样式。

接下来将学习如何在 Web 应用程序中加入媒体查询，以支持特定手机、智能手机、平板电脑以及计算机浏览器。这里的平板电脑及浏览器使用相同的样式表，但是也可以为平板电脑设计一个专用样式表。

第 1 步：在文档的 <head> 中链接主样式表。

第 2 步：在该样式表中为小于 320 像素宽的特定手机加入第一个媒体查询样式表。

```
<link rel="stylesheet" href="styles-320.css" media="only screen and (max-width:320px)">
```

第 3 步：为宽度为 320 ～ 480 像素的智能手机加入媒体查询。

```
<link rel="stylesheet" href="styles-480.css" media="only screen and (min-width:320px) and (max-width:480px)">
```

可以将 Web 浏览器宽度调整至小于 320 像素宽或 320 ～ 480 像素宽，然后检测样式表的工作情况。之后刷新页面，页面会随之变化。此处需要注意的是：如果在 iPhone 或 Nexus 这类设备中进行测试，看到的是网站的完整版而非智能手机版。这是因为这类设备的实际 DPI 的宽度大于 480 像素。

3.1.3 加入移动 meta 标签

加入移动 meta 标签的目的是更有效地创建 HTML5 页面，在按照之前的引导创建网站移动设备版的过程中，读者可能已经意识到现代智能手机不会显示单列布局。这是因为当媒体查询询问测览器宽度时，Android 手机会根据它的分辨率报告宽度，将会看到完全版的双列布局样式，这种布局对小屏幕并不友好。虽然在 Android 上可以进行缩放，但那是一个额外的操作。在这种情况下，可以使用 meta 标签来通知浏览器以设备宽度而非 DPI 宽度作为 width 值。可以使用 viewport meta 标签来做到这一点，例如：

```
<meta name="viewport" content="width=device-width">
```

可以使用如下的 meta 标签来让 Web 应用程序对移动设备更加友好。

- mobileOptimized：此标签为 Pocket IE 设计。它用于指定内容的宽度(单位为 px)。当此标签存在时，浏览器强制将布局设为单列。
- handheldFriendly：AvantGo 和 Palm 最初使用此标签来标记不应在移动设备上被缩放的内容。该内容在移动设备页面上的值为 true，非移动设备页面值则为 false。
- Viewport：此标签用来控制浏览器窗口的尺寸及缩放比例。
- apple-mobile-Web-app-capable：如果此标签的 content 属性为“yes”，则 Web 应用程序以全屏模式运行；若为“no”则反之。
- apple-mobile-Web-app-status-bar-style：如果应用程序运行于全屏模式下，可以将移动设备上的状态栏改为“black”或“black-translucent”。
- format-detection：此标签用于开关相关电话号码的自动侦测，其值可为 telephone=no，默认为 telephone= yes。
- apple-touch-startup-image：其实这并不是一个 meta 标签，而是一个 <link>。可以使用它来指定应用程序启动时显示的启动画面。
- apple-touch-icon 和 apple-touch-icon-precomposed：也不属于 meta 标签，当将 <link rel=“apple-touch-icon” href=“/icon.png”> 添加至文档后，可以指定一个图标将应用程序保存至主界面。

注意 在 Android 1.6 及以前的版本中，并不能很好地支持上面介绍的 meta 标签。在大部分情况下，必须加入应用程序的 meta 标签仅有 viewport。使用此标签的最好方法是将应用程序宽度设为与设备宽度相同。这样应用程序可以在浏览器下缩放，而用户不需要放大后才能看清该程序。

在使用 viewport 标签时，可以调整如下所示的属性。

- width：viewport 的像素宽度，默认值为 980。其范围为 200 ～ 10000。
- height：viewport 的像素高度。它的默认值根据宽度及设备屏幕纵横比而定。其范围为 223 ～ 10000。
- initial-scale：应用程序启动时的缩放比例。用户可以在此之后再自行缩放。
- minimum-scale：viewport 的最小缩放值。默认值为 0.25，其范围为 0 ～ 10.0。
- maximum-scale：viewport 的最大缩放值。默认值为 1.6，其范围为 0 ～ 10.0。
- user-scalable：可以通过设定其值开启或关闭用户的缩放权限。默认值为“yes”，将它设为“no”则不允许缩放。
- device-width 和 device-height：用于定义输出设备的可见宽度及高度。

可以通过在 meta 标签中以逗号分隔的方式设置多个 viewport 选项。例如：

```
<meta name="viewport"content="width=device -width,   user - scalable=no">
```

3.2 将站点升级至 HTML5

本节教学录像：9 分钟

网站建设工作是一个需要付出很多努力的工作，其中最大的挑战之一就在于什么时候应该把现有站点升级至新技术。本节将简要讲解 HTML5 和 HTML4 之间的不同，以及哪些浏览器支持什么特性。但浏览器是否支持也并非唯一决定因素。HTML5 的一些特性可以让网站变得更好，即使不能获得所有浏览器支持。一些特性甚至可以将一个标准网站转化为专业级移动设备应用程序。

3.2.1 确定何时升级和升级的具体方式

自从 1990 年以来，HTML4 和 HTML 4.01 都已获得许多浏览器的支持，并在 1998 年成为标准。使用一种已完成标准的好处在于它的浏览器支持带有普遍性，或者至少是应当具有普遍性。

但在考虑长期保持 HTML4 之前，应当考虑以下几点。

- ❑ HTML4 的浏览器支持并非如想象般广泛，其实当今最流行的浏览器并不支持此标准。
- ❑ 许多设备用的浏览器并不支持全部的 HTML4，甚至只是最低限度地支持它。
- ❑ 许多设备用的浏览器能很好地支持 HTML5，而它们的使用率正在增长。
- ❑ 如果计划在未来几年开发一个 Web 产品，停留在 HTML4 会是一个糟糕的决定。

HTML5 比 HTML4 提供更多的特性及功能，而且使用它的设备正在逐渐普及。

1. 现有标准的通行浏览器支持

截至 2012 年底，IE 是市面中最受欢迎的浏览器之一。除此之外，其他流行的浏览器包括 Firefox、Chrome 和 Safari。流行的移动设备浏览器包括 Opera、Android 和 iOS Safari。虽然移动设备浏览器在 HTML5 支持方面并没有走得太远，但至少它们表现得要比 IE 好。桌面浏览器包括 Firefox、Safari、Chrolrie 和 Opera 等都能提供良好的 HTML5 支持，能支持超过 70% 的 HTML5 标准特性。移动设备浏览器对 HTML5 的支持稍微逊色，例如 Android 3.0 及 Opera Mobile 11.5 支持 HTML5 超过 60% 的特性，而 Android 2.3 仅支持不到 50% 的特性。由此可见，在使用 HTML5 设计页面时，唯一需要担心的浏览器是 IE。

2. 一步一步升级

最好的升级网站的做法是逐渐进行的，它也被称为“迭代设计”（Iterative Design）。迭代设计是在大量测试的基础上，让网站缓慢而逐渐变化的过程。与其设计一个标新立异的网站，不如使用迭代设计不断增添几乎不为用户察觉的细微变化。

在考虑升级到 HTML5 时，可以考虑如下所示的因素。

- ❑ 访问网站的浏览器类型。
- ❑ 访问网站的移动设备数量。
- ❑ 网站可以从 HTML5 升级中得到什么好处。
- ❑ 需要为主要设计提供什么资源。

网站的逐渐升级应当从访问量最少的冷门页面开始。如果在升级过程中出现大问题，它对用户造成的影响也会相对较少，这样修复问题所做的工作也会相对轻松。

在站点上逐渐添加 HTML5 时，可以使用隔离测试（让一些用户使用旧版本，另一些用户使用新版本），这样将两者相比较就可以观察出新特性的运作情况，也非常利于研究和改进自己的升级手段。可以使用 Google Website Optimizer（www.google.com/Websiteoptimizer/b/index.html）在网站上进行隔离测试。

3. 调查来访浏览器的类型

在升级网站时，首先需要考虑的是什么样的浏览器能支持将要使用的技术。可以访问 W3Counter.com 这类网站，然后发现拥有最大市场占有率的浏览器仍是 IE，从而放弃使用 HTML5。如前所述，许多开发者正是这样做的。

但 W3Counter.com 仅仅提供了它所追踪的网站数据。它确实追踪了许多网站，但还有许多别的网站，例如 Apple.com。尽管可能会有一些使用 IE 的用户访问了 Apple.com，但在该站上的浏览器市场占有率应该与 W3 Counter.com 上的截然不同。也许一个网站会有 76% 的 Firefox 用户，这类网站的开发者便不需要考虑 IE 支持。

由此可见，不可能同时良好地兼容所有的浏览器，因此在改动网站之前，先参考一下网站访问统计数据，确定最常见的十种访问站点的浏览器以及对应版本都是什么。鉴于大部分网站的移动设备访问用户数量完全无法与普通浏览器访问用户数量相比，建议将移动设备浏览器访问用户另行统计，这样可以更清楚地了解站点上的浏览器使用类型的变化以及需要考虑的浏览器类型。

在知道了 10 款访问最多的桌面浏览器以及移动设备浏览器都是哪些之后，可以开始设计要在网站中添加何种 HTML5 特性了。

4. 总结移动互联网浏览趋势

在了解到访问网站的常见浏览器类型后，可能会针对它们来设计网站。但浏览器的使用率一直在改变，网站现在并没有很多来自移动设备的访问，并不意味着将来也会如此。在 2010 年 12 月，美国及英国只有 20% 的互联网用户从不通过移动设备浏览网络；而在非洲和亚洲，这个比例是 50%。定期使用移动设备浏览网络的人群数量正在增长，而随着平板电脑日趋普及，这种增长会越来越明显。所有网站的移动设备用户在未来都会持续增长，如果编写支持移动设备的页面，网站将会屹立于时代潮流前沿。

HTML5 非常适合支持移动设备。Android 设备正在日趋普及，因此开发基于标准并在这两种系统上运行的应用程序，也会越来越具性价比。HTML5 作为一个正在这些平台上积累支持的标准语言，它的发展是一个自然的进程。

3.2.2 升级到 HTML5 的步骤

将现有 Web 页面从 HTML 4.01 升级至 HTML5 的步骤如下所示。

（1）将 doctype 改为新的 HTML5 doctype：<!doctype html>。这个操作不会对浏览器造成任何影响，若该 doctype 无法被浏览器识别，浏览器只会将其忽略。新的 doctype 更小，能够帮助用户节省需要加载的字节。

（2）使用新的字符集 meta 标签。<meta charset utf-8> 标签已经被所有主流浏览器支持。

（3）简化 < script> 和 <style> 标签。不再需要为 JavaScript（ECMAScript）或是层叠样式表特意指定 type 属性，因此关闭此属性将使 HTML 变得更流畅。

（4）链接整个区块而非区块中的文本。把 <a> 标签围绕在 <p> 周围不会给浏览器带来问题，而将整个段落进行链接比单击其中一到两个词更容易，这种链接包括了该段落区块中的所有元素。

（5）使用表单输入类型。在需要电话号码时使用 type=tel，需要电子邮件地址时使用 type=email。不支持这些类型的浏览器会像平时一样显示文本输入字段，支持此类型的浏览器将提供额外的功能。

（6）使用 <video> 及 <audio> 标签添加视频及音频，并为旧浏览器提供回退方案。

（7）即便不使用 HTML5 标签，也可以使用区块元素作为文档的 class 名。例如可以使用 <div class="header"> 代替 <header>。

（8）在所有合适的地方使用语义标签。例如 <mark> 及 <time> 这类标签为内容提供额外信息，无法辨识此类标签的浏览器仅仅只会将它们忽略。

3.2.3 将 HTML5 特性作为额外内容添加至网站

为网站添加 HTML5 特性的一个办法，是把它们当作额外内容进行添加。如果浏览器不支持，用户还是可浏览原本的内容。而在浏览器支持它们的时候，用户就能享受到额外的好处。下面是一些现在就可以添加至页面的 HTML5 元素。

- figure 和 figcaption：定义所包含的内容区块。
- Mark：高亮显示一段文字。
- Small：这是一个HTML4标签，在HTML5中不仅可以表示小字号文本，还可以用来定义小注。
- Time：定义日期及时间。

除了使用上述元素外，还可以使用其他方法来借助 HTML5 改进网站。具体说明如下所示。

- 不需要为属性加上引号。如果属性内不包含空格，则可以去掉引号。这种做法简化了代码并减少了需要下载的字符数。
- 使用新的 doctype:<!doctype html> 格式，新格式更短，而且完全不会影响浏览器的处理。
- 不需要考虑大小写。HTML5 对标签和属性的大小写没有任何要求。

下面是一些新的 HTML5 表单特性。

- 使用占位符属性。占位符文本用于提示表单区域该如何填写。
- 定义必填字段，并始终在服务器端以及客户端同时验证该字段。无法支持此特性的浏览器会将它忽略。
- 设置自动焦点。自动焦点会将光标放置在第一个表单元素中。通常会用 JavaScript 来实现这个功能，因此加入 autofocus 属性不会造成任何影响。
- 本地存储检查选项。本地存储为数据提供更多空间，从而改进表单及应用程序。
- 很多浏览器支持 CSS3。使用它能够使网站得到很大的改善。
- (SVG) 可伸缩矢量图 SVG 能被 Android2.3 以外的所有浏览器的当前版本支持。

另外，还有一些实际上并不属于 HTML5 的特性，但它们同样能给网站增添更多活力。

3.2.4 使用 HTML5 为移动 Web 提供的服务

HTML5 不仅能改进面向桌面浏览器的网站，它的一些特性更是为移动设备量身打造的，具体说明如下。

- 地理定位：这是一个 HTML5 独有的 API，移动设备非常需要定位服务。
- 离线应用程序：因为移动设备经常处于移动中，而且并非始终在线，而离线应用程序在无论是否存在网络连接时都可以使用，因此十分适合移动设备。
- 语音识别：HTML5 将 speech 属性加入表单标签中，而对手机说话比在上面写字要简单得多。
- 新输入类型：新的表单输入类型让表单在移动设备上变得更容易填写。
- 标签 canvas-canvas：此标签十分适合用来在移动设备应用程序中添加动画、游戏以及图像。
- 视频及音频标签：这两种标签在 Android 以及 iOS 下都能获得很好的支持，可以使用它们来轻松地在 Web 应用程序中添加视频及音频。
- 移动设备事件 touchstart 和 touchmove：此事件是专为触屏式移动设备设计的。

3.3 将 Web 程序迁移到移动设备

本节教学录像：6 分钟

开发移动 Web 应用程序需要很多时间和精力，其中最重要的是让该网站或应用程序变得尽可能具有普遍的适应性。其实在日常应用中，有许多软件工具以及开发技巧可以让开发的移动设备应用程序或者将现有网站转化为移动网站。在本节的内容中，将详细讲解检测现有文档的移动设备支持的工具，并介绍了在使用基本元素设计应用程序过程中用到的一些技巧。

3.3.1 选择 Web 编辑器

在开发移动 Web 应用程序的过程中经常用到 Web 编辑器工具，通过专业的 Web 编辑器或是集成开发环境可以为设计人员提供更丰富的功能。专业 Web 编辑器以及 IDE 提供了如下所示的特性。

- 代码校验。
- 浏览器预览。
- 网站文件管理。
- 项目管理。
- 脚本调试。
- 与其他工具的集成。

在当前的市面应用中，最常用的移动应用程序 Web 编辑器如下所示。

- Dreamweaver：Dreamweaver CS 的最新版本集成了 PhoneGap。
- Komodo IDE：支持许多不同编程语言，它也是一款使用 iQuery 来创建 HTML5 应用程序的很不错的文本编辑器。
- TopStyle：TopStyle（www.topstyle4.com/）是一款用于 Windows 的 CSS 编辑器，包含了许多 HTML。它提供的功能包括移动设备预览以及移动用户脚本，是用来编辑移动 Web 应用程序的很不错的选择。
- SiteSpinner Pro：是一个 WYSIWYG（What You See Is What You Get，所见即所得）的 Windows 编辑器，它提供作用于移动设备上的脚本以及预览。

读者们可以选择一款 Web 编辑器来创建 Web 应用程序，或者将现有网站转化为移动版。如果已经有正在使用的 Web 编辑器，那么也没什么必要进行改变。但是如果你还在用非专业 HTML 的文本编辑器（例如 Notepad 或 TextEdit）来编辑 Web 页面，那么应当改为使用 Web 编辑器，以便让开发工作的效率变得更高，而且更加顺利。

3.3.2 测试应用程序

测试应用程序的第一步是看应用程序目前在移动支持方面的状况。首先请在尽可能多的移动设备上记录测试结果，即便只测试一台移动设备也比什么都没有测试要好。在大多数情况下，测试时的最大问题是发现网站对移动设备不够友好，下面列出了常见的不够友好的原因。

- 标题尺寸偏小。
- 移动网站不应该有两级导航。
- "Recent Posts"标题占用空间太大。
- 实际颜色与设计时挑选的颜色有偏差。

测试 Web 页面以及应用程序的最好的工具之一是验证器，可以选择许多不同的 Web 应用程序验证器，主要包括如下所示的几种。

- HTML 验证器：确认 HTML 是否正确。
- 可访问性验证器：检查 Web 页面是否能被屏幕阅读器正常读取。
- 编码验证器：检查脚本、CSS 以及 API 调用。它也被称为 lint，例如 JS lint 用来检查 JavaScript。

- 移动验证器：针对如何面向移动设备改进页面提供建议，经常带有模拟器功能。

3.3.3 移动网站的内容特点

在当前 Web 设计应用中，移动网站的内容应当包括如下所示的特点。

- 简短：设备越小，单次下载的内容就应当越简短。因此，在 iPad 或桌面电脑上可能一次性下载完的一个整页的文章，在功能手机上下载时应当分割为几部分下载，或仅仅下载标题。
- 直接：要在小型设备上迅速吸引读者的注意力，因此所有与主题无关的内容都应删除。
- 易用：在功能手机上单击返回键比填写表单要容易得多。因此要让移动内容，特别是针对小型设备的移动内容尽可能简单易用。
- 专注于用户需求：设备越小，越该注意仅向用户提供他们所需的最基本的功能。另外，不要只考虑需要移除的内容，还应当考虑在页面上加入什么样的功能，以使移动用户的任务处理更为便捷。可以加入移动页面的功能包括以下几种。
- 回到首页链接：方便用户随时可以返回到首页。
- 电子邮件链接：加入链接让访问者可以将页面的某些部分邮寄给自己或其他人。这样做一方面推广了页面，另一方面由于在电脑上读取网站比在功能手机上简单得多，这样做实际上也提高了移动用户的使用效率。
- 附加服务：加入 Mobilizer、Read It Later 以及 Instapaper 这类附加服务链接可以让移动用户将内容保存起来，并在方便的时候再进行阅读。

3.3.4 为移动设备调整可视化的设计

移动设计有许多共通之处，但不幸的是，其中最大的共通之处在于它们都十分丑陋。其中原因在于人们接受了本章之前提到的理念，并将它理解为应当“以最低标准进行设计”。但事实上这是最为错误的理解，可视化设计的核心理念不在于让网站在所有环境下看起来雷同，而在于让网站在目标客户眼中美轮美奂，在其他大部分设备上至少也该做到功能正常。

在移动设计应用中有一些常见的典型设计，这些设计让应用程序变得更具亲和力，而且更容易使用。具体说明如下所示。

- 要尽量简单，特别是在针对功能手机的设计中，有必要将图片数量尽可能控制在最小。尽量在一页里提供足够的内容，这样用户就不用频繁地单击新页面。
- 按钮通常在屏幕顶端，位于标题旁边，用于帮助移动用户进行导航。此类按钮包括下一页（通常位于右侧）、上一页（通常位于左侧）、更多信息、信息目录，以及所有对当前页面有意义的东西。
- 确保列表阅读起来比段落要轻松得多，并且列表应尽量简短，在功能手机上每栏 3 ～ 5 个字，在智能手机上每栏 5 ～ 10 个字。
- 宣传图片通常位于标题处，可能包括一个单行简介以及一个单击便可阅读全文的箭头。需要在小屏幕上展示许多项目时，这是一个很好的做法。
- 移动设备上的菜单可以十分复杂，而最常见的菜单图案为单列选项（通常长度为一两个字），在单击时可以展开次级菜单。
- 鉴于大部分网站都将移动网站的内容分为许多页，需要为页面之间的切换设计一种简单的方法。常见做法是在内容下方加入一个水平列表，当前页面显示为粗体且不带链接，而其他页面的数字两侧有“上一页”及“下一页”。即便页面数量大于 5 页，也应当在列表中显示最多 5

个页面数字。

- 连续页面在用户滑动至页面底部时持续加长。这种做法加快下载速度，并让用户可以在不单击任何按钮或链接的情况下连续阅读。
- 选项卡是一种是应用广泛的导航设计，在桌面设计上的使用率和移动设计上差不多。它们可以被放在同一行中，因此十分适合作为项级导航存在。
- 可以将内容隐藏在触发按钮下，这样可以让页面包含更多内容且不会让用户感觉阅读吃力。这个功能对于移动设备来说非常好，因为页面加载的同时所有内容已下载，隐藏内容也同样被下载。
- 将移动页面设计为先加载内容，再加载广告及导航。如果某些内容对于移动用户来说并没有太大必要，例如侧边栏，那么可以将它隐藏起来。
- 虽然说让移动设计的外观与电脑设计的外观保持完全相同并没有必要，但至少这两者应该尽量相似，具体体现在 logo、颜色以及版权信息等，这些信息应在两种网站上都一致。

3.3.5 HTML5 及 CSS3 检测

要开发 HTML5 网站或应用程序，Modernizr 是一款最好的工具之一。这是一个小型 JavaScript 库，用来检查 CSS3 及 HTML5 支持，并为不支持相关功能的浏览器提供回退方案。

读者可以从 www.modernizr.com/ 上下载 modernizr-x.x.min.js 脚本，然后将文件加入网站目录中，通过如下格式将脚本添加至文档的 head 部分。

```
<script src="modernizr-#.#.min.js"></script>
```

然后通过如下格式加入 no-js 类。

```
<html class="no-js">
```

这样 Modernizr 就安装完成了。它将自动加载并检测 40 多种 CSS3 和 HTML5 函数。还可以添加当前并不包含在 Modernizr 中的检测内容。但是 Modernizr 并不能检测所有东西，还是要为一些特征加入标准浏览器嗅探、浏览器判断（举例来说，当存在 document.all 这种指定特性时，浏览页面的浏览器就必须为指定类型），或者为所有浏览器提供一个回退机制。

Modernizr 不能检测以下内容。

- 网页表单中的日期及拾色器功能。
- Android 移动设备上的 contenteditable 属性，用于允许用户编辑指定内容。
- 音频及视频中的 preload 属性支持。
- 软连字符 () 以及 <wbr> 标签支持。
- HTML 实体的解析。
- PNG 透明度。

至于其他无法检测的内容，读者可以登录如下所示的地址查看。

```
https://github.com/Modernizr/Modernizr/wiki/Undetectables
```

1. 多设备支持

面向整个互联网设计网站是美好的愿望，这也是 W3C 的理想。但实际上如果想让应用程序在各种设备上可用，就要为不同的设备及浏览器预留空间。

框架是一种解决办法，它将复杂技术整合在一起作为对象供人使用。典型的 HTML 框架会提供布局网格、排版，以及导航、表单、链接这类对象。可以使用一些 HTML5 移动框架来创建可同时在 iOS 及 Android 这两种移动设备上使用的 HTML5 应用程序。下面是一些值得推荐的 HTML5 移动框架。

（1）Sencha Touch-Sencha Touch

这是一种 JavaScript 框架，可以利用它来创建应用程序，这类应用程序在 iOS、Android 以及 Blackberry 上看起来像本地应用程序。

（2）jQuery Mobile

源自 jQuery，用于为 iOS、Android、Blackberry、WebOS 以及 Windows 手机开发页面。

（3）PhoneGap

PhoneGap 不仅仅是一款框架，不仅可以创建移动应用程序，还可以用它来将 HTML5 应用程序转化为原生移动应用程序。通过 PhoneGap，可以将上述任何一款框架转化成可以在 Android 及 Apple 电子市场上出售的应用程序。如果只使用一种框架，最好选择 PhoneGap。

2. 在其他设备上进行测试

应用程序测试是开发过程中的一个重要环节，应当先在自有设备上进行测试，然后再设法在其他设备上测试。通常来说，可以通过以下 3 种方法在自己没有的设备上进行测试。

- ❑ 购买或租赁设备。
- ❑ 请求他人帮助。
- ❑ 使用模拟器。

3. 桌面模拟器测试

在测试应用程序时，也可以使用模拟器来测试。最好的模拟器是可以在桌面电脑上运行的模拟器，Android 模拟器可以从网站 http://developer.android.com/sdk/index.html 获取。

4. 在线模拟器

在线模拟器的效果比不上桌面模拟器，因为它们功能更少，不过使用起来很方便。通常有以下在线模拟器。

- ❑ Opera Mini Simulator (www.opera.com/mobile/dem0/)。
- ❑ DeviceAnywhere (www.tryphone.com/)。
- ❑ BrowserCam (www.browsercam.com/)。

3.4 搭建 Android 开发环境

本节教学录像：10 分钟

对于本书内容来讲，搭建 Android 开发环境的过程不仅是搭建应用开发环境的过程，而且还是搭建移动 Web 开发环境的过程。在本节的内容中，将详细讲解搭建 Android 移动 Web 开发环境的基本知识。

3.4.1 安装 Android SDK 的系统要求

在搭建之前，一定先确定基于 Android 应用软件所需要开发环境的要求，具体如表 3-1 所示。

表 3-1　开发环境所需的参数

项目	版本要求	说明	备注
操作系统	Windows XP 或 Vista Mac OS X 10.4.8+Linux Ubuntu Drapper	根据自己的电脑自行选择	选择自己最熟悉的操作系统
软件开发包	Android SDK	选择最新版本的 SDK	最常用的版本是 5.0
IDE	Eclipse IDE+ADT	Eclipse3.3 (Europa), 3.4 (Ganymede) ADT(Android Development Tools) 开发插件	选择"for Java Developer"
其他	JDK Apache Ant	Java SE Development Kit 5 或 6 Linux 和 Mac 上使用 Apache Ant 1.6.5+，Windows 上使用 1.7+ 版本	不能只安装 JRE，必须安装 JDK

Android 工具是由多个开发包组成的，具体说明如下。

- JDK：可以到网址 http://java.sun.com/javase/downloads/index.jsp 下载。
- Eclipse（Europa）：可以到网址 http://www.eclipse.org/downloads/ 下载 Eclipse IDE for Java Developers。
- Android SDK：可以到网址 http://developer.android.com 下载。
- 还有对应的开发插件。

3.4.2 安装 JDK

JDK（Java Development Kit）是整个 Java 的核心，包括 Java 运行环境、Java 工具和 Java 基础的类库。JDK 是学好 Java 的第一步，是开发和运行 Java 环境的基础，当用户要对 Java 程序进行编译的时候，必须先获得对应操作系统的 JDK，否则将无法编译 Java 程序。在安装 JDK 之前需要先获得 JDK，获得 JDK 的操作流程如下所示。

（1）登录 Oracle 官方网站，网址为 http://developers.sun.com/downloads/，如图 3-1 所示。

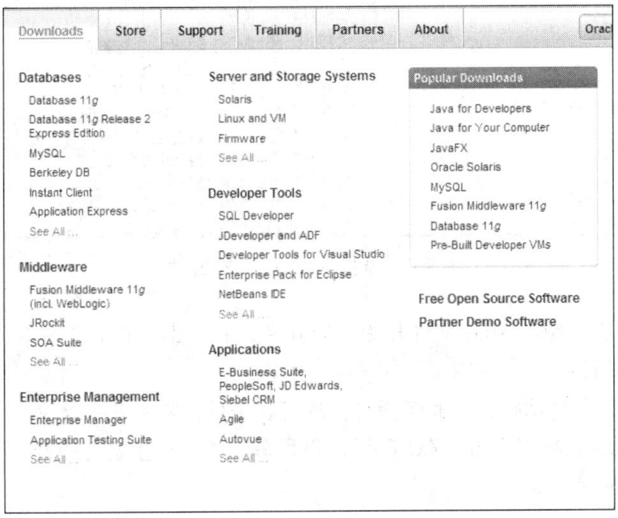

图 3-1　Oracle 官方下载页面

（2）在图 3-1 中可以看到有很多版本，在此选择当前最新的版本 Java 7，下载页面如图 3-2 所示。

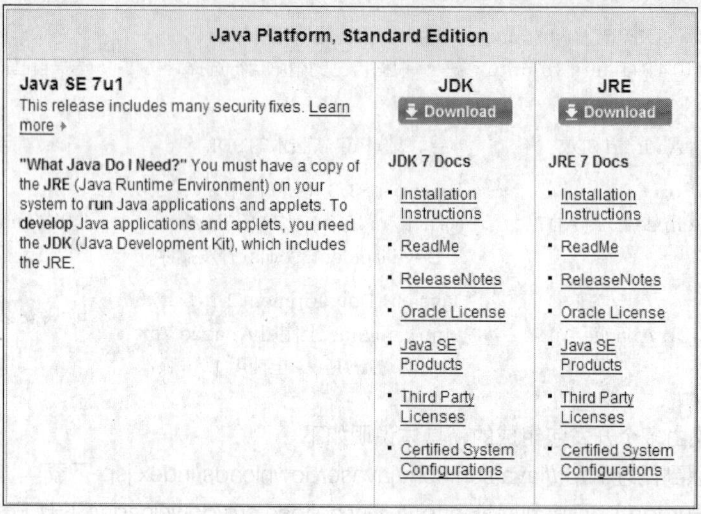

图 3-2　JDK 下载页面

（3）在图 3-2 中单击 JDK 下方的【Download】按钮，在弹出的新界面中选择将要下载的 JDK，笔者在此选择的是 Windows X86 版本，如图 3-3 所示。

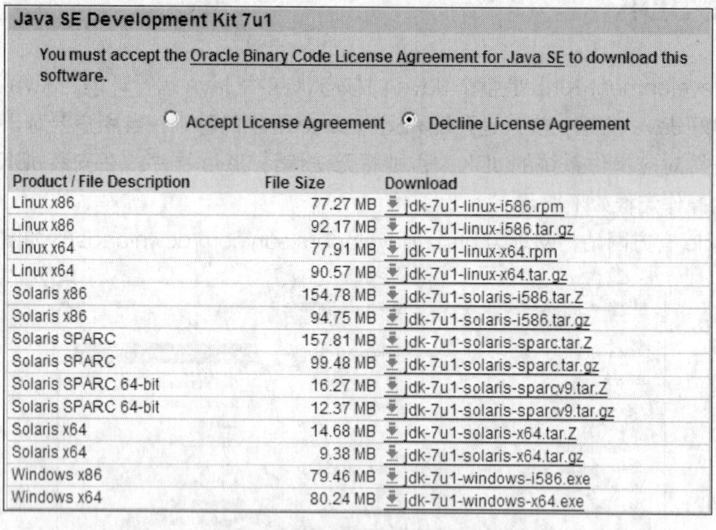

Product / File Description	File Size	Download
Linux x86	77.27 MB	jdk-7u1-linux-i586.rpm
Linux x86	92.17 MB	jdk-7u1-linux-i586.tar.gz
Linux x64	77.91 MB	jdk-7u1-linux-x64.rpm
Linux x64	90.57 MB	jdk-7u1-linux-x64.tar.gz
Solaris x86	154.78 MB	jdk-7u1-solaris-i586.tar.Z
Solaris x86	94.75 MB	jdk-7u1-solaris-i586.tar.gz
Solaris SPARC	157.81 MB	jdk-7u1-solaris-sparc.tar.Z
Solaris SPARC	99.48 MB	jdk-7u1-solaris-sparc.tar.gz
Solaris SPARC 64-bit	16.27 MB	jdk-7u1-solaris-sparcv9.tar.Z
Solaris SPARC 64-bit	12.37 MB	jdk-7u1-solaris-sparcv9.tar.gz
Solaris x64	14.68 MB	jdk-7u1-solaris-x64.tar.Z
Solaris x64	9.38 MB	jdk-7u1-solaris-x64.tar.gz
Windows x86	79.46 MB	jdk-7u1-windows-i586.exe
Windows x64	80.24 MB	jdk-7u1-windows-x64.exe

图 3-3　选择 Windows x86 版本

（4）下载完成后双击下载的 .exe 文件开始进行安装，将弹出“安装向导”对话框，在此单击【下一步】按钮，如图 3-4 所示。

（5）弹出“安装路径”对话框，在此选择文件的安装路径，如图 3-5 所示。

（6）在此设置安装路径为“E:\jdk1.7.0_01\”，然后单击【下一步】按钮开始在安装路径解压缩下载的文件，如图 3-6 所示。

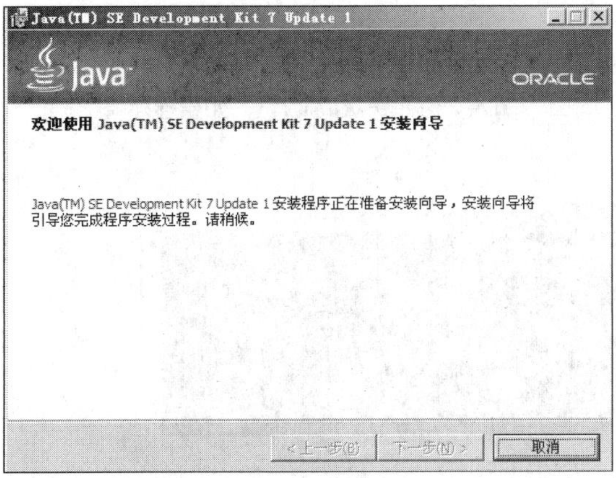

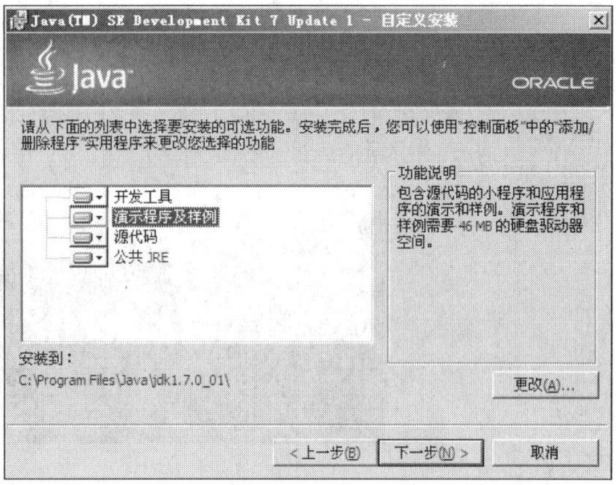

图 3-4　“许可证协议”对话框

图 3-5　“安装路径”对话框

（7）完成后弹出“目标文件夹”对话框，在此选择要安装的位置，如图 3-7 所示。

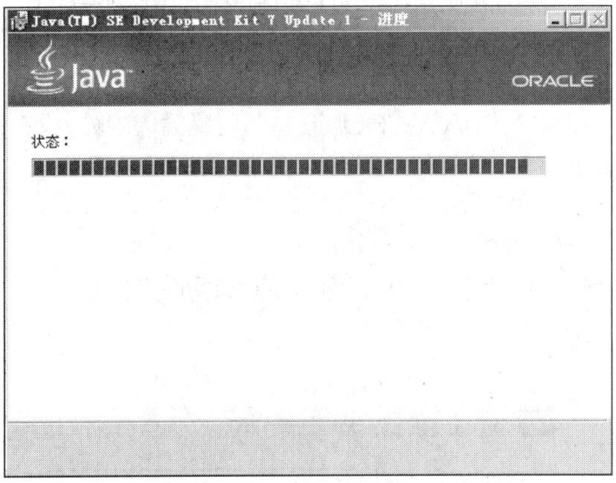

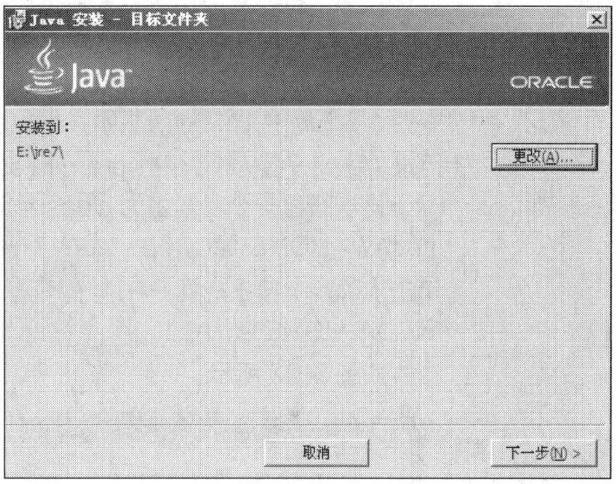

图 3-6　解压缩下载的文件

图 3-7　“目标文件夹”对话框

（8）单击【下一步】按钮后开始正式安装，如图 3-8 所示。

（9）完成后弹出“完成”对话框，单击【完成】按钮后完成整个安装过程，如图 3-9 所示。

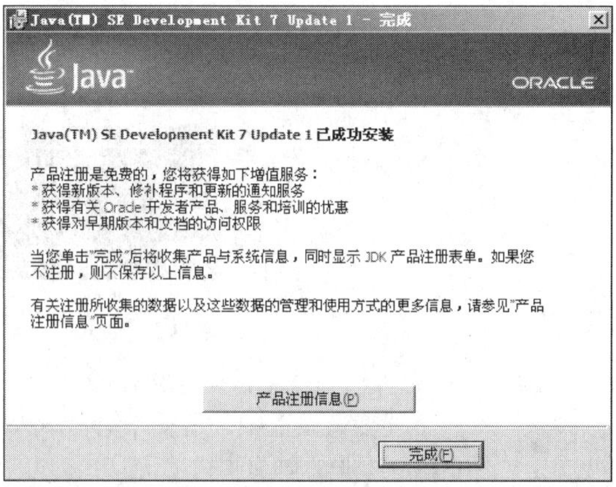

图 3-8　继续安装

图 3-9　完成安装

技 巧

检测 JDK 是否安装成功

完成安装后可以检测是否安装成功，检测方法是依次单击【开始】|【运行】，在运行框中输入“cmd”并按下回车键，在打开的 CMD 窗口中输入“java -version”，如果显示图 3-10 所示的提示信息，则说明安装成功。

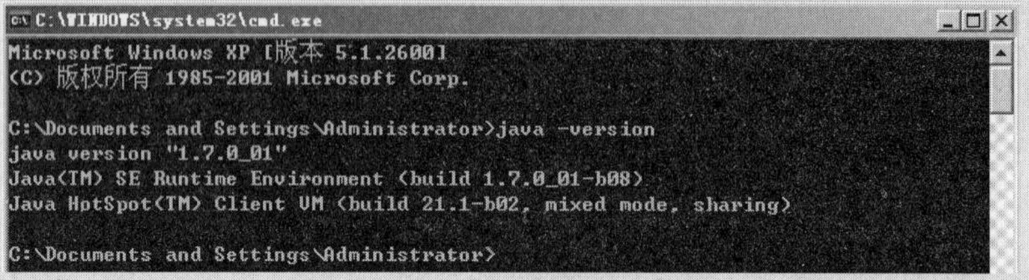

图 3-10　CMD 窗口

技 巧

解决安装失败的方法

如果检测没有安装成功，需要将其目录的绝对路径添加到系统的 PATH 中。具体做法如下所示。

（1）右键依次单击【我的电脑】|【属性】|【高级】，单击下面的“环境变量”，在下面的“系统变量”处选择“新建”，在“变量名”处输入“JAVA_HOME”，“变量值”中输入刚才的目录，比如设置为“C:\Program Files\Java\jdk1.7.0_01”。如图 3-11 所示。

（2）再次新建一个变量名为 classpath，其变量值如下。

.;%JAVA_HOME%/lib/rt.jar;%JAVA_HOME%/lib/tools.jar

单击【确定】按钮找到 PATH 的变量，双击或单击编辑，在变量值最前面添加如下值。

%JAVA_HOME%/bin;

具体如图 3-12 所示。

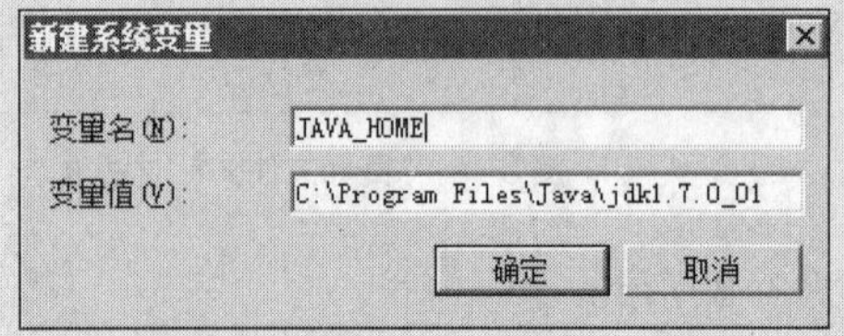

图 3-11　设置系统变量

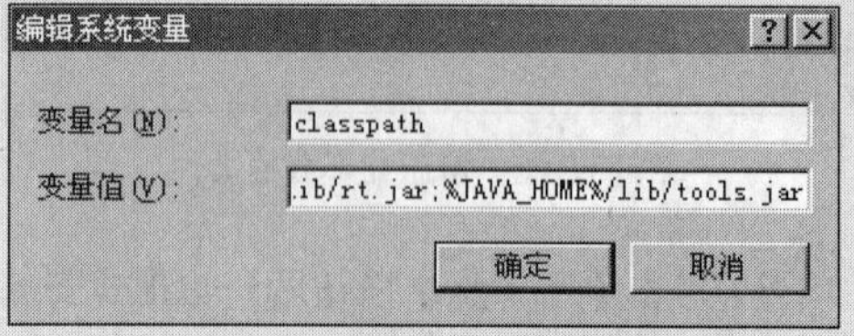

图 3-12　设置系统变量

（3）再依次单击【开始】|【运行】，在运行框中输入“cmd”并按下回车键，在打开的 CMD 窗口中输入“java -version”，如果显示图 3-13 所示的提示信息，则说明安装成功。

图 3-13　CMD 界面

注 意

上述变量设置中，是按照笔者本人的安装路径设置的，笔者安装的 JDK 的路径是 C:\Program Files\Java\jdk1.7.0_02。

3.4.3 获取并安装 Eclipse 和 Android SDK

安装好 JDK 后，接下来需要安装 Eclipse 和 Android SDK。Eclipse 是进行 Android 应用开发的一个集成工具，而 Android SDK 是开发 Android 应用程序锁必须具备的框架。在 Android 官方公布的最新版本中，已经将 Eclipse 和 Android SDK 这两个工具进行了集成，一次下载即可同时获得这两个工具。获取并安装 Eclipse 和 Android SDK 的具体步骤如下所示。

（1）登录 Android 的官方网站 http://developer.android.com/index.html，如图 3–14 所示。

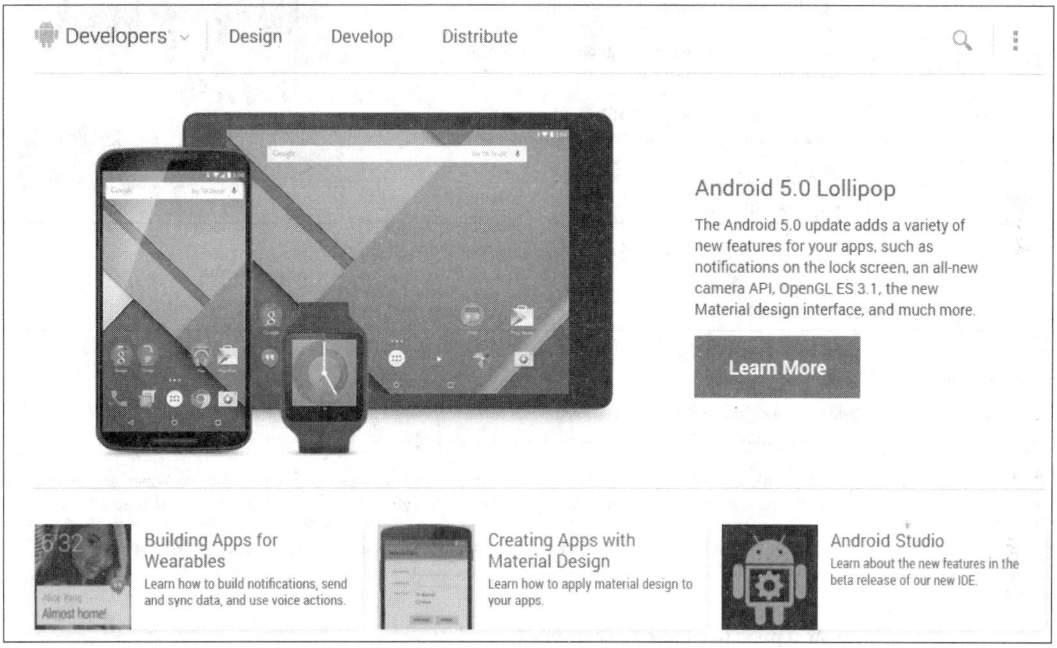

图 3–14 Android 的官方网站

（2）单击“Get the SDK”链接，如图 3–15 所示。

图 3–15 单击“Get the SDK”链接

（3）在弹出的新页面中单击“Download the SDK”按钮，如图 3–16 所示。

（4）在弹出的“Get the Android SDK”界面中勾选“I have read and agree with the above terms and conditions”前面的复选框，然后在下面的单选按钮中选择系统的位数。例如笔者的机器是 32 位的，所以勾选“32–bit”前面的单选按钮，如图 3–17 所示。

图 3-16　单击“Download the SDK”按钮

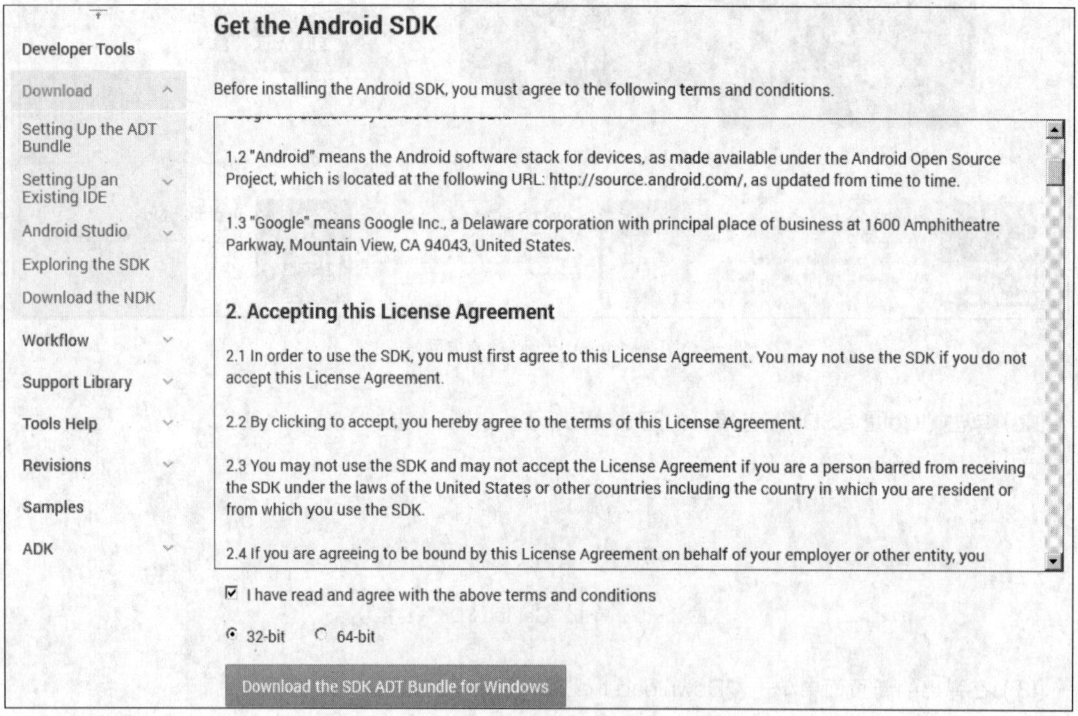

图 3-17　“Get the Android SDK”界面

（5）单击图 3-17 中的 Download the SDK ADT Bundle for Windows 按钮后开始下载工作，下载的目标文件是一个压缩包，如图 3-18 所示。

图 3-18　开始下载目标文件压缩包

（6）将下载得到的压缩包进行解压，解压后的目录结构如图 3-19 所示。

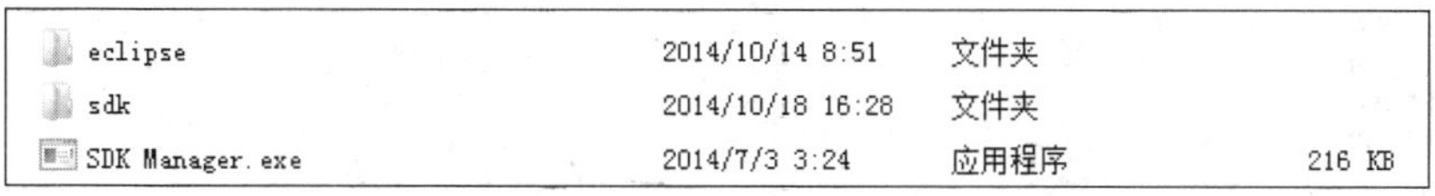
eclipse　2014/10/14 8:51　文件夹
sdk　2014/10/18 16:28　文件夹
SDK Manager.exe　2014/7/3 3:24　应用程序　216 KB

图 3-19　解压后的目录结构

由此可见，Android 官方已经将 Eclipse 和 Android SDK 实现了集成。双击“eclipse”目录中的“eclipse.exe”可以打开 Eclipse，界面效果如图 3-20 所示。

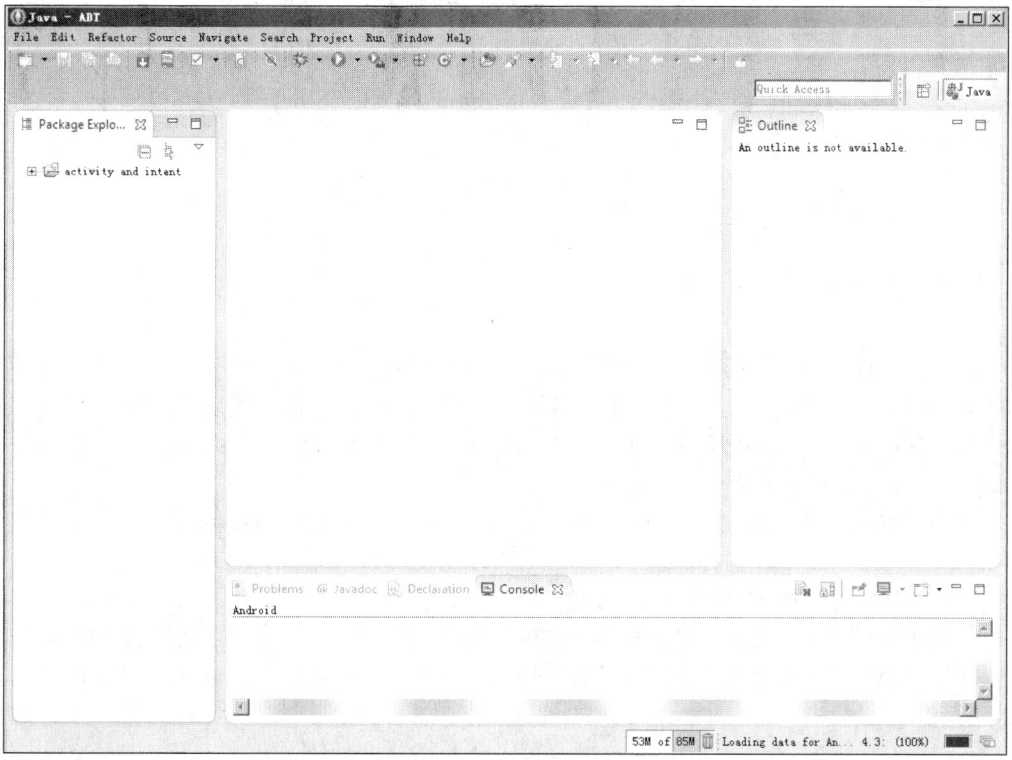

图 3-20　打开 Eclipse 后的界面效果

（7）打开 Android SDK 的方法有两种，第一种是双击下载目录中的“SDK Manager.exe”文件，第二种在是 Eclipse 工具栏中单击图标。打开后的效果如图 3-21 所示。

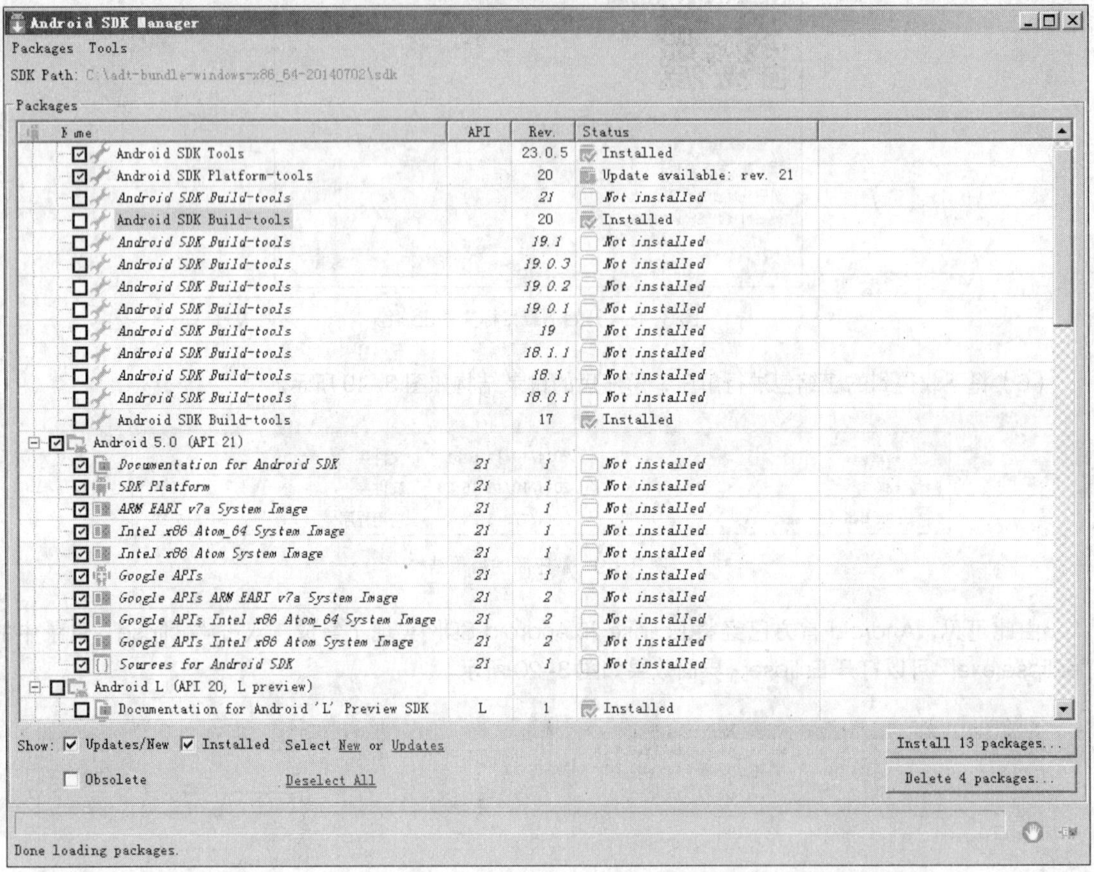

图 3-21　打开 Android SDK 后的界面效果

3.4.4 安装 ADT

Android 为 Eclipse 定制了一个专用插件 Android Development Tools（ADT），此插件为用户提供了一个强大的开发 Android 应用程序的综合环境。ADT 扩展了 Eclipse 的功能，可以让用户快速地建立 Android 项目，创建应用程序界面。要安装 Android Development Tools plug-in，需要首先打开 Eclipse IDE，然后进行如下操作。

（1）打开 Eclipse 后，依次单击菜单栏中的【Help】➤【Install New Software...】选项，如图 3-22 所示。

（2）在弹出的对话框中单击“Add”按钮，如图 3-23 所示。

（3）在弹出的“Add Site”对话框中分别输入名字和地址，名字可以自己命名，例如“123”，但是在“Location”中必须输入插件的网络地址 http://dl-ssl.google.com/Android/eclipse/，如图 3-24 所示。

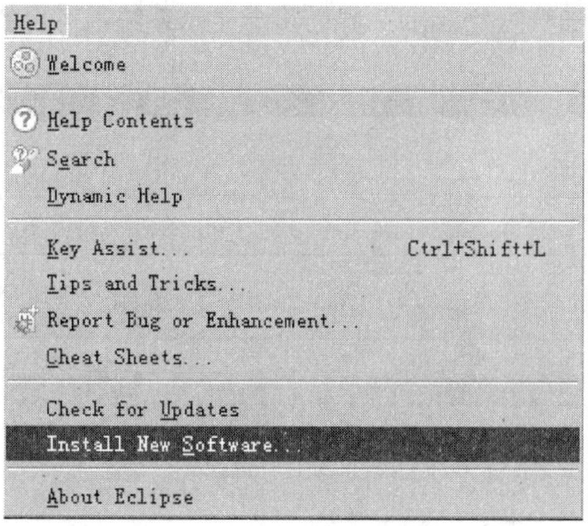

图 3-22 添加插件

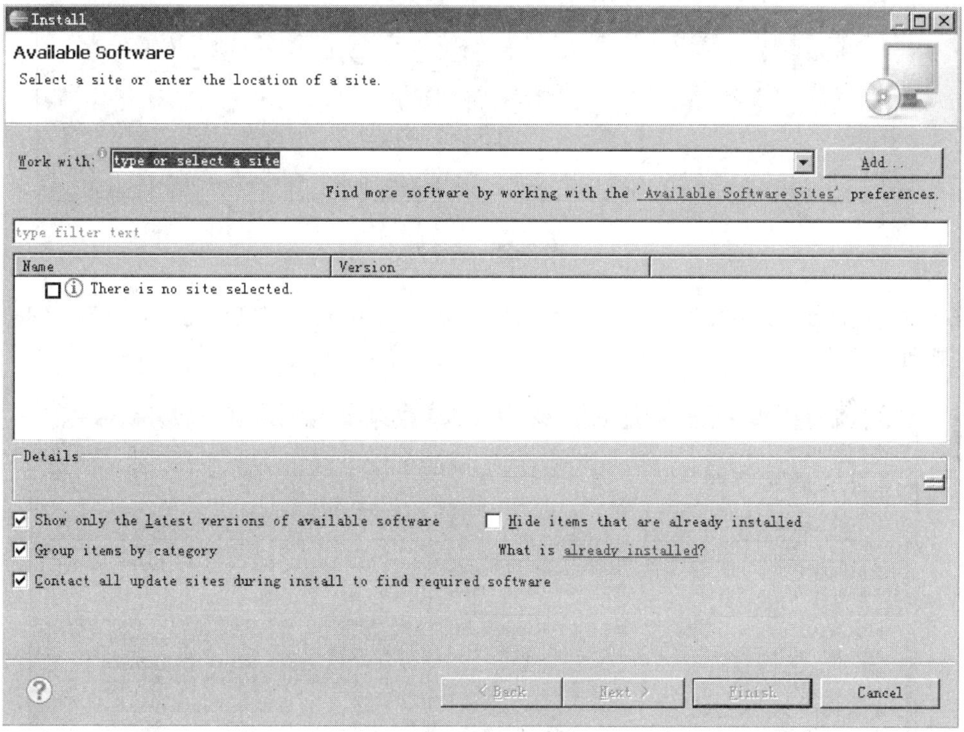

图 3-23 添加插件

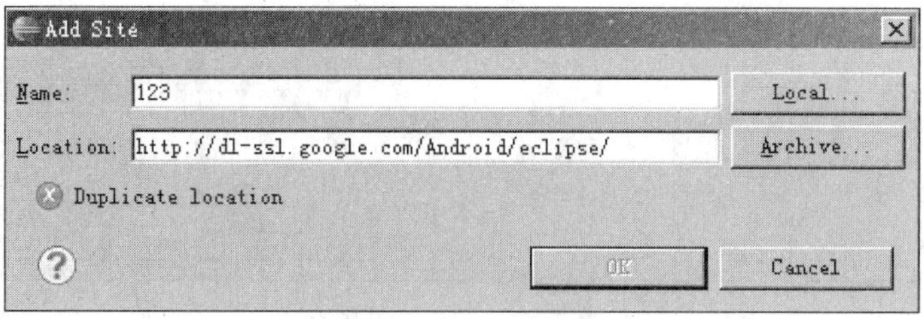

图 3-24 设置地址

（4）单击“OK”按钮，此时在“Install”界面将会显示系统中可用的插件，如图 3-25 所示。

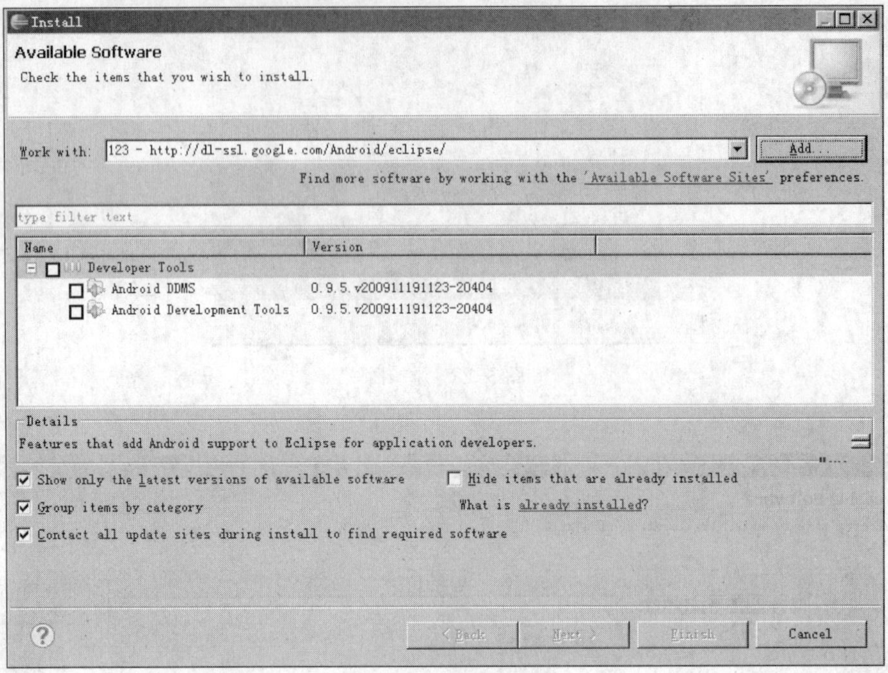

图 3-25　插件列表

（5）选中“Android DDMS”和“Android Development Tools”，然后单击“Next”按钮来到安装界面，如图 3-26 所示。

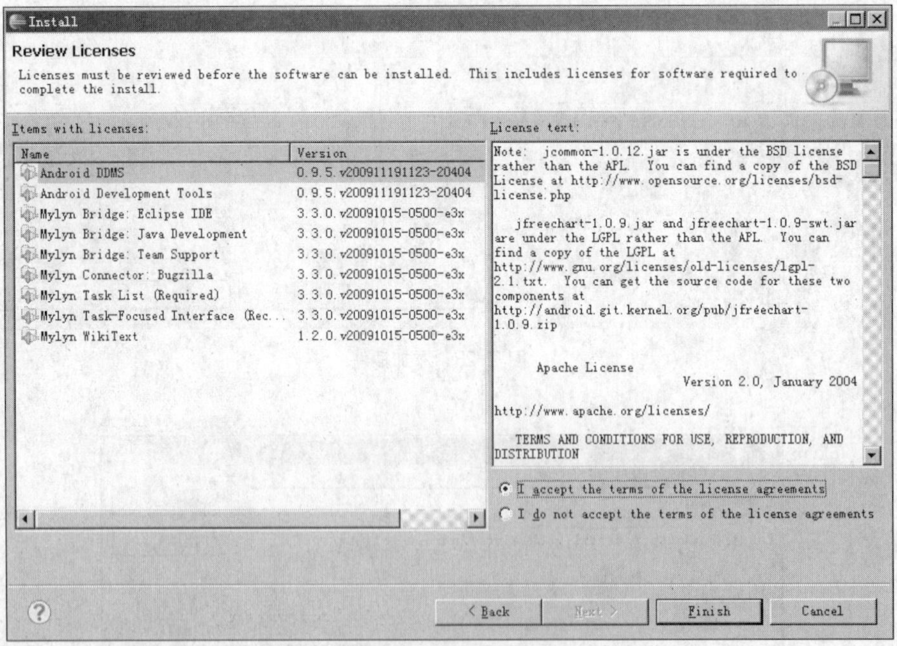

图 3-26　插件安装界面

（6）选择“I accept...”选项，单击“Finish”按钮，开始进行安装，如图 3-27 所示。

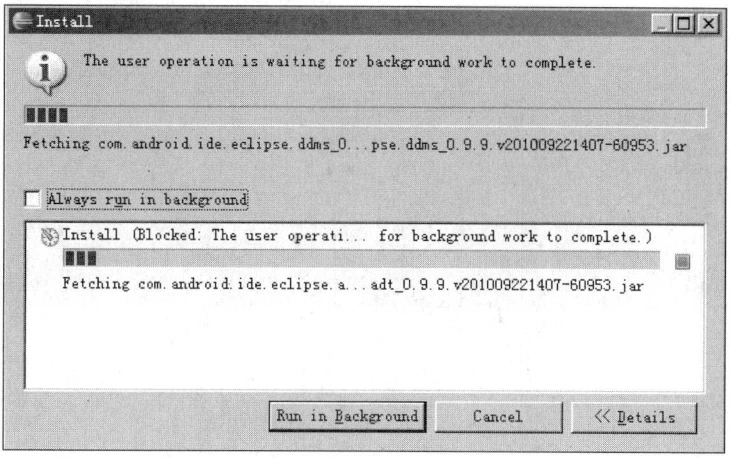

图 3-27　开始安装

注意　在上个步骤中，可能会发生计算插件占用资源的情况，过程有点慢。完成后会提示重启 Eclipse 来加载插件，等重启后就可以用了。并且不同版本的 Eclipse 安装插件的方法和步骤是不同的，但是都大同小异，读者可以根据操作提示自行解决。

3.4.5 设定 Android SDK Home

当完成上述插件准备工作后，此时还不能使用 Eclipse 创建 Android 项目，还需要在 Eclipse 中设置 Android SDK 的主目录。

（1）打开 Eclipse，在菜单中依次单击【Windows】➤【Preferences】项，如图 3-28 所示。

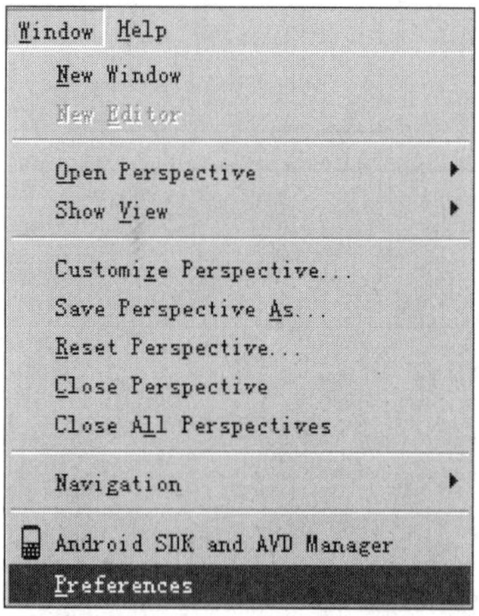

图 3-28　Preferences 项

（2）在弹出的界面左侧可以看到“Android”项，选中 Android 后，在右侧设定“Android SDK”所在目录为“SDK Location”，单击“OK”按钮完成设置，如图 3-29 所示。

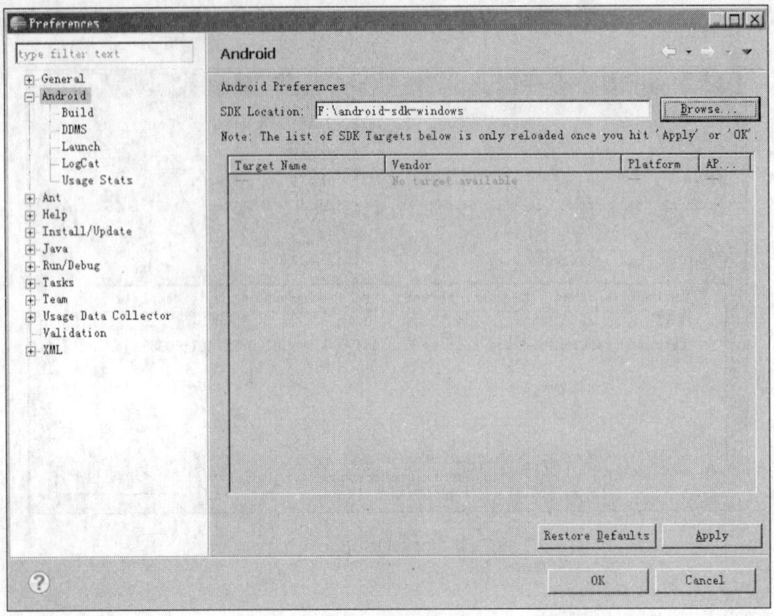

图 3-29　Preferences 项

3.4.6 验证开发环境

经过前面步骤的讲解，一个基本的 Android 开发环境就搭建完成了。都说实践是检验真理的唯一标准，下面通过新建一个项目来验证当前的环境是否可以正常工作。

（1）打开 Eclipse，在菜单中依次选择【File】➤【New】➤【Project】项，在弹出的对话框上可以看到 Android 类型的选项，如图 3-30 所示。

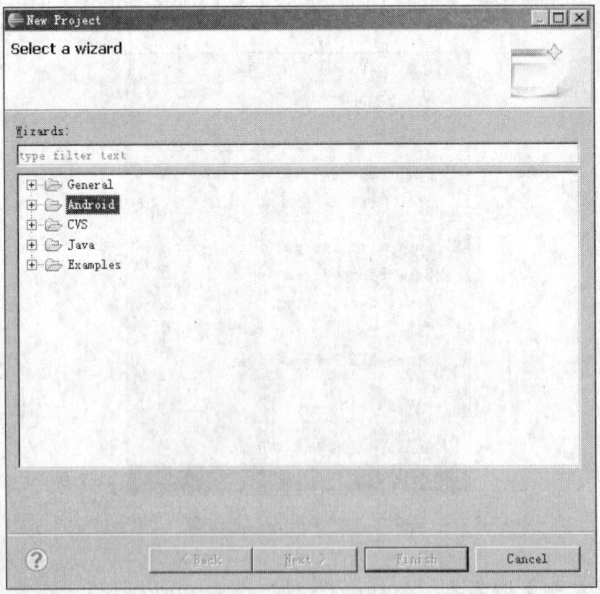

图 3-30　新建项目

（2）在图 3-31 上选择“Android”，单击“Next”按钮后打开“New Android Project”对话框，在对应的文本框中输入必要的信息，如图 3-31 所示。

（3）单击“Finish”按钮后，Eclipse 会自动完成项目的创建工作，最后会看到图 3-32 所示的项目结构。

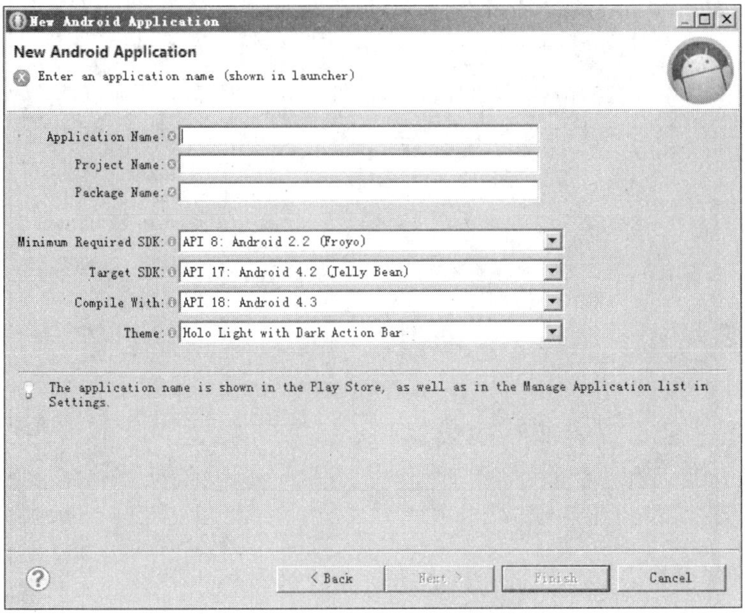

图 3-31　“New Android Application”对话框

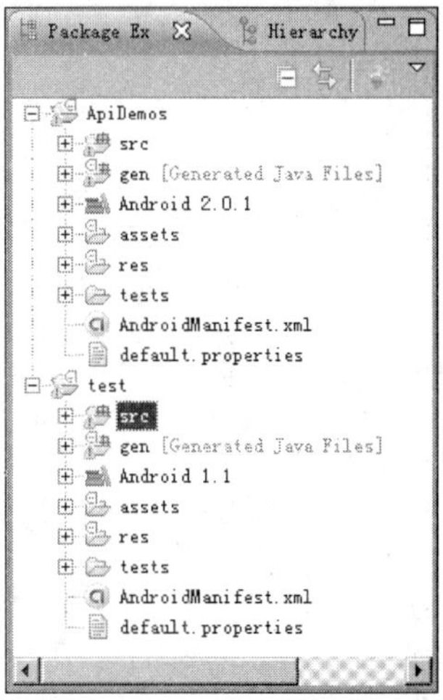

图 3-32　项目结构

3.4.7 创建并管理 Android 虚拟设备（AVD）

我们都知道程序开发需要调试，只有经过调试之后才能知道我们的程序是否正确运行。作为一款手机系统，我们怎么样才能在电脑平台之上调试 Android 程序呢？不用担心，谷歌为我们提供了模拟器来解决我们担心的问题。所谓模拟器，就是指在电脑上模拟安卓系统，可以用这个模拟器来调试并运行开发的 Android 程序。开发人员不需要一个真实的 Android 手机，只通过电脑即可模拟运行一个手机，即可开发出应用在手机上面的程序。

AVD 全称为 Android 虚拟设备（Android Virtual Device），每个 AVD 模拟了一套虚拟设备来运行 Android 平台，这个平台至少要有自己的内核、系统图像和数据分区，还可以有自己的的 SD 卡和用户数据以及外观显示等。创建 AVD 的基本步骤如下所示。

（1）单击 Eclips 菜单中的图标，如图 3-33 所示。

（2）在弹出的“Android Virtual Device Manager”界面的左侧导航中选择“Virtual device”选项，如图 3-34 所示。

在“Virtual device”列表中列出了当前已经安装的 AVD 版本，我们可以通过右侧的按钮来创建、删除或修改 AVD。主要按钮的具体说明如下所示。

- New...：创建新的AVD，单击此按钮，在弹出的界面中可以创建一个新AVD，如图3-35所示。

- Edit...：修改已经存在的 AVD。
- Delete...：删除已经存在的 AVD。
- Start...：启动一个 AVD 模拟器。

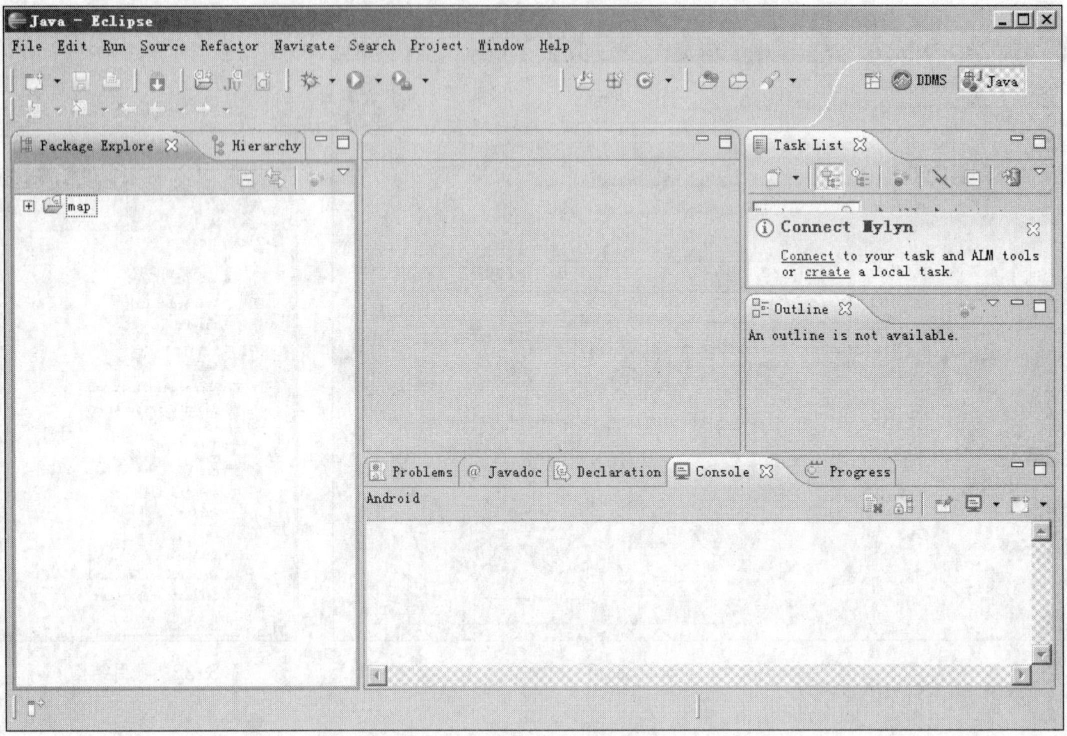

图 3-33　Eclipse

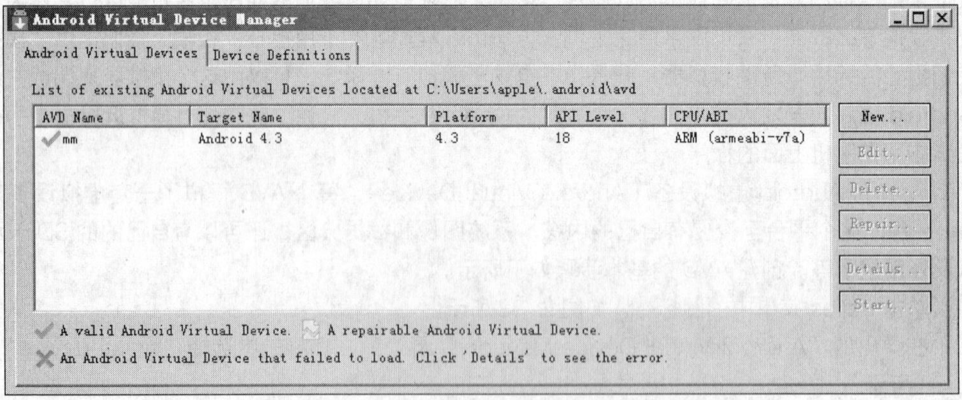

图 3-34　“Android Virtual Device Manager”界面

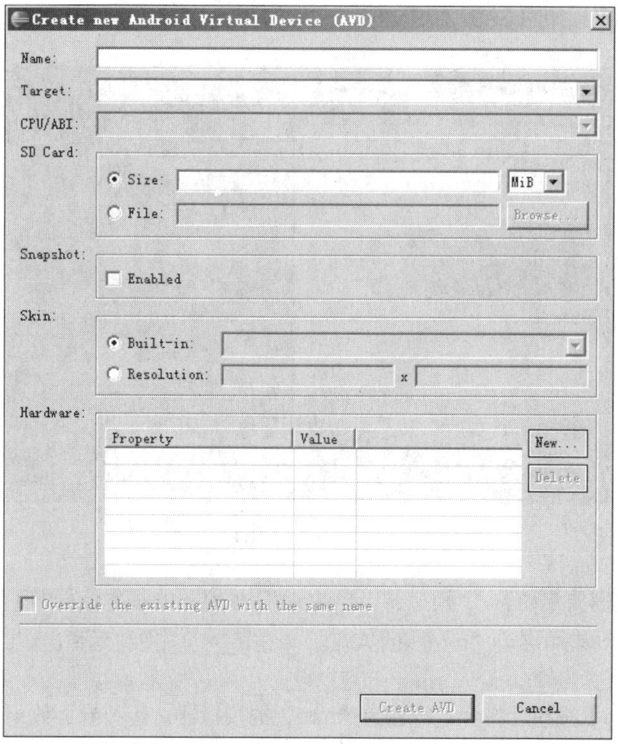

图 3-35　新建 AVD 界面

注 意

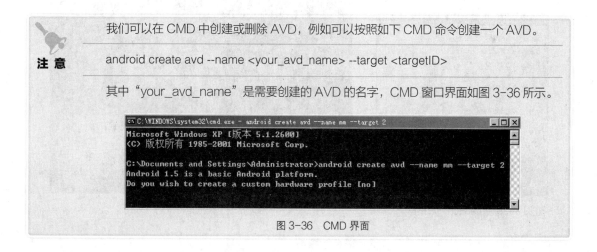

我们可以在 CMD 中创建或删除 AVD，例如可以按照如下 CMD 命令创建一个 AVD。

```
android create avd --name <your_avd_name> --target <targetID>
```

其中“your_avd_name”是需要创建的 AVD 的名字，CMD 窗口界面如图 3-36 所示。

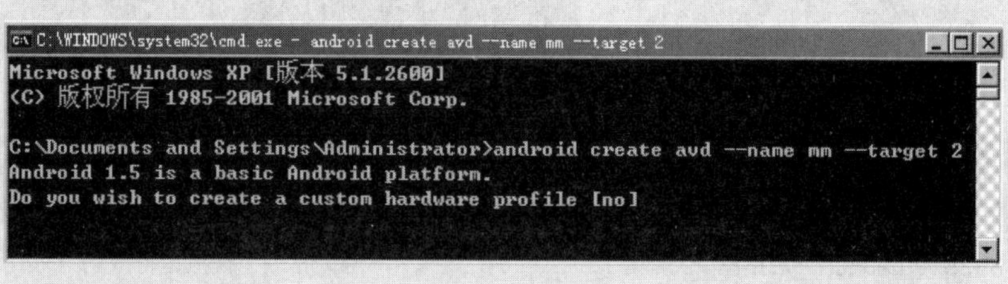

图 3-36　CMD 界面

3.4.8 启动 AVD 模拟器

对于 Android 程序的开发者来说，模拟器的推出给开发者在开发上和测试上带来了很大的便利。无论在 Windows 下还是 Linux 下，Android 模拟器都可以顺利运行。并且官方提供了 Eclipse 插件，可以将模拟器集成到 Eclipse 的 IDE 环境。Android SDK 中包含的模拟器的功能非常齐全，电话本、通话等功能都可正常使用（当然你没办法真的从这里打电话）。甚至其内置的浏览器和 Maps 都可以联网。用户可以使用键盘输入，鼠标单击模拟器按键输入，甚至还可以使用鼠标单击、拖动屏幕进行操作。模拟器在电脑上模拟运行的效果如图 3-37 所示。

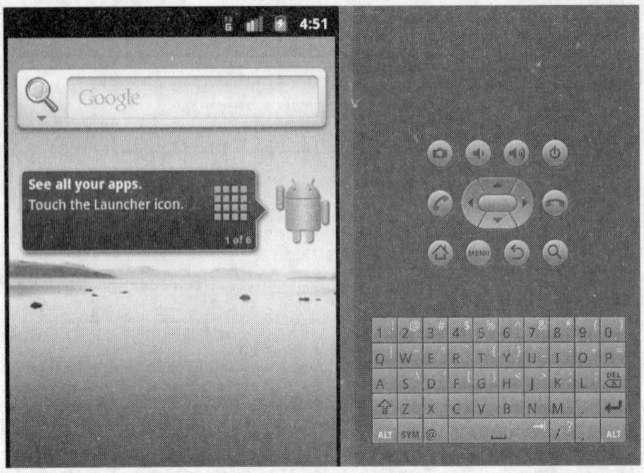

图 3-37　模拟器

在调试的时候我们需要启动 AVD 模拟器，启动 AVD 模拟器的基本流程如下。

（1）选择图 3-35 列表中名为“mm”的 AVD，单击 Start... 按钮后弹出“Launch Options”界面，如图 3-38 所示。

（2）单击【Launch】按钮后将会运行名为“mm”的模拟器，运行界面效果如图 3-39 所示。

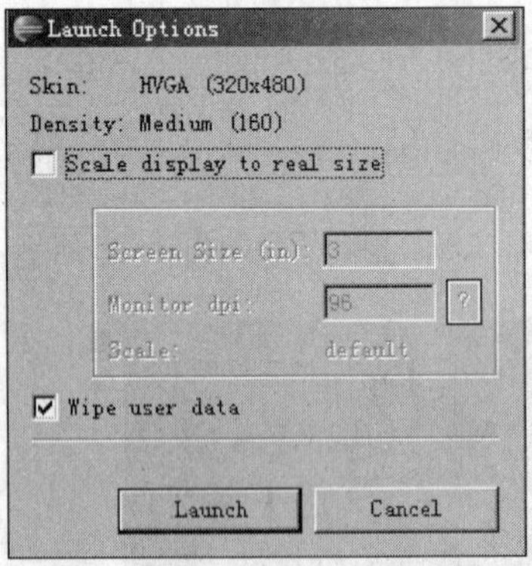

图 3-38 “Launch”对话框

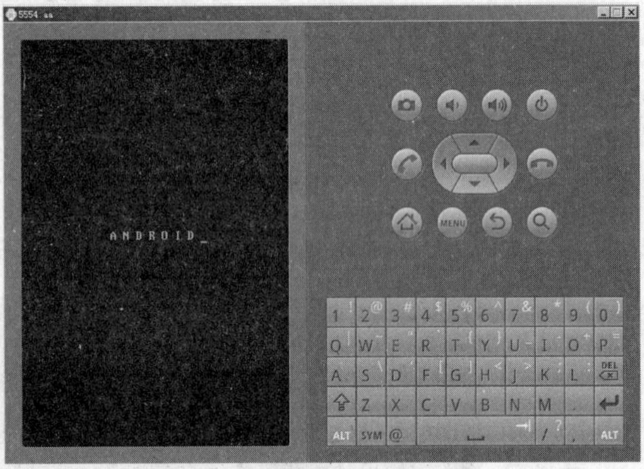

图 3-39　模拟运行成功

3.5 搭建 iOS 开发环境

本节教学录像：2 分钟

要想成为一名 iOS 开发人员，首先需要拥有一台 Intel Macintosh 台式机或笔记本电脑，并运行苹果的操作系统，例如 Snow Leopard 或 Lion。硬盘至少有 6GB 的可用空间，并且开发系统的屏幕越大越好。对于广大初学者来说，建议购买一台 Mac 计算机，因为这样的开发效率更高，更加能获得苹果公司的支持，也避免一些因为不兼容所带来的调试错误。除此之外，还需要加入 Apple 开发人员计划。在本节的内容中，将详细讲解搭建 iOS 开发环境的基本知识。

3.5.1 开发前的准备——加入 iOS 开发团队

对于绝大多数读者来说，其实无须任何花费即可加入 Apple 开发人员计划（Developer Program），然后下载 iOS SDK（软件开发包），编写 iOS 应用程序，并且在 Apple iOS 模拟器中运行它们。但是毕竟收费与免费之间还是存在一定的区别：免费会受到较多的限制。例如，要想获得 iOS 和 SDK 的 beta 版，则必须是付费成员。要将编写的应用程序加载到 iPhone 中或通过 App Store 发布它们，也需支付会员费。

注 意　本书的大多数应用程序都可在免费工具提供的模拟器中正常运行。如果不确定成为付费成员是否合适，建议读者先不要急于成为付费会员，而是先成为免费成员，在编写一些示例应用程序并在模拟器中运行它们后再升级为付费会员。因为，模拟器不能精确地模拟移动传感器输入和 GPS 数据等应用，所以建议有条件的读者付费成为付费会员。

如果读者准备选择付费模式，付费的开发人员计划提供了两种等级：标准计划（99 美元）和企业计划（299 美元）。前者适用于要通过 App Store 发布其应用程序的开发人员，而后者适用于开发的应用程序要在内部（而不是通过 App Store）发布的大型公司（雇员超过 500）。其实无论是公司用户还是个人用户，都可选择标准计划（99 美元）。在将应用程序发布到 AppStore 时，如果需要指出公司名，则在注册期间会给出标准的“个人”或“公司”计划选项。

无论是大型企业还是小型公司，无论是要成为免费成员还是付费成员，都要先登录 Apple 的官方网站，并访问 Apple iOS 开发中心（http://www.apple.com.cn/developer/ios/index.html）注册成为会员，如图 3-40 所示。

图 3-40　Apple iOS 的开发中心页面

如果通过使用 iTunes、iCloud 或其他 Apple 服务获得了 Apple ID，可以将该 ID 用作开发账户。如果目前还没有 Apple ID，或者需要新注册一个专门用于开发的新 ID，可通过注册的方法创建一个新 Apple ID。注册界面如图 3-41 所示。

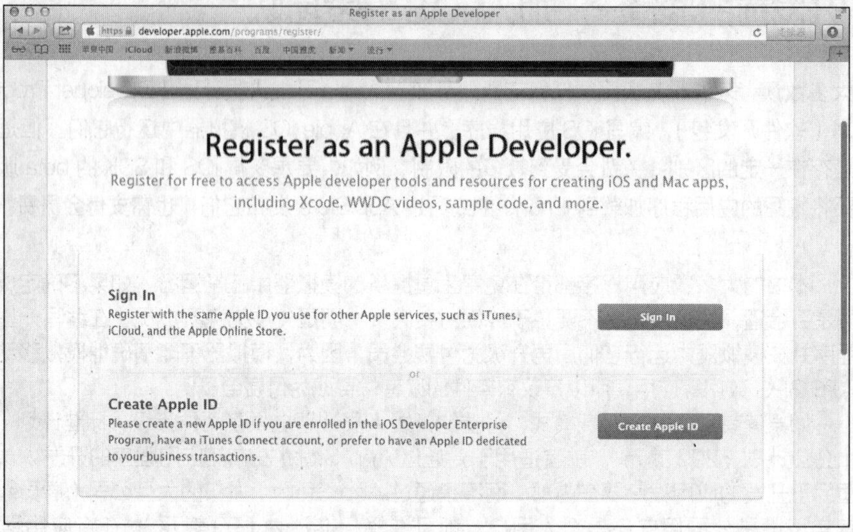

图 3-41　注册 Apple ID 的界面

单击图 3-41 中的“Create Apple ID”按钮后可以创建一个新的 Apple ID 账号，注册成功后输入登录信息登录，登录成功后的界面如图 3-42 所示。

图 3-42　使用 Apple ID 账号登录后的界面

在成功登录 Apple ID 后，可以决定是否加入付费的开发人员计划还是继续使用免费资源。要加入付费的开发人员计划，需要再次将浏览器指向 iOS 开发计划网页（http://developer.apple.com/

programs/ios/)，并单击“Enron New”链接可以马上加入。阅读说明性文字后，单击“Continue”按钮按照提示加入。当系统提示时选择“I'm Registered as a Developer with Apple and Would Like to Enroll in a Paid Apple Developer Program”，再单击“Continue”按钮。注册工具会引导我们申请加入付费的开发人员计划，包括在个人和公司选项之间做出选择。

3.5.2 安装 Xcode

对于程序开发人员来说，好的开发工具能够达到事半功倍的效果，学习 iOS 开发也是如此。如果使用的是 Lion 或更高版本，下载 iOS 开发工具将会变得非常容易，只需通过简单的单击操作即可。具体方法是在 Dock 中打开 Apple Store，搜索 Xcode 并免费下载它，然后等待 Mac 下载大型安装程序（约 3GB）。如使用的不是 Lion，可以从 iOS 开发中心（http://developer.apple.com/ios）下载最新版本的 iOS 开发工具。

注意 如果是免费成员，登录 iOS 开发中心后，很可能只能看到一个安装程序，它可安装 Xcode 和 iOS SDK（最新版本的开发工具）；如果您是付费成员，可能看到指向其他 SDK 版本（5.1、6.0 等）的链接。本书的示例基于 7.0+ 系列 iOS SDK，因此如果看到该选项，请务必选择它。

3.5.3 Xcode 介绍

要开发 iOS 的应用程序，需要有一台安装 Xcode 工具的 Mac OS X 电脑。Xcode 是苹果提供的开发工具集，提供了项目管理、代码编辑、创建执行程序、代码调试、代码库管理和性能调节等功能。这个工具集的核心就是 Xcode 程序，提供了基本的源代码开发环境。

Xcode 是一款强大的专业开发工具，可以简单快速、而且以我们熟悉的方式执行绝大多数常见的软件开发任务。相对于创建单一类型的应用程序所需要的能力而言，Xcode 要强大得多，它的设计目的是使我们可以创建任何想象得到的软件产品类型，从 Cocoa 及 Carbon 应用程序，到内核扩展及 Spotlight 导入器等各种开发任务，Xcode 都能完成。通过使用 Xcode 独具特色的用户界面，可以帮助我们以各种不同的方式来漫游工具中的代码，并且可以访问工具箱下面的大量功能，包括 GCC、javac、jikes 和 GDB，这些功能都是制作软件产品需要的。Xcode 是一个由专业人员设计的、由专业人员使用的工具。

由于能力出众，Xcode 已经被 Mac 开发者社区广为采纳。而且随着苹果计算机向基于 Intel 的 Macintosh 迁移，转向 Xcode 变得比以往的任何时候更加重要。这是因为使用 Xcode 可以创建通用的二进制代码，这里所说的通用二进制代码是一种可以把 PowerPC 和 Intel 架构下的本地代码同时放到一个程序包的执行文件格式。事实上，对于还没有采用 Xcode 的开发人员，转向 Xcode 是将应用程序连编为通用二进制代码的第一个必要的步骤。

3.5.4 下载并安装 Xcode

其实对于初学者来说，我们只需安装 Xcode 即可完成大多数的 iOS 开发工作。通过使用 Xcode，不但可以开发 iPhone 程序，而且也可以开发 iPad 程序。并且 Xcode 还是完全免费的，通过它提供的模拟器就可以在电脑上测试我们的 iOS 程序。如果要发布 iOS 程序或在真实机器上测试 iOS 程序的话，则需要花费 99 美元。

1. 下载 Xcode

（1）下载的前提是先注册成为一名开发人员，来到苹果开发页面主页 https://developer.apple.com/，如图 3-43 所示。

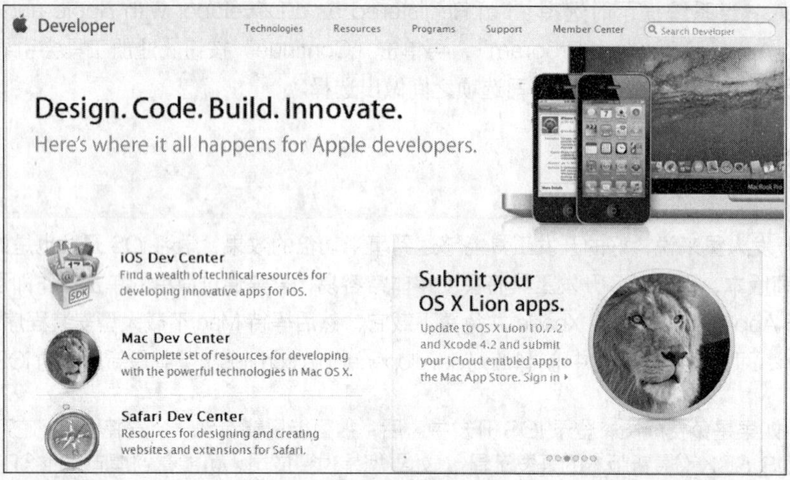

图 3-43　苹果开发页面主页

（2）登录 Xcode 的下载页面 http://developer.apple.com/devcenter/ios/index.action，如图 3-44 所示。

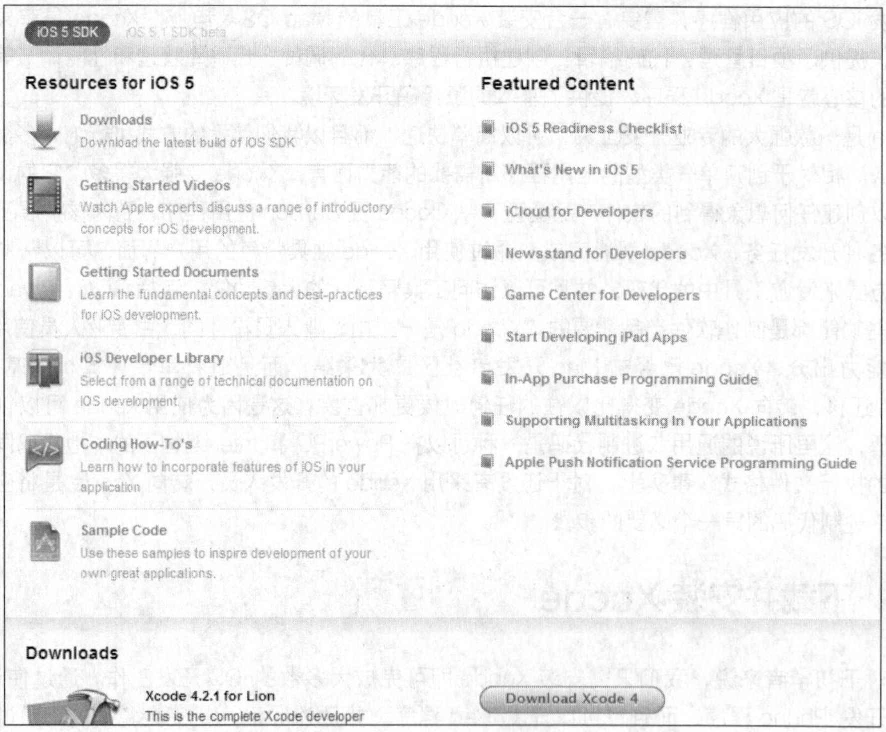

图 3-44　Xcode 的下载页面

（3）单击图 3-44 下方的“Download Xcode 4”按钮，在新界面中显示“必须在 iOS 系统中使用”的提示信息，提示信息界面如图 3-45 所示。

（4）单击下方的“Download now”链接后弹出下载提示框。

注意　我们可以使用 App Store 来获取 Xcode，这种方式的优点是完全自动，操作方便。

2. 安装 Xcode

（1）下载完成后单击打开下载的 .dmg 格式文件，然后双击 Xcode 文件开始安装。

（2）在弹出的对话框中单击“Continue”按钮，如图 3-46 所示。

图 3-45　提示信息界面

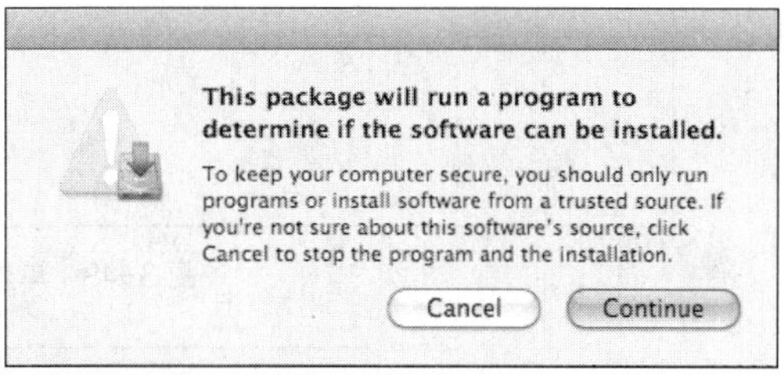

图 3-46　单击“Continue”按钮

（3）在弹出的欢迎界面中单击“Agree”按钮，如图 3-47 所示。

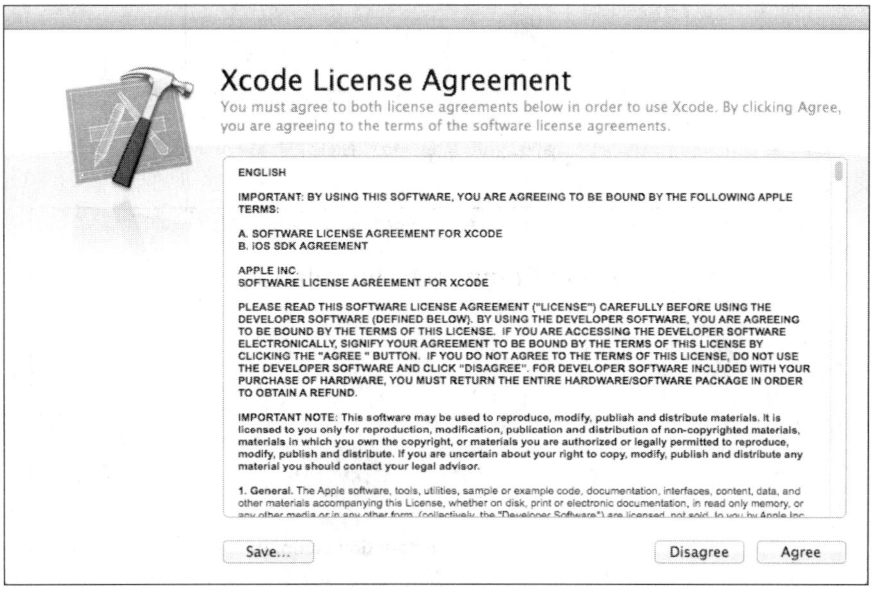

图 3-47　单击“Agree”按钮

（4）在弹出的对话框中单击“Install”按钮，如图 3-48 所示。

（5）在弹出的对话框中输入用户名和密码，然后单击“好”按钮，如图 3-49 所示。

（6）在弹出的新对话框中显示安装进度，进度完成后的界面如图 3-50 所示。

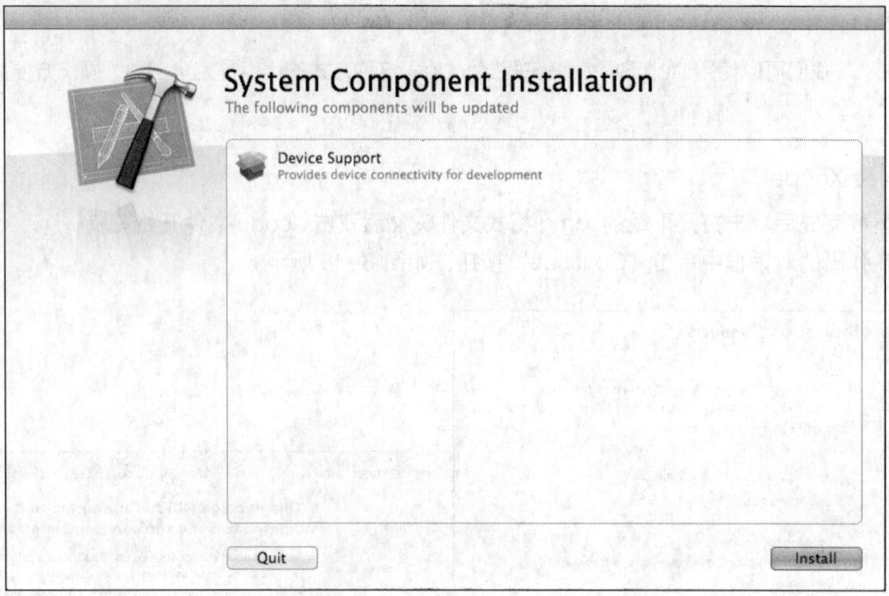

图 3-48　单击“Install”按钮

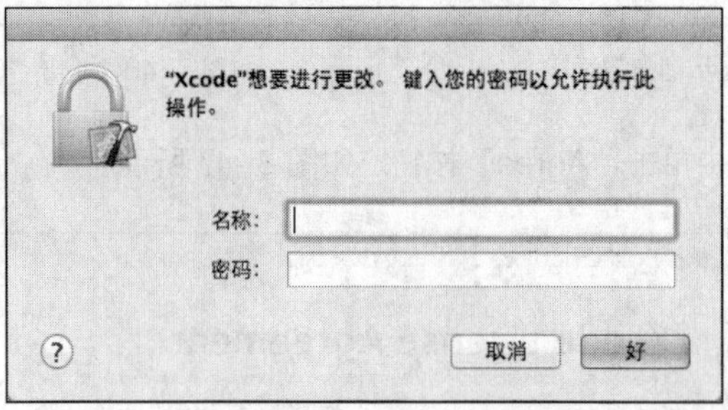

图 3-49　单击“好”按钮

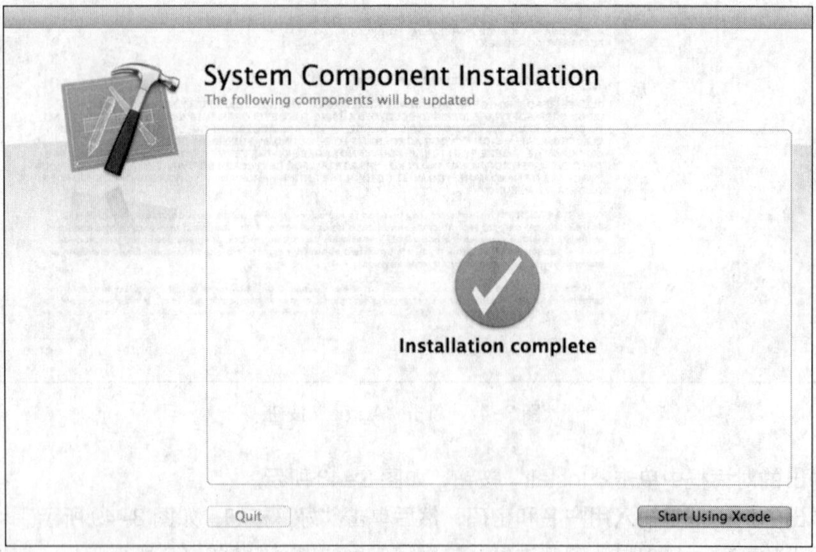

图 3-50　完成界面

注 意

（1）考虑到很多初学者是学生用户，如果没有购买苹果机的预算，可以在 Windows 系统上采用虚拟机的方式安装 OS X 系统。

（2）无论读者们是已经有一定 Xcode 经验的开发者，还是刚刚开始迁移的新用户，都需要对 Xcode 的用户界面及如何用 Xcode 组织软件工具有一些理解，这样才能真正高效地使用这个工具。这种理解可以大大加深您对隐藏在 Xcode 背后的哲学的认识，并帮助您更好地使用 Xcode。

（3）建议读者将 Xcode 安装在 OS X 的 Mac 机器上，也就是装有苹果系统的苹果机上。通常来说，在苹果机的 OS X 系统中已经内置了 Xcode，默认目录是“/Developer/Applications”。

3.5.5 创建一个 Xcode 项目并启动模拟器

Xcode 是一款功能全面的应用程序，通过此工具可以轻松输入、编译、调试并执行 Objective-C（是开发 iOS 项目的最佳语言）程序。如果想在 Mac 上快速开发 iOS 应用程序，则必须学会使用这个强大的工具的方法。接下来将简单介绍使用 Xcode 创建项目，并启动 iOS 模拟器的方法。

（1）Xcode 位于“Developer”文件夹内中的“Applications”子文件夹中，快捷图标如图 3-51 所示。

（2）启动 Xcode，在 File 菜单下选择“New Project”命令，如图 3-52 所示。

图 3-51　Xcode 快捷图标

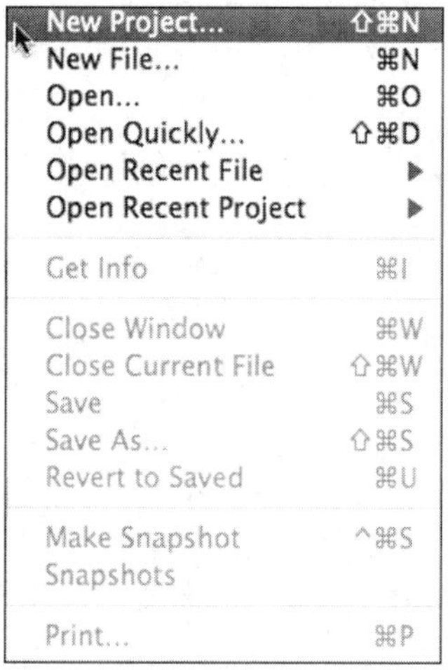

图 3-52　启动一个新项目

（3）此时出现一个窗口，如图 3-53 所示。

（4）在 New Project 窗口的左侧，显示了可供选择的模板类别，因为我们的重点是类别 iOS Application，所以在此需要确保选择了它。而在右侧显示了当前类别中的模板以及当前选定模板的描述。就这里而言，请单击模板“Empty Application（空应用程序）”，再单击“Next”（下一步）按钮。窗口界面效果如图 3-54 所示。

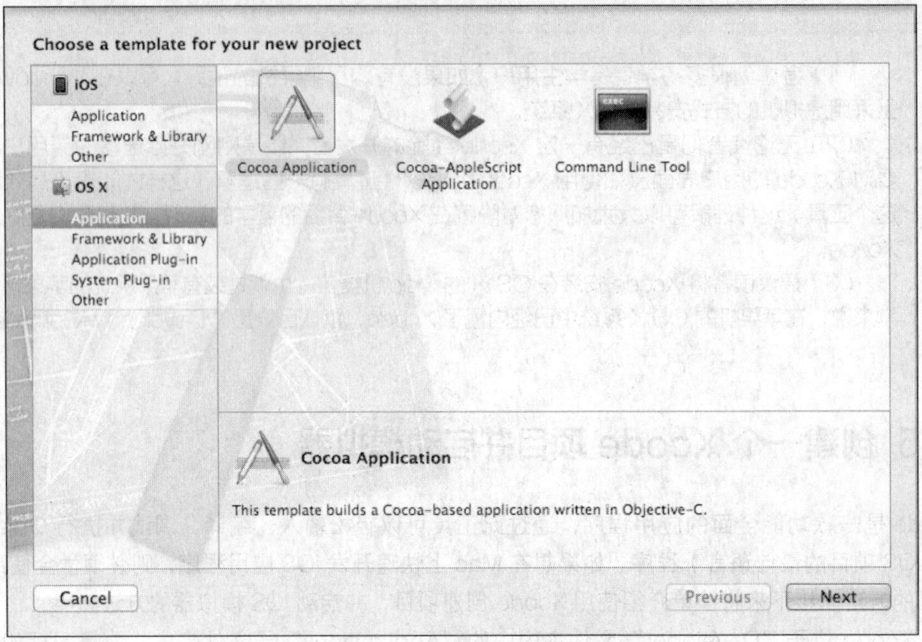

图 3-53　启动一个新项目：选择应用程序类型

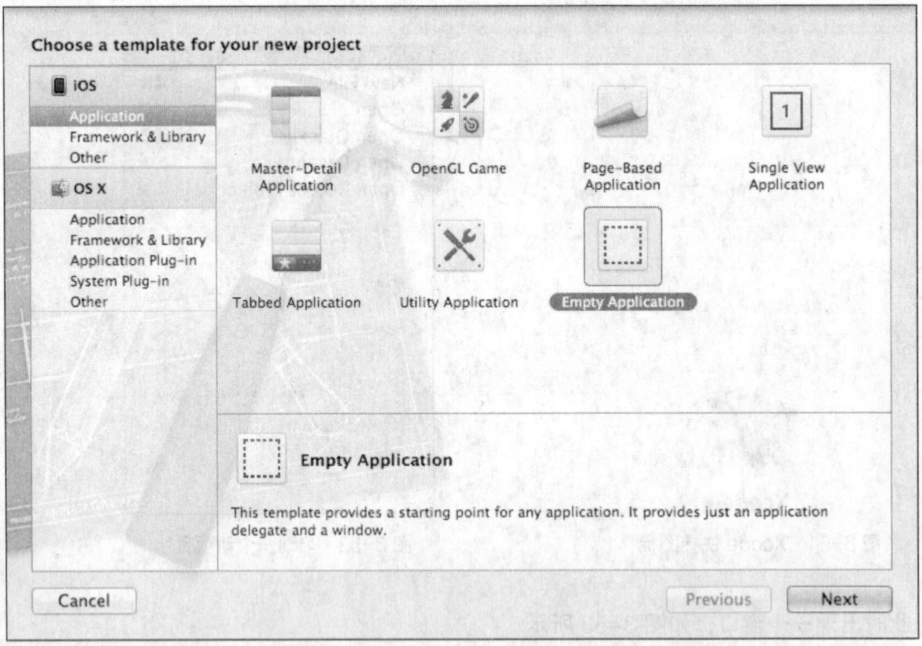

图 3-54　单击模板“Empty Application”（空应用程序）

（5）单击“Next”按钮后，在新界面中 Xcode 将要求您指定产品名称和公司标识符。产品名称就是应用程序的名称，而公司标识符创建应用程序的组织或个人的域名，但按相反的顺序排列。这两者组成了结束标识符，它将您的应用程序与其他 iOS 应用程序区分开来，如图 3-55 所示。

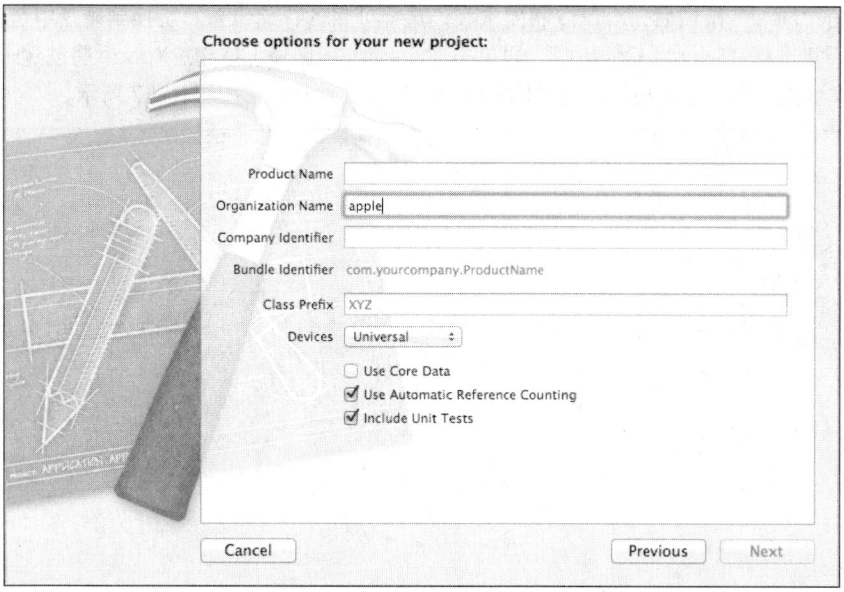

图 3-55　Xcode 文件列表窗口

例如将要创建一个名为“Hello”的应用程序，这是产品名。设置域名是 teach.com，因此将公司标识符设置为 com.teach。如果您没有域名，开始开发时可使用默认标识符。

（6）将产品名设置为“Hello”，再提供我们选择的公司标识符。文本框 Class Prefix 可以根据自己的需要进行设置，例如输入易记的“XYZ”。从下拉列表“Devices”中选择使用的设备（iPhone 或 iPad），默认值是 Universal（通用），并确保选中了复选框“Use Automatic Reference Counting”（使用自动引用计数）。不要选中复选框“Include Unit Tests”（包含单元测试），界面效果将类似于图 3-56 所示。

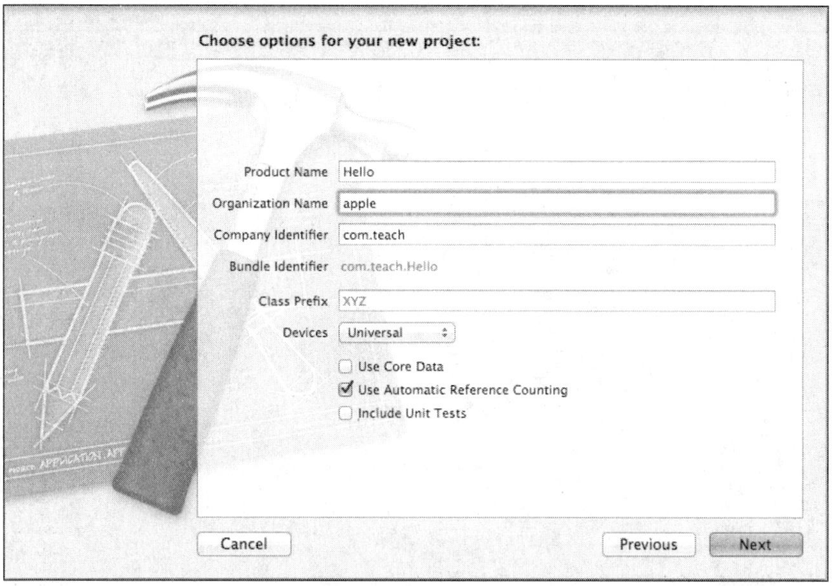

图 3-56　指定产品名和公司标识符

（7）单击“Next”按钮后，Xcode 将要求我们选择项目的存储位置。切换到硬盘中合适的文件夹，确保没有选择复选框“Source Control”，再单击“Create”（创建）按钮。Xcode 将创建一个名称与项目名相同的文件夹，并将所有相关联的模板文件都放到该文件夹中，如图 3-57 所示。

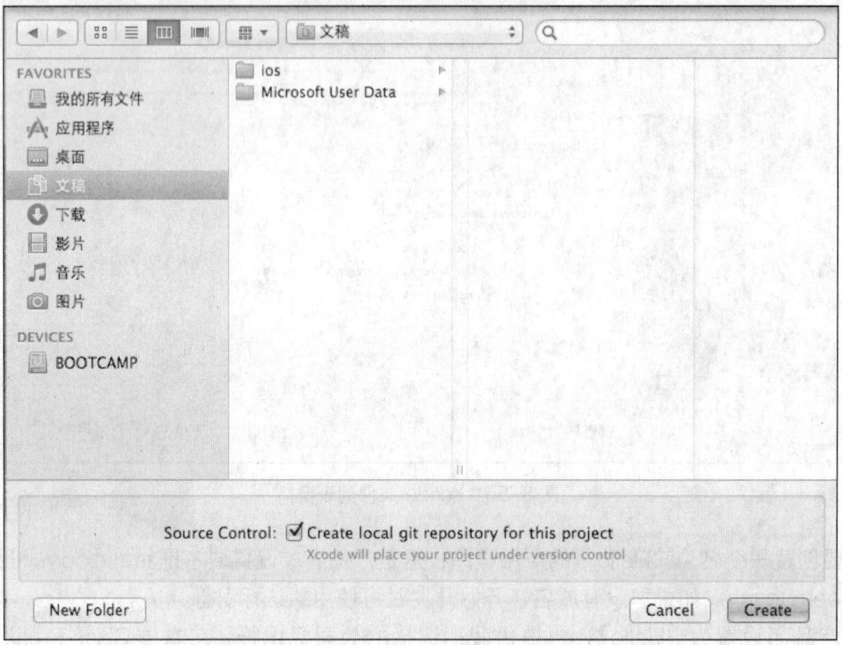

图 3-57　选择保存位置

（8）在 Xcode 中创建或打开项目后，将出现一个类似于 iTunes 的窗口，可以使用它来完成所有的工作，从编写代码到设计应用程序界面。如果是第一次接触 Xcode，会发现有很多复杂的按钮、下拉列表和图标。下面首先介绍该界面的主要功能区域，如图 3-58 所示。

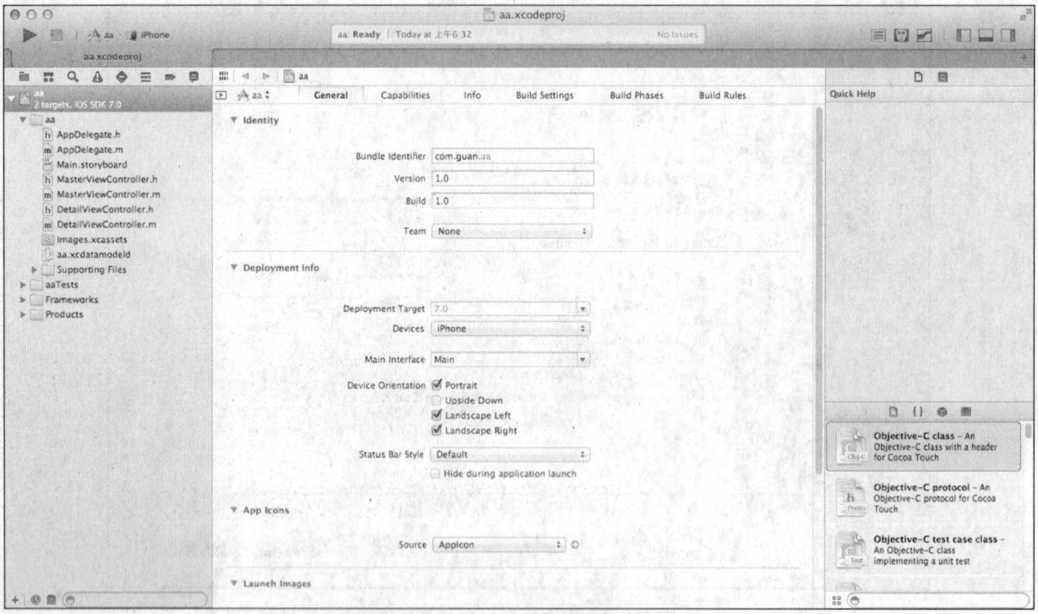

图 3-58　Xcode 界面

（9）运行 iOS 模拟器的方法十分简单，只需单击左上角的 按钮即可。例如 iPhone 模拟器的运行效果如图 3-59 所示。

图 3-59 iPone 模拟器的运行效果

3.6 高手点拨

1. 移动 Web 设计者们在规划时应当注意的 4 点

- 确保显示在移动设备上的内容与非移动设备上基本一致（不用完全相同）。
- 优化页面，减轻用户代理的负荷。
- 使用可降级机制，让旧款或是功能更少的浏览器也能浏览内容。
- 在尽可能多的设备和浏览器上测试所有页面。

2. 优化移动 Web 的技巧

移动用户需求或多或少与台式机及笔记本用户有所不同，其原因在于移动用户使用小屏幕，而且通常面临流量限制。因此，为了面向移动用户对网站进行最大限度的优化，必须注意以下几点。

- 简化设计：设备越小，设计就应当越简洁。
- 绝不使用水平滚动 。
- 使用大按钮：将许多小的链接放在同一个地方会给移动用户造成极大的麻烦。
- 为网站浏览提供备选途径 。
- 记录用户偏好 。
- 让数据输入尽可能变得简单 。
- 控制应用程序大小 。
- 添加移动设备专用功能 。

- 减少可察觉的等待时间。
- 优化所有环节。
- 使用有助于阅读的配色。
- 不要使用像素作为测量单位。
- 让内容尽可能清晰。
- 要注意在部分设备上可能无效的技术。
- 避免使用已知的无法在移动设备上工作的技术。

以上这些设计网站的注意事项不仅针对移动设备，在非移动设备上也同样重要。如果面向的是整个互联网，那么尽可能面向更多的设备和浏览器，应用程序才会拥有强大的生命力，并获得用户的赞美。

3.7 实战练习

1. 实现树节点效果

nav 元素是一个可以用来作为页面导航的链接组，其中的导航元素链接到其他页面或当前页面的其他部分。并不是所有的链接组都要被放进 <nav> 元素，例如，在页脚中通常会有一组链接，包括服务条款、首页、版权声明等，这时使用 <footer> 元素是最恰当的，而不需要 <nav> 元素。请尝试使用 <nav> 元素实现节点效果。

2. 使用分组列表显示网页中的内容

请尝试使用 <ol> 元素创建一个“MTV 排行榜”列表，并分别添加三个选项（大海、小芳、父亲）作为列表的内容。另外，增加一个文本框“设置开始值”与一个“确定”按钮；在文本框中输入一个值并单击“确定”按钮后，将以文本框中的值为列表项开始的编号显示“MTV 排行”。

第 2 篇

核心技术

第4章 HTML基础

本章教学录像：35 分钟

HTML 即超文本标记语言，是 HyperText Mark-up Language 的缩写。HTML 按一定格式来标记普通文本文件、图像、表格和表单等元素，使文本及各种对象能够在用户的浏览器中，显示出不同风格的标记性语言，从而实现各种页面元素的组合。通过使用 Dreamweaver CS6，可以更加快捷地生成 HTML 代码，提高了设计网页的效率。本章简要讲解 HTML 标记语言的基础知识。

本章要点（已掌握的在方框中打钩）

- □ HTML 初步
- □ HTML 标记详解
- □ 综合应用——制作一个简单网页

4.1 HTML 初步

本节教学录像：8 分钟

用 HTML 语言编写的网页，可以在任何操作系统的任何浏览器上以相同的方式显示。在浏览器中显示前也不需要进行编译，而只显示其内容。在本节的内容中，将简要介绍 HTML 的基础知识。

4.1.1 HTML 概述

在客户机上所能看到的 .htm（或 .html）文件结尾的 Web 页面，全部是由 HTML 语言写成的。并且可以在浏览器的效果界面中，单击鼠标右键并依次选择【查看】→【源文件】命令获取页面对应的源文件代码。

HTML 语言不但可以在任何文本编辑器中编辑，还可以在可视化网页制作软件中制作网页时自动生成，不用自己在文本编辑器中编写；在文档中可以直接嵌入视频剪辑、音效片断和其他应用程序等。

HTML 语言文档包含两种信息：一是页面本身的文本；二是表示页面元素、结构、格式和其他超文本链接的 HTML 标记。HTML 由各种标记元素组成，用于组织文档和指定内容的输出格式。每个标记元素都有自己可选择的属性。所有 HTML 标记及属性都放在特殊符号“<…>”中。其中语句不分大小写，甚至可以混写，还可以嵌套使用。

HTML 的主要特点如下所示。

（1）HTML 表示的是超文本标记语言（HyperText Markup Language）。

（2）HTML 文件是一个包含标记的文本文件。

（3）HTML 的标记确保在浏览器中怎样显示这个页面。

（4）HTML 文件必须具有“htm”或者“html”格式扩展名。

（5）HTML 文件可以使用一个简单的文本编辑器创建。

4.1.2 HTML 基本结构

HTML 元素相当多，主要由标记、元素名称、属性组成。标记用来界定各种单元，大多数 HTML 单元有起始标记、单元内容、结束标记。起始标记由“<”和“>”界定，结束标记由“</”和“>”界定，单元名称和属性由起始标记给出，有些单元没有结束标记，有些单元的结束标记可以省略。元素名称放在起始标记“<”后，不允许有空格。属性用来提供进一步信息，它一般由属性名称、等号和属性值三部分组成。

HTML 语言主要有如下 3 种表示方法。

- < 元素名 > 元素体 </ 元素名 >，例如 <title>网页 </title>。
- < 元素名属性名 1= 属性值 1 属性名 2= 属性值 2...> 元素体 </ 元素名 >。
- < 元素名属性名 1= 属性值 1 属性名 2 = 属性值 2...>。

【范例 4-1】讲解一个 HTML 源码中的标记元素

源码路径：光盘 \ 配套源码 \4\1.html

实例文件 1.html 的具体实现流程如下。

```
<html>
<head>
<title> 无标题文档 </title>
<link href="xiala.css" type="text/css" rel="stylesheet" />
<script language="JavaScript1.2" type="text/javascript" src="nn.js"></script>
</head>
<body>
<div class="main">
<div class="mm">
  <ul class="STYLE1" id="nn">
      <li style="left:auto"><a href="#"> 导航栏目 1</a>
      <ul>
            <li><a href="#"> 下拉栏目 1</a></li>
                  <li><a href="#"> 下拉栏目 2</a></li>
                  <li><a href="#"> 下拉栏目 3</a></li>
                  </ul>
      </li>
      <li><a href="#"> 导航栏目 2</a>
      <ul>
            <li><a href="#"> 下拉栏目栏目 1</a></li>
                  <li><a href="#"> 下拉栏目栏目 2</a></li>
                  <li><a href="#"> 下拉栏目栏目 3</a></li>
                  </ul>
  </li>
      <li><a href="#"> 导航栏目 3</a>
      <ul>
            <li><a href="#"> 下拉栏目栏目 1</a></li>
                  <li><a href="#"> 下拉栏目栏目 2</a></li>
                  <li><a href="#"> 下拉栏目栏目 3</a></li>
                  </ul>
      </li></ul>
</div>
</div>
</body>
</html>
```

上述代码的功能是在网页制作中实现一个列表效果，在上述代码中列出了很多 HTML 标记，例如 <body>、<li> 和 <a href="#"> 等，正是这些标记帮助 HTML 实现了显示网页元素的功能。

注 意

一定要闭合 HTML 标签。

在以往的页面源代码里，经常看到这样的语句：

```
<li>Some text here.
<li>Some new text here.
<li>You get the idea.
```

也许过去我们可以容忍这样的非闭合 HTML 标签，但以今天的标准来看，这是非常不可取的，是必须百分之百避免的。一定要注意闭合你的 HTML 标签，否则将无法通过验证，并且容易出现一些难以预见的问题。

建议开发者使用如下所示的形式：

```
<ul>
<li>Some text here. </li>
<li>Some new text here. </li>
<li>You get the idea. </li>
</ul>
```

4.2 HTML 标记详解

本节教学录像：25 分钟

HTML 的核心功能是通过众多的标记实现的，在本节的内容中，将详细讲解 HTML 语言中的主要标记，为读者步入本书后面知识的学习打下基础。

4.2.1 标题文字标记 <h>

网页设计中的标题是指页面中文本的标题，而不是 HTML 中的 <title> 标题。标题在浏览器的正文中显示，而不是在浏览器的标题栏中显示。在 Web 页面中，标题是一段文字内容的概览和核心，所以通常使用加强效果表示。现实网页中的信息不但可以进行主、次分类，而且可以通过设置不同大小的标题，为文章增加条理。在页面中使用标题文字的语法格式如下所示。

```
<hn align= 对齐方式 > 标题文字 </hn>
```

其中，“hn”中的 n 可以是 1 ～ 6 的整数值。取 1 时文字的字体最大，取 6 时最小。align 是标题文字中的常用属性，其功能是设置标题在页面中的对齐方式。align 属性值的具体说明如表 4-1 所示。

表 4-1　align 属性值列表

向导值	描述
left	设置文字居左对齐
center	设置文字居中对齐
right	设置文字居右对齐

在此需要注意，<h>...</h> 标记的默认显示字体是宋体，在同一个标题行中不能使用不同大小的字体。

【范例 4-2】讲解标题文字的具体设置方法

源码路径：光盘 \ 配套源码 \4\2.html

实例文件 2.html 的具体实现流程如下。

```
<html>
<head>
<title> 无标题文档 </title>
</head>
<body>
    <h1>1 级标题 </h1>                              <!-- 一级标题 -->
    <h2> 2 级标题 </h2>                             <!-- 二级标题 -->
    <h3>3 级标题 </h3>                              <!-- 三级标题 -->
</body>
</html>
```

【运行结果】

上述实例文件的执行效果如图 4-1 所示。

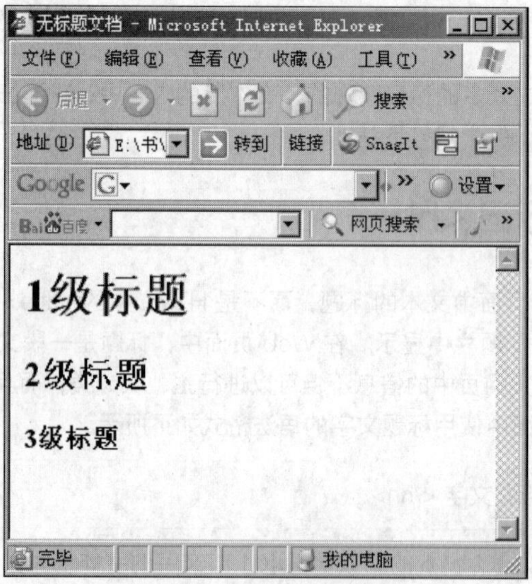

图 4-1　实例执行效果图

4.2.2 文本文字标记 <font>

HTML 标记语言不但可以给文本标题设置大小，而且可以给页面内的其他文本设置显示样式，如字体大小、颜色和所使用的字体等。在网页中为了增加页面的层次，其中的文字可以用 <font> 标记以不同的大小、字体、字型和颜色显示。<font> 标记具体使用的语法格式如下所示。

```
<font size= 数字 face= 字体名 color= 颜色 > 被设置的文字 </font>
```

其中,“size”的功能是设置文本字体的大小，取值为数字；“face”的功能是设置文本所使用的字体，例如宋体、幼圆等；“color”的功能是设置文本字体的颜色。

【范例 4-3】讲解 <font> 标记的具体使用方法

源码路径：光盘 \ 配套源码 \4\3.html

实例文件 3.html 的主要代码如下所示。

```
<html>
<head>
<title> 无标题文档 </title>
</head>
<body>
<p>
 <font size="+5" color="#666666" face=" 黑体 "> 字体的样式 </font>            <!-- 设置首行文本文字 -->
</p>
<p>
 <font size="+2" color="#990033" face=" 宋体 "> 字体的样式 </font>            <!-- 设置末行文本文字 -->
</p>
</body>
</html>
```

【运行结果】

上述实例文件的执行效果如图 4-2 所示。

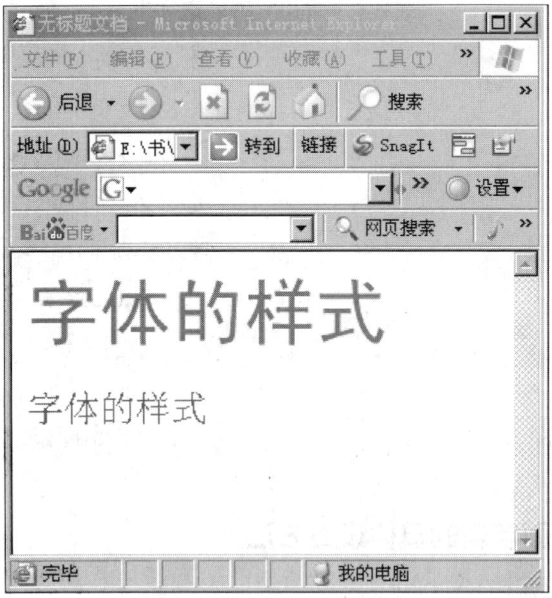

图 4-2　实例执行效果图

提 示

一定要声明正确的文档类型（DocType）。

DOCTYPE 定义在 HTML 标签出现之前，它告诉浏览器这个页面包含的是 HTML、XHTML，还是两者混合出现，这样浏览器才能正确地解析标记。在此建议读者首先做如下两件事：

（1）验证 CSS 文件，解决所有可见的错误；

（2）加上文档类型 Doctype。

通常有如下四种文档类型可供选择：

```
<!DOCTYPE HTML PUBLIC "-//W3C//DTD HTML 4.01//EN" "http://www.w3.org/TR/html4/strict.dtd">
<!DOCTYPE HTML PUBLIC "-//W3C//DTD HTML 4.01 Transitional//EN" "http://www.w3.org/TR/html4/loose.dtd">
<!DOCTYPE html PUBLIC "-//W3C//DTD XHTML 1.0 Transitional//EN" "http://www.w3.org/TR/xhtml1/DTD/xhtml1-transitional.dtd">
<!DOCTYPE html PUBLIC "-//W3C//DTD XHTML 1.0 Strict//EN" "http://www.w3.org/TR/xhtml1/DTD/xhtml1-strict.dtd">
```

关于该使用什么样的文档类型声明，一直有不同的说法。通常认为使用最严格的声明是最佳选择，但研究表明，大部分浏览器会使用普通的方式解析这种声明，所以很多人选择使用 HTML 4.01 标准。选择声明的底线是，它是不是真的适合你，所以你要综合考虑来选择适合你的项目声明。

4.2.3 字型设置标记

网页中的字型是指页面文字的风格，例如，文字加粗、斜体、带下划线、上标和下标等。现实中常用字型标记的具体说明如表 4-2 所示。

表 4-2　常用字型标记列表

字型标记	描述
<B></B>	设置文本加粗显示
<I></I>	设置文本倾斜显示
<U></U>	设置文本加下划线显示
<TT></TT>	设置文本以标准打印字体显示
	设置文本下标
	设置文本上标
<BIG><BIG>	设置文本以大字体显示
<SMALL></SMALL>	设置文本以小字体显示

【范例 4-4】讲解页面字型的具体设置方法

源码路径：光盘\配套源码\4\4.html

实例文件 4.html 的具体实现代码如下所示。

```
<html>
<head>
<title> 无标题文档 </title>
</head>
<body>
   <p><strong> 字体的样式 1 </strong></p>          <!-- 设置首行文本加粗显示 -->
   <p><em> 字体的样式 2</em></p>                  <!-- 设置末行文本倾斜显示 -->
</body>
</html>
```

除了表 4–1 中的标记外，在 HTML 中还有如下所示的常用标记。

- <b> 粗体 </b>：粗体。
- <i> 斜体 </i>：斜体。
- <u> 底线 </u>：底线。
- ^{上标}：上标。
- _{下标}：下标。
- <tt> 打字机 </tt>：打字机。
- <blink> 闪烁 </blink>：（IE 没效果）闪烁。
- <em> 强调 </em>：强调。
- <strong> 加强 </strong>：加强。
- <samp> 范例 </samp>：范例。
- <code> 原始码 </code>：原始码。
- <var> 变数 </var>：变数
- <dfn> 定义 </dfn>：定义。
- <cite> 引用 </cite>：引用。
- <address> 所在地址 </address>：所在地址。

4.2.4 段落标记 <p>

在 HTML 标记语言中，段落标记 <p> 的功能是定义一个新段落的开始。标记 <p> 不但能使后面的文字换到下一行，还可以使两段之间多一空行。由于一段的结束意味着新一段的开始，所以使用 <p> 也可省略结束标记。使用段落标记 <p> 的具体格式如下：

```
<p align = 对齐方式 >
```

其中，属性 align 的功能是设置段落文本的对齐方式。属性 align 有如下三个取值。

- left：设置文本居左对齐。
- right：设置文本居右对齐。
- center：设置文本居中对齐。

【范例 4–5】讲解段落标记 <P> 的具体使用方法

源码路径：光盘 \ 配套源码 \4\5.html

实例文件 5.html 的具体实现代码如下所示。

```
<html>
<head>
<title> 无标题文档 </title>
</head>
<body>
    <p align="left"> 字体的样式 1</p>                    <!-- 设置首行文本居左显示 -->
    <p align="center"> 字体的样式 2 </p>                 <!-- 设置首行文本居中显示 -->
</body>
</html>
```

4.2.5 换行标记

在 HTML 中，强制换行标记
 的功能是，使页面的文字、图片、表格等信息在下一行显示，而又不会在行与行之间留下空行，即强制文本换行。换行标记
 通常放于一行文本的最后。由于浏览器会自动忽略原代码中空白和换行的部分，这使
 成为最常用的页面标记之一。

使用换行标记
 的具体格式如下所示。

```
文本 <br>
```

**【范例 4-6】讲解换行标记
 的具体使用方法**

源码路径：光盘 \ 配套源码 \4\6.html

实例文件 6.html 的主要代码如下所示。

```
<html xmlns="http://www.w3.org/1999/xhtml">
<head>
<meta http-equiv="Content-Type" content="text/html; charset=utf-8" />
<title> 无标题文档 </title>
</head>
<body>
    字体的样式 1<br> 字体的样式 2                <!-- 设置 br 换行 -->
    <p> 字体的样式 3</p>                         <!-- 设置 p 换行 -->
</body>
</html>
```

【运行结果】

文件 6.html 的执行效果如图 4–3 所示。

图 4-3　显示效果图

4.2.6 超级链接标记 <a>

在网页中，链接是唯一的从一个 Web 页到另一个相关 Web 页的理性途径，它由两部分组成：锚链和 URL 引用。当单击一个链接时，浏览器将装载由 URL 引用给出的文件或文档。一个链接的锚链可以是一个单词或一个图片。一个锚链在浏览器中的表现模式取决于它是什么类型的锚链。

在 HTML 语言中，网页中的超级链接功能是由 <a> 标记实现的，它可以在网页上建立超文本链接，通过单击一个词、句或图片从此处转到目标资源，并且这个目标资源有唯一的 URL 地址。标记 <a> 具体使用的语法格式如下所示。

```
<a   href= 地址   name= 字符串   target= 打开窗口方式 > 热点 </a>
```

- href：为超文本引用，取值为一个 URL，是目标资源的有效地址。在书写 URL 时需要注意，如果资源放在自己的服务器上，可以写相对路径，否则应写绝对路径，并且 href 不能与 name 同时使用。
- name：指定当前文档内一个字符串作为链接时可以使用的有效目标资源地址。
- target：设定目标资源所要显示的窗口，其主要取值的具体说明如表 4-3 所示。

表 4-3　target 属性值列表

取值	描述
target="_blank" 或 target="new"	将链接的画面内容显示在新的浏览器窗口中
target="_parent"	将链接的画面内容显示在直接父框架窗口中
target="_self"	默认值，将链接的画面内容显示在当前窗口中
target="_top"	将框架中连结的画面内容显示在没有框架的窗口中
target=" 框架名称 "	只运用于框架中，若被设定，则链接结果将显示于该“框架名称”指定的框架窗口中，框架名称是事先由框架标记所命名的

根据目标文件的不同，链接可以分为多种，而内部链接是指链接到当前文档内的一个锚链上。

【范例 4-7】讲解使用内部链接的方法

源码路径：光盘 \ 配套源码 \4\7.html

实例文件 7.html 的具体实现代码如下所示。

```
<html>
<head>
    <meta http-equiv="Content-Type" content="text/html; charset=gb2312">
    <title> 无标题文档 </title>
</head>
<body>
    <a href="mm.html"> 看我的链接 </a>                        <!-- 设置的内部链接 -->
</body>
</html>
```

【运行结果】

执行后的效果如图 4-4 所示，单击“看我的链接”后来到图 4-5 所示的新页面。

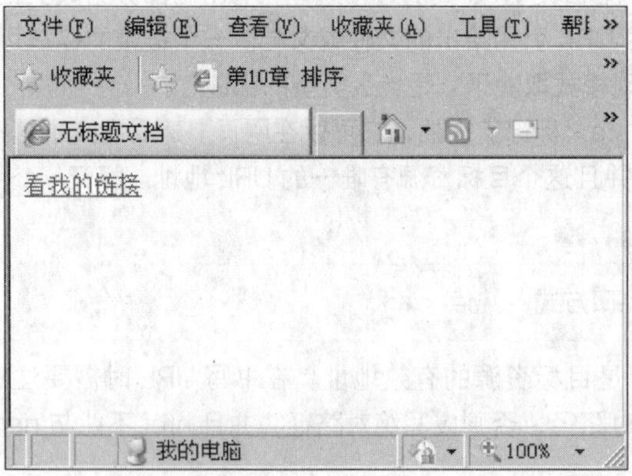

图 4-4　执行效果

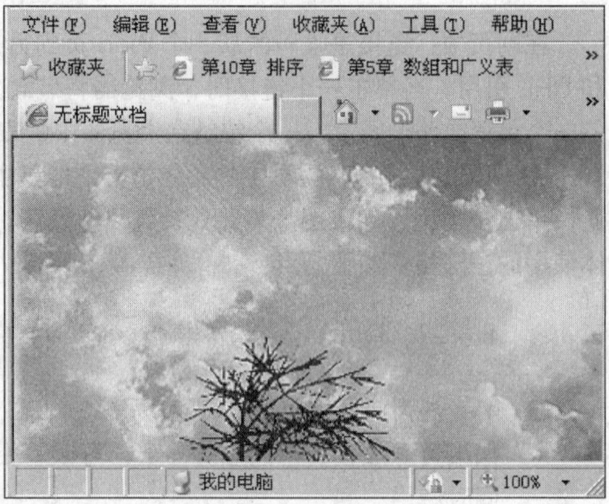

图 4-5　来到新页面

4.2.7 设置背景图片标记 <body background>

本节讲的背景图片就如同衣服布料的花纹一样，是指在网页设计过程中为满足特定需求而将一幅图片作为背景的情况。无论是背景图片还是背景颜色，都可以通过 <body> 标记的相应属性来设置。

在 HTML 标记语言中，使用 <body> 标记的 background 属性，可以为网页设置背景图片。具体设置的语法格式如下所示。

```
<body background= 图片文件名 >
```

其中，“图片文件名”是指图片文件的存放路径，可以是相对路径，也可以是绝对路径。图片文件可以是 GIF 格式或 JPEG 格式。

【范例 4-8】将指定图片“1.jpg”作为网页的背景

源码路径：光盘 \ 配套源码 \4\8.html

实例文件 8.html 的主要代码如下所示。

```
<html>
<head>
<title> 无标题文档 </title>
</head>
<body background="1.jpg">     <!-- 设置的背景图片 -->
</body>
</html>
```

【运行结果】

执行后的效果如图 4-6 所示。

图 4-6　执行效果

4.2.8 插入图片标记 <img>

在 HTML 中，可以使用图片标记 <img> 把一幅图片加入到网页中。使用图片标记后，可以设置图片的替代文本、尺寸、布局等属性。标记 <img> 具体使用的语法格式如下所示。

```
<imgsrc= 文件名 alt= 说明 width=x height=y border=n hspace=h vspace=v align= 对齐方式 >
```

上述 <img> 标记中常用属性的具体说明如下。

- src：指定要加入图片的文件名，即“图片文件的路径 \ 图片文件名”格式。

- alt：在浏览器尚未完全读入图片时，在图片位置显示的文字。
- width：图片的宽度，单位是像素或百分比。通常为避免图片失真，只设置其真实大小，若需要改变大小，最好事先使用图片编辑工具进行处理。
- height：设定图片的高度，单位是像素或百分比。
- hspace：设定图片边沿空白和左右的空间水平方向空白像素数，以免文字或其他图片过于贴近。
- vspace：设定图片上下的空间，空白高度采用像素作为单位。
- align：设置图片在页面中的对齐方式，或图片与文字的对齐方式。
- border：设置图片四周边框的粗细，单位是像素。

【范例 4-9】在页面中插入指定大小的图片

源码路径：光盘 \ 配套源码 \4\9.html

实例文件 9.html 的主要代码如下所示。

```
<html>
<head>
<title> 无标题文档 </title>
</head>
<body>
<imgsrc="2.jpg" alt=" 看我的效果 " width="400" height="300" border="2">     <!-- 指定图片大小 -->
</body>
</html>
```

在上述代码中，被插入图片“2.jpg”的实际大小是“高 × 宽 =238×279”。但是在代码中使用了 <img> 标记中的属性为其指定了大小。

【运行结果】

执行后的效果如图 4-7 所示。

图 4-7 执行效果

4.2.9 列表标记

列表是 Web 网页中的重要组成元素之一，页面通过对列表的修饰可以提供用户需求的显示效果。在当前的网页中，可以将列表细分为无序列表、有序列表和菜单列表。

1. 无序列表

当在网页中使用列表时，也不是随意而为的，需要根据具体情况来排列。在网页中通常将列表分为无序列表和有序列表两种，其中带序号标志（如数字、字母等）的表项就组成有序列表，否则为无序列表。在本节的内容中，将对无序列表的创建方法进行简要介绍。

无序列表中每一个表项的最前面是项目符号，例如●、■等。在页面中通常使用标记 <ul> 和 <li> 创建无序列表，具体使用的语法格式如下所示。

```
<ul type= 符号类型 >
<li type= 符号类型 1> 第一个列表项
<li type= 符号类型 2> 第二个列表项
...
</ul>
```

其中 type 属性的功能是，指定每个表项左端的符号类型，并且在 <ul> 后指定符号的样式，可以设定直到 </ul>；在 <li> 后指定符号的样式，可以设置从该 <li> 起直到 </li>。<li> 标记是单标记，即一个表项的开始，就是前一个表项的结束。

常用的 type 属性值及其具体说明如表 4–4 所示。

表 4-4　type 属性值列表

取值	描述
disc	设置样式为实心圆显示
circle	设置样式为空心圆显示
square	设置样式为实心方块显示
decimal	设置样式为阿拉伯数字显示
lower–roman	设置样式为小写罗马数字显示

其中，表中的前三项值被应用于无序列表。

【范例 4–10】实现页面无序列表

源码路径：光盘 \ 配套源码 \4\10.html

实例文件 10.html 的主要代码如下所示。

```
<html>
<head>
<title> 无标题文档 </title>
</head>
<body>
<ul type="square">
```

```
<li type="square"> 第一行列表 </li>                    <!-- 设置的列表 -->
<li> 第二行列表 </li>                                  <!-- 设置的列表 -->
<li> 第三行列表 </li>                                  <!-- 设置的列表 -->
</ul>
</body>
</html>
```

【运行结果】

执行后的效果如图 4-8 所示。

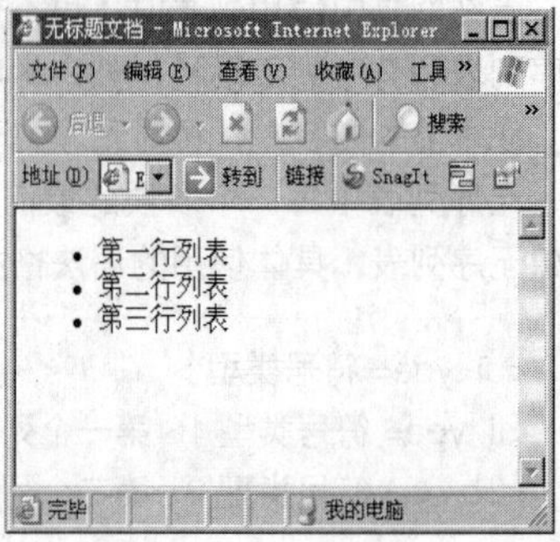

图 4-8 执行效果

2. 有序列表

在 HTML 网页中，有序列表是指列表前的项目编号是按照有序顺序样式显示的，例如，1、2、3……或 Ⅰ、Ⅱ……。通过带序号的列表可以更清楚地表达信息的顺序。使用 <ol> 标记可以建立有序列表，表项的标记仍为 <li>。其具体使用的语法格式如下所示。

```
<ol type= 符号类型 >
<li type= 符号类型 1> 表项 1
<li type= 符号类型 2> 表项 2
    ...
</ol>
```

在 <ol> 后指定符号的样式，可以设定到 </ol> 表项指定新的符号。

常用的 type 属性值的具体说明如表 4-5 所示。

表 4-5 type 属性值列表

取值	描述
1	设置为数字显示，例如 1、2、3
A	设置为大写英文字母显示，例如 A、B、C
a	设置为小写英文字母显示，例如 a、b、c
I	设置为大写罗马字母显示，例如 Ⅰ、Ⅱ
i	设置为小写罗马字母显示，例如 ⅰ、ⅱ

【范例 4-11】在页面内实现有序列表

源码路径：光盘 \ 配套源码 \4\11.html

实例文件 11.html 的主要代码如下所示。

```
<html>
<head>
<title> 无标题文档 </title>
</head>
```

```
<body>
<ol>
<li> 第一行列表 </li>  <!-- 设置的有序列表 -->
<li> 第二行列表 </li>  <!-- 设置的有序列表 -->
<li> 第三行列表 </li>  <!-- 设置的有序列表 -->
</ol>
</body>
</html>
```

【运行结果】

执行后的效果如图 4-9 所示。

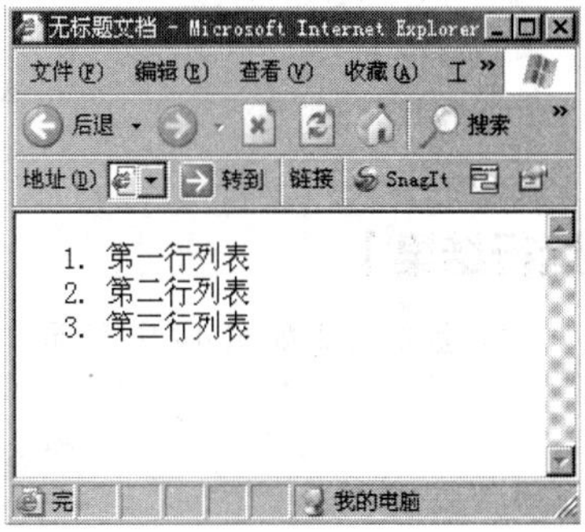

图 4-9 执行效果

3. 菜单列表

在 HTML 应用中，菜单列表比无序列表更加紧凑，在现实应用中经常可以列出几个相关网页的索引，以便通过超链接来很快选取感兴趣的内容。菜单列表使用标记 <menu> 替代标记 <ul>，并引入标记 <lh> 来定义菜单列表的标题。使用菜单列表的语法格式如下所示。

```
<menu>
<lh> 菜单列表的标题
<li> 第一个列表项
<li> 第二个列表项
    ...
<lh> 菜单列表的标题
<li> 第一个列表项
<li> 第二个列表项
    ...
</menu>
```

【范例 4-12】在页面中实现菜单列表

源码路径：光盘\配套源码\4\12.html

实例文件 12.html 的主要代码如下所示。

```
<body>
<p align=center>
<font color=#FF0000 size=5><b> 中国文学 </b></font>
</p>
<menu>                                  <!-- 菜单列表开始 -->
<lh><font color="#0000FF" size="4"> 中国古典文学 </font>         <!-- 列表标题 -->
<li type=circle> 红楼梦             <!-- 列表项 -->
<li type=square> 三国演义           <!-- 列表项 -->
```

```
<li type=disc> 水浒传              <!-- 列表项 -->
<li> 西游记                        <!-- 列表项 -->
<br>
<lh><font color="#0000FF" size="4"> 中国近代文学 </font>          <!-- 列表标题 -->
<li> 阿 Q 正传                     <!-- 列表项 -->
<li> 围城                          <!-- 列表项 -->
<li> 四世同堂 <li> 家 . 春 . 秋    <!-- 列表项 -->
<li type=square> 好人陈强的故事         <!-- 列表项 -->
</menu>
</body>
</html>
```

【运行结果】

执行后的效果如图 4-10 所示。

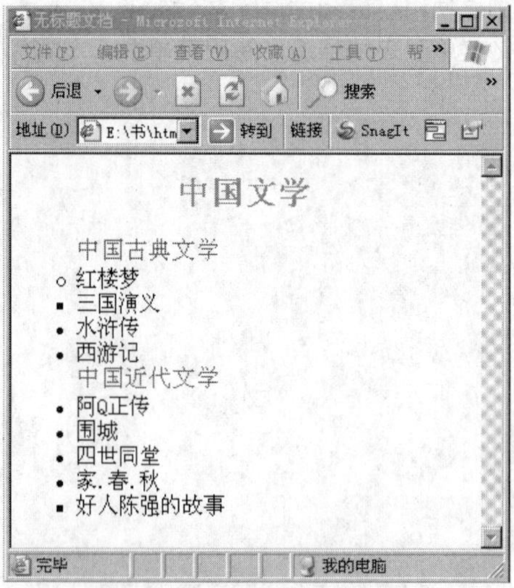

图 4-10　执行效果

4.2.10 表格标记 <table>、<tr>、<th> 和 <td>

网页中的表格有很大的作用，其中最重要的就是网页布局。在页面中创建表格的标记是 <table>，创建行的标记为 <tr>，创建表项的标记为 <td>。表格中的内容写在“<td>...</TD>”之间。“<tr>...</tr>”用来创建表格中的每一行，它只能放在 <table></table> 标志对之间使用，并且在里面加入的文本是无效的。使用上述标记的语法格式如下所示。

```
<table align=left|center|right border=n width= 值 height= 值 %>
<tr><th> 表头 1<th> 表头 2...<th> 表头 n
<tr><td> 表项 1<td> 表项 2...<td> 表项 n
```

```
……
<tr><td> 表项 1<td> 表项 2...<td> 表项 n
</table >
```

表格的整体外观显示效果由 <table> 标记的属性决定，常用的 type 属性值及具体说明如表 4-6 所示。

表 4-6 type 属性值列表

取值	描述
bgcolor	设置表格的背景色
border	设置边框的宽度，若不设置此属性，则边框宽度默认为 0
bordercolor	设置边框的颜色
bordercolorlight	设置边框明亮部分的颜色（当 border 的值大于等于 1 时才有用）
bordercolordark	设置边框昏暗部分的颜色（当 border 的值大于等于 1 时才有用）
cellspacing	设置表格格子之间空间的大小
cellpadding	设置表格格子边框与其内部内容之间空间的大小
width	设置表格的宽度，单位用绝对像素值或总宽度的百分比

【范例 4-13】在网页中创建表格

源码路径：光盘 \ 配套源码 \4\13.html

实例文件 13.html 的主要代码如下所示。

```
<body>
<table width="400" border="1">                <!-- 创建表格开始 -->
<tr>                                            <!-- 第一行单元格 -->
<td bgcolor="#9999FF"> </td>
<td bgcolor="#9999FF"> </td>
</tr>
<tr>                                            <!-- 第二行单元格 -->
<td> </td>
<td> </td>
</tr>
</table>
</body>
```

【运行结果】

执行后的效果如图 4-11 所示。

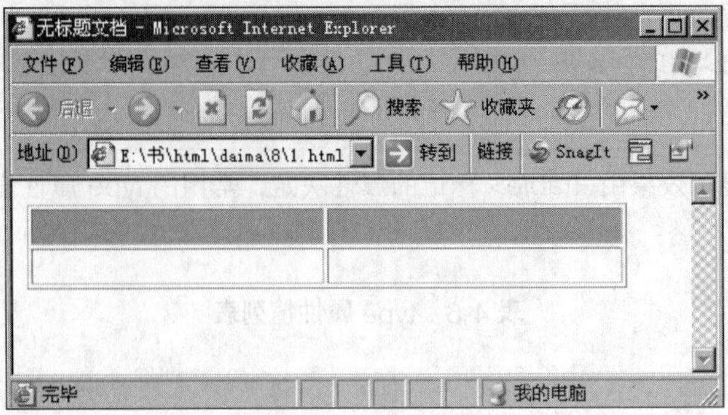

图 4-11 执行效果

4.3 综合应用——制作一个简单网页

本节教学录像：2 分钟

【范例 4-14】制作一个简单网页

下面进行具体的制作，其操作步骤如下。

（1）在文件夹的空白处，单击鼠标右键，在弹出的快捷菜单中选择“新建 ➤ 文本文档”命令，新建一个文本文档。

（2）打开文档，选择“文件 ➤ 另存为”命令，打开“另存为”对话框。

（3）在“保存类型”下拉列表框中选择“所有文件”选项，在“文件名”文本框中输入网页文档的名称“yijiaren.html”，在“保存在”下拉列表框中选择要保存网页的位置，如图 4-12 所示。

图 4-12 修改文本文档

（4）单击“保存”按钮保存文档。

（5）在编辑窗口中输入图 4-13 所示的代码。

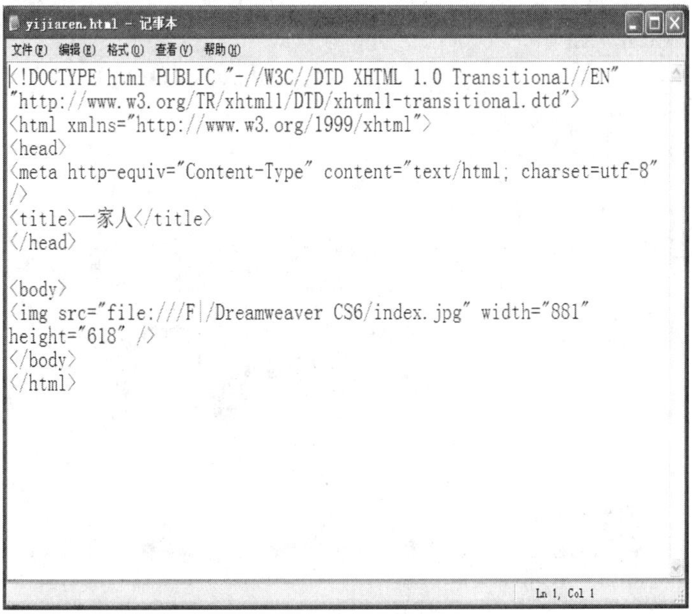

图 4-13　输入代码

（6）按“Ctrl+S”键保存文档，然后关闭记事本程序。

（7）选择“开始 ➤ 所有程序 ➤adobe Dreamweaver CS6”命令启动 Dreamweaver CS6。

（8）选择“文件 ➤ 打开”命令，打开“打开”对话框，在其中选择“yijiaren.html”文件，单击“打开”按钮，打开该网页，如图 4-14 所示。

图 14-14　打开的网页

（9）按“F12”键进行预览，如图 4-15 所示。

图 4-15　预览网页

（10）按“Ctrl+Shift+S”键打开“另存为”对话框，在“保存在”下拉列表框中选择保存网页文档的位置，在“文件名”文本框中输入网页文档的名称“一家人 .html”，如图 4-16 所示。

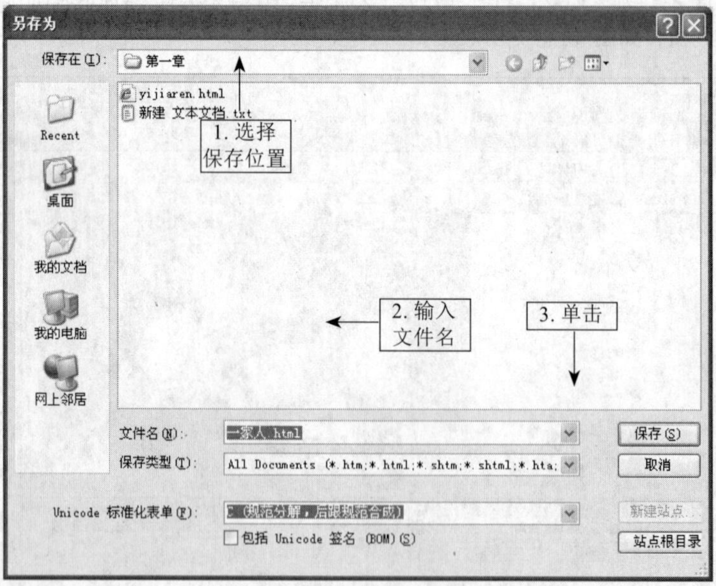

图 4-16　“另存为”对话框

（11）单击“保存”按钮完成网页文档的另存操作。

（12）选择“文件 ➤ 退出”命令退出 Dreamweaver CS6，完成本例操作。

【运行结果】

本实例的最终浏览效果如图 4-17 所示。

图 4-17　最终效果

4.4 高手点拨

1. 前辈们的建议：多学习和使用 HTML

为了成功地设计网站，你必须理解 HTML 是如何工作的。大多数网站设计者建议网络新手应从有关 HTML 的书中去寻找答案，用 Notepad 制作网页。因为用 HTML 设计网站，可以控制设计的整个过程。但是，如果你仅仅是网站设计的新手，你应该寻找一个允许修改 HTML 的软件包。HomeSite4 是一个很好的 Web 设计工具。在设计过程中，HomeSite4 能帮助你学习 HTML，它还允许你切换到所见即所得的模式，以便你在把网站发送到 Web 之前，预览你的网站。

2. 优秀设计师要注意界面弱化

一个好的界面设计的界面是弱化的，突出的是功能，着重体现的是网站提供给使用者的主要是什么。这就涉及浏览顺序、功能分区等。要让访客在 0.5 秒内就能把握网站的行业性质，1 秒内就知道该从哪个地方开始使用这个网站，能点一次的，绝不点第二次。当然上面说的是大多数功能性网站，对于宣传展示性网站，诸如加特效的或 Flash 网站，可能就不得不花哨一些，但不能太过分。

4.5 实战练习

1. 验证邮件地址是否合法

请尝试在表单页面中加入一个“email”类型的 <input> 元素，功能是输入邮件地址。另外，新建一个表单“提交”按钮，当单击“提交”按钮时会自动检测“email”类型的文本框中输入的字符是否符合邮件格式，如果不符则显示对应的错误提示信息。

2. 验证 URL 地址是否合法

请尝试创建了一“url”类型的 <input> 元素，然后新建了一个表单“提交”按钮。当单击“提交”按钮时，会自动检测输入框中的元素是否符合 Web 地址格式，如果不是合法的 URL，则显示错误提示信息。

第 5 章

本章教学录像：36 分钟

HTML5

HTML5 是 Web 标准的巨大飞跃。和以前的版本不同，HTML5 并非仅仅用来表示 Web 内容，它的使命是将 Web 带入一个成熟的应用平台。在这个平台上，视频、音频、图像、动画以及同电脑的交互都被标准化。尽管 HTML5 的实现还有很长的路要走，但是 HTML5 正在改变着 Web。本章详细讲解 HTML5 的基础知识，特别是新特性方面的知识，为读者步入本书后面知识的学习打下基础。

本章要点（已掌握的在方框中打钩）

- ☐ 把握未来的风向标
- ☐ 用 HTML5 设计移动网站前的准备
- ☐ 第一段 HTML5 程序
- ☐ 设置网页头部元素
- ☐ 设置页面正文
- ☐ 注释
- ☐ 和页面结构相关的新元素
- ☐ 在网页中显示联系信息
- ☐ 自动隐藏或显示网页中的文字
- ☐ 综合应用——自动检测输入的拼音是否正确

5.1 把握未来的风向标

本节教学录像：4 分钟

虽然在第 4 章中已经介绍了 HTML 标记语言的基本知识，但是都是基于 HTML4 的。其实 HTML 一直在蓬勃发展，并且诞生了最新的版本——HTML5。HTML5 号称史上最强的 HTML 标记语言，能够支持多媒体和数据存储。虽然现在的主流 Web 都是基于 HTML4 的，但是随着各大浏览器厂商最新版本的推出，HTML5 必将成为业界主流。作为程序员和网页设计师来说，必须占领先机，迅速学会 HTML5 这门最时尚也是最强大的网页标记技术。只有这样才能占领网页设计的制高点，才能最迅速地为用户开发出更加强大的应用。

5.1.1 漫漫发展历程

HTML 最近的一次升级是 1999 年 12 月发布的 HTML 4.01。自那以后，发生了很多事。最初的浏览器战争已经结束，Netscape 灰飞烟灭，IE5 作为赢家后来又发展到 IE6、IE7、IE8。Mozilla Firefox 从 Netscape 的死灰中诞生，并跃居第二位。苹果和 Google 各自推出自己的浏览器，而小家碧玉的 Opera 仍然嘤嘤嗡嗡地活着，并以推动 Web 标准为己命。我们甚至在手机和游戏机上有了真正的 Web 体验，感谢 Opera、iPhone 以及 Google 推出的 Android。

然而这一切，仅仅让 Web 标准运动变得更加混乱，HTML5 和其他标准被束之高阁，结果 HTML5 一直以来都是以草案的面目示人。于是一些公司联合起来，成立了一个叫作 Web Hypertext Application Technology Working Group（Web 超文本应用技术工作组——WHATWG）的组织，他们将重新拣起 HTML5 这个神圣的课题。这个组织独立于 W3C，成员来自 Mozilla、KHTML/Webkit 项目组、Google、Apple、Opera 以及微软。由此可以论证，HTML5 必将是将来网页设计的标准，也是最绚丽的新技术。

5.1.2 无与伦比的体验

HTML5 作为全新的版本，为开发人员带来全新的功能，通过这些新功能可以为浏览用户提供无与伦比的用户体验。

1. 激动人心的部分

（1）全新的、更加合理的 Tag。

多媒体对象将不再全部绑定在 object 或 embed Tag 中，而是视频有视频的 Tag，音频有音频的 Tag。

（2）本地数据库。

这个功能将内嵌一个本地的 SQL 数据库，以加速交互式搜索、缓存以及索引功能。同时，那些离线 Web 程序也将因此获益匪浅。

（3）Canvas 对象将给浏览器带来直接在上面绘制矢量图的能力。

这意味着我们可以脱离 Flash 和 Silverlight，直接在浏览器中显示图形或动画。一些最新的浏览器，除了 IE，已经开始支持 Canvas。通过 Canvas 提供的 API 可以实现浏览器内的编辑、拖放以及各种图形用户界面的功能。并且从 HTML5 开始，内容修饰 Tag 被剔除，而统一使用 CSS。

2. 新规则

Web 标准为 HTML5 建立了如下新规则。

（1）新特性应该基于 HTML、CSS、DOM 以及 JavaScript。
（2）减少对外部插件的需求，比如 Flash。
（3）更优秀的错误处理。
（4）更多取代脚本的标记。
（5）HTML5 应该独立于设备。
（6）开发进程应对公众透明。

3. 新特性

在 HTML5 中增加了如下主要的新特性。
（1）用于绘画的 canvas 元素。
（2）用于媒介回放的 video 和 audio 元素。
（3）对本地离线存储的更好的支持。
（4）新的特殊内容元素，比如 article、footer、header、nav、section。
（5）新的表单控件，比如 calendar、date、time、email、url、search。

5.2 用 HTML5 设计移动网站前的准备

本节教学录像：3 分钟

在使用 HTML5 设计移动网站之前，需要做两个方面的准备：购买域名和准备测试环境。在本节的内容中，将简要介绍这两方面的基本知识。

5.2.1 为移动网站准备专用的域名

在当前市面中，很多网站的移动版都有一个独立的域名，移动用户可以绕过常规网站直接访问其移动版，此类域名通常为 m.exampe.com。为移动网站设置独立域名的好处如下所示。

- 让移动用户更容易找到该移动网站。
- 为移动网站的网址进行独立宣传，提高访问量。
- 平板电脑和智能手机用户通过更改域名的方式便可以访问常规网站。
- 便于网站维护，可以通过完全独立的页面手动创建移动域名，或使用内容管理系统。

注意 在开发过程中，为了便于调试移动 Web 程序，建设读者搭建远程服务器。有条件的读者可以申请域名和网络空间进行远程测试，没有条件的读者可以使用网络中提供的免费域名和免费空间。

5.2.2 准备测试环境

在编写移动网站时，应当在尽可能多的移动设备上进行测试工作。尽管开发人员可以使用不同浏览器或模拟不同的屏幕尺寸来测试，但若不直接在移动设备上进行测试，仍然可能会出现如下所示的情况。

- 无法正确加载图像，或完全无法加载图像。

- ❑ 无法运行需要的特定设备的功能。
- ❑ 因为移动运营商的数据包大小限制，使得无法加载页面或图像。
- ❑ 无法水平滚动。
- ❑ 不支持文件格式。

为了解决上述问题，笔者提出如下所示的两种解决方案。

（1）使用模拟器。

许多移动设备都有在线或离线模拟器，其中大部分是免费的，可以通过它们进行一些基础测试。在本书的 2.4 节内容中，已经讲解了搭建测试环境的方法。

（2）使用不同的设备。

可以租用或者购买不同手机来测试我们设计的网站在手机上的表现。但是这种方式的花费比较大，特别是购买不同设备这种方式就需要耗费不菲的金钱。

5.3 第一段 HTML5 程序

本节教学录像：2 分钟

经过本章前面内容的学习，相信读者已初步了解了 HTML5 的新特性和新规则。在本节的内容中，将通过一个具体实例的实现过程，来带领读者体验 HTML5 的魅力。

【范例 5-1】在网页中自动播放一个视频

源码路径：光盘 \ 配套源码 \5\autoplay.html

实例文件 autoplay.html 的主要代码如下所示。

```
<!DOCTYPE HTML>
<html>
<body>
<video controls="controls" autoplay="autoplay">
   <source src="123.ogg" type="video/ogg"/>
Your browser does not support the video tag.
</video>
</body>
</html>
```

【范例分析】

上述代码的功能是在网页中自动播放名为“123.ogg”的视频文件，在代码中设置的此视频文件和实例文件 autoplay.html 同属于一个目录下。

【运行结果】

执行后的效果如图 5-1 所示。

图 5-1 执行效果

由上述实例可以看出，不用任何插件，只需用短短的几行代码，就可以在网页中播放视频文件。这仅仅是 HTML5 的一个全新功能而已，在本书后面的内容中，将带领广大读者一起来领略 HTML5 的全新功能。

5.4 设置网页头部元素

本节教学录像：11 分钟

在网页设计应用中，位于网页顶部的头部用于设置和网页相关的信息，例如页面标题、关键字和版权等信息。当页面执行后，不会在页面正文中显示头部元素信息。

在 HTML5 中，head 元素是所有头部元素的容器。通过位于 <head> 内部的元素，可以使脚本指引浏览器找到样式表和元信息等。在 head 部分可以包含如下所示的标签。

- <base>
- <link>
- <meta>
- <script>
- <style>
- <title>

在本节的内容中，将详细讲解 HTML5 中和头部元素相关的知识。

5.4.1 设置文档类型

文档类型（doctype）决定了当前页面所使用的标记语言（HTML 或 XHTML）的版本，合理选择当前页面的文档类型是设计标准 Web 页面的基础。只有定义了页面的文档类型后，页面里的标记和 CSS

才会生效。

在 HTML5 中，<!DOCTYPE> 的声明必须位于 HTML5 文档中的第一行，也就是位于 <html> 标签之前。该标签告知浏览器文档所使用的 HTML 规范。

对 <!DOCTYPE> 的声明不属于 HTML 标签，它仅仅是一条指令，目的是告诉浏览器编写页面所用的标记的版本。

在 HTML 4.01 中，<!DOCTYPE> 需要对 DTD 进行引用，因为 HTML 4.01 基于 SGML。而 HTML5 不基于 SGML，因此不需要对 DTD 进行引用，但是需要 DOCTYPE 来规范浏览器的行为（让浏览器按照它们应该的方式来运行）。

【范例 5-2】介绍 HTML 头部元素的使用方法

源码路径：光盘\配套源码\5\tou.html

实例文件 tou.html 的主要代码如下所示。

```
<!DOCTYPE HTML>
<html>
<head>
<title>Title of the document</title>
</head>
<body>
</body>
</html>
```

在上述实例中实现文档类型设置的是首行代码，用“DOCTYPE”标记表示。

【运行结果】

执行后的效果如图 5-2 所示。

图 5-2 执行效果

从图 5-2 的执行效果可以看出，网页的文档类型不是十分重要，不会在页面的正文中显示。

5.4.2 设置所有链接规定默认地址或默认目标

在 HTML5 中，使用 <base> 标签可以为页面上的所有链接规定默认地址或默认目标。在通常情况下，浏览器会从当前文档的 URL 中提取相应的元素来填写相对 URL 中的空白。使用 <base> 标签可以改变这一点，浏览器随后将不再使用当前文档的 URL，而使用指定的基本 URL 来解析所有的相对 URL，这其中包括 <a>、<img>、<link>、<form> 标签中的 URL。

在 HTML5 中规定，必须将 <base> 标签用在 head 元素内部。假设图像的绝对地址是：

```
<img src="http://www.topchuban001.com/i/pic.gif " />
```

接下来在页面中的 head 部分插入 <base> 标签，规定页面中所有链接的基准 URL：

```
<head>
<base href="http://www.topchuban001.com/i/" />
</head>
```

这样当在上述页面中插入图像时必须设置图像的相对地址，这样浏览器会寻找文件所使用的完整 URL。例如：

```
<img src="pic.gif" />
```

注 意 在一个文档中，最多能使用一个 <base> 元素。建议把 <base> 标签排在 head 元素中第一个元素的位置，这样 head 中其他元素就可以利用 <base> 元素中的信息了。

5.4.3 链接标签

在 HTML5 中，<link> 标签用于定义文档与外部资源之间的关系。例如用下面的代码可以链接到一个名为“style.css”的外部样式表。

```
<head>
<link rel="stylesheet" type="text/css" href="style.css" />
</head>
```

虽然目前所有的主流浏览器都支持 <link> 标签，但是在 HTML5 中不再支持 HTML 4.01 的某些属性。其中“sizes”是 HTML5 中的新属性，HTML5 中的新属性如表 5-1 所示。

表 5-1 HTML5 中的新属性

属性	值	描述
charset	char_encoding	HTML5 中不支持
href	URL	规定被链接文档的位置
hreflang	language_code	规定被链接文档中文本的语言
media	media_query	规定被链接文档将被显示在什么设备上

续表

属性	值	描述
rel	alternate author help icon licence next pingback prefetch prev search sidebar stylesheet tag	规定当前文档与被链接文档之间的关系
rev	reversed relationship	HTML5 中不支持
sizes	heightxwidth any	规定被链接资源的尺寸。仅适用于 rel="icon"
target	_blank _self _top _parent frame_name	HTML5 中不支持
type	MIME_type	规定被链接文档的 MIME 类型

并且 <link> 标签支持 HTML5 中如表 5-2 所示的全局属性。

表 5-2　HTML5 中新的全局属性

属性	描述
accesskey	规定访问元素的键盘快捷键
class	规定元素的类名（用于规定样式表中的类）
contenteditable	规定是否允许用户编辑内容
contextmenu	规定元素的上下文菜单
dir	规定元素中内容的文本方向
draggable	规定是否允许用户拖动元素
dropzone	规定当被拖动的项目 / 数据被拖放到元素中时会发生什么
hidden	规定该元素是无关的。被隐藏的元素不会显示
id	规定元素的唯一 ID
lang	规定元素中内容的语言代码
spellcheck	规定是否必须对元素进行拼写或语法检查
style	规定元素的行内样式
tabindex	规定元素的 Tab 键控制次序
title	规定有关元素的额外信息

5.4.4 设置有关页面的元信息

在 HTML5 中，可以使用 <meta> 标签设置有关页面的元信息（meta-information），比如针对搜索引擎和更新频度的描述和关键词。<meta> 标签位于文档的头部，在里面不包含任何内容。<meta> 标签的属性定义了与文档相关联的“名称 / 值”对。

在全新的 HTML5 中，虽然不再支持属性 scheme，但是增加了一个新的属性 charset，通过此属性可以更加容易地定义字符集。在 HTML 4.01 中必须用如下写法：

```
<meta http-equiv="content-type" content="text/html; charset=ISO-8859-1">
```

而在 HTML5 中，只需用如下写法即可实现上述相同的功能。

```
<meta charset="ISO-8859-1">
```

例如通过下面的代码定义了针对搜索引擎的关键词：

```
<meta name="keywords" content="HTML, CSS, XML, XHTML, JavaScript" />
```

而通过下面的代码定义了对页面的描述：

```
<meta name="description" content=" 欢迎学习 Web 技术 " />
```

而通过下面的代码定义了页面的最新版本：

```
<meta name="revised" content="David, 2012/12/8/" />
```

而通过下面的代码可以设置每 5 秒刷新一次页面：

```
<meta http-equiv="refresh" content="5" />
```

5.4.5 定义客户端脚本

在 HTML5 中，<script> 标签用于定义客户端脚本，比如 JavaScript。script 元素既可包含脚本语句，也可以通过“src”属性指向外部脚本文件。JavaScript 通常用于图像操作、表单验证以及动态内容更改。

例如通过下面的 JavaScript 代码可以在页面中输出文字 "Hello world" ：

```
<script type="text/javascript">
document.write("Hello World!")
</script>
```

注意 在 HTML4 中，属性“type”是必需的，而在 HTML5 中是可选的。另外，在 HTML5 中新增了 "async" 属性，并且在 HTML5 中不再支持 HTML 4.01 中的某些属性。

如果使用“src”属性，则 <script> 元素必须是空的。其实在HTML5 中有多种执行外部脚本的方法，具体说明如下所示。

（1）如果 async="async"：脚本相对于页面的其余部分异步地执行（当页面继续进行解析时，脚本将被执行）。

（2）如果不使用 async 且 defer="defer"：脚本将在页面完成解析时执行。

（3）如果既不使用 async 也不使用 defer：在浏览器继续解析页面之前，立即读取并执行脚本。

在 HTML5 中，<script> 标签支持的属性如表 5-3 所示。

表 5-3　HTML5 中的新属性

属性	值	描述
async	async	规定异步执行脚本（仅适用于外部脚本）
defer	defer	规定当页面已完成解析后，执行脚本（仅适用于外部脚本）
type	MIME_type	规定脚本的 MIME 类型
charset	character_set	规定在脚本中使用的字符编码（仅适用于外部脚本）
src	URL	规定外部脚本的 URL

5.4.6 定义 HTML 文档的样式信息

在 HTML5 中，可以使用 <style> 标签定义 HTML 文档的样式信息。通过 <style> 标签，可以设置 HTML 元素如何在浏览器中呈现。例如在下面的实例中，演示了在 HTML 文档中使用 style 元素的方法。

【范例 5-3】在 HTML 文档中使用 style 元素

源码路径：光盘 \ 配套源码 \5\style.html

实例文件 style.html 的主要代码如下所示。

```
<html>
<head>
<style type="text/css">
h1 {color:red}
p {color:blue}
</style>
</head>

<body>
<h1> 标题 </h1>
<p> 看第二行的样式 </p>
</body>
</html>
```

【运行结果】

执行后的效果如图 5-3 所示。

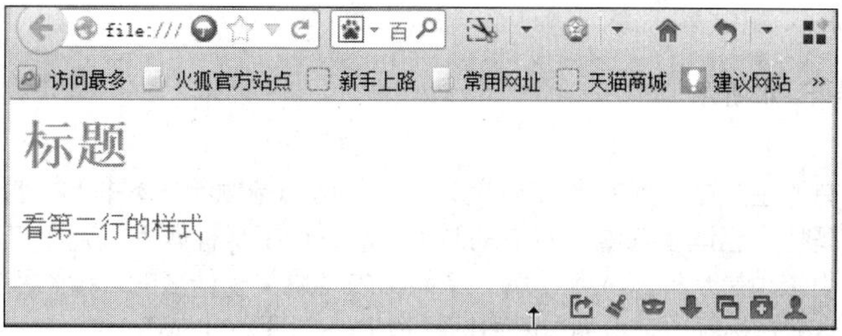

图 5-3 执行效果

提 示 属性scoped是HTML5中的一个新属性，它允许设计人员为文档的某一指定部分定义样式，而不是整个文档。如果使用了属性“scoped”，那么所规定的样式只能应用到 style 元素的父元素及其子元素。

注 意 如果未定义 scoped 属性，那么 <style> 元素必须位于 <head> 部分中。如需链接外部样式表，建议使用 <link> 标签。

5.4.7 设置页面标题

在现实应用中，设计的网页需要有一个题目，这个题目需要高度概括这个页面的内容。设置的标题不在浏览器正文中显示，而是在浏览器的标题栏中显示。在 HTML5 中，使用 <title> 标签定义文档的标题。title 元素在所有 HTML 文档中是必需有的。

在页面中定义页面标题的代码如下所示。

```
<title> 页面标题 </title>
```

在下面的演示实例中，演示了设置页面标题的具体方法。

【范例 5-4】设置页面标题

源码路径：光盘 \ 配套源码 \5\biaoti.html

实例文件 biaoti.html 的主要代码如下所示。

```
<html>
<head>
<title> 这里是我的标题 </title>
</head>

<body>
</body>
</html>
```

【运行结果】

执行后的效果如图 5-4 所示。

> **提 示** 目前所有的主流浏览器都支持 <title> 标签。网页标题和一本书的书名一样，是整本书所讲内容的高度概括。当读者在看一本书的时候，最先也是从标题入手判断其所讲内容的。同样的道理，搜索引擎也是从标题入手了解一个网页内容是关于什么的。搜索引擎读到的一个网页的第一部分内容就是标题，可以通过网页标题确定一个网页的内容。

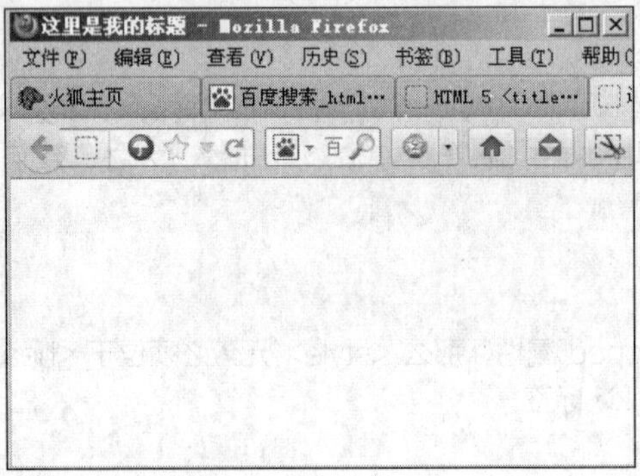

图 5-4　执行效果

5.5 设置页面正文

本节教学录像：1 分钟

网页的正文是网页的主体，通过正文可以向浏览者展示页面的基本信息。正文定义了网页上显示的主要内容与显示格式，是整个网页的核心。在 HTML5 中设置正文的标记是“<body>...</body>”，其具体使用的语法格式如下所示。

```
<body> 页面正文内容 </body>
```

页面正文位于头部之后，“<body>”标示正文的开始，“</body>”标示正文的结束。正文 body 通过其本身的属性实现指定的显示效果，body 的常用属性如表 5-4 所示。

表 5-4　body 常用属性列表

属性值	描述
background	设置页面的背景图像
bgcolor	设置页面的背景颜色
text	设置页面内文本的颜色
link	设置页面内未被访问过的链接颜色
vlink	设置页面内已经被访问过的链接颜色
alink	设置页面内链接被访问时的颜色

属性 body 中的颜色取值既可以是表示颜色的英文字符，例如“red”（红色），也可以是十六进制颜色值，例如“#9900FF”。

在下面的演示实例中，演示了设置网页正文的具体方法。

【范例 5-5】设置网页的正文

源码路径：光盘 \ 配套源码 \5\zheng.html

实例文件 zheng.html 的主要代码如下所示。

```
<html>
<head>
<meta http-equiv="Content-Type" content="text/html; charset=gb2312">
<title> 无标题文档 </title>
</head>
<body>
这是正文文本
</body>
</html>
```

【运行结果】

执行后的效果如图 5-5 所示，从显示效果中可以看出，页面正文内容将在浏览器主体界面中显示。

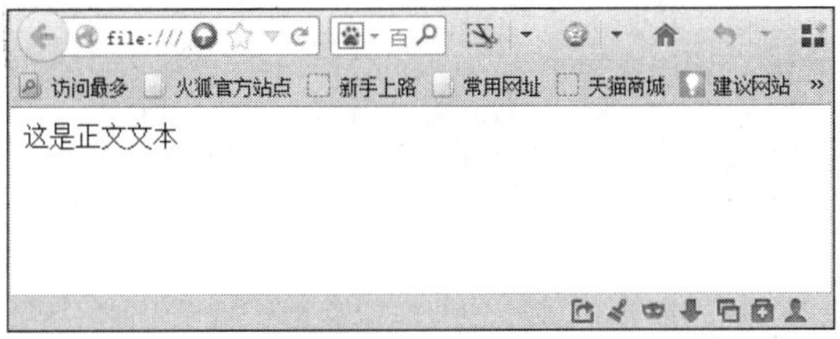

图 5-5　执行效果

和前面介绍的头部元素不同，正文信息将在页面的主题位置显示出来。作为网页主体内容的 body 部分将直接显示在浏览器的窗口中，它里面的内容直接影响着整个网页的好坏，在网页设计中起着至关重要的作用。

在开始编写具体页面内容之前，需要对页面进行整体的基本规划和设置，例如整个页面的背景色、背景图案、前景（文字）色、页面左 / 上边距大小等。在 HTML5 中，需要用表 5-2 内指定的参数来设置。

要想在正文中显示不同的文本内容，可以直接在代码中的 <body></body> 标记之间修改为我们需要的内容即可。例如想在网页正文中显示“这是正文”四个文字，则可以通过下面的代码实现。

源码路径：光盘 \ 配套源码 \5\zheng1.html

```
<html>
<head>
<meta http-equiv="Content-Type" content="text/html; charset=gb2312">
<title> 无标题文档 </title>
</head>
```

```
<body>
这是正文
</body>
</html>
```

【运行结果】

此时的执行效果如图 5-6 所示。

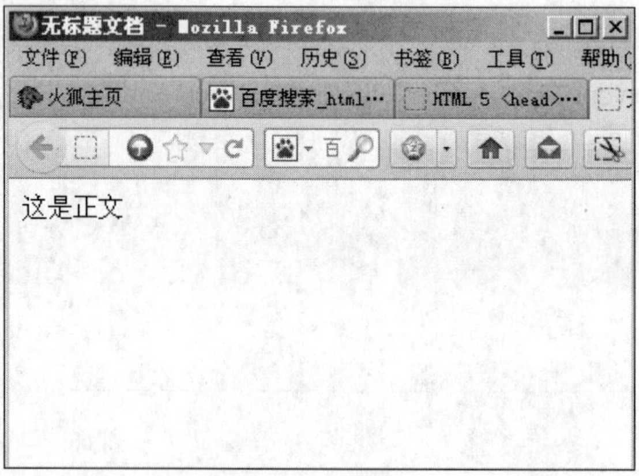

图 5-6　执行效果

5.6 注释

本节教学录像：2 分钟

注释是编程语言和标记语言中不可缺少的要素。通过注释不但可以方便用户对代码的理解，而且可以便于系统程序的后续维护。在 HTML5 中插入注释的语法格式如下所示。

```
<!-- 注释内容 -->
```

在下面的演示实例中，演示了为实例 5-5 中的网页添加注释的具体方法。

【范例 5-6】为实例 5-5 中的网页添加注释

源码路径：光盘 \ 配套源码 \5\zhu.html

实例文件 zhu.html 的主要代码如下所示。

```
<html>
<head>
<meta http-equiv="Content-Type" content="text/html; charset=gb2312">
<title> 无标题文档 </title>
</head>
```

```
<body>
看这页面效果吧      <!-- 页面正文内容 -->
</body>
</html>
```

【运行结果】

执行效果如图 5-7 所示。

图 5-7 执行效果

要输入注释信息，首先输入一个小于号“<”，然后紧接着输入一个感叹号“!”，要注意的是，在小于号和感叹号之间不能有空格，之后是两条短线“--”，即下面的格式：

```
<!--
```

接下来输入你的注释或说明信息，写完注释信息后，再输入两条短线“--”和一个大于号“>”，这样就完成了一个注释信息的添加。例如下面的格式：

```
<!--This is a comment-->
```

在此需要注意的是，因为两条短线“--”和一个大于号“>”是用来表示注释的终止，所以不要在注释的内容中加入字符串。

5.7 和页面结构相关的新元素

本节教学录像：5 分钟

在全新的 HTML5 中，新增了几个和页面结构相关的新元素。在本节的内容中，将重点讲解这几个新元素的基本知识。

5.7.1 定义区段的标签

在全新的 HTML5 中，<section> 标签用于定义文档中的节（section、区段），例如章节、页眉、页脚或文档中的其他部分。例如通过下面的代码在页面中定义了一个区域：

```
<section>
  <h1>PRC</h1>
  <p> 中华人民共和国万岁 </p>
</section>
```

<section> 标签是 HTML5 中的新标签，其属性 cite 的值为 URL，此值表示 section 的 URL。<section> 标签支持本章前面表 5-2 中列出的 HTML5 中的全局属性。

5.7.2 定义独立内容的标签

在全新的 HTML5 中，使用 <article> 标签可以定义独立的页面内容。在现实应用中，通常在如下情形下使用 article 标签。

- 论坛帖子
- 报纸文章
- 博客条目
- 用户评论

在下面的演示实例中，演示了在网页中使用 <article> 标签的具体方法。

【范例 5-7】在网页中使用 <article> 标签

源码路径：光盘 \ 配套源码 \5\biaoqian.html

实例文件 biaoqian.html 的主要代码如下所示。

```
<!DOCTYPE HTML>
<html>
<body>
<article>
<a href="http://www.apple.com">HTML5</a><br />
是用于取代 1999 年所制定的 HTML 4.01 和 XHTML 1.0 的 HTML（标准通用标记语言下的一个应用）标准版本；现在仍处于发展阶段，但大部分浏览器已经支持某些 HTML5 技术……
</article>
</body>
</html>
```

【运行结果】

执行效果如图 5-8 所示。

在 <article> 标签中，定义的内容独立于文档的其余部分，<article> 标签支持本章前面表 5-2 中列出的 HTML5 中的全局属性。

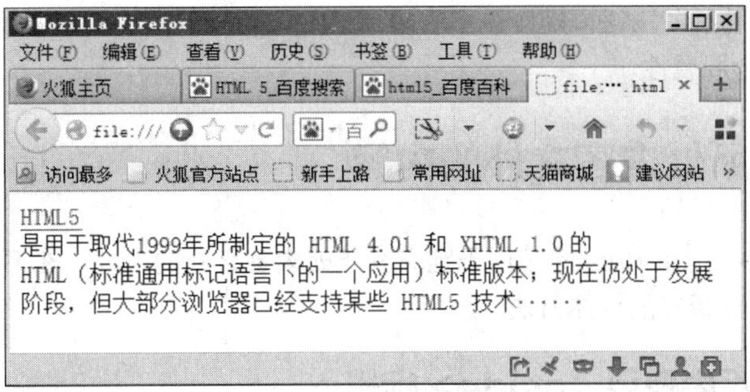

图 5-8 执行效果

5.7.3 定义导航链接标签

在全新的 HTML5 中，<nav> 标签用于定义导航链接的部分。在下面的演示实例中，演示了在网页中使用 <nav> 标签的具体方法。

【范例 5-8】在网页中使用 <nav> 标签

源码路径：光盘\配套源码\5\nav.html

实例文件 nav.html 的主要代码如下所示。

```
<!DOCTYPE HTML>
<html>
<body>

<nav>
<a href="index.asp"> 主页 </a>
<a href="chanpin.asp"> 产品 </a>
<a href="news.asp"> 新闻 </a>
</nav>
</body>
</html>
```

【运行结果】

执行效果如图 5-9 所示。

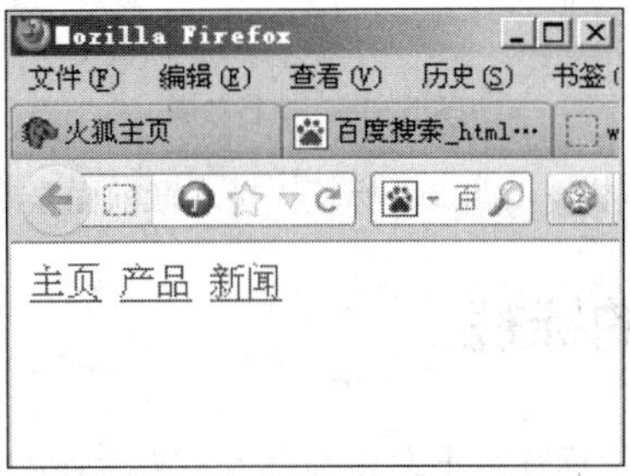

图 5-9 执行效果

如果在文档中有“前后”按钮，则应该把它放到 <nav> 元素中。<nav> 标签支持本章前面表 5-2 中列出的 HTML5 中的全局属性。

5.7.4 定义其所处内容之外的内容

在全新的 HTML5 中，<aside> 标签用于定义其所处内容之外的内容。在下面的演示实例中，演示了在网页中使用 <aside> 标签的具体方法。

【范例 5-9】在网页中使用 <aside> 标签

源码路径：光盘\配套源码\5\aside.html

实例文件 9.html 的主要代码如下所示。

```
<!DOCTYPE HTML>
<html>
<body>

<p>AAAAAAA.</p>
<aside>
<h4>BBBBBB</h4>
TCCCCCCCCCCCCC.
</aside>

</body>
</html>
```

【运行结果】

执行效果如图 5-10 所示。

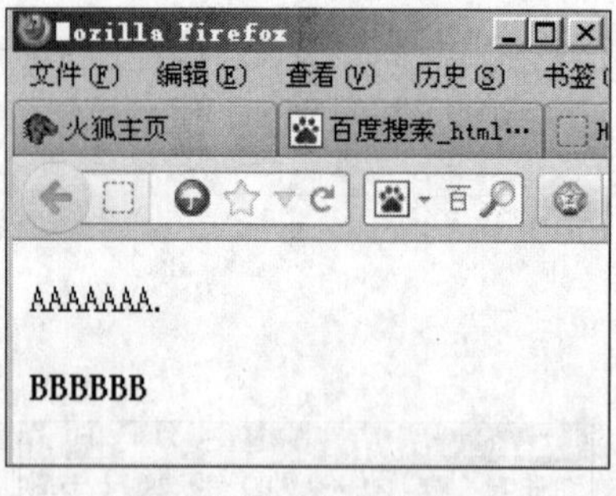

图 5-10 执行效果

<aside> 的内容可用作文章的侧栏，<aside> 标签支持本章前面表 5-2 中列出的 HTML5 中的全局属性。

5.7.5 定义页脚内容的标签

在全新的 HTML5 中，<footer> 标签用于定义 section 或 document 的页脚。在下面的演示实例中，演示了在网页中使用 <footer> 标签的具体方法。

【范例 5-10】在网页中使用 <footer> 标签

源码路径：光盘 \ 配套源码 \5\jiao.html

实例文件 jiao.html 的主要代码如下所示。

```
<!DOCTYPE HTML>
<html>
<body>
<footer> 这行文本是页脚部分的内容。</footer>
</body>
</html>
```

【运行结果】

执行效果如图 5-11 所示。

图 5-11 执行效果

假如使用 footer 来插入联系信息，应该在 footer 元素内使用 <address> 元素。<footer> 标签支持本章前面表 5-2 中列出的 HTML5 中的全局属性。

5.8 在网页中显示联系信息

本节教学录像：2 分钟

在 HTML5 网页应用中，可以使用 <address> 元素定义文档作者或拥有者的联系信息。如果 <address> 元素位于 <article> 元素内部，则表示该文章作者或拥有者的联系信息。所以在现实应用中，最通常的做法是将 <address> 元素添加到网页的头部或底部。因为 HTML 4.01 不支持 <article> 标签，所以在 HTML 4.01 中，<address> 标签永远定义文档作者或拥有者的联系信息。

注意 在此建议读者，不使用 <address> 标签来描述邮政地址，除非这些信息是联系信息的组成部分。另外，<address> 元素通常呈现为斜体，大多数浏览器会在该元素的前后添加换行。

在接下来的内容中，将通过一个具体的演示实例的实现过程，来讲解在网页中显示联系信息的方法。

【范例 5-11】在网页中显示联系信息

源码路径：光盘 \ 配套源码 \5\lianxi.html

实例文件 lianxi.html 的具体实现代码如下所示。

```
<!DOCTYPE >
<html>
<body>

<address>
北京站长网 站长学院路 1000 号 <br>
站长网 站长学院大楼 101 室 <br>
邮编：200000<br>
</address>

</body>
</html>
```

【运行结果】

执行后的效果如图 5-12 所示。

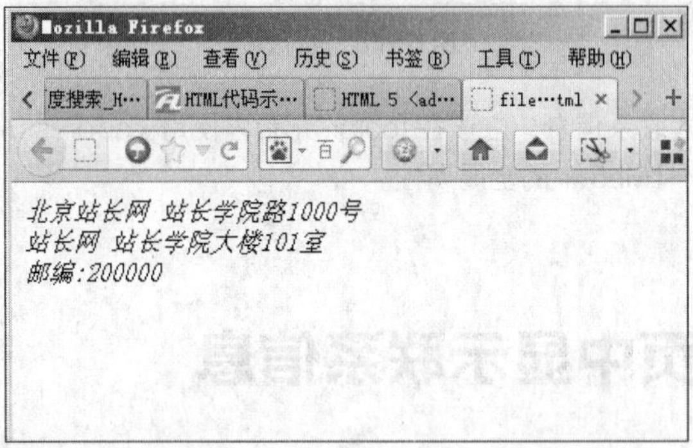

图 5-12　执行效果

5.9 自动隐藏或显示网页中的文字

本节教学录像：3 分钟

在 HTML5 中，绝大部分的元素都支持“hidden”属性，该属性只有如下两个取值。

- true：当“hidden”的取值为“true”时，元素不在页面中显示，但还存在于页面中。
- false：当“hidden”的取值为“false”时，则显示于页面中。该属性的默认值为“false”，即元素创建时便显示出来。

在接下来的实例中，使用 <nav> 元素设置了两个相互排斥的单选按钮，一个用于显示 <article> 元素，另一个用于隐藏 <article> 元素，然后编写相应的 JavaScript 代码实现隐藏功能。

【范例 5-12】自动隐藏或显示网页中的文字

源码路径：光盘 \ 配套源码 \5\5-11\11.html

实例文件 11.html 的具体实现代码如下所示。

```
<!DOCTYPE html>
<html>
<head>
<meta charset="utf-8" />
<title>hidden 属性的使用 </title>
<link href="css.css" rel="stylesheet" type="text/css">
<script type="text/javascript" async="true">
  function Rdo_Click(v){
  var blnShow=(v)?false:true;
  var strArt=document.getElementById("art");
  strArt.setAttribute("hidden",blnShow);
  }
</script>
</head>
<body>
<h5> 元素的隐藏属性 </h5>
  <nav style="padding-top:5px;padding-bottom:5px">
    <input type="radio" id="rdoHidden_1" onClick="Rdo_Click(1)"
           name="rdoHidden" value="1" checked="true"/> 显示
    <input type="radio" id="rdoHidden_2" onClick="Rdo_Click(0)"
           name="rdoHidden" value="0"/> 隐藏
  </nav>
  <article id="art" class="p3_8">
    大家好，我是雨夜，欧耶。
  </article>
</body>
</html>
```

【范例分析】

在上述 JavaScript 代码中，自定义了一个 Rdo_Click() 函数，用于在单击单选按钮时调用。在该函数中，先获取单击单选按钮时传回的变量“v”值，然后将“v”值转成“hidden”属性对应的布尔值“true”或“false”；最后通过 setAttribute() 方法，将该值设置到 <article> 元素的“hidden”属性中，从而实现隐藏的效果。

【运行结果】

执行后的初始效果如图 5-13 所示，选择“隐藏”单选按钮后，文字将隐藏，如图 5-14 所示。

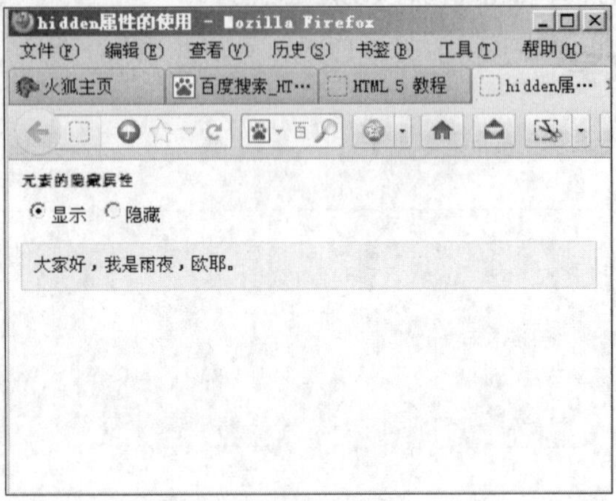

图 5-13　初始效果

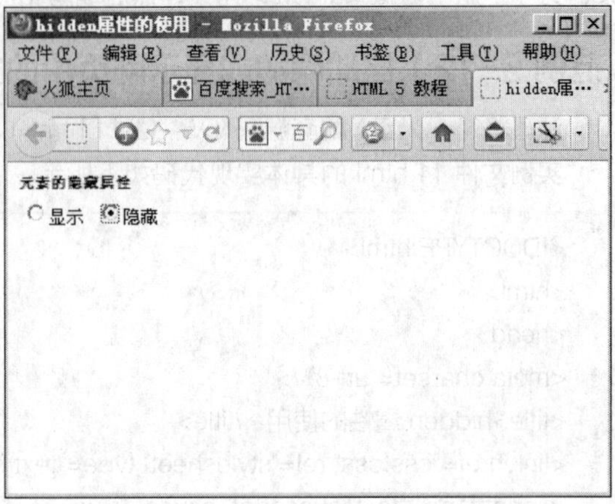

图 5-14　文字隐藏

5.10 综合应用——自动检测输入的拼音是否正确

本节教学录像：3 分钟

在接下来的内容中，将通过一个具体的演示实例的实现过程，来讲解使用线程传递 JSON 对象的方法。

【范例 5-13】自动检测输入的拼音是否正确

源码路径：光盘 \ 配套源码 \5\5-12\12.html

在 HTML5 网页开发应用中，使用属性“spellcheck”可以检测文本框或输入框中输入的拼音或语法是否正确，该属性的值为布尔值“true”或“false”。如果为“true”，则检测对应输入框中的语法，反之则不检测。

本实例的实现文件是 12.html，具体实现流程如下所示。

（1）新建一个 HTML5 页面，然后分别创建两个 <textarea> 输入框元素。

（2）第一个元素将“spellcheck”属性设置为“true”，表示需要语法检测。

（3）将另外一个元素的“spellcheck”属性设置为“false”，表示不需要语法检测。这样当分别在两个输入框中录入文字时，可以显示不同的检测效果。

实例文件 12.html 的具体实现代码如下所示。

```
<!DOCTYPE html>
<html>
<head>
<meta charset="utf-8" />
<title>spellcheck 属性的使用 </title>
```

```
<link href="css.css" rel="stylesheet" type="text/css">
</head>
<body>
  <h5> 输入框中语法检测属性 </h5>
  <p> 需要检测 <br/>
    <textarea spellcheck="true"
              class="inputtxt"></textarea>
  </p>
  <p> 不需要检测 <br/>
    <textarea spellcheck="false"
               class="inputtxt"></textarea>
  </p>
</body>
</html>
```

【范例分析】

在上述代码中，为了形成对比效果，特意将第一个 <textarea> 输入框元素中的“spellcheck”属性设置为“true”值，将第二个 <textarea> 输入框元素中的“spellcheck”属性设置为“false”值。可以在两个输入框中输入同样的错误内容，第一个输入框中的内容显示出错的红色波浪线，而第二个输入框没有任何提示，表明第一个 <textarea> 输入框中设置的“spellcheck”属性值已生效。

【运行结果】

执行效果如图 5-15 所示。

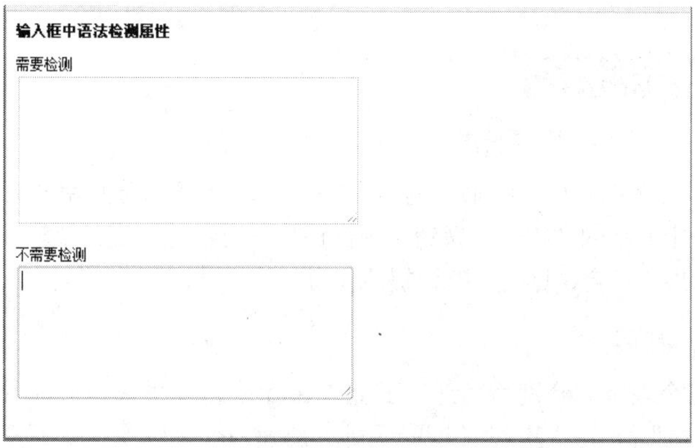

图 5-15　执行效果

注 意　在 HTML5 中，虽然各浏览器对“spellcheck”属性进行了很好的支持，但各浏览器支持的元素是有差异的。在 Chrome 浏览器中，支持 <textarea> 输入框元素，而不支持 <input> 元素中的文本框；Firefox和Opera浏览器需要在“选项”菜单中手动进行设置，才能显示效果。

5.11 高手点拨

1. HTML 4.01 中和 HTML5 中文档类型的区别

在 HTML 4.01 中，有如下 3 个不同的文档类型。

- 过渡性文档类型：要求不严格，允许使用 HTML 4.01 标识。
- 严格的文档类型：要求比较严格，不允许使用任何表现层的标识和属性。
- 框架性文档类型：是专门针对框架页面所使用的文档类型。

而在 HTML5 中，只有如下一个文档类型。

```
<!DOCTYPE HTML>
```

2. 注意网页标题的重要性

给网页加上标题后，会给浏览网页者带来方便。另外，搜索引擎的搜索结果也是页面的标题。由此可见，HTML 页面中的标题十分重要。title 标签对于提高网站的排名有着非常重要的作用。尽管如此，有很多人对于怎样去构造一个合适的 title 还不是很清楚。

网页标题目前还是被公认为影响排名的最重要因素之一，那么，标题影响网页排名的什么呢？网页标题告诉访客，包括搜索引擎这个访客，这个网页是关于什么的。这是关于“是与不是”的问题，也就是从 0 变 1 的概念是一样的。那它的作用就是，让搜索引擎将该网页编入某关键词的结果。假如在我们设计的网页标题中包含了文本“茶与艺术”，那么当浏览者搜索“茶与艺术”关键字的时候，该网页就有可能被编入在搜索引擎的搜索结果里面。

由此可以得出：标题诠释一个网页“是什么”“关于什么”；标题是帮助搜索引擎判断一个网页内容的第一因素，也是重要因素之一。

5.12 实战练习

1. 验证在文本框中输入字符的长度

请创建三个表单，设置为三个“number”类型的 <input> 元素，分别用于输入日期中“年”“月”“日”的数字。同时，新建一个表单的“提交”按钮。单击该按钮时会检测这三个输入框中的数字是否属于各自设置的整数范围，如果不符合，则显示错误提示信息。

2. 通过滑动条设置颜色

请在页面中新建三个表单，分别为其创建三个“range”类型的 <input> 元素，分别用于设置颜色中的“红色”（r）、“绿色”（g）、“蓝色”（b）；另外，新建一个 <p> 元素，用于展示滑动条改变时的颜色区。当用户任意拖动某个绑定颜色的滑动条时，对应的颜色区背景色都会随之发生变化，同时，颜色区下面显示对应的色彩值（rgb）。

第 6 章

本章教学录像：40 分钟

CSS 基础

CSS（层叠样式表）是 Cascading Style Sheet 的缩写，简称为样式表，是 W3C 组织制定的、控制页面显示样式的标记语言。CSS 的最新版本是 CSS 3.0，这是现在网页所遵循的通用标准。本章将详细讲解 CSS 技术的基础知识。

本章要点（已掌握的在方框中打钩）

- □ 体验 CSS 的功能
- □ 在网页中使用 CSS
- □ 基本语法
- □ CSS 的编码规范
- □ 使用选择符
- □ CSS 调试
- □ CSS 属性
- □ 综合应用——实现精致、符合标准的表单页面
- □ 几个常用值

6.1 体验 CSS 的功能

本节教学录像：4 分钟

在网页需要将指定内容按照指定样式显示时，可以利用 CSS 轻松实现。在网页中有如下两种使用 CSS 的方式。

- 页面内直接设置 CSS：即在当前页面直接指定样式。
- 第三方页面设置：即在别的网页中单独设置 CSS，然后通过文件调用这个 CSS 来实现指定显示效果。

CSS 样式设置的具体流程如图 6-1 所示。

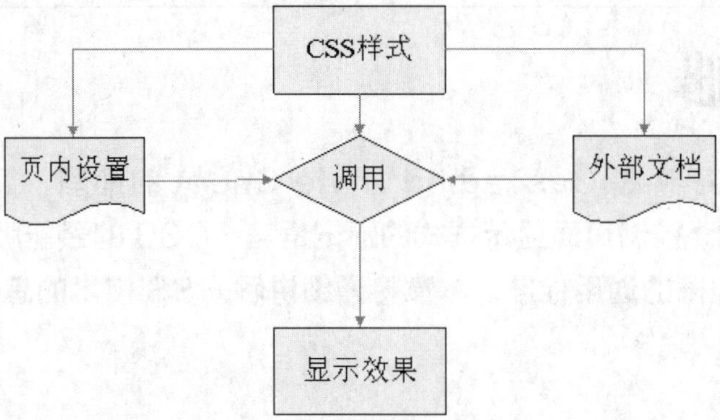

图 6-1　CSS 样式设置的流程

【范例 6-1】演示 CSS 在网页中的表现效果

源码路径：光盘 \ 配套源码 \6\1.html

文件 1.html 的主要代码如下。

```
<head>
<meta http-equiv="Content-Type" content="text/html; charset=utf-8" />
<title> 无标题文档 </title>
<!-- 设置样式 STYLE1，指定页面文件字体。-->.
<style type="text/css">
<!--
.STYLE1 {
  font-family: Arial, Helvetica, sans-serif;
  font-size: 24px;
  color: #990033;
  font-weight: bold;
  font-style: italic;
}
-->
</style>
</head>
```

```
<body>
<!-- 调用样式 STYLE1，应用于此页面字体后的显示效果 -->
<span class="STYLE1"> 要使用 CSS 呀 </span>
</body>
```

【运行结果】

执行后的效果如图 6–2 所示，如果取消样式，则效果如图 6–3 所示。

图 6–2　显示效果

图 6–3　取消样式后效果

从上述不同的显示效果中可以看出 CSS 样式的作用十分明显，并且 CSS 在页面表现外观的桥梁作用也十分明显。

6.2 基本语法

本节教学录像：2 分钟

因为在现实应用中，经常用到的 CSS 元素是选择符、属性和值。所以在 CSS 的应用语法中，其主要应用格式也主要涉及上述 3 种元素。CSS 的基本语法结构如下所示。

```
<style type="text/css">
<!--
. 选择符 { 属性：值 }
-->
</style>
```

例如，在本章 3.1 节实例中的代码就严格按照上述格式。

```
<style type="text/css">
<!--
.STYLE1 {
```

```
    font-family: Arial, Helvetica, sans-serif;
    font-size: 24px;
    color: #990033;
    font-weight: bold;
    font-style: italic;
}
-->
</style>
```

在使用 CSS 时，需要遵循如下所示的原则：

- 当有多个属性时，属性之间必须用“;”隔开。
- 属性必须包含在“{}”中。
- 在属性设置过程中，可以使用空格、换行等操作。
- 如果一个属性有多个值，必须用空格将它们隔开。

6.3 使用选择符

本节教学录像：5 分钟

选择符即样式的名称，CSS 选择符可以使用如下所示的字符。

- 大小写的英文字母：A ~ Z，a ~ z。
- 数字：例如 0 ~ 9 。
- 连字符“-”。
- 下划线“_”。
- 冒号“:”。
- 句号“。”。

注意

CSS 选择符只能以字母开头。

在本节的内容中，将详细讲解使用 CSS 选择符的基本知识。

6.3.1 选择符的种类

现实中常用的 CSS 选择符有通配选择符、类型选择符、群组选择符、包含选择符、id 选择符、class 选择符、标签指定选择符、组合选择符等。在下面内容中，将对上述各类选择符进行详细介绍。

1. 通配选择符

通配选择符的书写格式是 *，功能是表示页面内所有元素的样式。如下代码就使用了通配选择符。

```
*{
  font-family: Arial, Helvetica, sans-serif;
```

```
  font-size: 24px;
  color: #990033;
font-weight: bold;
  font-style: italic;
}
```

2. 类型选择符

类型选择符是指，以网页中已有的标签类型作为名称的选择符。例如将 body、div、p、span 等网页中的标签作为选择符名称。例如，下面的代码将页面 body 元素内的字体进行了设置。

```
div {
font-size: 24px;
  color: #990033;
  font-weight: bold;
}
```

注意

所有的页面元素都可以作为选择符。

3. 群组选择符

对于 XHMTL 中，对一组对象同时进行相同的样式指派，只需在使用时使用“逗号”对选择符进行分隔即可。这种方法的优点是对于同样的样式只需要书写一次，减少了代码量，改善了 CSS 代码结构。群组选择符的书写格式如下所示。

选择符 1, 选择符 2, 选择符 3, 选择符 4

例如下面的代码使用群组选择符对指定对象的页面字体进行了设置。

```
.name,div,p{
  font-size: 24px;
  color: #990033;
}
```

注意

在使用群组选择符时，使用的“逗号”是在半角模式下，并非中文全角模式。

4. 包含选择符

包含选择符的功能是对某对象中的子对象进行样式指定，其书写格式如下所示。

```
选择符 1 选择符 2
```

例如下面的代码使用包含选择符对 body 元素内 p 元素包含的字体进行了设置。

```
body p{
    font-size: 24px;
    color: #990033;
}
```

此方法的优点是避免过多的 id 和 class 设置，直接对所需的元素进行定义。

> **注 意**
>
> 在使用包含选择符时需要注意如下两点：
> - 样式设置仅对此对象的子对象标签有效，对于其他单独存在或位于此对象以外的子对象，不应用此样式设置。例如上例中的样式只对 body 元素内的 p 元素进行设置，而对 body 元素外的 p 元素没有效果。
> - 选择符 1 和选择符 2 之间必须用空格隔开。

5. id 选择符

id 选择符是根据 DOM 文档对象模型原理所出现的选择符。在 XHTML 文件中，其中的每一个标签都可以使用“id=""”的形式进行一个名称指派。在 div css 布局的网页中，可以针对不同的用途进行命名，例如头部命名为 header，底部命名为 footer。

id 选择符的使用格式如下所示。

```
# 选择符
```

> **注 意**
>
> 在一个 XHTML 文件中，id 要具有唯一性，不能重复。

6. class 选择符

从本质上讲，上面介绍的 id 是对 XHTML 标签的扩展，而 class 选择符和 id 选择符类似。class 是对 XHTML 多个标签的一种组合，class 直译的意思是类或类别。class 选择符可以在 XHTML 页面中使用“class=""”进行名称指派。与 id 相区别的是，class 可以重复使用，页面中多个样式的相同元素可以直接定义为一个 class。

class 选择符的使用格式如下所示。

```
. 选择符
```

使用 class 的好处是众多的标签均可以使用一个样式来定义，而不需要为每一个标签编写一个样式代码。使用 class 选择符的方法和 id 选择符一样，只需在页面中直接调用样式代码即可。

7. 组合选择符

组合选择符是指对前面介绍的 6 种选择符进行组合使用。例如，如下代码组合使用了上述几种方法。

```
h1 .p1 {}// 设置 h1 下的所有 class 为 p1 的标签
#content h1 {}// 设置 id 为 content 的标签下的所有 h1 标签
```

由本节内容可以看出，CSS 选择符是非常灵活的。读者可以根据自己页面的需要，合理地使用各种选择符，尽量做到结构化和完美化的统一。

6.3.2 使用 ID 选择符设置文字颜色

【范例 6-2】讲解 ID 选择符的使用

源码路径：光盘 \ 配套源码 \6\2.html

```
<title> 无标题文档 </title>
<style type="text/css">
<!--
#STYLE2 {
  color: #FF0000;
  font-size: 24;
}
-->
</style>
</head>
<body>
<div id="STYLE2"> 要使用 CSS 呀 </div>
</body>
```

【运行结果】

执行后的效果如图 6-4 所示。

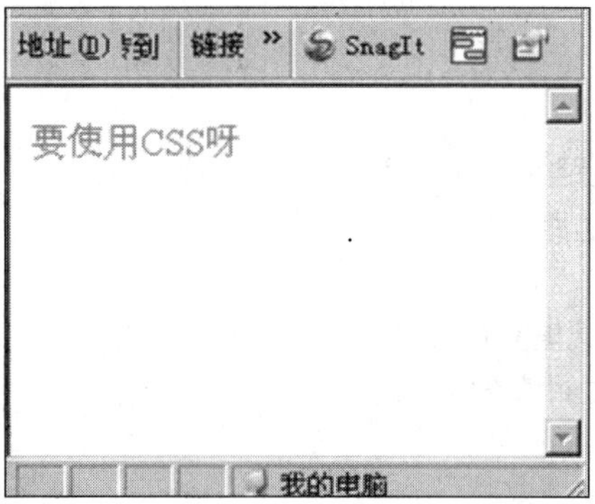

图 6-4　执行效果

6.4 CSS 属性

本节教学录像：4 分钟

CSS 属性是 CSS 中最为重要的内容之一，CSS 就是利用其本身的属性实现其绚丽的显示效果的。在 CSS 中常用的属性及其对应的属性值如下所示。

1. 字体属性：type

- font-family：使用什么字体。
- font-style：字体的样式，是否斜体，有 normal、italic、oblique。
- font-variant：字体的大小写，有 normal、small-caps。
- font-weight：字体的粗细，有 normal、bold、bolder、lighter。
- font-size：字体的大小，有 absolute-size、relative-size、length、percentage。

2. 颜色和背景属性：backgroud

- color：定义前景色，例如 p{color:red}。
- background-color：定义背景色。
- background-image：定义背景图片。
- background-repeat：背景图案重复方式，有 repeat-x/repeat-y/no-repeat。
- background-attachment：设置滚动，有 scroll(滚动)/fixe(固定的)。
- background-position：设置背景图案的初始位置，有 percentage/length/top/left/right/bottom。

3. 文本属性：block

（1）定义排序：

- text-align：文字的对齐，有 left/right/center/justify。
- text-indent：文本的首行缩进，有 length/percentage。
- line-height：文本的行高，有 normal/numbet/lenggth/percentage(百分比)。

（2）定义超链接：

- a:link {color:green;text-decoration:nore}：未访问过的状态。
- a:visited {color:ren;text-decoration:underline;16pt}：访问过的状态。
- a:hover {color:blue;text-decoration:underline;16pt}：鼠标激活的状态。

4. 块属性：block

（1）边距属性：

- margin-top：设置顶边距。
- margin-right：设置右边距。

（2）填充距属性：

- padding-top：设置顶端填充距。
- padding-right：设置右侧填充距。

5. 边框属性：border

- border-top-width：顶端边框宽度。
- border-right-width：右端边框宽度。

6. 图文混排：

- width：定义宽度属性。
- height：定义高度属性。

7. 项目符号和编号属性：list

- display：定义是否显示符号。
- white-spac：处理空白部分，有 normal/pre/nowrap。

8. 层属性：Type

用于设定对象的定位方式，有如下三种定位方式：

- Absolute：绝对定位。
- Relative：相对定位。
- Static：无特殊定位

在上述属性中，有的只受部分浏览器支持。

6.5 几个常用值

本节教学录像：8 分钟

在本书前面的内容中，了解了 CSS 选择符和常用的属性。而单位和属性值是 CSS 属性的基础，正确理解单位和值的概念将有助于 CSS 属性的使用。在本节内容中，将对 CSS 中几个常用的单位和属性值进行简要介绍。

6.5.1 颜色单位

在 CSS 中，可以通过多种方式来定义颜色。其中最为常用的方法有如下两种。

- 颜色名称定义

使用颜色名称定义颜色的方法只能实现比较简单的颜色效果，因为只有一定数量的颜色名称才能被浏览器识别。例如，如下代码定义了文字颜色为红色。

```
<style type="text/css">
<!--
.STYLE2 {color: red}/* 使用颜色名 red 设置字体颜色 */
-->
</style>
</head>
<body>
<div class="STYLE2"> 要使用 CSS 呀 </div><!-- 调用样式后的显示效果 -->
</body>
```

执行后的效果如图 6–5 所示。

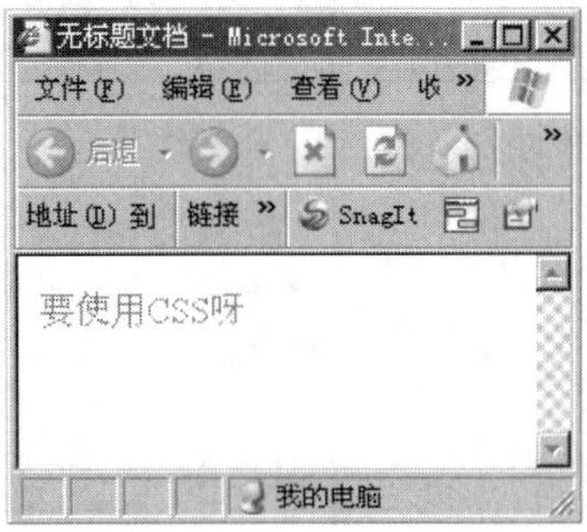

图 6–5 执行效果

浏览器能够识别的颜色名称如表 6-1 所示。

表 6-1 浏览器能够识别的颜色名称列表

颜色名称	描述	颜色名称	描述
red	红色	teal	深青
yellow	黄色	white	白色
blue	蓝色	navy	深蓝
silver	银色	olive	橄榄
purple	紫色	gray	灰色
green	绿色	lime	浅绿
maroon	褐色	aqua	水绿
black	黑色	fuchsia	紫红

❑ 十六进制定义

十六进制定义是指使用颜色的十六进制数值定义颜色值。使用十六进制定义方法后，可以定义更加复杂的颜色。例如，下面的代码使用十六进制数值定义了文字颜色。

```
<style type="text/css">
<!--
.STYLE2 {
  color: #0000FF/* 使用十六进制 0000FF，定义了文字颜色 */
}
-->
</style>
</head>
<body>
<div class="STYLE2"> 要使用 CSS 呀 </div><!-- 调用样式 -->
</body>
```

执行后的效果如图 6-6 所示。

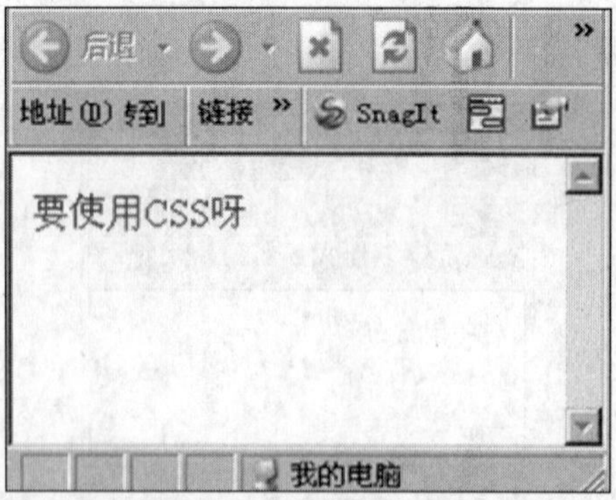

图 6-6 执行效果

注 意　（1）在网页设计中，颜色的十六进制值有多个，读者可以从网上获取具体颜色的对应值。也可以在 Dreamwerver 中选择某元素颜色后，通过查看其代码的方法获取此颜色对应的十六进制值。Dreamwerver 方法获取的操作方法如图 6-7 所示。

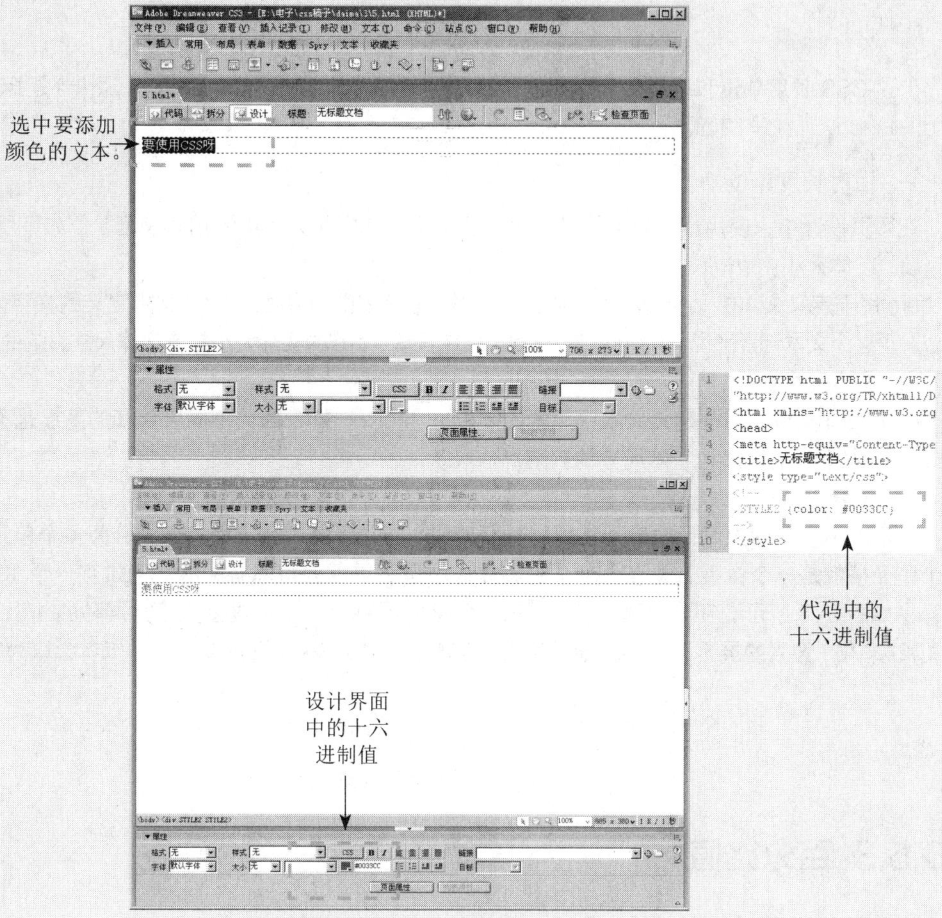

图 6-7　Dreamwerver 获取颜色值的流程图

（2）在使用十六进制颜色时，颜色值前面一定要加上字符“#”。

6.5.2 长度单位

在 CSS 中常用的长度单位有如下两种。

1. 绝对长度单位

常用的绝对长度单位如表 6-2 所示。

表 6-2　常用绝对长度单位列表

名称	描述	名称	描述
in	英寸	cm	厘米
mm	毫米	pt	磅
m	米	pc	pica

上述 CSS 长度单位和现实中测量用的长度单位一样。其中，pt（磅）和 pc（派卡）是标准印刷单位，72 pt=1 inch，1 pc=12 pt。

2. 相对长度单位

在网页设计中，使用最为频繁的是相对长度单位。其中最为常用的相对长度单位如下所示。

- 字体大小：em

em 用于定义文本中 font-size（字体大小）的值。例如，在页面中对某文本定义的文字大小为 12 pt，那么对于这个文本元素来说，1 em 就是 12 pt。也就是说，em 的实际大小是受字体尺寸影响的。

- 文本高度：ex

ex 和 em 类似，用于定义文本中元素的高度。和 em 一样，因为不同字体和的高度是不同的，所以 ex 的实际大小也受字体和字体尺寸的影响。

- 像素：px

像素（px）是网页设计中最为常用的长度单位。在显示器中，界面将被划分为多个单元格，其中的每个单元格就是一个像素。像素（px）的具体大小是和屏幕分辨率有关的。例如有一个 100 px 大小的字符，如图 6-8 所示。在分辨率为 800×600 像素的屏幕上，字符显示宽度是屏幕的 1/8；而在分辨率为 1024×768 像素的屏幕上，字符显示宽度是屏幕的 1/10，从视觉角度看，浏览者会以为字体变小了。

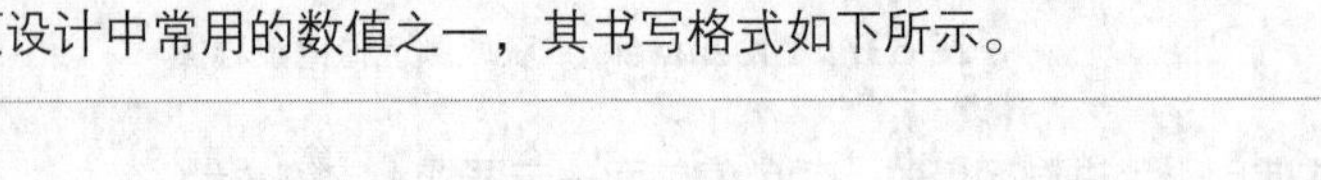

图 6-8　不同分辨率的对比

6.5.3 百分比值

百分比值是网页设计中常用的数值之一，其书写格式如下所示。

```
数字 %
```

这里的数字可正可负。

在页面设计中，百分比值需要通过另外一个值对比得到。例如，一个元素的宽度为 200px，定义在它里面的子元素的宽度为 20%，则此子元素的实际宽度为 40px。

6.5.4 URL 统一资源定位符

URL 是统一资源定位符的缩写，是指一个文件、文档或图片等对象的路径，用户可以通过这个路径获取对象的信息。使用 URL 的语法格式如下所示。

```
url（路径）
```

这里的“路径”是对象存放路径。URL 路径分为相对路径和绝对路径。

1. 相对路径

相对路径是指，相对于某文件本身所在位置的路径。例如，某 CSS 文件和文件名为 2.jpg 的图片处在同一目录下，当 CSS 给此图片设置某种样式时，可以使用如下代码。

```
body{background:url(2.jpg);}
```

在上述代码中，“2.jpg”是相对于 CSS 文件的路径。

注意

（1）在 HTML（XHTML）中使用相对路径时，是相对于 CSS 文件，而不是相对于 HTML（XHTML）页面文件本身。

（2）url 和后面的括号“(”之间不能有空格，否则功能失效。

2. 绝对路径

绝对路径是指，某对象放在网络空间中的绝对位置，是它的实际路径。例如，如下代码使用了绝对路径来调用某图片。

```
body{background:url(http://www.sohu.com/sports/guoji/2.jpg);}
```

在上述代码中，网址表示图片的实际存放路径。

6.5.5 URL 默认值

在 CSS 中的 URL 默认值是指，在页面中没有定义某属性值时的取值，CSS 中的基本默认值是 none 或 0。CSS 的默认值和所使用的浏览器有关。例如，body 元素的默认补白属性值在 IE 浏览器中是 0，而在 Opera 浏览器中是 8px。

6.6 在网页中使用 CSS

本节教学录像：9 分钟

在网页中添加 CSS 的方法和将 CSS 添加到 XTML 文件中方法类似。在本节内容中，将对页面调用 CSS 的方式和使用优先级等知识进行简要介绍。

6.6.1 页面调用 CSS 的方式

在现实应用中，页面中通常使用如下 5 种方法调用 CSS。

1. 链接外部 CSS 样式表

链接外部 CSS 样式表方法是指，在“<head></head>”标记内使用 <link> 标记符调用外部 CSS 样式。若已有若干 CSS 外部文件，则在网页中用下列代码即可将 CSS 文档引入，然后在 <body> 部分直接使用 CSS 中的定义。

注 意 使用此方法时，外部样式表不能含有任何像 <head> 或 <style> 这样的 HTML 的标记，并且样式表仅仅由样式规则或声明组成。

2. 文档中植入

文档中植入法是指，通过 <style> 标记元素将设置的样式信息作为文档的一部分用于页面中。所有样式表都应列于文档的头部，即包含在 <head> 和 </head> 之间。在 <head> 中，可以包含一个或多个 <style> 标记元素，但须注意 <style> 和 </style> 成对使用，并注意将 CSS 代码置于"<!--"和"-->"之间。

请看下面的演示代码。

```
<head>
<meta http-equiv="Content-Type" content="text/html; charset=utf-8" />
<title> 这里是我的标题 </title>
<style type="text/css">
<!--
.STYLE1 {/* 页面内定义样式 */
   color: #990000;
   font-size: 24px;
}
-->
</style>
<body>
<span class="STYLE1"> 我的 CSS 样式 </span><!-- 调用样式显示 -->
</body>
```

执行后的效果如图 6-9 所示。

图 6-9 执行效果

注 意

- 如果浏览器不能识别 style 元素，就会将其作为 body 元素的一部分照常展示其内容，从而使这些样式表对用户是可见的。为了防止出现这种情况，建议将 style 元素的内容包含在一个注解 <!-- --> 里面，像上述例子那样。
- 嵌入的样式表可用于一个文档具有独一无二的样式的时候。如果多个文档都使用同一样式表，则方法 1（链接外部 CSS 样式表）会更适用。

3. 页面标记中加入

页面标记中加入是指，在某个标记符的属性说明中加入设置样式的代码。例如，如下代码使用此方法对文字进行了设置。

```
<title> 这里是我的标题 </title>
<body>
<H1 STYLE="color:#990033;font-family:Arial"> 我的样式 </h1><!-- 加入样式 -->
</body>
```

4. 导入 CSS 样式表

使用 @import url 选择器可以导入第三方样式表，其实现方法类似于链接 link。它可以放在 HTML 文档的 <style> 与 </style> 标记符之间，与 <link> 的区别在于无论该网页是否应用了 CSS 样式表，它都将读取样式表；而 <link> 只有在该网页应用 CSS 样式表时，才去读样式表。下面代码说明了 @import 选择器的使用。

```
<HEAD>
<Style type="text/css">
<!--
@import url(http://www.html.com/style.css);/* 调用样式表的路径 */
TD { background: yellow; color: black }
-- >
</style>
</HEAD>
```

5. 脚本运用 CSS 样式

在 DHTML 页面中，可以使用脚本语句来实现 CSS 的调用。当 DHTML 页面结合使用内嵌的 CSS 样式和内嵌的脚本事件时，就可以在网页上产生一些动态的效果，如动态地改变字体、颜色、背景、文本属性等。例如，在如下代码中将页面中的文本颜色进行了设置，当鼠标移动到文本上面时字体为红色，离开文本时字体为绿色。

执行效果如图 6-10 所示。

```
<title> 这里是我的标题 </title>
<body>
<SPAN onMouseOver="this.style.color='red'" onMouseOut="this.style.color='#0000CC'">
变为红色
</SPAN>
</body>
```

脚本设置
文本样式

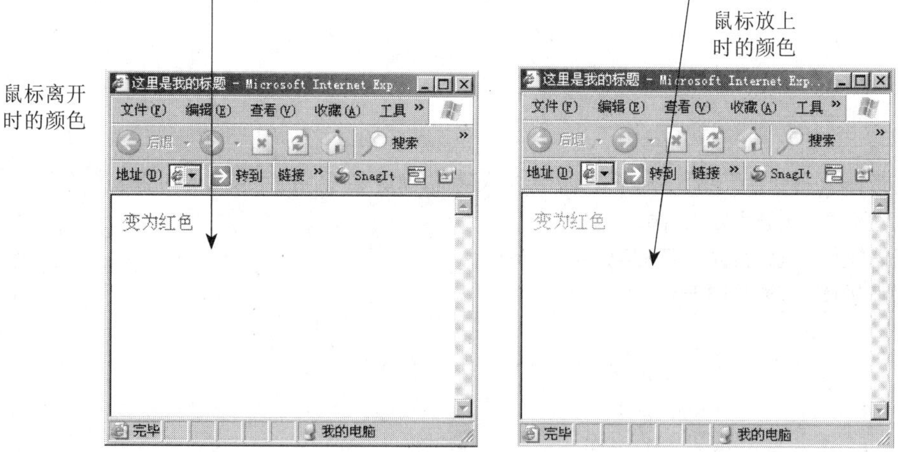

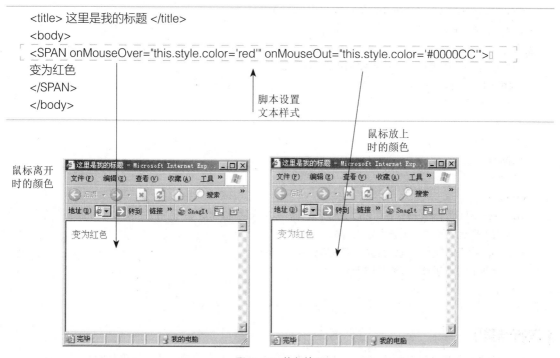

图 6-10 执行效果

6.6.2 通用优先级

在上述几种常用的页面调用方法中，在具体使用时的作用顺序是不同的。在接下来的内容中，将向读者介绍几种通常所遵循的优先级样式。

一般来说，在页面元素中直接使用的 CSS 样式是最先的优先级样式，其次是在页面头部定义的 CSS 样式，最后是使用链接形式调用的样式。

【范例 6-3】说明样式优先级的使用

本实例包含两个文件，分别是 youxian.html 和 style.css。其中，文件 style.css 的代码如下所示。

源码路径：光盘 \ 配套源码 \6\style.css

```
/* 设置 P 元素的外部样式 P */
p {
    font:Arial, Helvetica, sans-serif;
    font-size:14px;
    color:#0000CC;
    background-color:#FFCC33;
}
```

文件 youxian.html 的主要代码如下所示。

源码路径：光盘 \ 配套源码 \6\youxian.html

```
<title> 无标题文档 </title>
<link href="style.css" type="text/css" rel="stylesheet"/>
<style type="text/css">
<!--
.STYLE1 {/* 设置内部样式的文字大小和字体颜色 */
   font-size: 18px;
   color: #FF0000;
}
-->
</style>
</head>
<body>
<p class="STYLE1">花褪残红青杏小。燕子飞时，绿水人家绕。</p><!--调用上面设置的内部样式--STYLE1>
<p> 枝上柳绵吹又少，天涯何处无芳草！ </p>
<p> 墙里秋千墙外道。墙外行人，墙里佳人笑。</p>
<p> 笑渐不闻声渐悄，多情却被无情恼。</p>
</body>
```

【运行结果】

执行后首行字符按照 P 样式显示，其余行按照外部样式 style 显示。执行效果如图 6-11 所示。

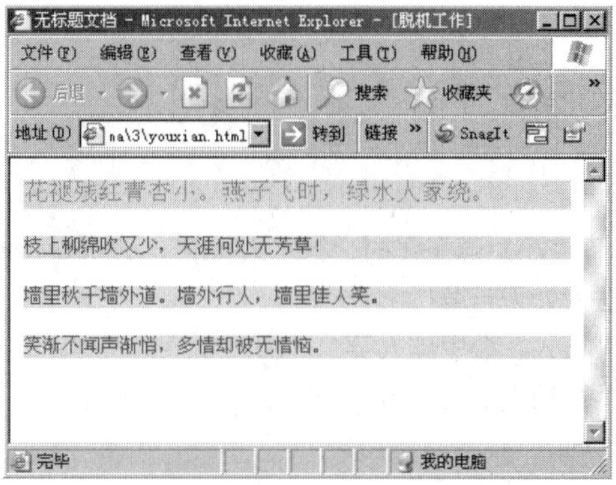

图 6-11 执行效果

【范例分析】

从上述实例的显示效果可以看出，如果某页面元素同时被设置了多个样式，并且样式内元素重复（例如上例中的两个样式都设置了字体颜色和字体大小），则应该首先遵循页面元素中直接调用的样式，然后遵循其他样式。

6.6.3 类型选择符和类选择符

在页面中同时使用类型选择符和类选择符时，类选择符的优先级要高于类型选择符。也就是说，要首先遵循类选择符，然后遵循类型选择符。下面通过一个具体的实例来对比类型选择符和类选择符的优先级。本实例包含两个文件，分别是 youxian1.html 和 style1.css。

【范例 6-4】对比类型选择符和类选择符的优先级

文件 style1.css 的实现代码如下所示。

源码路径：光盘\配套源码\6\style1.css

```
/* 分别定义了类型选择符样式 p 和类选择符样式 mm */
p {
  font:Arial, Helvetica, sans-serif;
  font-size:14px;
  color:#0000CC;
  background-color:#FFCC33;
}
.mm {
    font:Geneva, Arial, Helvetica, sans-serif;
  font-size:20px;
  color:#990033;
  background-color:#FF99FF;
}
```

文件 youxian1.html 的主要代码如下所示。

源码路径：光盘\配套源码\6\youxian1.html

```
<title> 无标题文档 </title>
<link href="style1.css" type="text/css" rel="stylesheet"/>
</head>
<body>
<p class="mm"> 花褪残红青杏小。燕子飞时，绿水人家绕。</p><!-- 调用类选择符样式 mm-->
<p> 枝上柳绵吹又少，天涯何处无芳草！ </p>
<p> 墙里秋千墙外道。墙外行人，墙里佳人笑。</p>
<p> 笑渐不闻声渐悄，多情却被无情恼。</p>
</body>
```

【运行结果】

执行后首行字符按照类选择符样式 mm 显示，其余行按照类型选择符样式 p 显示。执行效果如图 6-12 所示。

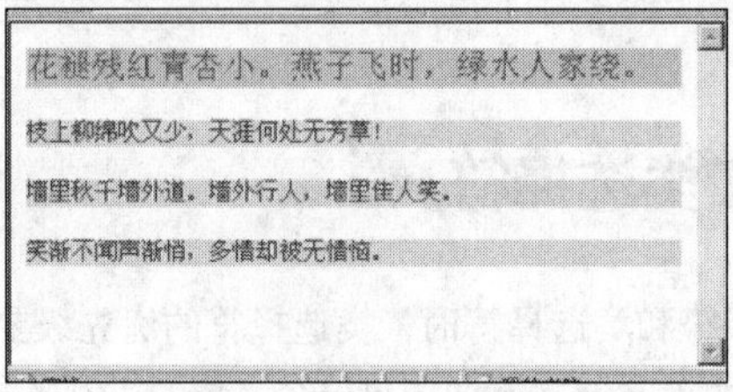

图 6-12　执行效果

【范例分析】

在上述实例代码中，通过类型选择符样式 p 和类选择符样式 mm，对文本首行同时设置了字体大小、字体颜色和背景颜色。页面显示执行后，文本首行所遵循的样式是类选择符样式 mm。这样可以清楚地看出，类选择符的优先级要高于类型选择符。

6.6.4 ID 选择符

在页面设计中，ID 选择符的优先级要高于类选择符。下面通过一个具体的实例来对比 ID 选择符和类选择符的优先级，本实例包含两个文件，分别是 youxian2.html 和 style2.css。

【范例 6-5】对比 ID 选择符和类选择符的优先级

文件 style2.css 的代码如下所示。

源码路径：光盘 \ 配套源码 \6\style2.css

```
/* 分别定义了类选择符样式 mm 和 ID 选择符样式 mm */
.mm{
  font:Arial, Helvetica, sans-serif;
  font-size:14px;
  color:#0000CC;
    background-color:#FFCC33;
```

```
}
#mm{
    font:Geneva, Arial, Helvetica, sans-serif;
  font-size:20px;
  color:#990033;
  background-color:#FF99FF;
}
```

源码路径：光盘 \ 配套源码 \6\youxian2.html

文件 youxian2.html 的主要代码如下所示。

```
<title> 无标题文档 </title>
<link href="style2.css" type="text/css" rel="stylesheet"/>
</head>
<body>
<!-- 首行同时调用类选择符样式 mm 和 ID 选择符样式 mm-->
<p class="mm" id="mm"> 花褪残红青杏小。燕子飞时，绿水人家绕。</p>
<p class="mm" id="mm"> 花褪残红青杏小。燕子飞时，绿水人家绕。</p>
<p class="mm"> 枝上柳绵吹又少，天涯何处无芳草！ </p>
<p class="mm"> 墙里秋千墙外道。墙外行人，墙里佳人笑。</p>
<p class="mm"> 笑渐不闻声渐悄，多情却被无情恼。</p>
</body>
```

【运行结果】

执行后首行字符按照 ID 选择符样式 mm 显示，其余行按照类选择符样式 mm 显示。执行效果如图 6-13 所示。

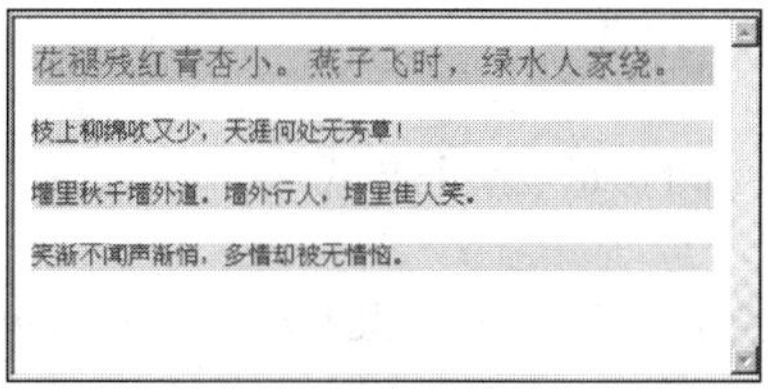

图 6-13　执行效果

【范例分析】

在上述实例代码中，通过类选择符样式 mm 和 ID 选择符样式 mm，对文本首行同时设置了字体大小、字体颜色和背景颜色。页面显示执行后，文本首行所遵循的样式是 ID 选择符样式 mm。这样可以清楚地看出，ID 选择符的优先级要高于类选择符。

6.6.5 最近优先原则

最近优先原则是在页面设计中所遵循的原则。例如，在前面介绍的实例中，如果某元素的 ID 选择符被定义在其父元素中，那么其父元素会使用最近定义的样式。下面通过一个具体的实例来对比 ID 选择符和类选择符的优先级。

【范例 6-6】对比 ID 选择符和类选择符的优先级

本实例包含两个文件，分别是 youxian3.html 和 style3.css。

文件 style3.css 的代码如下所示。

源码路径：光盘 \ 配套源码 \6\style3.css

```
/* 分别定义了类选择符样式 mm 和 ID 选择符样式 mm */
.mm{
  font:Arial, Helvetica, sans-serif;
  font-size:14px;
  color:#0000CC;
  background-color:#FFCC33;
}
#mm{
     font:Geneva, Arial, Helvetica, sans-serif;
  font-size:20px;
  color:#990033;
  background-color:#FF99FF;
}
```

文件 youxian3.html 的主要代码如下所示。

源码路径：光盘 \ 配套源码 \6\youxian3.html

```
<title> 无标题文档 </title>
<link href="style3.css" type="text/css" rel="stylesheet"/>
</head>
<body>
<!-- 首行同时调用类选择符样式 mm 和 ID 选择符样式 mm，但是类选择符样式 mm 更靠近首行文本。-->
<p id="mm">
<div class="mm"> 花褪残红青杏小。燕子飞时，绿水人家绕。</div>
</p>
<p id="mm"> 枝上柳绵吹又少，天涯何处无芳草！ </p>
<p id="mm"> 墙里秋千墙外道。墙外行人，墙里佳人笑。</p>
<p id="mm"> 笑渐不闻声渐悄，多情却被无情恼。</p>
</body>
```

【运行结果】

执行后首行字符按照最靠近它的类选择符样式 mm 显示，其余行按照 ID 选择符样式 mm 显示。执行效果如图 6-14 所示。

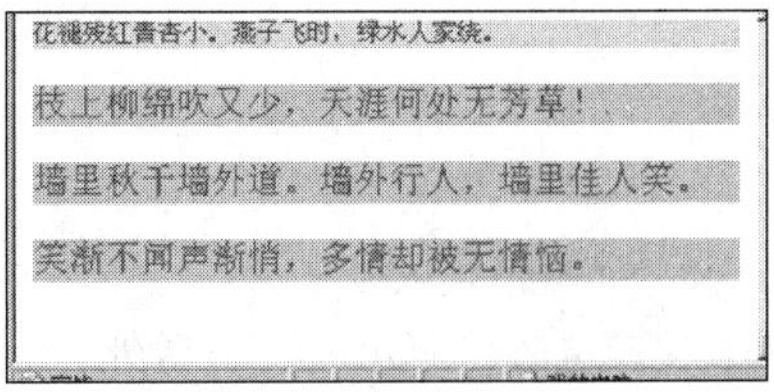

图 6-14　执行效果

至此，样式优先级的知识介绍完毕。读者在网页设计过程中，要充分考虑样式优先级对页面显示效果的影响，避免因优先级而出现显示错误的问题。

6.7 CSS 的编码规范

本节教学录像：3 分钟

CSS 的编码规范是指，在书写 CSS 编码时所遵循的规范。虽然以不同的书写方式对 CSS 的样式本身并没有什么影响，但是按照标准格式书写的代码会更加便于阅读，有利于程序的维护和调试。在本节内容中，将对 CSS 样式的书写规范知识进行简要介绍。

6.7.1 书写规范

在网页设计过程中，标准的 CSS 书写规范主要包括如下两个方面。

1. 书写顺序

在使用 CSS 时，最好将 CSS 文件单独书写并保存为独立文件，而不是将其书写在 HTML 页面中。这样做的好处是，便于 CSS 样式的统一管理和代码的维护。

在编码时，建议读者先书写类型选择符和重复使用的样式，然后书写伪类代码，最后书写自定义选择符。这样做的好处是，便于在程序维护时查找样式，提高工作效率。

2. 书写方式

在 CSS 中，虽然在不违反语法格式的前提下使用任何书写方式都能正确执行。但是还是建议读者在书写每一个属性时，使用换行和缩进来书写。这样做的好处是，使编写的程序一目了然，便于程序的后续维护。例如如下代码：

```
<style type="text/css">
<!--
.STYLE1 {
  font-size: 18px;/* 使用换行和缩进 */
  color: #990033;
  font-family: Arial, Helvetica, sans-serif;
}
-->
</style>
<body>
<span class="STYLE1"> 变为红色
```

```
</SPAN></span>
</body>
```

注意

在书写 CSS 代码时，应该注意如下 3 点。

- CSS 属性中的所有长度单位都要注明单位，0 除外。
- 所有使用的十六进制颜色单位的颜色值前面要加上"#"字符。
- 充分使用注释。使用注释后，不但使页面代码变得更加清晰易懂，而且有助于开发人员的维护和修改。

6.7.2 命名规范

命名规范是指，CSS 元素在命名时所要遵循的规范。在制作网页过程中，经常需要定义大量的选择符。如果没有很好的命名规范，会导致页面的混乱或名称的重复，造成不必要的麻烦。所以说，CSS 在命名时应遵循一定的规范，使页面结构达到最优化。

在 CSS 开发中，通常使用的命名方式是结构化命名方法。它是相对于传统的表现效果命名方式来说的。例如，当文字颜色为蓝色时，使用 blue 来命名；当某页面元素位于页面中间时，使用 center 来命名。这种传统的方式表面看来比较直观和方便，但是这种方法不能达到标准布局所要求的页面结构和效果相分离的要求。所以，结构化命名方式便结合了表现效果的命名方式，实现样式命名。

例如，如下命名方式就是遵循了结构化命名方式。

- 体育新闻：sports-news。
- 后台样式：admin-css。
- 左侧导航：left-daohang。

使用结构化命名方法后，不管页面内容放在什么位置，其命名都有同样的含义。同时它可以方便页面中相同的结构重复使用样式，节省其他样式的编写。表 6-3 中列出了常用页面元素的命名方法。

表 6-3　常用 CSS 命名方法

页面元素	名称	页面元素	名称
主导航	mainnav	子导航	subnav
页脚	foot	内容	content
头部	header	底部	footer
商标	label	标题	title
顶部导航	topnav	侧栏	sidebar
左侧栏	leftsidebar	右侧栏	rightsidebar
标志	logo	标语	banner
子菜单	submenu	注释	note
容器	container	搜索	search
登录	login	管理	admin

因为具体页面的使用目的不同，所以并没有适合所有页面的国际命名规范。在开发过程中，只要遵循 Web 标准所规定的结构和表现相分离这一原则，做到命名合理即可。

6.8 CSS 调试

本节教学录像：3 分钟

CSS 调试是指对编写后的 CSS 代码进行调整，确保达到自己满意的效果。在使用 CSS 时，经常出现显示效果和设计预想的不一样，造成效果的差异，或者出现代码错误。造成上述结果的原因很多，可能是设计者一时大意而书写错误，或者是由于属性之间的冲突而造成的。当出现上述页面表现错误时，就需要进行 CSS 调试，找出错误的真正原因。在本节内容中，将向读者介绍 CSS 的基本调试知识。

6.8.1 设计软件调试

使用 Dreamweaver 调试是最简单的软件调试方法。作为主流的网页制作工具，Dreamweaver 很好地实现了设计代码和预览界面的转换。设计者可以迅速地在 Dreamweaver 设计界面中进行代码调整，然后在浏览器中查看显示效果。通过上述方法可以很好地实现代码和效果的统一，从而快速地找到问题所在。

另外，也有一部分是因为浏览器之间的差异造成的。这就需要进行多个浏览器的检测，确定真正问题所在。

6.8.2 继承性和默认值带来的问题

在页面测试时，经常出现如下情况：页面中的某元素没有任何指定样式，在显示效果中却体现了某种其他指定样式。造成上述问题的原因可能是，这个元素继承了它父元素的属性。例如，如下代码由于继承性问题而产生异常显示效果。

```
<title> 这里是我的标题 </title>
<style type="text/css">
<!--
.STYLE1 {font-size: 18px}
-->
</style>
<body style="color:#990000">
<span class="STYLE1"> 看我的样子 </span>
</body>
```

执行后会发现执行效果继承了 body 元素样式，如图 6-15 所示。

图 6-15　执行效果

在上述代码中，通过样式 STYLE1 设置了文本大小为 18px。在显示后的效果图中，文本文字的显示效果却是颜色为红色、字体大小为 18px。造成上述问题的原因是，在代码中设置了 body 元素的颜色属性为红色，body 元素将其样式继承给了它的子元素 span。

解决上述问题的方式是，重新定义相关属性来覆盖继承样式和默认样式。另外，合理地设计出清晰嵌套结构样式是解决上述问题的根本。

1. 背景颜色寻找错位

为准确定位到页面的出错区域，可以向某页面元素添加背景颜色，来判断我们正在修改的代码目前是否正在影响页面中内容。另外，可以充分利用 CSS 的一些常用边框属性，例如 style-width:1、border-color:red、border-style:solid 来定位出错区域。具体方法是给块加入一个外边框，一开始的边框比较大，然后逐渐缩小范围，就很容易定位到出错区域了。

2. 第三方软件调试

读者通常使用 Dreamweaver、IE、Firefox 同时进行调试工作，上述方法虽然比较简单，但是三者之间的频繁转化让人觉得麻烦。第三方软件调试是利用专用软件来调试页面程序的方法，现实中常用的调试工具是 CSSVista。

CSSVista 是一款 Windows（只能在 XP 上使用）平台的第三方、免费的 CSS 编辑工具。其主要功能就是将 Firefox、IE6 以及 CSS 编辑器集合到一个框架里面。可以所见即所得地对页面进行 CSS 调试。

CSSVista 需要运行在 Microsoft .NET Framework 2.0 下。CSSVista 下载地址是 http://sitevista.com/cssvista/download.asp。

3. W3C 校验

在 W3C 的官方站点上可以测试个人设计页面样式的标准化。读者可以登录到 http://jigsaw.w3.org/css-validator/validator.html，对文件进行测试。其测试界面和结果界面分别如图 6-16 和图 6-17 所示。

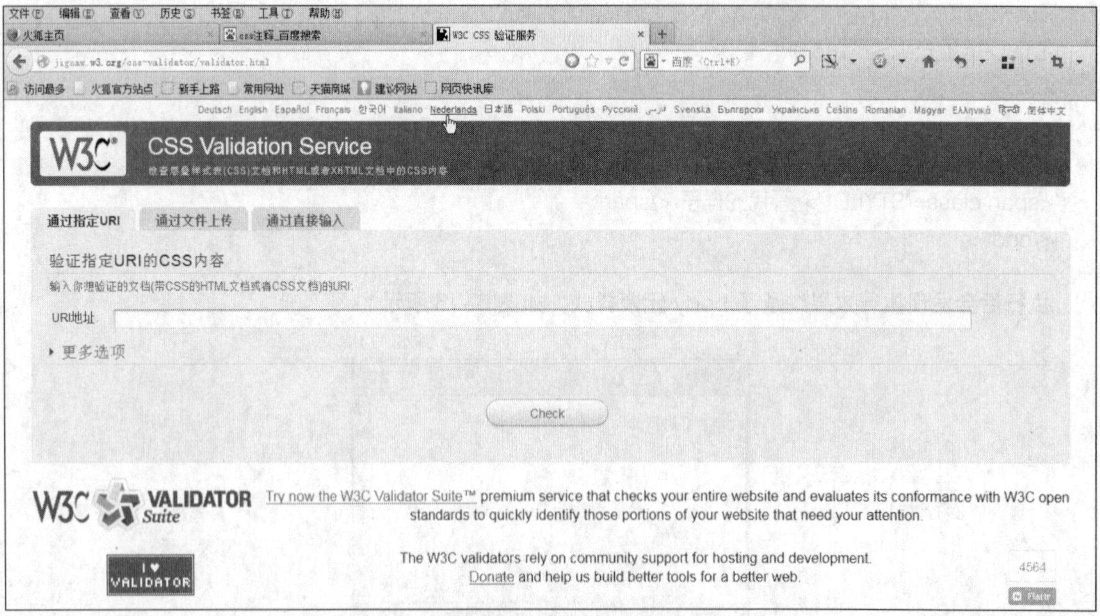

图 6-16 W3C 测试界面

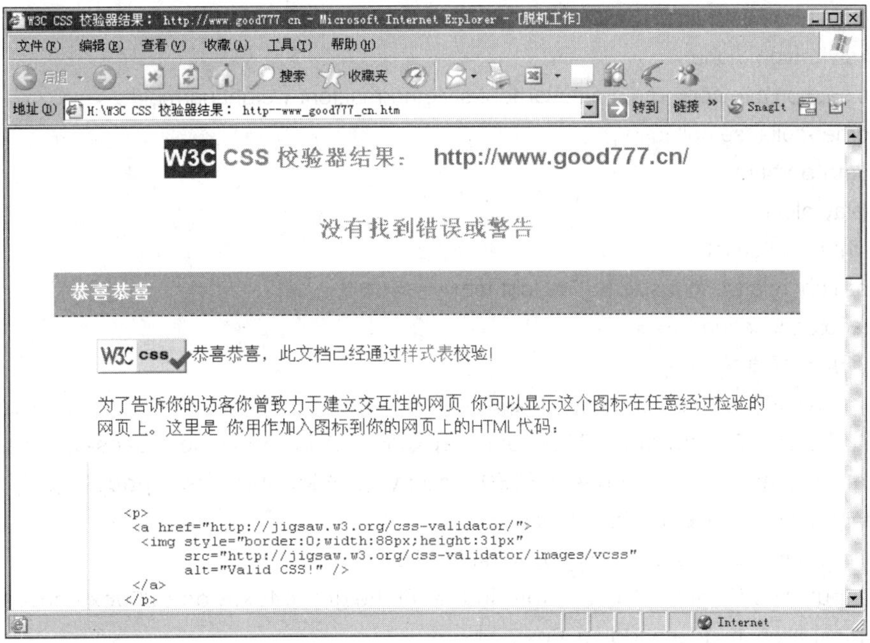

图 6-17 W3C 测试结果界面

在现实网页设计过程中，W3C 可以通过如下 3 种方式进行测试。

- 通过指定 URL。
- 通过文件上传。
- 表单直接输入测试。

6.9 综合应用——实现精致、符合标准的表单页面

本节教学录像：2 分钟

本实例的功能是实现一个精致的、符合标准的表单效果，鼠标单击输入框后，立即会提示用户该输入框的填写要求，色彩搭配也极和谐。

【范例 6-7】实现精致、符合标准的表单页面

源码路径：光盘 \ 配套源码 \6\6-1.html

实例文件 6-1.html 的具体实现代码如下所示。

```
<style>
@charset "utf-8";
html {background: #FFF;}
body,div,dl,dt,dd,ul,ol,li,h1,h2,h3,h4,h5,h6,pre,form,fieldset,input,p,blockquote,th,td,ins,hr{margin:
0px;padding: 0px;}
p{cursor: text;}
```

```
h1,h2,h3,h4,h5,h6{font-size:100%;}
ol,ul{list-style-type: none;}
address,caption,cite,code,dfn,em,th,var{font-style:normal;font-weight:normal;}
table{border-collapse:collapse;}
fieldset,img{border:0;}
img{display:block;}
caption,th{text-align:left;}
body{position: relative;font-size:65.5%;font-family: " 宋体 "}
a{text-decoration: none;}
/*demo 所用元素值 */
#need {margin: 20px auto 0;width: 610px;}
#need li {height: 26px;width: 600px;font: 12px/26px Arial, Helvetica, sans-serif;background: #FFD;border-bottom: 1px dashed #E0E0E0;display: block;cursor: text;padding: 7px 0px 7px 10px!important;padding: 5px 0px 5px 10px;}
#need li:hover,#need li.hover {background: #FFE8E8;}
#need input {line-height: 14px;background: #FFF;height: 14px;width: 200px;border: 1px solid #E0E0E0;vertical-align: middle;padding: 6px;}
#need label {padding-left: 30px;}
#need label.old_password {background-position: 0 -277px;}
#need label.new_password {background-position: 0 -1576px;}
#need label.rePassword {background-position: 0 -1638px;}
#need label.email {background-position: 0 -429px;}
#need dfn {display: none;}
#need li:hover dfn, #need li.hover dfn {display:inline;margin-left: 7px;color: #676767;}
</style>
<script type="text/javascript">
function suckerfish(type, tag, parentId) {
if (window.attachEvent) {
window.attachEvent("onload", function() {
var sfEls = (parentId==null)?document.getElementsByTagName(tag):document.getElementById(parentId).getElementsByTagName(tag);
type(sfEls);
});
}
}
hover = function(sfEls) {
for (var i=0; i<sfEls.length; i++) {
sfEls[i].onmouseover=function() {
this.className+=" hover";
}
sfEls[i].onmouseout=function() {
```

```
this.className=this.className.replace(new RegExp(" hover\\b"), "");
}
}
}
suckerfish(hover, "li");
</script>
</head>
<body>
<ol id="need">
<li><label class="old_password"> 原始密码：</label> <input name='' type='password' id='' /></li>
<li><label class="new_password"> 新的密码：</label> <input name='' type='password' id='' /><dfn>（密码长度为 6~20 字节。不修改请留空）</dfn></li>
<li><label class="rePassword"> 重复密码：</label> <input name='' type='password' id='' /></li>
<li><label class="email"> 邮箱设置：</label> <input name='' type='text' id='' /><dfn>（我们不会给您发送任何垃圾邮件。）</dfn></li>
</ol>
</body>
</html>
```

【运行结果】

执行后的初始效果如图 6-18 所示。

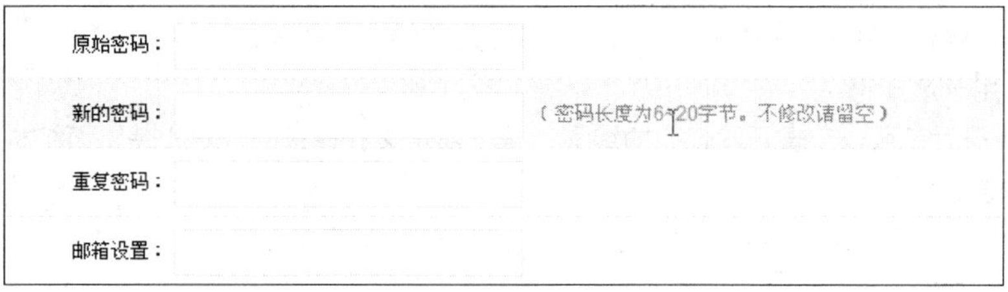

图 6-18 执行效果

6.10 高手点拨

1. 简写字体声明的技巧

为节省开发时间，可以对 CSS 的声明进行简写。例如简写前的代码如下所示。

```
font-size: 1em;
line-height: 1.5em;
font-weight: bold;
font-style: italic;
```

```
font-variant: small-caps;
font-family: verdana,serif;
```

简写后的代码如下所示。

```
font: 1em/1.5em bold italic small-caps verdana,serif
```

注 意 在使用此简写方法时，至少要指定 font-size 和 font-family 属性，其他属性（如 font-weight、font-style、font-varient）如未指定时将自动使用其默认值。

2. 同时使用两个 class 的方法

通常只为某属性指定一个 class，但这并不等于只能指定一个，实际上可以指定多个 class。例如，如下代码使用了多个 class，同时调用了 text 和 side 两个样式。

```
<p class="text side">...</p>
```

通过同时使用两个 class，此元素将同时遵循这两个 class 中制定的规则。如果两者中有任何规则重叠，那么后一个将获得实际的优先应用。

3. CSS 中边框（border）的默认值

在编写一条边框的规则时，通常需要指定其颜色、宽度以及样式。但是在 CSS 中的 border，其默认值通常是实际需要的效果，在设计时可以不指定。

4. 合理使用选择符分组

使用选择符分组能够统一定义几个选择符的属性，节约大量的代码。

5. 合理使用子选择符

使用子选择符后，可以节省开发代码的编写，减少自定义选择符的数量，使页面结构更加清晰合理。

6. 同一元素的多重定义

在同一个元素中使用多个选择符后，可以减少自定义选择符的数量。

6.11 实战练习

1. 使用单侧边界属性

同 padding 类似，单侧边界属性是指，对某元素的某侧的边界样式进行设置。请尝试为页面元素设置不同的单侧边界值。

2. 设置相邻边界属性

如果在页面中同时对多个元素使用边界属性，并且这些元素相邻，那么这些元素的边界部分会根据具体情况而有不同的执行效果。在 CSS 页面中，对水平和垂直方向上边界部分的处理方式不同。在 CSS 页面中，垂直方向上相邻边界元素的边界会发生重叠。请通过一个具体应用实例，来演示相邻元素垂直边界的应用效果。

第 7 章

本章教学录像：48 分钟

JavaScript 脚本语言

页面通过脚本程序可以实现用户数据的传输和动态交互。本章简要介绍 JavaScript 技术的基础知识，并通过实例来介绍其具体的使用流程，为读者步入本书后面知识的学习打下坚实的基础。

本章要点（已掌握的在方框中打钩）

- □ JavaScript 简介
- □ 数据类型
- □ 表达式和运算符
- □ JavaScript 循环语句
- □ JavaScript 函数
- □ JavaScript 对象
- □ JavaScript 事件
- □ JavaScript 窗口对象
- □ JavaScript 框架对象
- □ 综合应用——实现一个动态菜单样式

7.1 JavaScript 简介

本节教学录像：5 分钟

在网页设计技术中，我们需要用一种技术让整个网页充满“活力”，其中 JavaScript 就是为提高网页内在美而推出的。

7.1.1 JavaScript 格式

使用 JavaScript 的语法格式如下所示。

```
<Script Language ="JavaScript">
JavaScript 脚本代码 1
JavaScript 脚本代码 2
……
</Script>
```

7.1.2 一个典型的 JavaScript 文件

【范例 7-1】通过一段代码来认识 JavaScript 文件的基本结构

源码路径：光盘\配套源码 \7\1.html

本实例的具体实现流程如下所示。

（1）在 Dreamweaver CS6 中新建一个 HTML 页面，单击“代码”标签来到代码界面。

（2）在“<head></head>”标签内输入一段 JavaScript 代码，如图 7-1 所示。

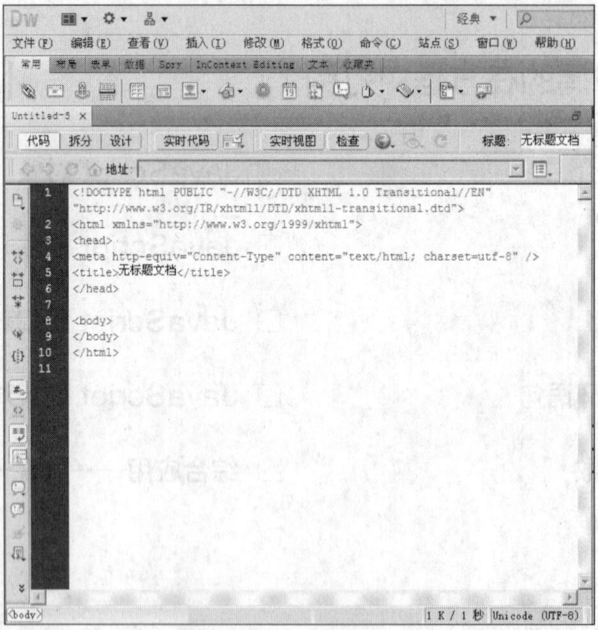

图 7-1　编写代码

（3）将得到的文件保存为 1.html，单击“代码”标签获取其具体实现代码。文件 1.html 的具体实现代码如下所示。

```
<html>
<head>
<Script Language ="JavaScript">
  // JavaScript 开始
  alert(" 这是第一个 JavaScript 例子 !");                    // 提示语句
  alert(" 欢迎你进入 JavaScript 世界 !");                    // 提示语句
  alert(" 今后我们将共同学习 JavaScript 知识！ ");           // 提示语句
</Script>
</Head>
</Html>
```

【范例分析】

在上述实例代码中，“<Script Language="JavaScript"></Script>”之间的部分是 JavaScript 脚本语句。

【运行结果】

实例执行后的显示效果如图 7-2 所示。

图 7-2　显示效果图

上述实例文件是 HTML 文档，其标识格式为标准的 HTML 格式。而在现实应用中的 JavaScript 脚本程序将被专门编写，并保存为 .js 格式文件。当 Web 页面需要这些脚本程序时，只需通过“<script src=" 文件名 "></script>”调用即可。

在 Dreamweaver 的“新建”选项中单击“JavaScript”即可新建一个 .js 格式文件。

提示

JavaScript 能否对表格内的文字进行处理?

众所周知，JavaScript 能够对页面文字进行特效处理。但是如果文字的属性更加复杂，JavaScript 还能够处理吗，例如网页表格内的文字。例如下面的代码：

```
<table    border="0">
<tr align="center">
            <td><font    color="#FF0000"    id=test>aaa</font></td>
</tr>
</table>
  <script    language=javascrip>
   test.innerText    =    "bbb"
  </script>
```

通过上述代码，将表格内的文字“aaa”修改为了“bbb”。

7.2 数据类型

本节教学录像：5 分钟

JavaScript 中的数据有不同的类型，JavaScript 通过数据类型来处理数字和文字，通过变量提供存放信息的地方，通过表达式完成较复杂的信息处理。在本节的内容中，将对 JavaScript 中的数据类型知识进行简要介绍。

7.2.1 数据类型概述

在 JavaScript 中有如下四种基本的数据类型。

- 数值类型：包括常用的整数和实数。
- 字符串型：用双引号或单引号括起来的字符或数值。
- 布尔型：使用 True 或 False 表示的值。
- 空值。

在 JavaScript 基本类型中的数据可以是常量，也可以是变量。由于 JavaScript 采用弱类型的形式，因而一个数据的变量或常量不必首先做声明，而是在使用或赋值时确定其数据类型的。当然也可以先声明该数据的类型，它是通过在赋值时自动说明其数据类型的。

7.2.2 JavaScript 常量

常量犹如痴情女子一样，爱上一个人之后就不会变心。常量是一种固定不变的数据类型，在程序中一旦给常量定义数值，则一直保持这个固定的数值，直至程序模块结束。在 JavaScript 中主要包括如下 6 种常量类型。

1. 整型常量

JavaScript 的常量通常又称为字面常量，它是不能改变的数据。整型常量可以使用十六进制、八进制和十进制来表示其具体值。

2. 实型常量

实型常量由整数部分和小数部分共同表示，例如 12.32 和 193.98 等。也可以使用科学或标准方法表示，例如 5E7 和 4e5 等。

3. 布尔值

布尔常量只有 True 或 False 两种状态，其主要功能是用来说明或代表一种对象的状态或标志，以说明操作流程。

注意 JavaScript 中的布尔常量与 C ++ 中的不同。C ++ 可以用 1 或 0 表示其状态，而 JavaScript 只能用 True 或 False 来表示其状态。

4. 字符型常量

字符型常量即使用单引号（'）或双引号（"）括起来的一个或几个字符。例如，"This is a book of JavaScript" "3245" 和 "ewrt234234" 等。

5. 空值

JavaScript 中只有一个空值 null，表示什么也没有。如果试图引用没有定义的变量，则将返回一个 Null 值。

6. 特殊字符

同 C 语言一样，JavaScript 中同样有以反斜杠符号（／）开头的不可显示的特殊字符。通常称为控制字符，可以作为脚本代码的注释。

7.2.3 JavaScript 变量

JavaScript 变量在程序中会根据需要而改变自己的值。变量的主要功能是存取数据和提供存放信息的容器。在使用变量时必须明确变量的命名、类型、声明和作用域。

1. 变量的命名

JavaScript 中的变量命名与其他编程语言相比，主要应该遵循如下两点。

- 必须是一个有效的变量，即变量以字母开头，中间可以出现数字如 test1、text2 等。除下划线（－）作为连字符外，变量名称不能有空格及“+”“－”“,”等其他符号。
- 不能使用 JavaScript 中的关键字作为变量。

在 JavaScript 中定义了 40 多个关键字，这些关键字不能作为变量的名称，而只能在 JavaScript 内部使用。例如，var、int、double、true 不能作为变量的名称。同时在对变量命名时，最好把变量的意义与其代表的意思对应起来，以免出现错误。

2. 变量的类型

在 JavaScript 中通常使用命令 var 实现变量声明，声明格式如下所示。

```
var 变量名 =" 变量值 ";
```

但是，在上述格式中定义了一个变量名，并同时赋予了变量的值。

注 意

在JavaScript中，变量以可以不做声明，在使用时再根据数据的类型来确定其变量的类型。例如下面的一段代码。

```
x=100
y="125"
xy= True
cost=19.5
```

其中 x 为整数，y 为字符串，xy 为布尔型，cost 为实型。

3. 变量的声明和作用域

JavaScript 变量可以在使用前先做声明并赋值。因为 JavaScript 是采用动态编译的，而动态编译的缺点是不易发现代码中的错误，特别是变量命名方面。但是当使用变量进行声明后，可以及时发现代码中的错误。

在 JavaScript 中有全局变量和局部变量。全局变量定义在所有函数体之外，其作用范围是整个函数；而局部变量定义在函数体之内，只对该函数是可见的，而对其他函数是不可见的。

7.3 表达式和运算符

本节教学录像：6 分钟

在 JavaScript 应用中，通常使用表达式和运算符来实现对数据的处理。在本节的内容中，将简要介绍 JavaScript 表达式和运算符的基本知识，并通过具体实例的实现来介绍其实现流程。

7.3.1 JavaScript 表达式

在定义完变量后，就可以对其进行赋值、改变和计算等一系列处理，而上述过程通常由表达式来完成。由上述描述可以看出，JavaScript 表达式是变量、常量、布尔和运算符的集合。所以，表达式可以分为算术表述式、字符串表达式、赋值表达式以及布尔表达式等。

7.3.2 JavaScript 运算符

运算符是能够完成某种操作的一系列符号，例如加、减、乘、除。在 JavaScript 中常用的运算符有算术运算符、比较运算符、逻辑布尔运算符和字符串运算符。

1. 算术运算符

JavaScript 中的算术运算符有双目运算符和单目运算符两种。其中，使用双目运算符的语法格式如下所示。

```
操作数 1 运算符 操作数 2
```

由上述格式可以看出，双目运算符由两个操作数和一个运算符组成。例如，50+40 和 "This"+"that"

等。而单目运算符只需一个操作数，并且其运算符可在前或后。

JavaScript 中常用的双目运算符如表 7-1 所示。

表 7-1 常用双目运算符列表

元素	描 述	元素	描 述
+	表示加	-	表示减
*	表示乘	/	表示除
|	表示按位或	&	表示按位与
<<	表示左移	>>	表示右移
>>>	表示零填充	%	表示取模

JavaScript 中常用的单目运算符如表 7-2 所示。

表 7-2 常用单目运算符列表

元素	描述	元素	描述
-	表示取反	~	表示取补
++	表示递加 1	--	表示递减 1

2. 比较运算符

JavaScript 中比较运算符的基本操作过程如下所示。首先对它的操作对象进行比较，然后返回一个 True 或 False 值来表示比较结果。

JavaScript 中常用的比较运算符如表 7-3 所示。

表 7-3 比较运算符列表

元素	描述	元素	描述
<	表示小于	>	表示大于
<=	小于等于	>=	表示大于等于
=	表示等于	!=	表示不等于

3. 布尔逻辑运算符

JavaScript 中常用的布尔逻辑运算符如表 7-4 所示。

表 7-4 布尔逻辑运算符列表

元素	描述	元素	描 述
!	表示取反	&=	表示取与之后赋值
&	表示逻辑与	|=	表示取或之后赋值
|	表示逻辑或	^=	表示取异或之后赋值
^	表示逻辑异或	? :	表示三目运算符
||	表示或	==	表示等于
|=	表示不等于		

其中，三目运算符具体使用的语法格式如下。

```
操作数? 结果 1: 结果 2
```

如果操作数的结果为 True，则表述式的结果为结果 1，否则为结果 2。

【范例 7-2】调用文件 2.js 中定义的特效效果

源码路径：光盘 \ 配套源码 \7\2.html

本实例的实现文件是“2.html”和“2.js”，其中文件 2.html 是一个测试页面，功能是调用文件 2.js 中定义的特效效果。文件 2.html 的主要代码如下所示。

```
<html xmlns="http://www.w3.org/1999/xhtml">
……………………………………………
<style type="text/css">
<!--
body {
  background-color: #666666;                              /* 设置页面背景颜色 */
}
-->
</style>
<Script src ="2.js"></Script>                             <!-- 调用脚本程序 -->
</head>
<body>
</body>
</html>
```

文件 2.js 的功能是定义页面的特效样式，实现了页面跑马灯的显示效果。文件 2.js 的实现代码如下所示。

```
var msg=" 这是一个跑马灯效果的 JavaScript 文档 ";
var interval = 100;                                       // 开始定义变量
var spacelen = 120;
var space10=" ";
var seq=0;
function Scroll() {                                       // 定义一个滚动函数
len = msg.length;                                         // 提示语句长度
window.status = msg.substring(0, seq+1);                  // 窗体状态
seq++;
if ( seq >= len ) {
seq = spacelen;
window.setTimeout("Scroll2();", interval );               // 根据长度设置时间
}
else
window.setTimeout("Scroll();", interval );                // 根据长度设置时间
}
```

```
function Scroll2() {
var out="";
for (i=1; i<=spacelen/space10.length; i++) out +=
space10;
out = out + msg;                                   // 输出设置
len=out.length;                                    // 获取长度
window.status=out.substring(seq, len);
seq++;
if ( seq >= len ) { seq = 0; };
window.setTimeout("Scroll2();", interval );        // 根据长度设置时间
}
Scroll();
```

【范例分析】

在上述实例代码中通过变量和函数的设置，结合窗体和载入提示语句的长度实现了跑马灯的显示效果。

【运行结果】

执行后的效果如图 7-3 所示。

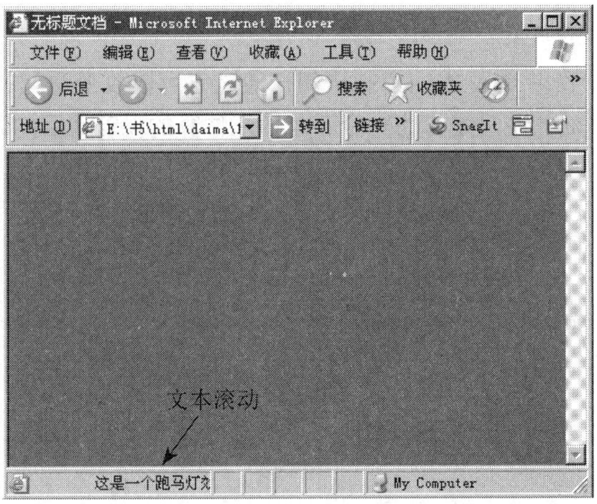

图 7-3 显示效果图

技 巧

建议在页面底部引入 JavaScript 文件

读者永远要记住一个原则，就是让页面以最快的速度呈现在用户面前。当加载一个脚本时，页面会暂停加载，直到脚本完全载入，所以会浪费用户更多的时间。如果你的 JS 文件只是要实现某些功能（如单击按钮事件），那就放心地在 body 底部引入它，这绝对是最佳的方法。例如:

```
<p>And now you know my favorite kinds of corn. </p>
<script type="text/javascript" src="path/to/file.js"></script>
<script type="text/javascript" src="path/to/anotherFile.js"></script>
</body>
</html>
```

7.4 JavaScript 循环语句

本节教学录像：9 分钟

JavaScript 程序是由若干语句组成的，循环语句是编写程序的指令。JavaScript 提供了完整的基本编程语句，在本节的内容中，将简要介绍常用 JavaScript 循环语句的基本知识。

7.4.1 if 条件语句

if 语句就是一个单项选择题，在答题卡上我们要么选择 A，要么选择 B，要么选择 C。if 条件语句的功能是，根据系统用户的输入值做出不同的反应提示。例如，可以编写一段特定程序实现对不同输入文本的反应。使用 if 条件语句的语法格式如下所示。

```
if ( 表达式 )
语句段 1;
......
else
语句段 2;
......
```

上述格式的具体说明如下所示。

if-else 语句是 JavaScript 中最基本的控制语句，通过它可以改变语句的执行顺序。在其表达式中必须使用关系语句来实现判断，并且是作为一个布尔值来估算的。若 if 后的语句有多行，则必须使用花括号将其括起来。

另外，通过 if 条件语句可以实现条件的嵌套处理。if 语句的嵌套格式如下所示。

```
if ( 布尔值 ) 语句 1;
else ( 布尔值 ) 语句 2;
else if ( 布尔值 ) 语句 3 ；
……
else 语句 4 ；
```

在上述格式下，每一级的布尔表达式都会被计算。若为 True，则执行其相应的语句；若为 False，则执行 else 后的语句。

【范例 7-3】使用 if-else 语句

源码路径：光盘 \ 配套源码 \7\3.html

实例文件 3.html 的功能是根据用户输入的字符而显示提示，主要实现代码如下所示。

```
<html xmlns="http://www.w3.org/1999/xhtml">
………………………………………
<style type="text/css">
<!--
body {
```

```
  background-color: #666666;
}
-->
</style>
<Script Language ="JavaScript">
  var monkey_love = prompt(" 你喜欢吗？ "," 敲入是或否。");          // 判断语句
  if (monkey_love == " 是 ") then                                   // 如果值为是
{
  alert(" 谢谢！ 很高兴您能来这儿！ 请往下读吧！ ");                // 根据长度设置时间
}
</Script>
</head>
<body>
</body>
</html>
```

【范例分析】

在上述实例代码中，首先将显示一个提问语句，当输入字符“是”并单击“确定”按钮后将显示 alert 中的提示。

【运行结果】

执行效果如图 7-4 所示。

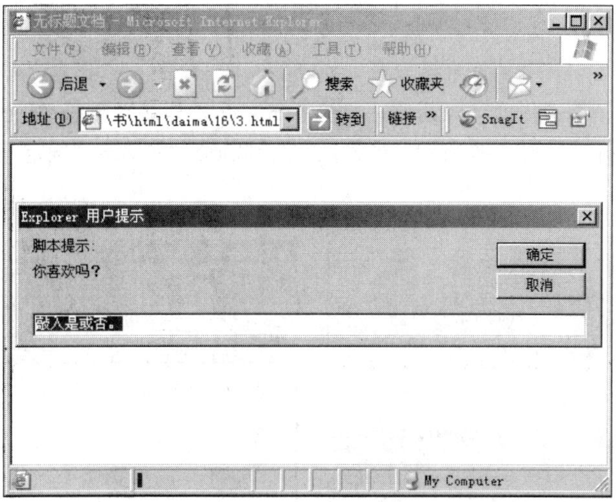

图 7-4　显示效果图

除了上述实例展示的功能外，还能根据用户输入的颜色标记而显示不同颜色的提示。看下面的代码：

```
<html xmlns="http://www.w3.org/1999/xhtml">
............................................
<script language="JavaScript">
```

```
var color = prompt(" 您喜欢哪种颜色，red 还是 blue？ ","");
var adjective;
var fontcolor;
if (color == "red") {                                    // 输入 red 时的字符和颜色
  adjective = " 活泼吧。";
  fontcolor="red";
} else if (color == "blue") {                            // 输入 blue 时的字符和颜色
  adjective = " 酷吧。";
  fontcolor="blue";
} else {                                                 // 输入其他颜色标记时的字符和颜色
  adjective = " 困惑吧。";
  fontcolor="black";
}
var sentence = " 您喜欢 " + fontcolor + "？ 您很 " +
  adjective + "<p>";
</script>
</head>
<body>
<script language="JavaScript">
  document.writeln(sentence.fontcolor(fontcolor));         // 输出对应提示
</script>
</body>
</html>
```

【运行结果】

执行后将首先显示一个选择提示对话框，如图 7-5 所示。当输入字符“red”并单击“确定”按钮后将显示红色的提示字符，如图 7-6 所示。当输入字符“blue”并单击“确定”按钮后将显示蓝色的提示字符，如图 7-7 所示。

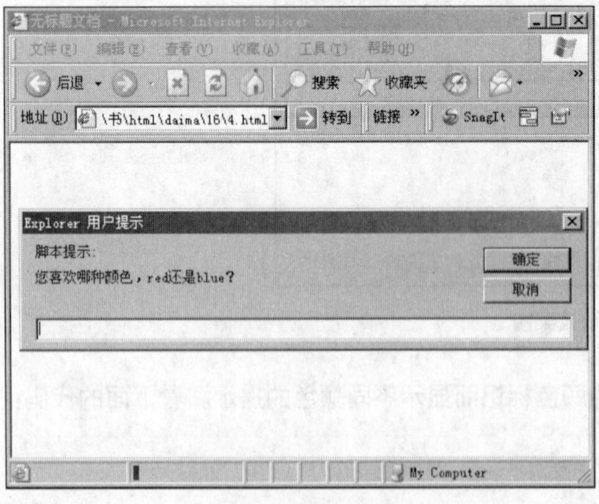

图 7-5　显示效果图

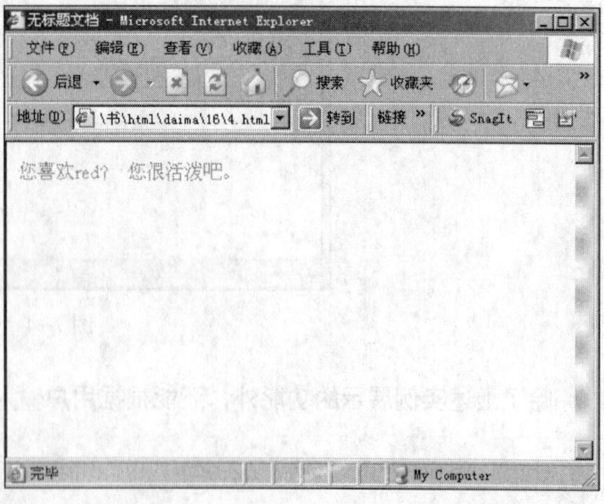

图 7-6　输入 red 后的效果

图 7-7　显示效果图

7.4.2 for 循环语句

for 循环语句的功能是实现条件循环，当条件成立时执行特定语句集，否则将跳出循环。使用 for 循环语句的语法格式如下所示。

```
for( 初始化 ; 条件 ; 增量 )
语句集 ;
```

其中，“条件”是用于判别循环停止时的条件。若条件满足，则执行循环体，否则将跳出。“增量”用来定义循环控制变量在每次循环时按什么方式变化。三个主要语句之间，必须使用逗号分隔。

【范例 7-4】在页面中显示指定数量的文本

源码路径：光盘 \ 配套源码 \7\5.html

实例文件 5.html 的功能是，根据定义变量的长度在页面中显示指定数量的文本。文件 5.html 的主要代码如下所示。

```
<html xmlns="http://www.w3.org/1999/xhtml">
………………………………………………
<script language="JavaScript">
var a_line="";                                  // 初始变量为空
var width="100";                                // 定义变量大小
for (loop=0; loop < width; loop++)
{
 a_line = a_line + " 看我的数量 ";               // 变量变化
}
</script>
</head>
<body>
```

```
<body>
<script language="JavaScript">
  document.write (a_line);                                    // 输出变量
</script>
</body>
</html>
```

【范例分析】

在上述实例代码中，首先定义了变量 a_line 的初始值为空值，变量 width 值为 100；然后，使用 for 循环语句设置 loop=0 并持续加 1 直到 loop<width 位置；最后，在 a_line 上加 width 次文本“看我的数量”，并在页面上输出 width 个文本“看我的数量”。

【运行结果】

执行效果如图 7-8 所示。

图 7-8　显示效果图

变量名和函数名都是区分大小写的。就像配错的引号一样，这些大家都知道。但是，由于错误是不作声的，所以这是一个提醒。为自己选择一个命名规则，并坚持它。看下面的代码：

```
getElementById('myId') != getElementByID('myId');            // 它应该是 "Id" 而不是 "ID"
getElementById('myId') != getElementById('myID');            // "Id" 也不等于 "ID"
document.getElementById('myId').style.Color;                 // 返回 "undefined"
```

7.4.3 while 循环语句

while 循环语句与 for 语句一样，当条件为真时则重复循环，否则将退出循环。使用 while 循环语句的语法格式如下所示。

```
while（条件）
语句集;
```

【范例 7-5】使用 while 循环语句

源码路径：光盘\配套源码\7\6.html

实例文件 6.html 的功能是，根据用户输入的数值在页面中显示指定数量的文本。文件 6.html 的主要代码如下所示。

```
<html xmlns="http://www.w3.org/1999/xhtml">
..............................................
<script language="JavaScript">
  var width = prompt(" 想显示几个 x 呀 ?","5");              // 提示对话框
  var a_line="";                                              // 变量赋值
  var loop=0;
while (loop < width)
  {
    a_line = a_line + " 看我的数量 ";                         // 变量处理
    loop=loop+1;
  }
</script>
</head>
<body>
<script language="JavaScript">
  document.write (a_line);                                    // 变量显示
</script>
</body>
</html>
```

【范例分析】

在上述实例代码中，首先定义了变量 a_line 的初始值为空值，变量 loop 值为空；然后，使用 while 循环语句设置当 loop 小于所请求的 width 时，在 a_line 上加入一次文本“看我的数量”，并在循环值上加 1；最后，在页面上输出请求个数的文本“看我的数量”。

【运行结果】

执行效果如分别如图 7-9 和图 7-10 所示。

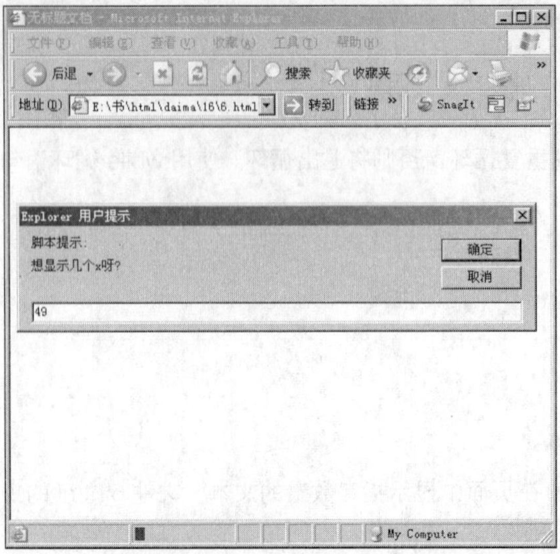

图 7-9 输入显示文本个数为 49

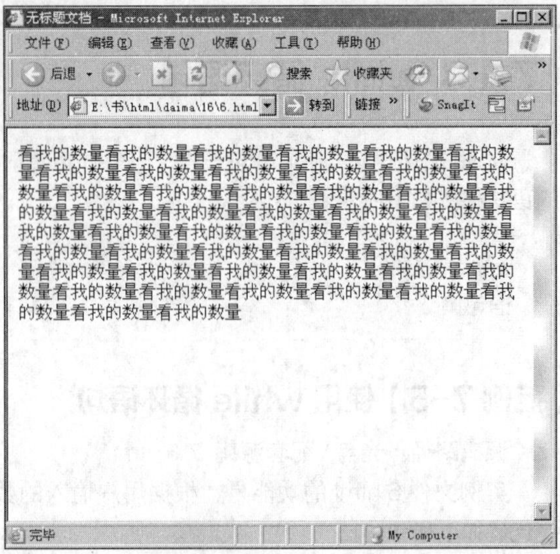

图 7-10 输出 49 个文本

注 意

读者一定要当心 JavaScript 中的硬换行。换行被解释为表示行结束的分号。即使在字符串中，如果在引号中包括了一个硬换行，那么你会得到一个解析错误（未结束的字符串）。

```
var bad   = '<ul id="myId">
   <li>some text</li>
   <li>more text</li>
   </ul>'; // 未结束的字符串错误
var good = '<ul id="myId">' +
   '<li>some text</li> ' +
   '<li>more text</li> ' +
      '</ul>' ; // 正确
```

前面讨论过的换行被解释为分号的规则并不适用于控制结构这种情况：条件语句关闭圆括号后的换行并不是给其一个分号。

一直使用分号和圆括号，那么你不会因换行而出错，你的代码易于阅读，且除了那些不使用分号的怪异源码外你会少一些顾虑。所以当移动代码且最终导致两个语句在一行时，无须担心第一个语句是否正确结束。

7.4.4 do…while 循环语句

“do…while”的中文解释是“执行…当…继续执行”。在“执行（do）”后面跟随命令语句，在“当（while）”后面跟随一组判断表达式。如果判断表达式的结果为真，则执行后面的程序代码。

“do…while”循环语句具体使用的语法格式如下所示。

```
do {
        < 程序语句区 >
```

```
    }
while(< 逻辑判断表达式 >)
```

【范例 7-6】使用 do…while 循环语句

源码路径：光盘 \ 配套源码 \7\7.html

实例文件 7.html 的功能是，在页面中换行输出从 1 到 10 的整数。文件 7.html 的主要代码如下所示。

```
<html xmlns="http://www.w3.org/1999/xhtml">
……………………………………
<style type="text/css">
<!--
body {
  background-color: #9966CC;
}
-->
</style>
</head>
<body>
<script>
var i=0;                                  // 变量初始值
do {
++i
    document.writeln(i+"<br>");           // 换行输出变量
}
  while (i<10)                            // 变量小于 10 则继续执行
</script>
</body>
</html>
```

【运行结果】

上述代码执行后的效果如图 7-11 所示。

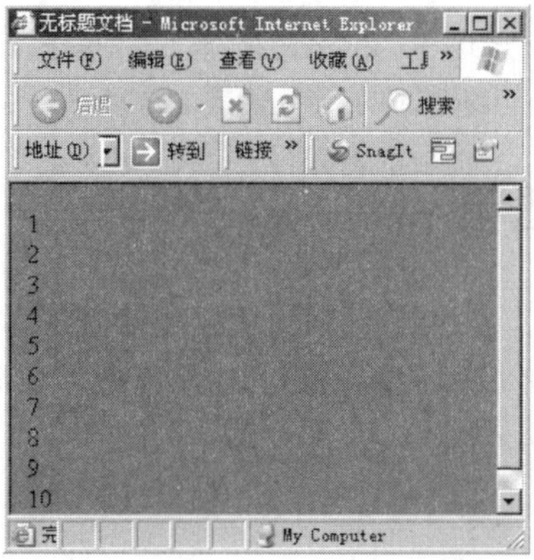

图 7-11 显示效果图

JavaScript 是弱类型，除了在 switch 语句中。当 JavaScript 在 case 比较时，它是非弱类型。例如下面的代码。

```
var myVar = 5;
if(myVar == '5'){                    // 返回 true，因为 JavaScript 是弱类型
  alert("hi");                       // 这个 alert 将执行，因为 JavaScript 通常不在意数据类型
}
switch(myVar){
  case '5':
  alert("hi");                       // 这个 alert 将不会执行，因为数据类型不匹配
}
```

7.4.5 break 控制

break 控制的功能是终止某循环结构的执行，通常将 break 放在某循环语句的后面。使用 break 的语法格式如下所示。

```
循环语句
break
```

例如，下面的一段语句。

```
<script>
a=new array(5,4,3,2,1);              // 数组初始值
sum=0                                // 变量初始值
for(i=0,i<a.length;++i)              // 小于数组长度则变量递增
  {
if (i==3 ) break;                    // 变量为 3 则停止
  sum+=a[i]
}
</script>
```

在上述代码中，for 语句在 i 等于 0、1、2、3 时执行。当 i 等于 3 时，if 条件为真，执行 break 语句，使 for 语句立刻终止。所以，for 语句终止时的 sum 值是 12。

7.4.6 switch 循环语句

switch 的中文解释是“切换”，其功能是根据不同的变量值来执行对应的程序代码。如果判断表达式的结果为真，则执行后面的程序代码。

使用 switch 语句的语法格式如下所示。

```
switch ( < 变量 > ) {
  case< 特定数值 1>: 程序语句区;
```

```
                    break;
    case< 特定数值 2>: 程序语句区;
                 break;
    ...
    case< 特定数值 n>: 程序语句区;
    break;
    default          : 程序语句区;
}
```

其中，default 语句是可以省略的。省略后，当所有的 case 都不符合条件时，便退出 switch 语句。

7.5 JavaScript 函数

本节教学录像：5 分钟

函数为程序设计人员提供了一个功能强大的处理功能。通常在进行一个复杂的程序设计时，总是根据所要完成的功能，将程序划分为一些相对独立的部分，每部分编写一个函数。从而使各部分充分独立，任务单一，程序清晰，易懂、易读、易维护。JavaScript 函数可以封装那些在程序中可能要多次用到的模块中，并可作为事件驱动功能而被项目程序调用，从而实现一个函数与事件驱动功能相关联的效果。

7.5.1 函数的构成

JavaScript 函数由如下部分构成。

- 关键字：function。
- 函数或变量。
- 函数的参数：用小括号"( )"括起来，如果有多个，则用逗号","分开。
- 函数的内容：通常由一些表达式构成，外面用大括号"{ }"括起来。
- 关键字：return。

其中，参数和 return 不是构成函数的必要条件。

【范例 7-7】通过函数在页面内输出指定的文本

源码路径：光盘\配套源码\7\9.html

实例文件 9.html 的主要代码如下所示。

```
<html>
..................................................
<style type="text/css">
<!--
body {
  background-color: #9966CC;
}
```

```
-->
</style>
</head>
<body>
<Script>
function showname(name)  {
    return " 我叫 "+name;
  }
    document.write(showname("aaa"));
</Script>
</body>
</html>
```

【范例分析】

在上述代码中，定义了一个名为“showname”的函数，“name”是函数的参数变量，然后通过 document 在页面内显示输出结果。

【运行结果】

执行效果如图 7-12 所示。

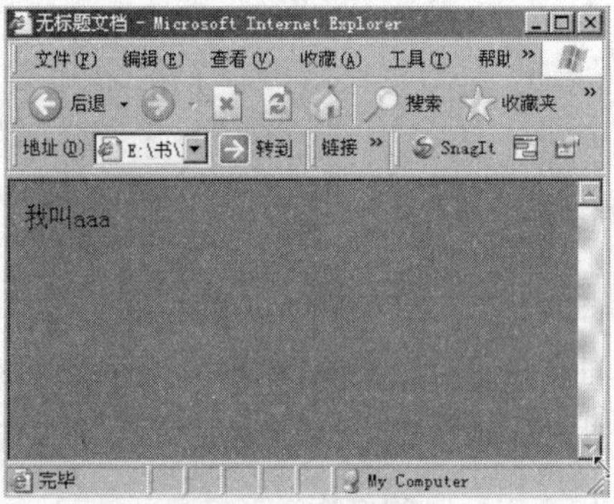

图 7-12 显示效果图

注意 JavaScript 中的许多问题都来自于变量作用域：要么认为局部变量是全局的，要么用函数中的局部变量覆盖全局变量。为了避免这些问题，最佳方案是根本没有任何全局变量。不用 var 关键字声明的变量是全局的。记住使用 var 关键字声明变量，防止变量具有全局作用域。

7.5.2 JavaScript 常用函数

在 JavaScript 技术中常用的函数有如下几类。

- 编码函数

编码函数即函数 escape()，功能是将字符串中的非文字和数字字符转换成 ASCII 值。

- 译码函数

译码函数即函数 unescape()，和编码函数完全相反，功能是将 ASCII 字符转换成一般数字。

- 求值函数

求值函数即函数 eval()，有两个功能：一是进行字符串的运算处理，二是用来指出操作对象。

- 数值判断函数

数值判断函数即函数 isNan()，功能是判断自变量参数是不是数值。

- 转整数函数

转整数函数即函数 parseInt()，功能是将不同进制的数值转换成以十进制表示的整数值。使用 parseInt() 的语法格式如下所示。

```
parseInt( 字符串 [, 底数 ])
```

通过上述格式可以将其他进制数值转换成为十进制数值。如果在执行过程中遇到非法字符，则立即停止执行，并返回已执行处理后的值。

- 转浮点函数

转浮点函数即函数 parseFloat()，功能是将指定字符串转换成浮点数值。如果在执行过程中遇到非法字符，则立即停止执行，并返回已执行处理后的值。

【范例 7-8】通过函数 eval() 计算两个字符串的和

源码路径：光盘\配套源码\7\10.html

实例文件 10.html 的主要代码如下所示。

```
<html>
............................................
<style type="text/css">
<!--
body {
  background-color: #9966CC;                    // 设置背景颜色
}
-->
</style>
</head>
<body>
<Script>
  mm=1+2;                                       // 变量初始值
  zz=eval("1+2");                               // 函数赋值
   document.write("1+2=",zz);                   // 输出结果
</Script>
</body>
</html>
```

在上述代码中，通过函数 eval() 计算出“1+2”的结果。

【运行结果】

执行效果如图 7-13 所示。

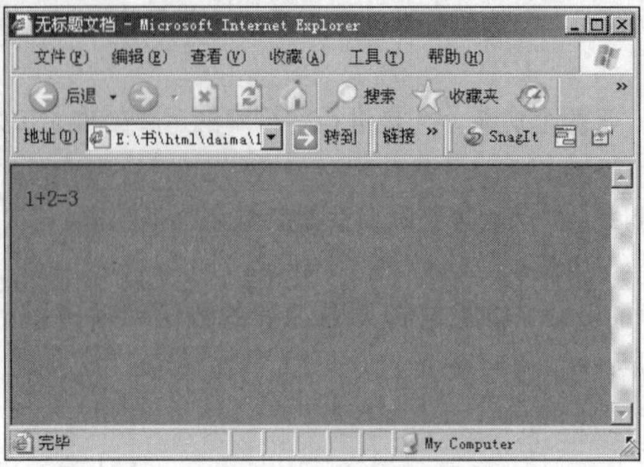

图 7-13 显示效果图

技 巧

活用 eval() 函数

在 JavaScript 中有许多小窍门，可以使编程更加容易。其中之一就是 eval() 函数，这个函数可以把一个字符串当作一个 JavaScript 表达式去执行它。看下面的代码：

```
var the_unevaled_answer = "2 + 3";
var the_evaled_answer = eval("2 + 3");
alert("the un-evaled answer is " + the_unevaled_answer + " and the evaled answer is " + the_evaled_answer);
```

运行上述 eval 程序，你将会看到在 JavaScript 里字符串 "2 + 3" 实际上被执行了。所以当你把 the_evaled_answer 的值设成 eval ("2 + 3") 时，JavaScript 将会把 2 和 3 的和返回给 the_evaled_answer。

这个看起来似乎有点傻，其实可以做出很有趣的事。如使用 eval，你可以根据用户的输入直接创建函数。这可以使程序根据时间或用户输入的不同而使程序本身发生变化，通过举一反三，你可以获得惊人的效果。

7.6 JavaScript 对象

本节教学录像：5 分钟

对象 (object) 是一组经过组织的数据。在 JavaScript 中的对象有两个相关联元素，分别是属性 (property) 和方法 (method)。在本节的内容中，将对 JavaScript 对象的基本知识进行详细介绍。

7.6.1 对象的基础知识

1. 属性和方法

JavaScript 中的对象是由属性 (properties) 和方法 (methods) 两个基本的元素构成的。其中，属性是对象在实施其所需要行为的过程中，实现信息的装载单位；方法是指对象能够按照设计者的意图而被执行，从而与特定的函数相联。

2. 引用对象的路径

一个对象要真正地被使用，可采用如下几种方式进行引用处理。

- 引用 JavaScript 内部对象。
- 在浏览器环境中提供。
- 创建新对象。

通过上述描述可以看出，一个对象在被引用之前，这个对象必须存在，否则这个引用将毫无意义，从而出现错误信息。JavaScript 引用对象可通过以上三种方式获取，所以在引用时要么创建新的对象，要么利用现存的对象。

3. 对象操作语句

因为 JavaScript 不是纯面向对象的语言，所以没有提供面向对象语言的许多功能。并将 JavaScript 称之为“基于对象”而不是“面向对象”。在 JavaScript 应用中，通常使用操作对象语句、关键词和运算符来实现对对象的操作。

- for...in 语句

“for...in”语句的功能是，对已知对象的所有属性进行操作的控制循环。“for...in”是将一个已知对象的所有属性反复指给一个变量，而不是使用计数器来实现。其具体使用的语法格式如下所示。

```
for ( 对象属性名 in 已知对象名 )
```

“for...in”语句的优点是无须知道对象中属性的个数即可进行操作。

例如，函数 showData() 的功能是显示数组内的内容，语法格式如下所示。

```
Function showData(object)
  for (var X=0; X<30;X++)
  document.write(object[i]) ;
```

函数 showData() 通过数组下标顺序值来访问每个对象的属性。在使用上述方式时，首先必须知道数组的下标值，否则若超出范围，将就会发生错误。而使用 for...in 语句，则根本不需要知道对象属性的个数，例如下面一段代码。

```
Function showData(object)
  for(var prop in object)
  document.write(object[prop]) ;
```

使用使用 for...in 语句时，for 自动将循环体中的属性取出来，直到最后为止。

- with 语句

with 语句的功能是，在语句体内任何对变量的引用都被认为是这个对象的属性，以节省一些程序代码。使用 with 语句的语法格式如下所示。

```
with object{
...}
```

在 with 语句后花括号中的内容，都属于后面 object 对象的作用域。

- this 关键词

this 是对当前的引用，在 JavaScript 中，由于对象的引用是多层次、多方位的，所以往往一个对象的引用又需要对另一个对象的引用，而另一个对象有可能又要引用另一个对象，这样有可能造成混乱。为此 JavaScript 提供了一个用于将对象指定为当前对象的语句 this，用来明确具体的对象。

- new 运算符

虽然在 JavaScript 中对象的功能基本能够满足大部分应用的需求，但是开发人员可以按照需求来创建自己的对象，以满足某一特定的、更加复杂的要求。通过使用 new 运算符，可以创建出一个新的对象。使用 new 运算符的语法如下所示。

```
newobject=new object(parameters table);
```

其中，newobject 是创建的新对象，object 是已经存在的对象，parameters table 是参数表，new 是 JavaScript 中的命令语句。

4. 属性的引用

在使用 JavaScript 对象时，可以通过如下三种方式实现对其属性的引用。

- 使用点（.）运算符，例如下面的引用代码。

```
university.Name="山东省"
university.City="济南市"
university.Date="2007"
```

其中，university 是一个已经存在的对象，Name、City 和 Date 是 university 的三个属性，并通过操作对其赋值。

- 通过对象的下标实现引用，例如下面的引用代码。

```
university[0]="山东省"
university[1]="济南市"
university[2]="2007"
```

- 通过数组形式访问属性，可以使用循环操作获取其具体的值。例如下面的代码：

```
function showunievsity(object)
  for (var j=0;j<2; j++)
  document.write(object[j])
```

如果采用 for...in 语句，则可以不知其属性的个数后就可以实现上述功能。例如下面的代码：

```
Function showmy(object)
  for (var prop in this)
  docament.write(this[prop]);
```

- 通过字符串的形式实现，例如下面的引用代码。

```
university["Name"]="山东省"
university["City"]="济南市"
university["Date"]="2007"
```

5. 方法的引用

在使用 JavaScript 对象时，实现对其方法引用的方法比较简单，只需通过如下语句即可实现。

```
ObjectName.methods()
```

实际上 methods()=FunctionName 方法实质上是一个函数。如引用 university 对象中的 showmy() 方法，则可以使用如下代码实现。

```
document.write (university.showmy())
```

或：

```
document.write(university)
```

如果要引用 math 内部对象中的 cos() 方法，则可以使用如下代码实现。

```
with(math)
document.write(cos(35));
document.write(cos(80));
```

如果不使用 with 语句，则引用时要相对复杂些。

```
document.write(Math.cos(35))
document.write(math.sin(80))
```

7.6.2 JavaScript 常用对象和方法

JavaScript 提供了一些非常有用的常用内部对象和方法，用户不需要用脚本即可实现这些功能。在 JavaScript 中，提供了 string（字符串）、math（数值计算）和 date（日期）三种对象及其相关的方法，从而为编程人员快速开发强大的脚本程序提供了非常有利的条件。在本节的内容中，将对 JavaScript 中常用对象和方法的知识进行简要介绍。

在 JavaScript 中对于对象属性与方法的引用，有如下两种情况。

- 对象是静态对象，即在引用该对象的属性或方法时不需要为它创建实例。
- 对象则在引用其属性或方法时必须为它创建一个实例，即该对象是动态对象。

对 JavaScript 内部对象的引用，是紧紧围绕着它的属性与方法进行的。因而明确对象的静态性或动态性，对于掌握和理解 JavaScript 内部对象具有非常重要的意义。

JavaScript 中常用的内部对象有如下几种。

- string 对象

string 对象即串对象，是一种静态对象。在访问 properties 和 methods 时，可使用(.)运算符实现。

string 对象具体使用的语法格式如下所示。

```
objectName.prop/methods
```

（1）string 对象的属性

string 对象只有一个属性 length，其功能是指定字符串中的字符个数，包括所有符号。例如下面的代码。

```
mytest="This is JavaScript"
mystringlength=mytest.length
```

mystringlength 最后返回 mytest 字符串的长度为 19。

（2）string 对象的方法

string 对象的方法共有 19 个，主要用于有关字符串在 Web 页面中的显示、字体大小、字体颜色、字符的搜索以及字符的大小写转换。

string 对象各方法的具体说明如表 7-5 所示。

表 7-5　string 对象常用方法列表

方法	说明
anchor()	锚点，用于创建如同 HTML 文件中一样的 anchor 标记
big()	字符用大号字显示
Italics()	斜体字显示
bold()	粗体字显示
blink()	字符闪烁显示
small()	字符用小号字显示
fixed()	固定高亮字显示
fontsize(size)	控制字体的大小
fontcolor(color)	设置字体的颜色
toLowerCase()	字符串小写转换
toUpperCase()	字符串大写转换
indexOf[charactor,fromIndex]	字符搜索，从指定 formIndex 位置开始搜索 charactor 第一次出现的位置

- math 对象

math 对象是算术函数对象的一种，功能是提供除加、减、乘、除以外的一些运算。例如对数和平方根等，是一种静态对象。

（1）主要属性

对象 math 提供了 6 个属性，都是数学中经常用到的常数。

（2）主要方法

math 对象中各方法的具体说明如表 7-6 所示。

表 7-6　math 对象常用方法列表

方法	说明
abs()	表示绝对值
sin()	表示正弦值
cos()	表示余弦值
asin()	表示反正弦值
acos()	表示反余弦值
tan()，atan()	分别表示正切、反正切值

续表

方法	说明
round()	表示四舍五入
Pow(base,exponent)	表示基于几次方的值

❑ date 对象

date 对象即日期和时间对象，功能是提供一个有关日期和时间的对象。日期和时间对象是一个动态性对象，在使用时必须使用 new 运算符创建一个实例。例如下面的一段代码。

MyDate=new date()

date 对象没有提供直接访问的属性，只具有获取和设置日期和时间的方法。

日期和时间对象中获取日期和时间的方法如表 7–7 所示。

表 7-7 获取日期和时间的方法列表

方法	说明
getYear()	返回年数
getMonth()	返回月份
getDate()	返回日期
getDay()	返回星期几
getHours()	返回小时
getMintes()	返回分钟
getSeconds()	返回秒
getTime()	返回毫秒

日期和时间对象中设置日期和时间的方法如表 7–8 所示。

表 7-8 设置日期和时间的方法列表

方法	说明
setYear()	设置年
setDate()	设置当月号数
setMonth()	设置当月份数
setHours()	设置小时数
setMintes()	设置分钟数
setSeconds()	设置秒数
setTime ()	设置毫秒数

7.7 JavaScript 事件

本节教学录像：4 分钟

用户对浏览器内所进行的某种动作称为事件。在 JavaScript 中，通常鼠标或热键的动作被称为事件

(Event)，而由鼠标或热键引发的一连串程序的动作，称为事件驱动(Event Driver)。而对事件进行处理的程序或函数，被称为事件处理程序(Event Handler)。在本节的内容中，将对 JavaScript 事件的基本知识进行简要介绍。

7.7.1 JavaScript 常用事件

在 JavaScript 中有如下几种常用的事件。

- 事件 Abort

事件 Abort 的功能是，当对象未完全加载前对其终止。适用于 image 对象。

- 事件 Blur

事件 Blur 的功能是，将用户的输入焦点从窗口或表单上移开。适用于 window 及所有表单子组件。

- 事件 Change

事件 Change 的功能是，将用户的组件值进行修改处理。适用于 text、password 和 select。

- 事件 Click

事件 Click 的功能是，在某对象上单击一下鼠标左键。适用于 link 及所有表单子组件。

- 事件 DblClick

事件 DblClick 的功能是，在某对象上连续双击鼠标。适用于 link 及所有表单子组件。

- 事件 DrogDrop

事件 DrogDrop 的功能是，用鼠标左键将对象拖曳至窗口内。适用于 window 对象。

- 事件 Error

事件 Error 的功能是，加载文件或图像时发生错误。适用于 window 和 image 对象。

- 事件 Focus

事件 Focus 的功能是，将输入焦点或光标放到指定对象内。适用于 window 及所有表单子组件。

- 事件 KeyDown

事件 KeyDown 的功能是，响应用户按下键盘任意按键的一刹那。适用于 image、link 及所有表单子组件。

- 事件 KeyPress

事件 KeyPress 的功能是，响应用户按下键盘任意按键后，按键弹起的一刹那。适用于 image、link 及所有表单子组件。

- 事件 Load

事件 Load 的功能是，响应浏览器读入该文件时。适用于 document 对象。

- 事件 MouseDown

事件 MouseDown 的功能是，响应用户单击鼠标时。适用于 document、link 及所有表单子组件。

- 事件 MouseMove

事件 MouseMove 的功能是，响应用户移动鼠标光标时。适用于 document、link 及所有表单子组件。

- 事件 MouseOut

事件 MouseOut 的功能是，响应用户将鼠标光标离开某对象时。适用于 document、link 及所有表单子组件。

- 事件 MouseOver

事件 MouseOver 的功能是，响应用户将鼠标光标移动到某对象上时。适用于 document、link 及所有表单子组件。

- 事件 MouseUp

事件 MouseUp 的功能是，响应用户将鼠标左键放开时。适用于 document、link 及所有表单子组件。

- 事件 Move

事件 Move 的功能是，响应用户或程序移动窗口时。适用于 window 对象。

- 事件 Reset

事件 Reset 的功能是，响应用户单击表单中的 Reset 按钮。适用于 form 对象。

- 事件 Resize

事件 Resize 的功能是，调整窗口的大小尺寸。适用于 window 对象。

- 事件 Select

事件 Select 的功能是，响应用户选取某对象时。适用于 text、password 和 select。

- 事件 Submit

事件 Submit 的功能是，响应用户单击表单中的 Submit 按钮时。适用于 form。

- 事件 Unload

事件 Unload 的功能是，关闭或退出当前页面。适用于 document。

7.7.2 事件处理程序

所谓事件处理程序是指，当一个事件发生后要做什么处理。7.7.1 节中介绍的 20 多种事件，每一种都有其专用的事件处理过程的定义方式。例如，事件 Load 的事件处理程序就是 OnLoad；同样，事件 Click 的事件处理程序就是 OnClick。

在现实应用中，通常将处理程序直接嵌入到 HTML 标记内。

【范例 7-9】在页面载入时输出提示语句

源码路径：光盘 \ 配套源码 i\7\11.html

实例文件 11.html 的主要代码如下所示。

```
<html>
.........................................
<style type="text/css">
<!--
body {
  background-color: #9966CC;                                   /* 设置背景颜色 */
}
-->
</style>
</head>
  <body onLoad='alert(" 你确定要访问此页吗？里面可能含有非法信息 !!")'>              // 载入提示信息
  </body>
</html>
```

【运行结果】

上述实例页面一旦载入便显示提示信息，具体效果如图 7-14 所示。

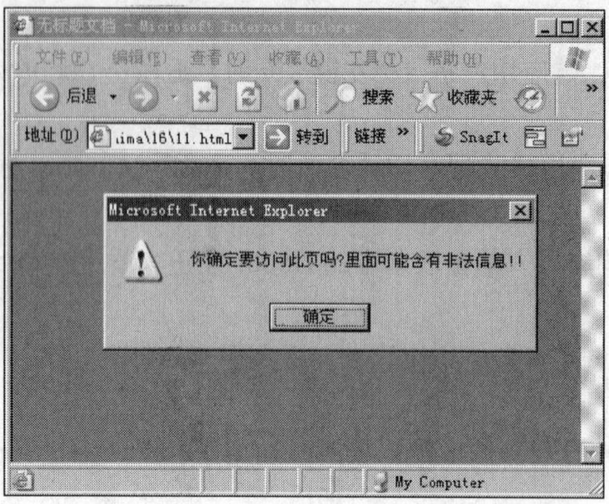

图 7-14　显示效果图

> **提 示**
>
> 尽量不要使用嵌入式 JavaScript
>
> 许多年以前，还存在一种这样的方式，就是直接将 JS 代码加入到 HTML 标签中。尤其是在简单的图片相册中非常常见。本质上讲，一个 onclick 事件是附加在标签上的，其效果等同于一些 JS 代码。不需要讨论太多，非常不应该使用这样的方式，应该把代码转移到一个外部 JS 文件中，然后使用“ addEventListener / attachEvent ”加入时间侦听器。或者使用 jQuery 等框架，只需要使用其“clock”方法。

```
$('a#moreCornInfoLink').click(function() {
alert('Want to learn more about corn?');
});
```

7.8 JavaScript 窗口对象

本节教学录像：5 分钟

对窗口的操作是 JavaScript 中相当重要的环节。设计者可以根据现实需要实现窗口的各种变化，以提升用户界面的亲和力和用户的满意度。在本节的内容中，将对 JavaScript 窗口对象的知识进行简要介绍，并通过具体的应用实例来介绍其实现流程。

7.8.1 窗口对象

JavaScript 窗口对象包括多个属性、方法和事件驱动程序，设计者可以利用这些对象控制浏览器窗口显示的各个方面。例如，窗口对话框和框架等。

在使用窗口对象时应注意如下几点。

- 该对象对应于 HTML 文档中的 <body> 和 <frameSet> 两种标识。
- onload 和 onunload 都是窗口对象属性。
- 在 JavaScript 脚本中可直接引用窗口对象。例如下面的一段代码。

```
window.alert(" 窗口对象输入方法 ")
```

上述代码可以直接使用以下格式。

```
alert(" 窗口对象输入方法 ")
```

7.8.2 窗口对象的事件驱动

窗口对象主要有载入 Web 文档事件 onload 和卸载时的 onunload 事件。用于文档载入和停止载入时开始和停止更新文档。另外，onError、onFocus、onBlur、onDrogDrop、onMove 和 onResize 也比较常用。

7.8.3 窗口对象的属性

窗口对象的属性用于对浏览器中存在的各种窗口和框架进行引用。JavaScript 窗口对象中主要包括如下几个常用属性。

1. frames

frames（帧）的功能是确定文档内帧的数目。frames 作为实现一个窗口的分隔操作，在现实中非常有用，在使用时应该注意如下几点。

- frames 属性是通过 HTML 标识 <frames> 的顺序来引用的，它包含了一个窗口中的全部帧数。
- 帧本身已是一类窗口，继承了窗口对象所有的属性和方法。

2. parent

parent 的功能是指明当前窗口或帧的父窗口。

3. defaultstatus

defaultstatus 显示状态栏的默认信息，其值显示在窗口的状态栏中。

4. status

status 的功能是设置状态工具栏的临时性信息。

5. top

top 包括的是用以实现所有的下级窗口的窗口，即最上方的窗口。

6. window

window 指的是当前窗口。

7. self

self 和 window 同义，指当前窗口。

7.8.4 窗口对象的方法

窗口对象的方法，用来提供信息或输入数据以及创建一个新的窗口。JavaScript 窗口对象中主要包括如下几个常用方法。

1. open()

使用方法 window.open（参数表）可以创建一个新的窗口。其中参数表提供窗口的主要特性和文档及窗口的命名。

2. “OK”按钮的对话框

通过方法 alert() 可以创建一个具有“OK”按钮的对话框。

3. 同时具有“OK”和“Cancel”按钮的对话框

通过方法 confirm() 可以为编程人员提供一个具有两个按钮的对话框。

4. 具有输入信息的对话框

通过方法 prompt() 可以允许用户在对话框中输入信息，其具体使用的语法格式如下所示。

```
prompt(" 提示信息 "，默认值 )
```

7.8.5 JavaScript 窗口对象的应用

前面简要介绍了 JavaScript 窗口对象的基本知识，在本节的内容中将通过具体实例的实现，来向读者讲解窗口对象的具体使用方法。

1. 输入信息

通过 JavaScript 中的窗口对象方法 prompt() 可以实现信息的输入功能。

【范例 7-10】使用方法 prompt() 实现提示框效果

源码路径：光盘 \ 配套源码 \7\12.html

实例文件 12.html 的功能是在页面中插入一个信息输入对话框，主要实现代码如下所示。

```
<html>
……………………………………………………
<style type="text/css">
<!--
body {
  background-color: #9966CC;                    /* 设置背景颜色 */
}
-->
</style>
</head>
<body>
<script language="JavaScript">
  window.prompt(" 请输入数据 :"," 快点输入吧 !")          // 输入框提示信息
</script>
```

```
</body>
</html>
```

【运行结果】

执行效果如图 7-15 所示。

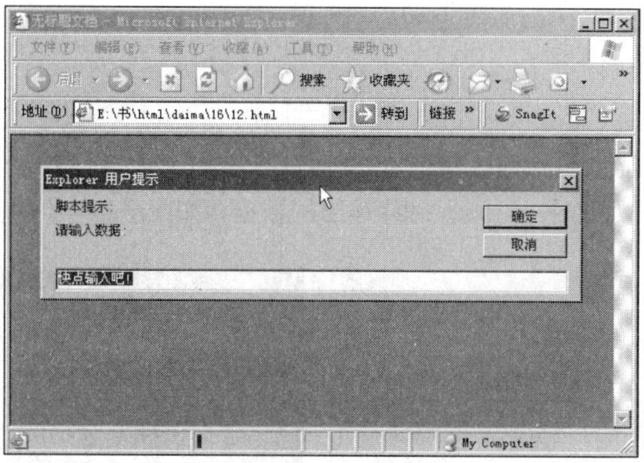

图 7-15 显示效果图

在使用方法 prompt() 的时候，一定要注意汉字双字节的问题。看下面的代码：

```
<script language="javascript">
insertText=prompt(" 请您输入：","");
alert("[" + insertText + "]");
</script>
```

在上述代码中，输入英文时是正常的，但是输入汉字就不行了。例如输入的是“中国”，本来是想输出“[中国]”，但是输出的却是“[中国”，后半部分给去掉了。

这是因为中文是双字节的，alert 认为你到最后一个中文字时就结束了，所以后半部分就没了。

2. 输出信息

通过 JavaScript 中的窗口对象的多个方法可以实现信息的输出功能，主要有方法 window.alert()、document.write() 和 document.writln()。请看下面的一段代码。

```
<html>
......................................................
<style type="text/css">
<!--
body {
  background-color: #9966CC;
}
-->
</style>
</head>
```

```
<body>
<Script Language="JavaScript">
    document.write(" 交互的例子 ");
    my=prompt(" 请输入数据 :"," 快点输入吧 !");
    document.write(" 哈哈 ");
    document.close();
</Script>
</body>
</html>
```

将上述代码保存为“\daima\7\13.html”，首先通过方法 prompt() 设置一个输入表单，如图 7-16 所示。单击“确定”按钮后显示方法 document() 输出的数据，如图 7-17 所示。

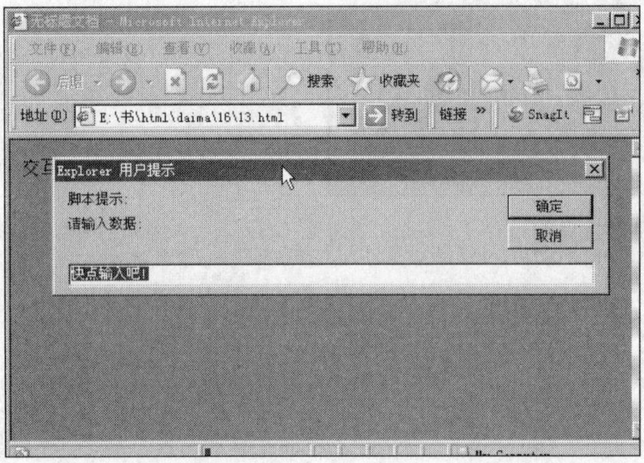

图 7-16　设置一个输入表单

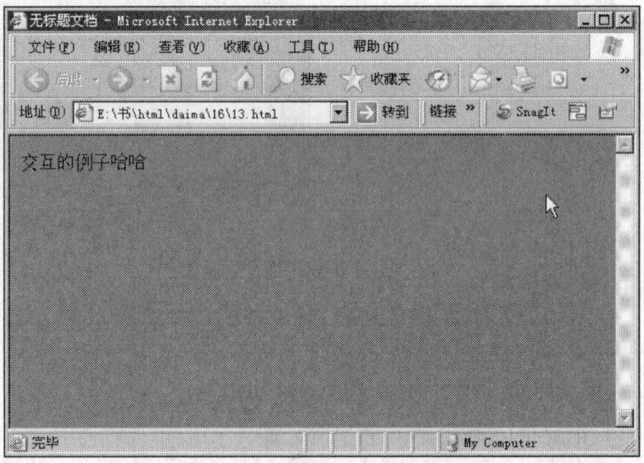

图 7-17　显示效果图

7.9 JavaScript 框架对象

本节教学录像：2 分钟

JavaScript 框架对象可以被用来引导窗口中框架的对象。对于 JavaScript 来说，每一个框架对象是一个独立的窗口，所以框架对象可以使用窗口对象的属性和方法。在本节的内容中，将对 JavaScript 框架对象的知识进行简要介绍，并通过具体的应用实例来介绍其实现流程。

在本书前面的 HTML 部分已经详细介绍了框架标记的使用方法，使用框架的语法格式如下所示。

```
<FRAMESET>
  <FRAME   src="URL">
  <FRAME   src="URL">
    …
</FRAMESET>
```

下面将通过一个具体的实例向读者讲解 JavaScript 框架对象的使用方法。

【范例 7-11】使用 JavaScript 框架对象

源码路径：光盘\配套源码\7\14.html、14_1.html、14_2.html、14_3.html

本实例各实现文件的具体说明如下所示。

- ❑ 文件 14.html：功能是创建上、左、右三部分显示的框架页面。
- ❑ 文件 14_1.html：功能是设置顶部页面的内容。
- ❑ 文件 14_2.html：功能是设置左侧页面的内容。
- ❑ 文件 14_3.html：功能是设置右侧页面的内容。

其中文件 14.html 的主要代码如下所示。

```
<html>
......................................
<frameset rows="80,*" cols="*" frameborder="no" border="0" framespacing="0">
  <frame src="14_1.html" name="topFrame" frameborder="yes" scrolling="No" noresize="noresize" id="topFrame">
  <frameset rows="*" cols="172,*" framespacing="0" frameborder="no" border="0" bordercolor="#0000FF">
    <frame src="14_2.html" name="leftFrame" frameborder="yes" scrolling="No" noresize="noresize" id="leftFrame">
    <frame src="14_3.html" name="mainFrame" frameborder="yes" id="mainFrame">
  </frameset>
</frameset>
<noframes>
<body>
</body>
</html>
```

文件 14_2.html 用于显示左侧页面的内容，首先通过表单标记实现下拉菜单效果；然后通过 JavaScript 实现数据的变化。其具体实现代码如下所示。

```
<body>
<Form name="test9_1">
请选择城市：<BR>
<Select name="select1" Multiple>
<Option> 西藏自治区
<Option> 浙江省
<Option> 贵州省
<Option> 山东省
<Option> 江苏省
<Option> 浙江省
<Option> 安徽省
<Option> 河南省
</select><BR>
<HR>
```

```
    <Input Type="Submit" name="" value=" 提交 ">
    <Input Type="reset" name="" value=" 复位 ">
    </Form>
    <pre>
    <script language="JavaScript">
      document.test9_1.elements[0].options[0].text=" 拉萨市 ";          // 设置下拉表单选项的信息
      document.test9_1.elements[0].options[1].text=" 杭州市 ";          // 设置下拉表单选项的信息
  </script>
    </pre>
    </body>
```

【运行结果】

执行后的效果如图 7-18 所示。

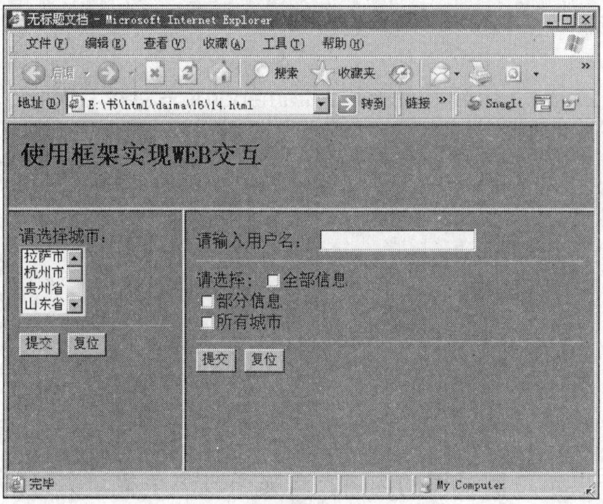

图 7-18　显示效果图

7.10 综合应用——实现一个动态菜单样式

本节教学录像：2 分钟

在本实例中，我们将利用 HTML5 的结构元素来制作一个 Web 应用程序中比较常见的菜单。在页面中设置具有七个主菜单项的菜单，其中第三个菜单项到第七个菜单项没有子菜单，单击菜单项后，应用程序右边的主体页面中会根据单击的菜单项显示不同的页面，而第一个菜单项和第二个菜单项均有子菜单项，单击主菜单项时，页面中会显示该主菜单项下面的子菜单项。再次单击该主菜单项时，其子菜单项会被隐藏。

【范例 7-12】实现一个动态菜单样式

源码路径：光盘 \ 配套源码 \7\zonghe\

实例文件 zonghe.html 的具体实现代码如下所示。

```
body {
  margin:0px;
}

nav ul li{
    list-style:none;
  width:195px;
  line-height:10px;
}
nav ul li img{
  width:195px;
  height:28px;
  cursor:pointer;
}
nav ul li#first{
  height:6px;
  background:url(images/left_title_bg.gif);
}

nav ul li ul {
  display:inline;
  padding:0px;
}
nav ul li ul li{
  height:20px;
  background-color:#AEE4EE;
  font-size: 12px;
  color: #333333;
  text-align: center;
  width:195px;
}

nav ul li ul li a{
  font-size: 12px;
  color: #333333;
  text-decoration: none;
}
</style>
<script>
function init()
{
  document.getElementById("submenu1").hidden=true;
```

```
    document.getElementById("submenu2").hidden=true;
  }
  function nav_fill1()
  {
    if(document.getElementById("submenu1").hidden===true)
      document.getElementById("submenu1").hidden=false;
    else
      document.getElementById("submenu1").hidden=true;
  }
  function nav_fill2()
  {
    if(document.getElementById("submenu2").hidden===true)
      document.getElementById("submenu2").hidden=false;
    else
      document.getElementById("submenu2").hidden=true;
  }
  </script>
  </head>

  <body onload="init()">
  <nav id="nav">
    <ul>
        <li id="first"></li>
          <li><img src="images/xtgl.gif" onclick="nav_fill1()"/></li>
          <li>
            <nav id="submenu1">
                <ul>
                        <li><a href="add_user.html"  target="mainFrame"> 权限管理 </a></li>
                        <li><a href="data_security.html"  target="mainFrame"> 安全管理 </a></li>
                        <li><a href="soft_update.html"  target="mainFrame"> 升级管理 </a></li>
                  </ul>
              </nav>
          </li>
        <li><img src="images/jcxx.gif" onclick="nav_fill2()"/></li>
        <li>
          <nav id="submenu2">
              <ul>
                        <li><a href="add_city.html"  target="mainFrame"> 地点管理 </a></li>
                  <li><a href="add_store"  target="mainFrame"> 时间管理 </a></li>
                  <li><a href="add_material.html"  target="mainFrame"> 人物管理 </a></li>

              </ul>
              </nav>
```

```
            </li>
            <li><a href="qpxx.html"><img src="images/qpxx.gif"/></a></li>
            <li><a href="ccgl.html"><img src="images/ccgl.gif"/></a></li>
            <li><a href="qpcz.html"><img src="images/qpcz.gif"/></a></li>
            <li><a href="cccz.html"><img src="images/cccz.gif"/></a></li>
            <li><a href="qpjy.html"><img src="images/qpjy.gif"/></a></li>
        </ul>
    </nav>
    </body>
    </html>
```

【范例分析】

在上述代码中，因为各菜单项中均有链接元素 a，单击该菜单项后，在右边的主体页面会由一个页面切换到另一个页面，所以可以将这些菜单视为一个链接组，并将其放置在 nav 元素中。在 nav 元素中，再由 ul 列表元素及其 li 列表项目元素来具体显示每一个菜单项。另外，在页面中使用的脚本代码比较简单，其功能为打开页面时将第一个主菜单项与第二个主菜单项下的子菜单项隐藏起来，单击第一个主菜单项或第二个主菜单项时将该主菜单项下的子菜单项显示出来，再次单击时将该主菜单项下的子菜单项隐藏起来。

【运行结果】

执行后的效果如图 7-19 所示。

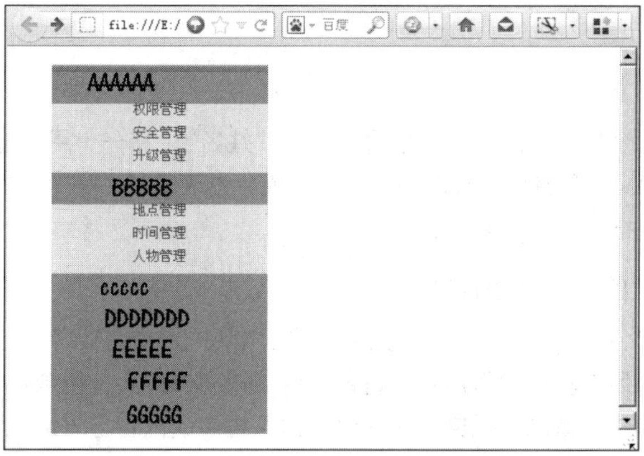

图 7-19 执行效果

7.11 高手点拨

1. 实现灵活事件处理的技巧

事件处理是对象化编程的一个很重要的环节，没有了事件处理，程序就会变得很呆板，缺乏灵活性。事件处理的过程可以这样表示：发生事件—启动事件处理程序—事件处理程序做出反应。其中，要使事件处理程序能够启动，必须先告诉对象，如果发生了什么事情，要启动什么处理程序，否则这个流程就不能进行下去。事件的处理程序可以是任意 JavaScript 语句，但是我们一般用特定的自定义函数（function）来处理事情。

指定事件处理程序有 3 种方法：

（1）直接在 HTML 标记中指定。

（2）编写特定对象、特定事件的 JavaScript。这种方法用得比较少，但是在某些场合还是很好用的。

（3）在 JavaScript 中说明。

2. 使用运算符时的注意事项

（1）一定要注意传递给运算符的数据类型和返回的数据类型。不同的运算符都期望它的运算数表达式计算出的结果符合某种数据类型。

（2）"+" 根据运算数的不同，具有不同的表现。

- 字符串 + 字符串 = 字符串（被连接）："a" + "b" = "ab" "5" + "6" = "11"。
- 字符串 + 数字 =（字符串转换成数字）字符串（被连接）："a" + 5 = "a5" 5 被转换成字符串 "1" + 0 = "10"。
- 数字 + 数字 = 数字（相加）：5 + 5 = 10。

（3）注意运算符的结合性，有些运算符从左到右结合，有些从右到左结合。

（4）当两个运算数的类型不同时，将它们转换成相同的类型。

7.12 实战练习

1. 记住表单中的数据

在页面表单中创建两个文本输入框，一个用于输入"姓名"，另一个用于输入"密码"。为输入"姓名"的文本框设置"autofocus"属性，当成功加载页面或单击表单的"提交"按钮后，拥有"autofocus"属性的"姓名"输入文本框会自动获取焦点。

2. 验证表单中输入的数据是否合法

在表单中创建一个"text"类型的<input>元素，用于输入"用户名"，并设置元素的"pattern"属性，其值为一个正则表达式，用来验证"用户名"是否符合"以字母开头，包含字符或数字和下划线，长度在 6 ～ 8 之间"规则。单击表单的"提交"按钮时，输入框中的内容与表达式进行匹配，如果不符，则提示错误信息。

第 8 章

本章教学录像：43 分钟

使用 jQuery Mobile 框架

jQuery Mobile 不仅给主流移动平台带来 jQuery 核心库，而且拥有一个完整统一的 jQuery 移动 UI 框架，支持全球主流的移动平台。本章详细讲解 jQuery Mobile 的基础知识，为读者步入本书后面知识的学习打下基础。

本章要点（已掌握的在方框中打钩）

- □ jQuery Mobile 简介
- □ jQuery Mobile 的四大优势
- □ jQuery Mobile 语法基础
- □ 预加载
- □ 页面缓存
- □ 页面脚本
- □ 综合应用——实现页面跳转

8.1 jQuery Mobile 简介

本节教学录像：6 分钟

jQuery Mobile 是 jQuery 在手机和平板设备上的版本，在本节的内容中，将详细讲解 jQuery 的基本知识和特点。

8.1.1 jQuery 的优势

在网页制作领域中，jQuery 的主要功能和优势如下所示。

- jQuery 不但兼容 CSS3，而且还兼容各种浏览器（IE 6.0+, Firefox 1.5+, Safari 2.0+, Opera 9.0+），jQuery 2.0 及后续版本将不再支持 IE6/7/8 浏览器。
- jQuery 使用户能够更加方便地处理 HTML documents、events，实现动画效果，并且方便地为网站提供 Ajax 交互。
- jQuery 为使用者提供了健全的文档说明，各种应用也讲解得十分详细。
- jQuery 为开发人员提供了许多成熟的插件，通过这些插件可以设计出动感的页面。
- jQuery 能够使用户的 HTML 页面保持代码和 HTML 内容分离，也就是说，不用再在 HTML 里面插入一堆 js 来调用命令了，只需定义 id 即可。

jQuery 是免费、开源的，使用 MIT 许可协议。jQuery 的语法设计可以使开发者更加便捷，例如操作文档对象、选择 DOM 元素、制作动画效果、事件处理、使用 Ajax 以及其他功能。除此以外，jQuery 提供的 API 可以让开发者编写插件，其模块化的使用方式使开发者可以很轻松地开发出功能强大的静态或动态网页。

具体来说，jQuery 的特点如下所示。

- 动态特效。
- 支持 Ajax。
- 通过插件来扩展。
- 方便的工具，例如浏览器版本判断。
- 渐进增强。
- 链式调用。
- 多浏览器支持，支持 Internet Explorer 6.0+、Opera 9.0+、Firefox 2+、Safari 2.0+、Chrome 1.0+（在 2.0.0 中取消了对 Internet Explorer 6/7/8 的支持）。

8.1.2 jQuery Mobile 的特点

随着智能手机系统的普及，现在主流移动平台上的浏览器功能已经赶上了桌面浏览器，因此 jQuery 团队引入了 jQuery Mobile（简称为 JQM）。JQM 的使命是向所有主流移动浏览器提供一种统一体验，使整个 Internet 上的内容更加丰富，而不管使用的是哪一种查看设备。

JQM 的目标是在一个统一的 UI 中交付超级 JavaScript 功能，跨越最流行的智能手机和平板电脑设备进行工作。与 jQuery 一样，JQM 是一个在 Internet 上直接托管、免费可用的开源代码基础。事实证明，当 JQM 致力于统一和优化这个代码基时，jQuery 核心库受到了极大关注。这种关注充分说明，移动浏览器技术在极短的时间内取得了多么大的发展。

与 jQuery 核心库一样，您的开发计算机上不需要安装任何东西；只需将各种 *.js 和 *.css 文件直接包含到您的 Web 页面中即可。这样，JQM 的功能就好像被放到了您的指尖，供大家随时使用。

在网页制作领域中，jQuery Mobile 的基本特点如下所示。

（1）一般简单性。

JQM 框架简单易用，主要使用标记实现页面开发，无须或仅需很少 JavaScript。

（2）持续增强和优雅降级。

尽管 jQuery Mobile 利用最新的 HTML5、CSS3 和 JavaScript，但并非所有移动设备都提供这样的支持。jQuery Mobile 的哲学是同时支持高端和低端设备，比如那些没有 JavaScript 支持的设备，尽量提供最好的体验。

（3）Accessibility。

jQuery Mobile 在设计时考虑了访问能力，它拥有 Accessible Rich Internet Applications（WAI-ARIA）支持，以帮助使用辅助技术的残障人士访问 Web 页面。

（4）小规模。

jQuery Mobile 框架的整体大小比较小，JavaScript 库 12KB，CSS 6KB，还包括一些图标。

（5）主题设置。

在 JQM 框架中提供了一个主题系统，允许我们提供自己的应用程序样式。

8.1.3 jQuery Mobile 对浏览器的支持

随着智能移动开发技术的发展，虽然在移动设备浏览器支持方面取得了长足的进步，但是并非所有移动设备都支持 HTML5、CSS3 和 JavaScript，而这个领域是 jQuery Mobile 的持续增强和优雅降级支持发挥作用的地方。jQuery Mobile 同时支持高端和低端设备，比如那些没有 JavaScript 支持的设备。

在移动开发领域中，持续增强（Progressive Enhancement）理念包含如下所示的核心原则。

- 所有浏览器都应该能够访问全部基础内容。
- 所有浏览器都应该能够访问全部基础功能。
- 增强的布局由外部链接的 CSS 提供。
- 增强的行为由外部链接的 JavaScript 提供。
- 终端用户浏览器偏好应受到尊重。
- 所有基本内容应该（按照设计）在基础设备上进行渲染，而更高级的平台和浏览器将使用额外的、外部链接的 JavaScript 和 CSS 持续增强。

在目前的发展状况下，jQuery Mobile 支持如下所示的移动平台。

- Apple iOS：iPhone、iPod Touch、iPad（所有版本）。
- Android：所有设备（所有版本）。
- Blackberry Torch（版本 6）。
- Palm WebOS Pre、Pixi 。
- Nokia N900（进程中）。

8.1.4 jQuery Mobile 对移动平台的支持

目前 jQuery Mobile 支持绝大多数的台式机、智能手机、平板和电子阅读器的平台，此外，对有些不支持的智能手机与旧版本的浏览器，通过渐进增强的方法可以逐步实现能够完全支持。因为浏览支持系统为三个级别，具体说明如下所示。

- A 级：表示完全基于 Ajax 的动画页面转换增加的体验效果，代表最优。
- B 级：表示仅是除了没有 Ajax 的动画页面转换增加的体验效果，其他都可以很好地支持，代表良好。
- C 级：表示能够实现基本的功能，没有体验效果，代表较差。

在下面的内容中，详细列出了各个浏览器对 jQuery Mobile 的级别支持状况。

（1）A 级

- 苹果 iOS 3.2~9.0：最早的 iPad (4.3 / 5.0)、iPad 2 (4.3)，最早的 iPhone (3.1)、iPhone 3 (3.2)、iPhone 3GS (4.3) 和 iPhone 4 (4.3 / 5.0) 及其以上版本都可以支持。
- 对安卓 2.1~5.0 版本提供了良好的支持。
- Windows Phone 7~8.0：HTC Surround (7.0)、HTC Trophy (7.5) 和 LG-E900 (7.5)。
- 黑莓 6.0：Torch 9800 和 Style 9670。
- 黑莓 7：BlackBerry Torch 9810。
- 黑莓 Playbook：PlayBook 版本 1.0.1 / 1.0.5。

（2）B 级

- 黑莓 5.0：Storm 2 9550 和 Bold 9770。
- Opera Mini (5.0~6.0)：基于 iOS 3.2/4.3 操作系统。
- 诺基亚 Symbian^3：诺基亚 N8 (Symbian^3)、C7 (Symbian^3)、N97 (Symbian^1) 机型

（3）C 级

- 黑莓 4.x：Curve 8330。
- Windows Mobile：HTC Leo (Windows Mobile 6.5)。
- 所有版本较老的智能手机平台将都不支持。

8.2 jQuery Mobile 的四大优势

本节教学录像：4 分钟

在本章前面的内容中，已经讲解了 jQuery Mobile 的基本特点。其实在 jQuery Mobile 的众多特点中，有非常重要的四个突出优势：跨平台的 UI、简化标记的驱动开发、渐进式增强、响应式设计。在本节的内容中，将简要讲解上述四个特性的基本知识。

8.2.1 跨所有移动平台的统一 UI

通过采用 HTML5 和 CSS3 标准，jQuery Mobile 提供了一个统一的用户界面（User Interface，UI）。移动用户希望他们的用户体验能够在所有平台上保持一致。然而，通过比较 iPhone 和 Android 上的本地 Twitter app 可发现用户体验并不统一。jQuery Mobile 应用程序解决了这种不一致性，提供给用户一个与平台无关的用户体验，而这正是用户熟悉和期待的。此外，统一的用户界面还会提供一致的文档、屏幕截图和培训，而不管终端用户使用的是什么平台。

jQuery Mobile 也有助于消除为特定设备自定义 UI 的需求。一个 jQuery Mobile 代码库可以在所有支持的平台上呈现出一致性，而且无须进行自定义操作。与为每个 OS 提供一个本地代码库的组织结构相比，这是一种费用非常低的解决方案。而且就支持和维护成本而言，从长远来看，支持一个单一的代码库也颇具成本效益。

8.2.2 简化的标记驱动的开发

jQuery Mobile 页面是使用 HTML5 标记设计（styled）的。除了在 HTML5 中新引入的自定义数据属性之外，其他一切东西对 Web 设计人员和开发人员来讲都很熟悉。如果你已经很熟悉 HTML5，则转移到 jQuery Mobile 也应算是一个相对无缝的转换。就 JavaScript 和 CSS 而言，jQuery Mobile 在默认情况下承担了所有负担。但是在有些情况下，仍然需要依赖 JavaScript 来创建更为动态的或增强的页面体验。除了设计页面时用到的标记具有简洁性之外，jQuery Mobile 还可以迅速地原型化用户界面。我们可以迅速创建功能页面、转换和插件（widget）的静态工作流，从而通过最少的付出让用户看到活生生的原型。

8.2.3 渐进式增强

jQuery Mobile 可以为一个设备呈现出可能是最优雅的用户体验，jQuery Mobile 可以呈现出应用了完整 CSS3 样式的控件。尽管从视觉上来讲，C 级的体验并不是最吸引人的，但是它可以演示平稳降级的有效性。随着用户升级到较新的设备，C 级浏览器市场最终会减小。但是在 C 级浏览器退出市场之前，当运行 jQuery Mobile app 时，仍然可以得到实用的用户体验。

A 级浏览器支持媒体查询，而且可以从 jQuery Mobile CSS3 样式（styling）中呈现出可能是最佳的体验。2C 级浏览器不支持媒体查询，也无法从 jQuery Mobile 中接收样式增强。

本地应用程序并不能总是平稳地降级。在大多数情况下，如果设备不支持本地 app 特性（feature），甚至不能下载 app。例如，iOS 5.0 中的一个新特性是 iCloud 存储，这个新特性使多个设备间的数据同步更为简化。出于兼容性考虑，如果创建了一个包含这个新特性的 iOS app，则需要将 app 的 “minimum allowed SDK”（允许的最低 SDK）设置为 5.0。当我们的 app 出现在 App Store 中时，只有运行 iOS 5.0 或者更高版本的用户才能看到。在这一方面，jQuery Mobile 应用程序更具灵活性。

8.2.4 响应式设计

jQuery Mobile UI 可以根据不同的显示尺寸来呈现。例如，同一个 UI 会恰如其分地显示在手机或更大的设备上，比如平板电脑、台式机或电视。

1. 一次构建，随处运行

有没有可能构建一个可用于所有消费者（手机、台式机和平板电脑）的应用程序呢? 完全有可能。Web 提供了一个通用的分发方式。jQuery Mobile 提供了跨浏览器的支持。例如，在较小的设备上，我们可以使用带有简要内容的小图片，而在较大的设备上，我们则可以使用带有详细内容的较大图片。如今，具有移动呈现功能（mobile presence）的大多数系统通常都支持桌面式 Web 和移动站点。在任何时候，只要你必须支持一个应用程序的多个分发版本，就会造成浪费。系统根据自己的需要“支持”移动呈现，以避免浪费的速率，会促成“一次构建，随处运行”的神话得以实现。

在某些情况下，jQuery Mobile 可以为用户创建响应式设计。下面将讲解 jQueryMobile 的响应式设计如何良好地应用于竖屏（portrait）模式和横屏（landscape）模式中的表单字段。例如在竖屏视图中，标签位于表单字段的上面。而当将设备横屏放置时，表单字段和标签并排显示。这种响应式设计可以基于设备可用的屏幕真实状态提供最合用的体验。jQuery Mobile 为用户提供了很多这样优秀的 UX（用户体验）操作方法，而且不需要用户付出半分力气。

2. 可主题化的设计

jQuery Mobile 提供另一个可主题化的设计，它可以允许设计人员快速地重新设计他们的 UI。在默认情况下，jQuery Mobile 提供了 5 个可主题化的设计，而且可以灵活地互换所有组件的主题，其中包括页面、标题、内容和页脚组件。创建自定义主题的最有用的工具是 ThemeRoller。

可以轻易地重新设计一个 UI。例如，我可以迅速采用 jQuery Mobile 为应用程序设置一个默认的主题，也可以在很短的时间内（几秒钟）就可以使用另外一个内置的主题来重新设计默认主题。实现上述功能的具体方法是在列表中选择一个主题即可，在整个实现过程只需要添加“data-theme”属性标记。

```
<!--Set the lists background to black-->
<ul data-role=”listview” data-inset=”true” data-theme=”a”>
```

3. 可访问性

jQuery Mobile app 在默认情况下是 508（是一项联邦规则，它要求应用程序必须可以让残疾人用户来访问。移动 Web 上最常使用的辅助技术是屏幕阅读器）兼容的，这是一个对任何人来说都很有价值的特点。尤其是政府或国家机构要求他们的应用程序必须是 100% 可以访问的。而且，移动屏幕阅读器的使用量正在逐年增长。据 WebAIM5 报道，66.7% 的屏幕阅读器用户都在他们的移动设备上使用屏幕阅读器。

8.3 jQuery Mobile 语法基础

本节教学录像：20 分钟

在本书前面的内容中，讲解了 jQuery Mobile 一些独一无二的重要特征，并讲解了 jQuery Mobile 开发所必须具备的基本知识。从本章内容开始，将正式步入 jQuery Mobile 的学习阶段，在本节将详细讲解 jQuery Mobile 的基础语法知识和具体用法。

8.3.1 使用基本框架

在移动 Web 开发应用中，jQuery Mobile 的许多功能效果需要借助于 HTML5 的新增标记和属性来实现，所以使用 jQuery Mobile 的页面必须以 HTML5 的声明文档开始，在 <head> 标记中分别依次导入 jQuery Mobile 的样式文件、jQuery 基础框架文件和 jQuery Mobile 插件文件。在本节的内容中，将详细讲解 jQuery Mobile 基本页面结构的知识。

在 jQuery Mobile 中有一个基本的页面框架模型，通常被称为页面模板。在页面中通过将标记的“data-role”属性设置为“page”，这样可以形成一个容器或视图。而在这个容器中，最直接的子节点就是“data-role”属性为“header”“content”“footer” 3 个子容器，分别形成了“标题”“内容”“页脚” 3 个组成部分，分别用于容纳不同的页面内容。

在接下来的内容中，将通过一个具体实例来说明使用基本框架的方法。

【范例 8-1】使用基本框架

源码路径：光盘 \ 配套源码 \8\template.html

实例文件 template.html 的具体实现代码如下所示。

```
<!DOCTYPE html>
<html>
  <head>
  <meta charset="utf-8">
  <title>Page Template</title>
  <meta name="viewport" content="width=device-width, initial-scale=1">
  <link rel="stylesheet" href="http://code.jquery.com/mobile/1.0/jquery.mobile-1.0.min.css" />
  <script src="http://code.jquery.com/jquery-1.6.4.min.js"></script>
  <script src="http://code.jquery.com/mobile/1.0/jquery.mobile-1.0.min.js"></script>
</head>
<body>
<div data-role="page">
  <div data-role="header">
      <h1> 页头 </h1>
  </div>
  <div data-role="content">
      <p> 你好 jQuery Mobile!</p>
  </div>
  <div data-role="footer" data-position="fixed">
      <h4> 页尾 </h4>
  </div>
</div>
</body>
</html>
```

【运行结果】

将上述 HTML 文件在台式机运行后的效果如图 8-1 所示。

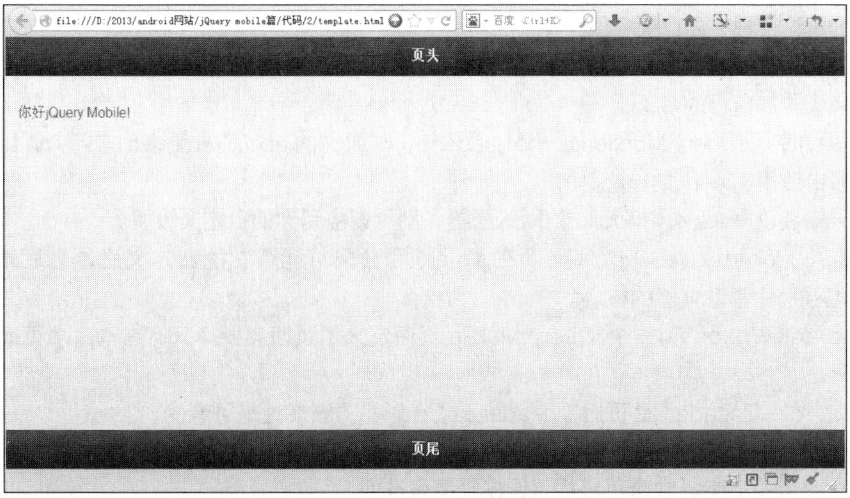

图 8-1　在台式机中的执行效果

如果在 Opera Mobile Emulator 中运行上述程序，则执行效果如图 8-2 所示。

图 8-2　在 Android 模拟器中的运行效果

【范例分析】

对于上述代码来说，无论使用的是什么浏览器，运行效果都是相同的。这是因为上述模板符合 HTML5 语法标准，并且包含了 jQuery Mobile 的特定属性和 asset 文件（CSS、js）。在接下来的内容中，开始对上述代码进行详细讲解。

（1）对 jQuery Mobile 来说，这是一个推荐的视图（viewport）配置。device-width 值表示让内容扩展到屏幕的整个宽度。initial-scale 设置了用来查看 Web 页面的初始缩放百分比或缩放因数。值为 1，则显示一个未缩放的文档。作为一名 jQuery Mobile 开发人员，可以根据应用程序的需要自定义视图的设置。例如，如果你希望禁用缩放，则可以添加 user-scalable= no。然而，如果禁用了缩放，则会破坏应用程序的可访问性，因此要谨慎使用。

（2）jQuery Mobile 的 CSS 会为所有的 A 级和 B 级浏览器应用风格（stylistic）的优化。你可以根据需要自定义或添加自己的 CSS。

（3）jQuery 库是 jQuery Mobile 的一个核心依赖，如果你的 app 需要更多动态行为，则强烈建议在你的移动页面中使用 jQuery 的核心 API。

（4）如果需要改写 jQuery Mobile 的默认配置，则可以应用你的自定义设置。

（5）jQuery Mobile JavaScript 库必须在 jQuery 和任何可能存在的自定义脚本之后声明。jQuery Mobile 库是增强整个移动体验的核心。

（6）data-role="page" 为一个 jQuery Mobile 页面定义了页面容器。只有在构建多页面设计时，才会用到该元素。

（7）data-role= "header" 是页眉（header）或标题栏，该属性是可选的。

（8）data-role="content" 是内容主体的包装容器（wrapping container），该属性是可选的。

（9）data-role="footer" 包含页脚栏，该属性是可选的。

在 jQuery Mobile 开发应用过程中，优化移动体验增强标记的基本流程如下所示。

首先，jQuery Mobile 载入语义 HTML 标记。

其次，jQuery Mobile 会迭代由它们的 data–role 属性定义的每一个页面组件。由于 jQuery Mobile 迭代每一个页面组件，因此会为每一个应用优化过的移动 CSS3 组件添加标记。jQuery Mobile 最终会将标记添加到页面中，从而让页面能够在所有平台上普遍呈现。

最后，在完成页面的标记添加之后，jQuery Mobile 会显示优化过的页面。要查看由移动浏览器呈现的添加源文件，例如如下所示的实现代码。

```
<!DOCTYPE html>
<html class="  ui-mobile>
<head>
    <base href="http://www.server.com/app-name/path/">
    <meta charset="utf-8">
    <title>Page Header</title>
    <rneta content="width=device-width, initial-scale=i" name="viewport">
    <link rel="stylesheet" type="text/css" href="jquery.mobile-min.css" />
    <script type="text/javascript" src="jquery-min.js"></script>
    <script type="text/javascript" src="jquery.mobile-min.js"></script>
</head>
<body class="ui-mobile-viewport">
    <div class="ui-page ui-body-c ui-page-active" data-role="page"
        style="min-height: 320px;">
      <div class="ui-bar-a ui-header" data-role="header" role="banner">
         <hl class="ui-title" tabindex="o" role="heading" aria-level="l">
           页头 </hl></div>
      <div class="ui-content" data-role="content" role="main">
    <p> 你好 jOuery Mobile!</p>
    </div>
    <div class="ui_bar-a ui-footer ui-footer-fixed fade ui-fixed-inline"
    data-position="  fixed"  data-role="footer"  role="  contentinfo"
    style="  top: 508px;"  >
    <h4 class="  ui-title"  tabindex="  0"  role="  heading"  aria-level="  1"  >
    页尾 </h4>
    </div>
    </div>
    <div class="  ui-loader ui-body-a ui-corner-all"  style= ¨ top: 334.5px;"  >
    <span class="  ui-icon ui-icon-loading spin"  ></span>
    <hi> 载入 </hi></div>
</body>
</html>
```

对上述代码的具体说明如下所示。

（1）base 标签（tag）的 @href 为一个页面中的所有链接指定了一个默认的地址或者默认的目标。例如，当载入特定页面的资源（ assets)（如图片、CSS、js 等）时，iQueryMobile 会用到 @href。

（2）body 标签包含了 header、content 和 footer 组件的增强样式。默认情况下，所有的组件都是使用默认的主题和特定的移动 CSS 增强来设计（styled）的。作为一个额外的好处，所有的组件现在都证明了可访问性，而这要归功于 WAI-ARIA 角色和级别。我们可以免费获得这些增强。

现在你应该感觉到，可以很容易地设计一个基本的 jQuery Mobile 页面了。我们前面已经介绍了核心的页面组件（page、header、content、footer），并看到了一个增强的 jQuery Mobile 页面所产生的文档对象模型（Document Object Model，DOM）。接下来，我们开始讲解 jQuery Mobile 的多页面模板。

8.3.2 多页面模板

在一个供 jQuery Mobile 使用的 HTML 页面中，可以包含一个元素属性为“data-role”、值为“page”的容器，也允许包含多个以形成多容器页面结构。容器之间各自相互独立，拥有唯一的 ID 号属性。当页面加载时，以堆栈的方式同时加载。当容器访问时，以内部链接“#”加对应“ID”的方式进行设置。当单击该链接时，jQuery Mobile 将在页面文档寻找对应 ID 号的容器，以动画效果切换至该容器中，实现容器间内容的访问。

由此可见，jQuery Mobile 支持在一个 HTML 文档中嵌入多个页面的能力，该策略可以用来预先获取最前面的多个页面，当载入子页面时，其响应时间会缩短。读者在下面的例子中可以看到，多页面文档与我们前面看到的单页面文档相同，第二个页面附加在第一个页面后面的情况除外。

在接下来的内容中，将通过一个具体实例来讲解使用多页面模板的方法。

【范例 8-2】使用多页面模板

源码路径：光盘\配套源码\8\duo.html

实例文件 duo.html 的具体实现代码如下所示。

```
<!DOCTYPE html>
<html>
  <head>
  <meta charset="utf-8">
  <title>Multi Page Example</title>
  <meta name="viewport" content="width=device-width, initial-scale=1">
  <link rel="stylesheet" href="http://code.jquery.com/mobile/1.0/jquery.mobile-1.0.min.css" />
  <script src="http://code.jquery.com/jquery-1.6.4.min.js"></script>
  <script type="text/javascript">/* Shared scripts for all internal and ajax-loaded pages */</script>
  <script src="http://code.jquery.com/mobile/1.0/jquery.mobile-1.0.min.js"></script>
  </head>
<body>
<!-- First Page -->
<div data-role="page" id="home" data-title="Welcome">
  <div data-role="header">
      <h1>Multi-Page</h1>
  </div>
```

```
    <div data-role="content">
        <a href="#contact-info" data-role="button"> 联系我们 </a>
    </div>
    <script type="text/javascript">
        /* Page specific scripts here. */
    </script>
</div>
<!-- Second Page -->
<div data-role="page" id="contact-info" data-title="Contacts">
    <div data-role="header">
        <h1> 联系我们 </h1>
    </div>
    <div data-role="content">
      联系信息详情 ...
    </div>
</div>
</body>
</html>
```

【范例分析】

对上述实例代码的具体说明如下所示。

（1）多页面文档中的每一个页面必须包含一个唯一的 id，每个页面可以有一个 page 或 dialog 的 data-role。最初显示多页面时，只有第一个页面得到了增强并显示出来。例如，当请求 multi-page.h 的文档时，其 id 为“home”的页面将会显示出来，原因是它是多页面文档中的第一个页面。如果想要请求 id 为“contact”的页面，则可以通过在多页面文档名的后面添加#，以内部页面的 id 名方式来显示，此时就是 multi-page.html#contact。当载入一个多页面文档时，只有初始页面会被增强并显示，后续页面只有当被请求并被缓存到 DOM 内时才会被增强。对于要求有快速响应时间的页面来说，该行为是很理想的。为了设置每一个内部页面的标题，可以添加 data-title 属性。

（2）当链接到一个内部页面时，必须通过页面的 id 来引用。例如，contact 页面的 href 链接必须被设置为 href="#contact"。

（3）如果想查看特定页面中的脚本，则它们必须被放置在页面容器内。该规则同样也适用于通过 Ajax 载入的页面。例如，在 multi-page.html#contact 的内部声明的任何 JavaScript 无法被 multi-page.html#home 访问。只有活跃页面的脚本可以被访问。但是，在父文档的 head 标签内声明的所有脚本，包括 iQuery、jQuery Mobile 和自己的自定义脚本，都可以被内部页面和通过 Ajax 载入的页面访问。

【运行结果】

上述代码的初始执行效果如图 8-3 所示。

单击“联系我们”按钮后会显示一个新界面，如图 8-4 所示。此新界面效果也是由上述代码实现的。

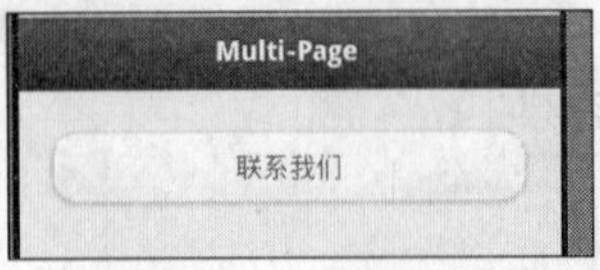

图 8-3　初始执行效果

图 8-4　显示一个新界面

> **提 示**
>
> 建议有选择性地使用预加载功能
>
> 在 jQuery Mobile 页面中，无论是添加元素的“data-prefetch”属性，还是使用全局性方法 $.mobile.loadPage() 在实现页面的预加载功能时，都允许同时加载多个页面。但在进行预加载的过程中需要加大页面 HTTP 的访问请求，这样可能会延缓页面访问的速度，所以建议读者要有选择性地使用该功能。

8.3.3 设置内部页面的页面标题

需要重点注意的是，内部页面的标题（title）可以按照如下优先顺序进行设置。

（1）如果 data-title 值存在，则它会用作内部页面的标题。例如，“multi-page.html#home”页面的标题将被设置为“Home”。

（2）如果不存在 data-title 值，则页眉（header）将会用作内部页面的标题。例如，如果“multi-page.html#home”页面的 data-title 属性不存在，则标题将被设置为页面 header 标记的值“Welcome Home”。

（3）如果内部页面既不存在 data-title，也不存在页眉，则 head 标记中的 title 元素将会用作内部页面的标题。例如，如果“multi-page.html#page”页面不存在 data-title 属性，也不存在页眉，则该页面的标题将被设置为其父文档的 title 标记的值“Multi Page Example”。

在接下来的内容中，将通过一个具体实例来讲解设置内部页面的页面标题的方法。

【范例 8-3】设置内部页面的页面标题

源码路径：光盘 \ 配套源码 \8\nei.html

实例文件 nei.html 的具体实现代码如下所示。

```
<!DOCTYPE html>
  <head>
  <meta charset="utf-8">
  <title>Page Template</title>
  <meta name="viewport" content="width=device-width, initial-scale=1">
  <link rel="stylesheet" href="http://code.jquery.com/mobile/1.0/jquery.mobile-1.0.min.css" />
  <script src="http://code.jquery.com/jquery-1.6.4.min.js"></script>
  <script src="http://code.jquery.com/mobile/1.0/jquery.mobile-1.0.min.js"></script>
</head>
<body>
  <div data-role="page">
    <div data-role="header"><h1> 天气预报 </h1></div>
    <div data-role="content">
          <p><a href="#w1"> 今天 </a> | <a href="#"> 明天 </a></p>
    </div>
```

```
    <div data-role="footer"><h4> 这是页脚 </h4></div>
  </div>

  <div data-role="page" id="w1" data-add-back-btn="true">
    <div data-role="header"><h1> 今天天气 </h1></div>
    <div data-role="content">
        <p>4 ～ -7℃ <br /> 晴转多云 <br /> 微风 </p>
    </div>
    <div data-role="footer"><h4> 这是页脚 </h4></div>
  </div>
</body>
</html>
```

【范例分析】

在上述实例代码中，当从第一个容器切换至第二个容器时，因为采用的是“#”加对应“ID”的内部链接方式，所以无论在一个页面中相同框架的“page”容器有多少，只要对应的 ID 号唯一，就可以通过内部链接的方式进行容器间的切换。在切换时，jQuery Mobile 会在文档中寻找对应“ID”的容器，然后通过动画的效果切换到该页面中。当从第一个容器切换至第二个容器后，可以通过如下两种方法从第二个容器返回第一个容器。

（1）在第二个容器中增加一个 <a> 元素，通过内部链接“#”加对应“ID”的方式返回第一个容器。

（2）在第二个容器的最外层框架 <div> 元素中添加属性“data-add-back-btn”，该属性表示是否在容器的左上角增加一个“回退”按钮，默认值为“false”。如果设置为“true”，则会出现一个“back”按钮，单击该按钮后会回退上一级的页面显示。

【运行结果】

本实例执行后的效果如图 8-5 所示，单击“今天”链接后的效果如图 8-6 所示。

图 8-5 初始执行效果

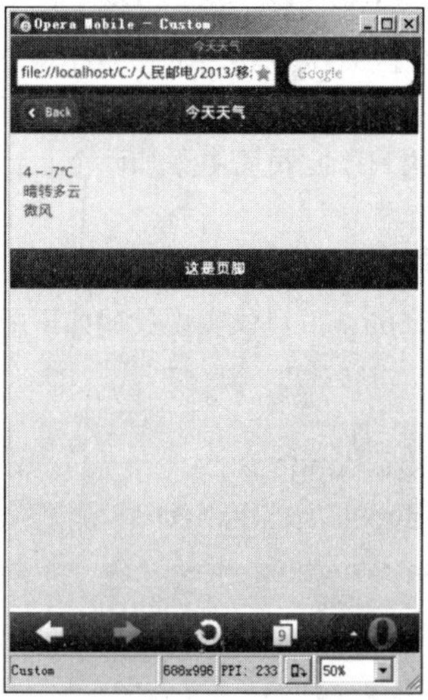

图 8-6 单击“今天”链接后的效果

在本实例中，在一个页面中可以通过“#”加对应“ID”的内部链接方式实现多容器间的切换。如果不是在同一个页面中，则这个方法将无效。因为在切换过程中需要先找到页面，再去锁定对应“ID”容器的内容，而并非直接根据“ID”切换至容器中。

8.3.4 设置外部页面链接

在 jQuery Mobile 开发应用过程中，虽然在页面中可以借助容器的框架来实现多种页面的显示效果，但是把全部代码写在一个页面中会延缓页面被加载的时间，造成代码冗余的问题，并且不利于功能的分工与维护的安全性。所以在 jQuery Mobile 中可以采用开发多个页面并通过外部链接的方式，实现页面相互切换的效果。

在 jQuery Mobile 应用中，如果单击一个指向外部页面的超级链接，例如 about.html。jQuery Mobile 会自动分析这个 URL 地址，并自动产生一个 Ajax 请求。在请求过程中，会弹出一个显示进度的提示框。如果请求成功，jQuery Mobile 将自动构建页面结构，并注入主页面的内容。与此同时，会初始化全部的 jQuery Mobile 组件，将新添加的页面内容显示在浏览器中。如果请求失败，jQuery Mobile 将弹出一个错误信息提示框，该提示框会在数秒后自动消失，页面也不会刷新。

如果不想使用 Ajax 请求的方式打开一个外部页面，只需要在链接元素中将“rel”属性设置为“external”即可。此时该页面将脱离整个 jQuery Mobile 的主页面环境，以独自打开的页面效果在浏览器中显示。

8.3.5 实现页面后退链接

在 jQuery Mobile 开发应用过程中，如果将“page”容器的“data-add-back-btn”属性设置为“true”，我们可以后退至上一页。也可以在 jQuery Mobile 页面中添加一个 <a> 元素，将该元素的“data-rel”属性设置为“back”，同样也可以实现后退至上一页的功能。因为一旦该链接元素的“data-rel”属性设置为“back”，单击该链接将被视为后退行为，并且将忽视“href”属性的 URL 值，直接退回至浏览器历史的上一页面。

在接下来的内容中，将通过一个具体实例来讲解设置内部页面的页面标题的方法。

【范例 8-4】实现页面后退链接

源码路径：光盘\配套源码\8\hou.html

实例文件 hou.html 的具体实现流程如下所示。

（1）在新建的 HTML 页面中添加两个 page 容器，当单击第一个容器中的“测试后退链接”链接时会切换到第二个容器。

（2）当单击第二个容器中的“返回首页”链接时，将以回退的方式返回到第一个容器中。

实例文件 hou.html 的具体实现代码如下所示。

```
<body>
  <div data-role="page">
    <div data-role="header"><h1> 测试 </h1></div>
    <div data-role="content">
        <p><a href="#e"> 测试后退链接 </a></p>
    </div>
    <div data-role="footer"><h4> 页脚部分 </h4></div>
```

```
    </div>

    <div data-role="page" id="e">
      <div data-role="header"><h1> 测试 </h1></div>
      <div data-role="content">
          <p>
            <a href="http://www.toppr.net.cn" data-rel="back">
                返回首页
            </a>
          </p>
      </div>
      <div data-role="footer"><h4> 页脚部分 </h4></div>
    </div>
  </body>
```

【范例分析】

在上述代码中，当用户在第二个 page 容器中单击“返回首页”链接后可以后退到上一页，此功能的实现方法是在添加 <a> 元素时将“data- rel”属性设置为“back”，这表明任何单击操作都被视为回退动作，并且忽视元素“href”属性值设置的 URL 地址，只是直接回退到上一个历史记录页面；这种页面切换的效果可以用于关闭一个打开的对话框或页面。

【运行结果】

执行后的效果如图8–7所示。当单击第一个容器中的“测试后退链接”链接时，会切换到第二个容器，如图 8–8 所示。当单击第二个容器中的“返回首页”链接时，将以回退的方式返回到第一个容器中。

图 8–7　初始执行效果

图 8–8　第二个容器界面

8.3.6 使用 Ajax 修饰导航

Ajax 是指异步 JavaScript 及 XML，是 Asynchronous JavaScript And XML 的缩写。Ajax 不是一种新的编程语言，而是一种用于创建更好更快以及交互性更强的 Web 应用程序的技术。通过使用 Ajax，我们的 JavaScript 可使用 JavaScript 的 XMLHttpRequest 对象来直接与服务器进行通信。通过这个对象，我们的 JavaScript 可在不重载页面的情况下与 Web 服务器交换数据。Ajax 在浏览器与 Web 服务器之间使用异步数据传输（HTTP 请求），这样就可使网页从服务器请求少量的信息，而不是整个页面。

通过本章前面内容的学习，已经了解到 jQuery Mobile 如何从一个内部页面导航到另外一个内部页面。当多页面文档在初始化时，内部页面已经添加到 DOM 中，这样从一个内部页面转换到另外一个页面时，速度才会相当快。在从一个页面导航到另外一个页面时，我们可以配置要应用的页面转换类型。默认情况下，框架会为所有的转换应用一个“滑动（slide）”效果。在本章后面，我们会讨论可以选择的转换和转换类型。

```
<!-- 导航到内页 -->
    <div data-role="content">
    <a href="#contact" data-role="button">Contact Us</a>
    </div>
```

当一个单页面转换到另外一个单页面时，导航模型是不同的。例如，我们可以从多页面中提取出 contact 页面，然后命名为 contact.html 文件。在主页面（hijax.html）中，可以通过一个普通的 HTTP 链接引用来返回 contact 页面。在接下来的内容中，将通过一个具体实例来讲解在 jQuery Mobile 页面中使用 Ajax 驱动导航的方法。

【范例 8-5】在 jQuery Mobile 页面中使用 Ajax 驱动导航

源码路径：光盘\配套源码\8\ajax.html 和 contact.html

实例文件 ajax.html 的具体实现代码如下所示。

```
<!DOCTYPE html>
<html>
  <head>
  <meta charset="utf-8">
  <title>Hijax Example</title>
  <meta name="viewport" content="width=device-width, initial-scale=1">
  <link rel="stylesheet" href="http://code.jquery.com/mobile/1.0/jquery.mobile-1.0.min.css" />
  <script src="http://code.jquery.com/jquery-1.6.4.min.js"></script>
  <script src="http://code.jquery.com/mobile/1.0/jquery.mobile-1.0.min.js"></script>
</head>
<body>
<!-- First Page -->
<div data-role="page">
  <div data-role="header">
    <h1>Ajax 页面 </h1>
  </div>
  <div data-role="content">
    <a href="contact.html" data-role="button"> 联系我们 </a>
  </div>
</div>
</body>
</html>
```

【运行结果】

上述代码的初始执行效果如图 8-9 所示。

图 8-9 执行效果

当单击上述代码中的“联系我们”链接后会来到新页面 contact.html，此文件的实现代码如下所示。

```
<div data-role="page">
  <div data-role="header">
      <h1> 联系我们 </h1>
  </div>

  <div data-role="content">
      电话：010-111111111</div>
      <div data-role="content">
      邮箱：7291017304@qq.com</div>
      <div data-role="content"> 地址：中国山东 </div>
</div>
```

【运行结果】

执行后的效果如图 8-10 所示，当单击“联系我们”链接后会显示一个 Ajax 特效，然后显示一个如图 8-11 所示的新页面。

【范例分析】

当单击上述实例中的“联系我们”链接时，jQuery Mobile 将会按照如下所示的步骤处理该请求。

（1）jQuery Mobile 会解析 href，然后通过一个 Ajax 请求（Hij ax）载入页面。如果成功载入页面，则该页面会添加到当前页面的 DOM 中。执行过程如图 8-12 所示。

图 8-10　Ajax 特效导航

图 8-11　新界面效果

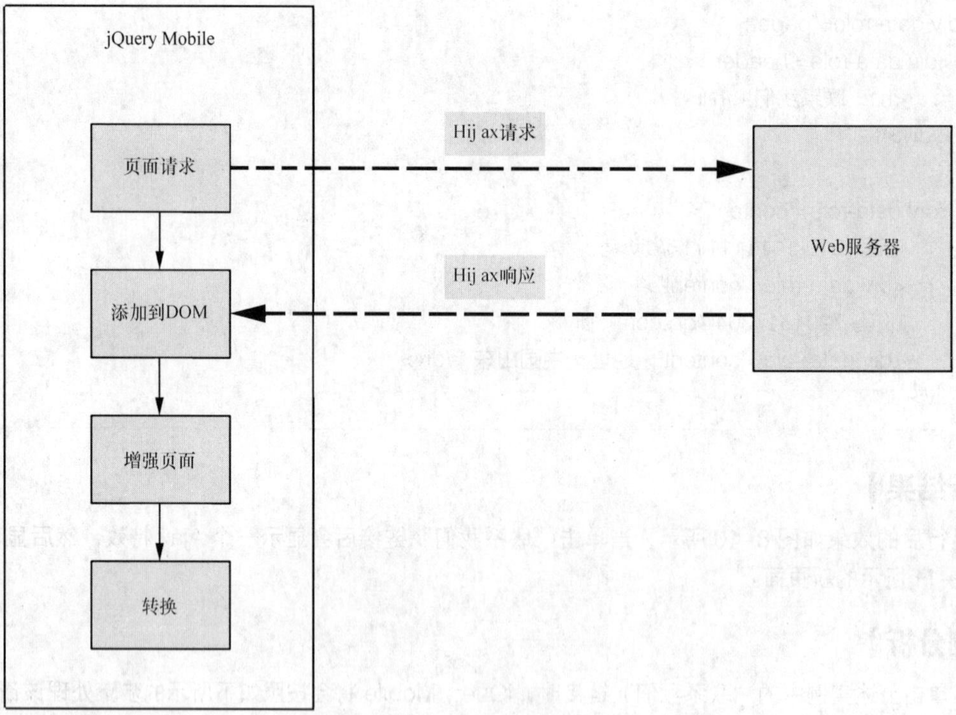

图 8-12　处理过程

当页面成功添加到 DOM 中后，jQuery Mobile 可以根据需要来增强该页面，更新基础（base）元素的 @href，并设置 data-url 属性（如果没有被显式设置的话）。

（2）框架随后使用应用默认的“滑动”转换模式转换到一个新的页面。框架也可以实现无缝的 CSS 转换，因为“from”页面和“to”页面都存在于 DOM 中。在转换完成之后，当前可见的页面或活动页面将会被指定为“ui-page-active”CSS 类。

（3）产生的 URL 也可以作为书签。例如，如果想要链接（deep link）到 contact 页面，则可以通过如下完整的路径来访问：

```
http://<host:port>/2/contact.html
```

（4）如果页面载入失败，则会显示和淡出一条短的错误消息，该消息是对“Error Loading Page（页面载入错误）”消息的覆写（overlay）。

注 意　如何设置页面的背景颜色

怎样在不修改 jQuery Mobile 样式的情况下设置一个页面的背景颜色？听起来很简单，其实需要花几分钟时间才能解决。通常情况下，需要在 body 元素中设置背景颜色，但是用 jQuery Mobile 框架，需要设置在 ui-page 类中。

```
.ui-page{
        background:#eee;
}
```

8.3.7 使用函数 changePage()

在 jQuery Mobile 开发应用过程中，函数 changePage() 的功能是处理从一个页面转换到另一个页面时涉及的所有细节，可以转换到除当前页面之外的任何页面。在 jQuery Mobile 页面中，可以用如下所示的转换类型。

- 滑动 (slide)：在页面之间移动的最常见的转换。在一个页面流中，该转换给出了向前移动或向后移动的外观。这是所有链接之间的默认转换。
- 卷起（slideup）：用于打开对话框或显示额外信息的一个常见的转换。该转换给出的外观可以为当前活动的页面收集额外的输入信息。
- 向下滑动（slidedown）：该转换与卷起相对，但是可用于实现类似的效果。
- 弹出 (pop)：用于打开对话框或显示额外信息的另一个转换。该转换给出的外观可以为当前活动的页面收集额外的输入信息。
- 淡入 / 淡出 (fade)：用于入口页面或出口页面的一个常见的转换效果。
- 翻转（flip）：用于显示额外信息的一个常用转换。通常情况下，屏幕的背景会显示没有必要存在于主 UI 上的配置选项（信息图标）。
- 无（none）：不应用任何转换。

使用函数 changePage() 的语法格式如下所示。

```
$.mobile.changePage(toPage, [options])
```

在上述语法格式中，各个参数的具体说明如下所示。

（1）toPage（string 或 iQuery 集合）：将要转向的页面。

- ❑ toPage(string)：一个文件 URL(“contact.html”) 或内部元素的 ID(“#contact”)。
- ❑ toPage(iQuery 集合)：包含一个页面元素的 iQuery 集合，而且该页面元素是该集合的第一个参数。

(2) options (object)：配置 changePage 请求的一组键 / 值对。所有的设置都是可选的，可设置的值如下所示。

- ❑ transition(string，default: $.mobile.defaultTransition)。为 changePage 应用的转换。默认的转换是“滑动”。
- ❑ reverse(boolean，default:false)。指示该转换是向前转换还是向后转换。默认的转换是向前。
- ❑ changeHash(boolean，default:ture)。当页面转换完成之后，更新页面 URL 的 #。
- ❑ role(string, default:"page")。在显示页面时使用 data-role 值。如果页面是对话框，则使用“dialog”。
- ❑ pageContainer(iQuery 集合，default:$.mobile.pageContainer)。指定应该包含载入页面的元素。
- ❑ type (string, default:"get'’)。在生成页面请求时，指定所使用的方法 (get 或 post)。
- ❑ data (string 或 obj ect， default:undefined)。发送给一个 Ajax 页面请求的数据。
- ❑ reloadPage (boolean, default: false)。强制页面重新载入，即使它已经位于页面容器的 DOM 中。
- ❑ showLoadMsg (boolean, default: true)。在请求页面时，显示载入信息。
- ❑ fromHashChange(boolean, default: false)。指示 changePage 是否来自于一个 hashchange 事件。

8.4 预加载

本节教学录像：4 分钟

通常情况下，移动终端设备的系统配置要低于 PC 终端，因此，在开发移动应用程序时，更要注意页面在移动终端浏览器中加载时的速度。如果速度过慢，用户的体验将会大打折扣。为了加快页面移动终端访问的速度，在 jQuery Mobile 中使用预加载技术是十分有效的方法。当一个被链接的页面设置好预加载后，jQuery Mobile 将在加载完成当前页面后自动在后台进行预加载设置的目标页面。

在开发移动应用程序时，对需要链接的页面进行预加载处理是十分有必要的。因为当一个链接的页面设置成预加载方式时，当加载完成当前页面后，目标页面也会被自动加载到当前文档中，用户单击后就可以马上打开，这样大大加快了访问页面的速度。

在 jQuery Mobile 页面中，有如下两种实现页面预加载的方法。

(1) 在需要链接页面的元素中添加“data-prefetch”属性，并设置属性值为“true”或不设置属性值均可。当设置完该属性值后，jQuery Mobile 将在加载完成当前页面以后，自动加载该链接元素所指的目标页面，即“href”属性的值。

(2) 调用 JavaScript 代码中的全局性方法 $.mobile.loadPage() 的方式来预加载指定的目标 HTML 页面，其最终的效果与设置元素的“data-prefetch”属性一样。

在接下来的内容中，将通过一个具体实例来说明在 jQuery Mobile 中使用预加载技术的方法。

【范例 8-6】在 jQuery Mobile 中使用预加载技术

源码路径：光盘 \ 配套源码 \8\yujia.html

实例文件 yujia.html 的具体实现流程如下所示。

(1) 新建一个 HTML5 页面，然后在页面中添加一个 <a> 元素。

(2) 将 <a> 元素的属性“href”的值设置为 about.html。

（3）将 <a> 元素的属性“data-prefetch”的值设置为“true”，表示预加载 <a> 元素的链接页面。实例文件 yujia.html 的具体实现代码如下所示。

```
<!DOCTYPE html>
<html>
  <head>
  <meta charset="utf-8">
  <title>Page Template</title>
  <meta name="viewport" content="width=device-width, initial-scale=1">
  <link rel="stylesheet" href="http://code.jquery.com/mobile/1.0/jquery.mobile-1.0.min.css" />
  <script src="http://code.jquery.com/jquery-1.6.8.min.js"></script>
  <script src="http://code.jquery.com/mobile/1.0/jquery.mobile-1.0.min.js"></script>
</head>
<body>
<div data-role="page">
  <div data-role="header">
    <h1> 页头 </h1>
  </div>
  <div data-role="content">
    <p> 你好 jQuery Mobile!</p>
  </div>
  <div data-role="footer" data-position="fixed">
    <h4> 页尾 </h4>
  </div>
</div>
</body>
</html>
```

在上述实例代码中，设置 <a> 元素链接的目标文件 about.html 中，容器 page 的内容已经通过预加载的方式注入当前文档中。

【运行结果】

运行后的效果如图 8–13 所示。

【范例分析】

在 jQuery Mobile 页面中，无论是添加元素的“data–prefetch”属性，还是使用全局性方法 $.mobile.loadPage()，在实现页面的预加载功能时，都允许同时加载多个页面。但在进行预加载的过程中需要加大页面 HTTP 的访问请求，这样可能会延缓页面访问的速度，所以建议读者要有选择性地使用该功能。

技 巧

将页脚内容定位在屏幕的最底部显示

在 jQuery Mobile 页面中，为了将页脚内容定位在屏幕的最底部显示，可以为页脚元素添加属性 data–position="fixed"。在默认的情况下，页脚位于内容的后面，并不是位于屏幕底部的边缘。如果内容只是占据了一半的屏幕高度，则页脚会出现在屏幕的中央位置。

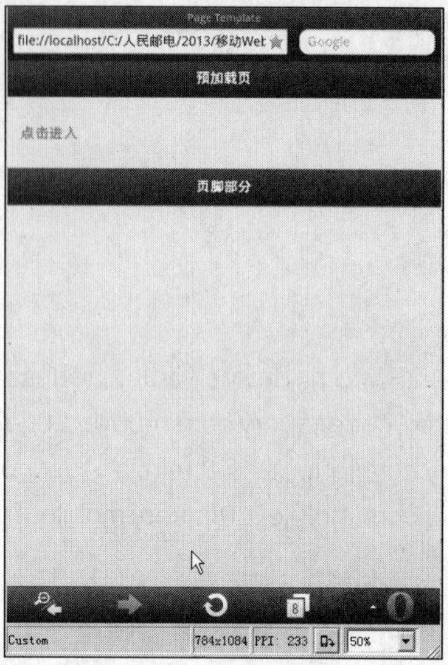

图 8-13 执行效果

8.5 页面缓存

本节教学录像：3 分钟

在 jQuery Mobile 页面中，使用页面缓存的方法可以将访问过的 page 容器都缓存到当前的页面文档中，这样当下次再访问时可以直接从缓存中读取，从而无须再重新加载页面。在 jQuery Mobile 页面中，如果需要将页面的内容写入文档缓存中，可以通过如下所示的两种方式实现。

（1）在需要被缓存的元素属性中添加一个“data-dom-cache”属性，设置该属性值为“true”或不设置属性值均可。属性 data-dom-cache 的功能是将对应的元素内容写入缓存中。

（2）通过编写 JavaScript 代码的方式，设置一个全局性的 jQuery Mobile 属性值为“ture”，也就是添加如下所示的代码将当前文档写入缓存中。

```
$.mobile.page.prototype.options.domCache = true
```

由此可见，使用页面缓存的功能将会使DOM内容变大，可能会导致某些浏览器的打开速度变得缓慢。所以一旦选择了开启使用缓存功能，就要管理好缓存的内容，并保证做到及时清理的维护工作。

在接下来的内容中，将通过一个具体实例来讲解在 jQuery Mobile 页面中使用页面缓存的方法。

【范例 8-7】使用页面缓存

源码路径：光盘 \ 配套源码 \8\huan.html

实例文件 huan.html 的具体实现流程如下所示。

（1）新建一个 HTML5 页面，在内容区域中显示“这是一个被缓存的页面”文字。

（2）将“page”容器的“data-dom-cache”属性值设置为“true”，这样可以将该页面的内容注入文档的缓存中。

实例文件 huan.html 的具体实现代码如下所示。

```
<!DOCTYPE html>
  <head>
  <meta charset="utf-8">
  <title>Page Template</title>
  <meta name="viewport" content="width=device-width, initial-scale=1">
  <link rel="stylesheet" href="http://code.jquery.com/mobile/1.0/jquery.mobile-1.0.min.css" />
  <script src="http://code.jquery.com/jquery-1.6.8.min.js"></script>
    <script src="http://code.jquery.com/jquery-1.6.8.js"></script>
  <script src="http://code.jquery.com/mobile/1.0/jquery.mobile-1.0.min.js"></script>
</head>
<body>
  <div data-role="page" data-dom-cache="true">
<div data-role="header"><h1> 缓存页面 </h1></div>
<div data-role="content">
     <p> 这是一个被缓存的页面 </p>
</div>
<div data-role="footer"><h4> 页脚部分 </h4></div>
  </div>
</body>
</html>
```

在上述实例代码中，通过为 page 容器添加 data-dom-cache 属性的方式，将对应容器中的全部内容写入到了缓存中。

【运行结果】

执行后的效果如图 8-14 所示。

图 8-14　执行效果

技巧

将页脚设计为一个标签栏

在移动 Web 设计应用中，也可以将页脚设计为一个标签栏。通过标签栏，用户可以以不同的视图来查看应用程序。其实，标签栏的行为与 Web 上可以见到的基于标签的导航相类似。标签栏通常作为一个永久的页脚出现在屏幕的底部边缘，而且用户可以在应用程序的任何位置访问它。出于清晰性考虑，标签栏通常包含同时显示图标和文本的按钮。在日常应用中，通常有如下 3 种样式的标签栏。

- 在标签栏中包括 jQuery Mobile 内可用的标准图标。
- 标签栏使用自定义图标。
- 将标签栏与同一个 UI 内的分段控件结合起来，从而允许用户通过同一个屏幕导航，以不同形式查看数据。

8.6 页面脚本

本节教学录像：4 分钟

在 jQuery Mobile 页面中，可以通过 Ajax 请求的方式来加载页面。在编写页面脚本时，需要与 PC 端开发页面区分开。在大多数情况下，页面在初始化时会触发 pagecreate 事件，在该事件中可以做一些页面组件初始化的动作。如果需要通过调用 JavaScript 代码改变当前的页面，可以调用 jQuery Mobile 中提供的 changePage() 方法来实现。另外，也可以调用 loadPage() 方法来加载指定的外部页面以注入当前文档中。在本节的内容中，将详细讲解在 jQuery Mobile 页面中常用的页面脚本的事件与方法，为读者步入本书后面知识的学习打下基础。

在 jQuery Mobile 应用中，页面是被请求后注入当前的 DOM 结构中，因此，jQuery 中的 $(document).ready() 事件在 jQuery Mobile 中不会被重复执行，只有在初始化加载页面时才会被执行一次。如果需要跟踪不同页面的内容注入当前的 DOM 结构，可以将页面中的“page”容器绑定在 pagecreate 事件中。事件 pagecreate 在页面初始化时被触发，绝大多数的 jQuery Mobile 组件都在该事件之后进行一些数据的初始化。

在接下来的内容中，将通过一个具体实例来讲解在 jQuery Mobile 页面中使用 pagecreate 事件的方法。

【范例 8-8】 使用 pagecreate 事件

源码路径：光盘\配套源码\8\chuang.html

实例文件 chuang.html 的具体实现流程如下所示。

（1）新建一个 HTML5 页面，然后添加一个 ID 号为“e1”的“page”容器，并将该容器与 pagebeforecreate 和 pagecreate 事件进行绑定。

（2）在执行页面时，通过绑定的事件跟踪具体的执行过程。

实例文件 chuang.html 的具体实现代码如下所示。

```
<!DOCTYPE html>
  <head>
  <meta charset="utf-8">
```

```
    <title>Page Template</title>
    <meta name="viewport" content="width=device-width, initial-scale=1">
    <link rel="stylesheet" href="http://code.jquery.com/mobile/1.0/jquery.mobile-1.0.min.css" />
    <script src="http://code.jquery.com/jquery-1.6.8.min.js"></script>
      <script src="http://code.jquery.com/jquery-1.6.8.js"></script>
    <script src="http://code.jquery.com/mobile/1.0/jquery.mobile-1.0.min.js"></script>
      <script type="text/javascript">
          $("#e1").live("pagebeforecreate", function() {
                alert(" 正在创建页面！ ");
          })
          $("#e1").live("pagecreate", function() {
                alert(" 页面创建完成！ ");
          })
     </script>
  </head>
  <body>
    <div data-role="page" id="e1">
  <div data-role="header"><h1> 创建页面 </h1></div>
  <div data-role="content">
        <p> 创建页工作面完成！ </p>
  </div>
  <div data-role="footer"><h4> 页脚部分 </h4></div>
    </div>
  </body>
  </html>
```

【范例分析】

在上述实例代码中，ID 号为“e1”的“page”容器绑定了 pagebeforecreate 和 pagecreate 两个事件。 因为 pagebeforecreate 事件早于 pagecreate 事件，所以在页面被加载、jQuery Mobile 组件开始初始化前触发。可以在 pagebeforecreate 事件中添加一些页面加载的动画提示效果，直到触发 pagecreate 事件时结束动画效果。

【运行结果】

执行后的效果如图 8-15 所示，单击“确认”按钮后的效果如图 8-16 所示。

> **注意**
>
> 在本实例的 JavaScript 代码中，不但以使用 live() 方法绑定元素触发的事件，而且还可以使用 bind() 与 delegate() 方法为绑定的元素添加指定的事件。

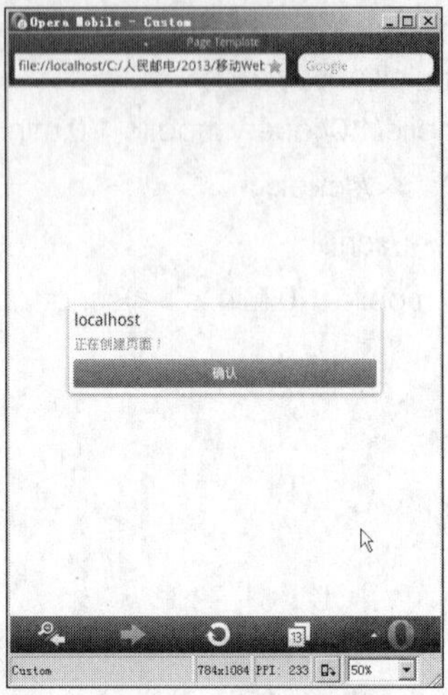

图 8-15　初始执行效果

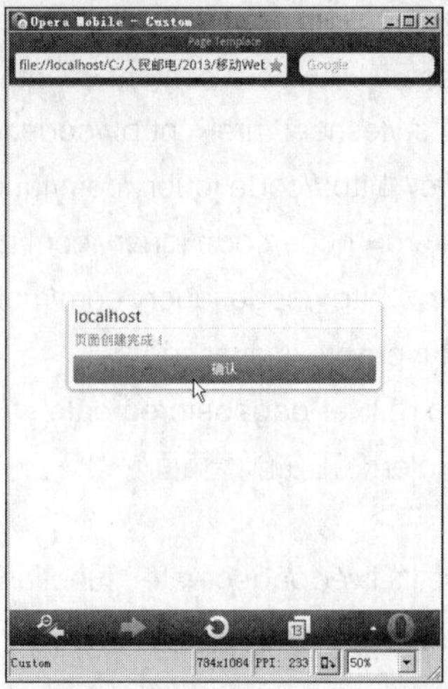

图 8-16　单击“确认”按钮后的效果

8.7 综合应用——实现页面跳转

本节教学录像：2 分钟

在接下来的内容中，将通过一个具体实例来讲解使用 changePage() 方法切换当前显示的页面的方法。

【范例 8-9】使用 changePage() 方法切换当前显示的页面

源码路径：光盘 \ 配套源码 \8\qie.html

在 jQuery Mobile 页面中，如果使用 JavaScript 代码切换当前显示的页面，可以调用 jQuery Mobile 中的 changePage() 方法来实现。通过使用 changePage() 方法，可以设置跳转页面的 URL 地址、跳转时的动画效果和需要携带的数据。

实例文件 qie.html 的具体实现流程如下所示。

（1）新建一个 HTML5 页面，在页面中显示文字提示“页面正在跳转中 ...”。

（2）调用方法 changePage() 从当前页以“slideup（滑动）”的动画切换效果跳转到文件 about.html。

实例文件 qie.html 的具体实现代码如下所示。

```
<!DOCTYPE html>
  <head>
  <meta charset="utf-8">
  <title>Page Template</title>
  <meta name="viewport" content="width=device-width, initial-scale=1">
  <link rel="stylesheet" href="http://code.jquery.com/mobile/1.0/jquery.mobile-1.0.min.css" />
  <script src="http://code.jquery.com/jquery-1.6.8.min.js"></script>
    <script src="http://code.jquery.com/jquery-1.6.8.js"></script>
  <script src="http://code.jquery.com/mobile/1.0/jquery.mobile-1.0.min.js"></script>
    <script type="text/javascript">
      $(function() {
```

```
                $.mobile.changePage("about.html",
                { transition: "slideup" });
            })
        </script>
    </head>
    <body>
  <div data-role="page" id="e1">
    <div data-role="header"><h1> 跳转页面 </h1></div>
    <div data-role="content">
        <p> 页面正在跳转中 ...</p>
    </div>
    <div data-role="footer"><h4> 页脚部分 </h4></div>
      </div>
    </body>
    </html>
```

【范例分析】

在上述实例代码中，因为在页面加载时执行 changePage() 方法，所以在浏览主页面时会直接跳转至目标文件 about.html。使用 changePage() 方法不但可以跳转页面，而且还能携带数据传递给跳转的目标页，例如如下所示的代码。

```
$.mobile.changePage("login.php",
    { type: "post",
      data: $("form#login").serialize()
    },
     "pop", false, false
    )
```

上述代码的功能是将 ID 号为“login”的表单数据进行序列化处理，然后传递给文件 login.php 进行处理。另外，“pop”表示跳转时的页面效果，第一个“false”值表示跳转时的方向，如果为“true”则表示反方向进行跳转，默认值为“false”。第二个“false”值表示完成跳转后是否更新历史浏览记录，默认值为“true”，表示更新。

【运行结果】

本实例执行后的效果如图 8-17 所示。

图 8-17　执行效果

> **注意** 当指定跳转的目标页面不存在或传递的数据格式不正确时，都会在当前页面出现一个错误信息提示框，几秒钟后自动消失，不影响当前页面的内容显示。

8.8 高手点拨

1. 验证移动站点是否与 508 兼容的方法

如果想知道你的移动站点是否是 508 兼容的，可以使用 WAVE6 来进行评估。如果读者有兴趣查看现有的 jQuery Mobile 应用程序，可以查看在线 jQuery Mobile Gallary（地址为 http://www.jqmgallery.com/），它可以激发我们的想法和灵感。另外，除了使用 WAVE 来测试移动 app 的可访问性之外，还可以通过使用真实的辅助技术来实际测试移动 Web 应用程序。

2. 配置 Ajax 导航的技巧

在 jQuery Mobile 开发应用过程中，Ajax 导航是全局启用的，当用户很在意 DOM 的大小时，或者是需要支持的某个特定设备不支持 hash 历史更新时可以禁用这个特性。在默认情况下，jQuery Mobile 可以为我们管理 DOM 的大小或缓存，它只将活动页面转换所涉及的“from”和“to”页面合并到 DOM 中。要禁用 Ajax 导航，可在绑定移动初始事件时设置为：

```
$.moible.aj axEnabled=false
```

8.9 实战练习

1. 在文本框中显示提示信息

请创建一个类型为“email”的 <input> 元素，设置该元素的“placeholder”属性值为“亲，要输入正确的邮件地址哦！”。当页面初次加载时，该元素的占位文本显示在输入框中，单击输入框时占位文本将自动消失。

2. 验证文本框中的内容是否为空

请在表单页面中创建一个用于输入“姓名”的“text”类型 <input> 元素，并在该元素中添加一个“required”属性，将属性值设置为“true”。当用户单击表单“提交”按钮时，将自动验证输入文本框中的内容是否为空；如果为空则会显示错误信息。

第9章 使用 PhoneGap

本章教学录像：1 小时 23 分钟

PhoneGap 基于 HTML、CSS 和 JavaScript 技术，是一个创建跨平台移动应用程序的快速开发平台。通过 PhoneGap，开发者能够利用 iPhone、Android、Palm、Symbian、WP7、Bada 和 Blackberry 等智能手机的核心功能，包括地理定位、加速器、联系人、声音和振动等。此外 PhoneGap 拥有丰富的插件，可以以此扩展无限的功能。本章详细讲解 PhoneGap 的基础知识，为读者步入本书后面知识的学习打下基础。

本章要点（已掌握的在方框中打钩）

- □ PhoneGap 基础
- □ PhoneGap API 详解
- □ 综合应用——构造一个播放器

9.1 PhoneGap 基础

本节教学录像：20 分钟

PhoneGap 是一个免费的开发平台，需要特定平台提供的附加软件，例如 iPhone 的 iPhone SDK、Android 的 Android SDK 等，也可以和 Dreamweaver 5.5 及以上版本配套开发。在本节的内容中，将简要讲解 PhoneGap 的基本知识。

9.1.1 产生背景

随着智能移动设备的快速普及以及 Web 技术（特别是 HTML5 技术）的飞速发展，Web 开发人员将不可避免地碰到这一问题：怎样在移动设备上将 HTML5 应用程序作为本地程序运行？与传统的 PC 机不同的是，智能移动设备完全是移动应用的天下，那么 Web 开发人员如何利用自己熟悉的技术（例如 Objective-C 语言）来进行移动应用开发，而不用花费大量的时间来学习新技术呢？在手机浏览器上，用户必须通过打开超链接来访问 HTML5 应用程序，而不能像访问本地应用程序那样，仅仅通过单击一个图标就能得到想要的结果，尤其是当移动设备脱机以后，用户几乎无法访问 HTML5 应用程序。

当前移动应用市场已经初步形成了 iOS、Android 和 Windows Phone 三大阵营，当然其余的传统阵营（Symbian 和 RIM 等）凭借历史原因和庞大的用户基数也不容小觑。随着移动应用市场的迅猛发展，越来越多的开发者也加入到了移动应用开发的大军当中。

目前，Android 应用是基于 Java 语言进行开发的，苹果公司的 iOS 应用是基于 Objective-C 语言开发的，微软公司的 Windows Phone 应用则是基于 C# 语言开发的。如果开发者编写的应用要同时在不同的移动设备上运行的话，则必须掌握多种开发语言，但这必将严重影响软件开发进度和项目上线时间，并且已经成为开发团队的一大难题。

为了进一步简化移动应用开发，很多公司已经推出了相应的解决方案。Adobe 推出的 AIR Mobile 技术，能使 Flash 开发的应用同时发布到 iOS、Android 和黑莓的 Playbook 上。Appcelerator 公司推出的 Titanium 平台能直接将 Web 应用编译为本地应用运行在 iOS 和 Android 系统上。而 Nitobi 公司（现已被 Adobe 公司收购）也推出了一套基于 Web 技术的开源移动应用解决方案：PhoneGap。2008 年夏天，PhoneGap 技术面世。从此，开发移动应用使我们有了一项新的选择。PhoneGap 是基于 Web 开发人员所熟悉的 HTML、CSS 和 JavaScript 技术，创建跨平台移动应用程序的快速开发平台。

9.1.2 PhoneGap 的发展历程

2008 年 8 月，PhoneGap 在旧金山举办的 iPhoneDevCamp 上初次崭露头角。起名为 PhoneGap 是创始人的想法：为跨越 Web 技术和 iPhone 之间的鸿沟牵线搭桥。

2009 年 2 月 25 日，PhoneGap 0.6 发布，这是第一个稳定版，支持 iOS、Android 和 BlackBerry 平台。

2009 年 8 月到 2010 年 7 月，PhoneGap 实现了对 Windows Mobile、Palm、Symbian 平台的支持，支持平台达到 6 个。

2010 年 10 月 4 日，Adobe 公司宣布收购创建了 HTML5 移动应用框架 PhoneGap 和 PhoneGap Build 的新创公司 Nitobi Software。Adobe 表示，收购 PhoneGap 后，开发者便可选择在 PhoneGap 平台使用 HTML、CSS 和 JavaScript 创建移动应用程序，也可选择使用 Adobe Air 和 Flash。

随后，Adobe 把 PhoneGap 项目捐给了 Apache 基金会，但保留了 PhoneGap 的商标所有权。

2011 年 7 月 29 日，PhoneGap 发布了 1.0 版产品，其中加入了不少访问本地设备的 API。

2011 年 10 月 1 日，PhoneGap 发布了 1.1 版。新功能包括支持黑莓 PlayBook 的 WebWorks 并入、orientationchange 事件和媒体审查等。

2011 年 11 月 7 日，PhoneGap 1.2 发布，开始正式支持 Windows Phone 7，支持的平台数达到了 7 个。

2011 年 12 月 19 日，PhoneGap 团队与微软发布了 1.3 版，对 iOS、Android 与 RIM 进行了一些增强，同时还为 Windows Phone 7 提供了可用于产品的特性集，包括完整的 API 支持、更棒的 Visual Studio 模板、文档、指南、bug 修复以及大量插件。

在成为 Apache Incubator 项目后，PhoneGap 已经更名为 Apache Callback。1.4 版发布后，名字再次变更为 Cordova。Cordova 其实是 PhoneGap 团队附近一条街的名字。

2013 年 6 月，PhoneGap 2.9.0 版本公布，这是最后一个可以在其官方网站 http://www.phonegap.com 在线下载的版本。从后面的版本开始，需要使用 NodeJS 进行下载并管理。

截至作者写作本书时，PhoneGap 的最新版本是 3.6.3。

9.1.3 使用 PhoneGap 进行移动 Web 开发的步骤

到目前为止，常用的基于 Web 技术的移动应用开发技术有 RhoMobile、Titanium Mobile 和 PhoneGap。与前两种技术相比，利用 PhoneGap 可以从标准的 Web 应用开始进行构建工作。PhoneGap 基于 Web 的移动开发应用的基本步骤如下所示。

（1）基于 HTML、CSS 和 JavaScript 构建标准的 Web 应用。

在手机上访问 Web 应用有两种形式，具体说明如下所示。

- 一种是通过浏览器来访问应用，即发布 Web 应用到一个服务器后，通过手机浏览器访问服务器的网址。这种方式虽然部署简单，但是可能得不到很好的用户体验，不同移动设备的显示效果不同，并且无法访问手机的原生功能和设备信息。
- 另一种是基于 Web 的移动原生程序，它使用 WebView 来显示页面。这种方式有更好的用户体验，针对移动平台进行优化而且充分利用手机的特性，如根据屏幕的大小来调整元素的布局和样式。它们都利用基础的 Web 技术 HTML、CSS 和 JavaScript，因此移动 Web 应用程序可以在传统 Web 应用的基础上进行开发，然后针对手机平台做一些优化。

（2）准备开发环境。

到目前为止，PhoneGap 支持 7 个平台，分别是 Android、iOS、Windows Phone 7、HP WebOS、BlackBerry、Symbian 和 Bada。在后面的内容中，我们将以 Android 平台为例，讲述如何在 Android 系统上利用 PhoneGap 快速构建移动 Web 应用的知识。

对于开发环境的选择，建议采用集成的 IDE，如 Eclipse，也可以采用命令行方式利用 Notepad 或者 TextEdit 编辑代码。

（3）利用 PhoneGap 进行包装。

PhoneGap 的主要用途就是提供访问手机原生功能和设备信息的 API，所有的 API 都是基于 JavaScript 的，因此第一步创建的 Web 应用可以集成 PhoneGap 的功能，成为原生程序。

（4）打包成不同移动平台的原生程序。

PhoneGap 其实为每一个支持的平台提供了一个模板，只要 Web 程序实现了该平台模板要求的功能，就能打包成该平台的原生应用程序。

9.2 PhoneGap API 详解

本节视频教学录像：1 小时 1 分钟

PhoneGap 为开发者提供了丰富的 API，帮助大家更方便地获取移动设备的信息。PhoneGap 官方网站的 API 文档地址是 http://docs.phonegap.com/en/1.5.0/index.html，如图 9-1 所示。

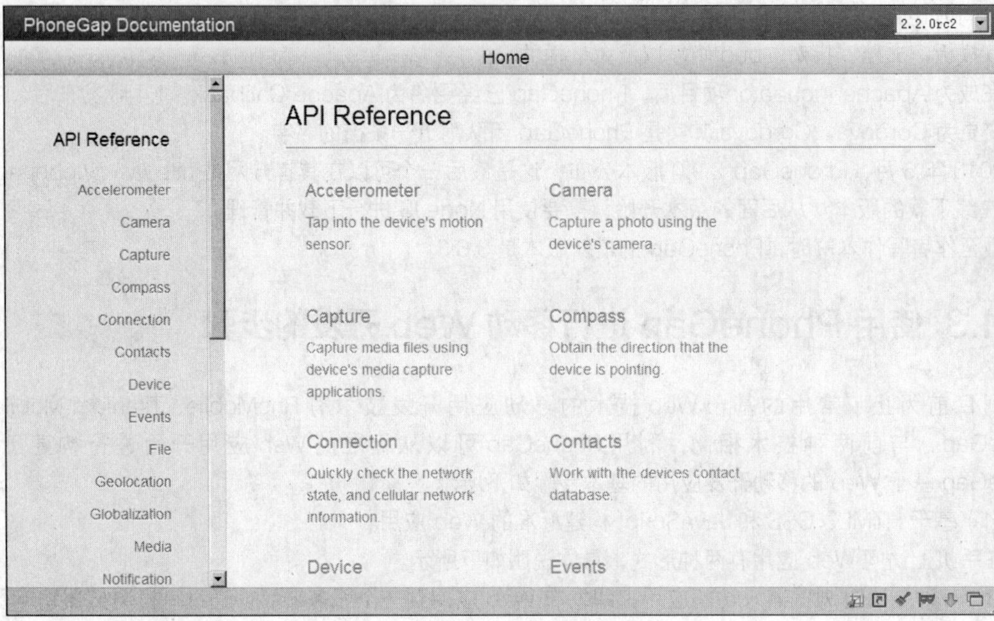

图 9-1　PhoneGap 官方网站的 API

在目前的版本中，PhoneGap 拥有如下所示的可用 API。

- Accelerometer：加速计，也就是我们常说的重力感应功能。
- Camera：用于访问前置摄像头和后置摄像头。
- Capture：提供了对于移动设备音频、图像和视频捕获功能的支持。
- Compass：对于罗盘的访问，由此可以获取移动设备行动的方向。
- Connection：能够快速检查并提供移动设备的各种网络信息。
- Contacts：能够获取移动设备通讯录的信息。
- Device：能够获取移动设备的硬件和操作系统信息。
- Events：能够为应用提供各种移动设备操作事件，例如暂停、离线、按下返回键、按下音量键等。
- File：能够访问移动设备的本地文件系统。
- Geolocation：能够获取移动设备的地理位置信息。
- Media：提供了对于移动设备上音频文件的录制和回放功能的支持。
- Notification：提供了本地化的通知机制，包括提示、声音和振动。
- Storage：提供了对于 SQLite 嵌入式数据库的支持。

在本节的内容中，将详细讲解 PhoneGap API 的基本知识。

9.2.1 应用 API

在 PhoneGap 框架中，为 Android 平台提供内置的 App 插件来操作应用程序本身，利用该插件对象的方法可以实现如下所示的功能。

- 加载外部的 Web 页面到本程序中。
- 在加载页面完成之前取消页面的加载。
- 清空应用程序在本地的资源文件缓存。
- 清空应用程序的浏览页面历史。
- 返回上次打开的页面。
- 覆盖“回退”按钮。
- 退出应用程序。

但是出于安全的考虑，PhoneGap 提供了一个白名单机制来审核加载的内容来源，因此调用应用 API 时，首先需要考虑要加载的 URI，确定是否通过了白名单审核。

在 PhoneGap 应用中，App 插件通过 navigator.app 对象来访问，该对象提供了如下所示的方法。

- navigator.app.loadUrl：加载 Web 页面到应用程序中或者系统默认的浏览器中。
- navigator.app.cancelLoadUrl：在 Web 页面成功加载之前取消加载。
- navigator.app.backHistory：返回上一次浏览的页面。
- navigator.app.clearHistory：清除浏览历史。
- navigator.app.overrideBackbut ton：覆盖默认的“回退”功能键。
- navigator.app.clearCache：清空程序的资源文件缓存。
- navlgator.app.exitApp：退出应用程序。

在接下来的内容中，将详细讲解 navigator.app 对象提供的方法。

（1）加载 URL。

在 PhoneGap 应用中，navigator.app 提供的 loadUrl() 方法用于在应用程序或者新的浏览器中打开一个 URL 链接地址，同时可以设置加载时的配置参数，例如等待加载的时间，加载过程中是否显示一个提示窗口，加载超时的时间设置等。该方法签名是：

```
navigator.app.loadUrl (url,properties)
```

其中 url 表示链接字符串，properties 是 JSON 对象，用于设定加载时的各种参数。相关的配置参数的具体说明如下所示。

- wait（int 类型）：表示加载 URL 之前的等待时间。
- loadingDialog:"Title,Message"：表示是否显示本地的加载提示框，提示框的标题为 Title，提示框的内容为 Message。
- loadUrlTimeoutValue（int 类型）：表示加载 URL 的超时设置。
- clearHistory：boolean 类型，表示是否清除 Web 视图的页面跳转历史。
- openExternal：boolean 类型，表示是否在一个新的浏览器中打开该 URL。如果该 URL 不在白名单中，即使设置该值为 false，应用还是在系统默认的浏览器中打开该 URL。

例如下面的代码表示应用将在两秒钟后加载 Adobe 主页面，加载过程中显示提示等待信息，超时时间为 1 分钟。

```
navigator.app.loadUrl("http://www.adobe.com",{wait:2000,loadingDialog:"Wait,Loading App",loadUrlTi
meoutValue:60000}) ;
```

（2）取消加载 URL。

在 PhoneGap 应用中，navigator.app 对象提供的 cancelLoadUrl() 方法用于取消正在加载的 URL，它没有任何参数。

（3）应用回退。

在不支持“Back”按钮的系统中，可以调用 backHistory() 方法实现应用程序的回退。该方法没有任何参数输入。

（4）清除浏览历史。

在 PhoneGap 应用中，使用 navigator.app 对象提供 clearHistory() 方法，可以清除浏览历史。

（5）覆盖回退设置。

在 PhoneGap 应用中，navigator.app 对象提供了 overrideBackbutton() 方法，功能是设定是否覆盖当前系统默认的回退功能。在实际使用中，通常通过监听 backbutton 事件来改变系统的默认回退功能。监听该事件后，navigator.app 对象可以提供 isBackButtonOverriden() 方法检测“回退”按扭功能是否已经发生了改变。

（6）清空缓存。

在 PhoneGap 应用中，通过 clearCache() 方法可以清空缓存的资源文件，也可以通过 clearHistory() 方法清空浏览历史，这两个方法均没有参数。

（7）退出程序。

在 PhoneGap 应用中，通过调用 navigator.app.exitApp() 方法可以设置何时退出应用程序。

提 示

PhoneGap 的事件分类的来源

在 PhoneGap 中包含了如下所示的两个代码库。

（1）JavaScript 代码库：被标准的浏览器支持。

（2）本地代码库：这是 PhoneGap 所独有的。

因此可见，PhoneGap 的事件也包含两个部分，具体说明如下所示。

（1）传统网页元素所能触发的事件，例如 DOM 加载事件、超链接的单击事件、form 表单的提交事件。

（2）PhoneGap 独有的事件列表。

9.2.2 通知 API

作为一个良好的 PhoneGap 应用程序，应该具有良好的交互性，能够在恰当的时刻给予用户必要的通知或反馈，不论这样的信息是关于操作出错，还是寻求确认，或者是提示操作正在进行。在 PhoneGap 应用中，提供了统一的通知 API 来解决此类问题。

在 PhoneGap 应用中，通知 API 通过 navigator.notification 对象来访问，包含的主要方法如下所示。

- notification.alert：显示自定义的本地提示对话框。
- notification.confirm：显示自定义的本地确认对话框。
- notification.beep：发出嘟嘟声。
- notification.vibrate：振动。

- notification.activityStart/activityStop：控制状态栏中的活动指示器。
- notification.progres sStart/progressValue/progressStop：控制进度对话框。

【范例 9-1】演示 notification.alert() 的基本用法

源码路径：光盘\配套源码\9\9-1.html

实例文件 9-1.html 的具体实现代码如下所示。

```
<!DOCTYPE html>
<html>
<head>
  <meta charset="utf-8">
  <meta name="viewport" content="width=device-width, initial-scale=1">
  <title>index.html</title>
  <script type="text/javascript" charset="utf-8" src="cordova.js" ></script>
    <script type="text/javascript" charset="utf-8">

// 等待加载 PhoneGap
document.addEventListener("deviceready", onDeviceReady, false);

// PhoneGap 加载完毕
function onDeviceReady() {
        // 空
}

// 显示定制警告框
function showAlert() {
        navigator.notification.alert(
            'You are the winner!',   // 显示信息
            'Game Over',             // 标题
            'Done'                   // 按钮名称
        );
}
</script>
</head>
<body>
    <p><a href="#" onclick="showAlert(); return false;">Show Alert</a></p>
</body>
</html>
```

【运行结果】

执行后将在页面中显示一个“Show Alert”链接，单击后将弹出一个警告框。执行效果如图 9-2 所示。

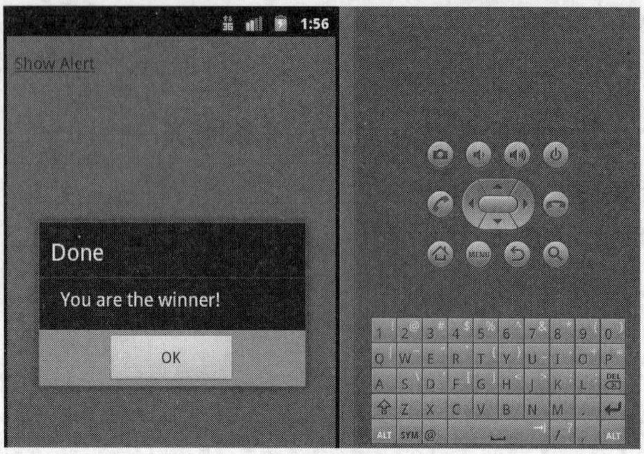

图 9-2 执行效果

9.2.3 设备 API

很多开发平台都提供运行环境软硬件属性的 API，PhoneGap 也不例外。在本节的内容中，将从主要对象和相关业务操作这两个方面来介绍设备 API 的基本知识和具体用法。

1. 主要对象

在 PhoneGap 应用中，设备 API 通过 device 对象来暴露运行环境的软硬件属性，各个属性的具体说明如下所示。

- device.name：返回的是设备的名字，这个名字是一个比较抽象的概念。这个值是由设备制造商设定的，可能同一产品的不同版本之间有所不同。
- device.cordova：返回的是运行在该设备上的 PhoneGap 的版本，比如 1.9.0。
- device.platform：返回的是设备的操作系统名字，根据设备的不同，返回的值可能是 Android、iPhone、BlackBerry、WebOS 或 WinCE。
- device.uuid：返回的是设备的通用唯一识别码 (Universally Unique Identifier)，它由设备制造商设定。不同的设备制造商有不同的生成方法，如 Android 上是 64 位随机整数的十六进制表示，而 iPhone 上是基于多个硬件标识生成的散列值。
- device.version：返回的是设备的操作系统的版本，如 HTC Desire 返回的是 2.2。

2. 使用设备 API

在接下来的内容中，将通过一个检测设备属性的简单例子来展示 device 对象的用法。

【范例 9-2】展示 device 对象的用法

源码路径：光盘 \ 配套源码 \9\9-2.html

本实例的实现文件是 9-2.html，具体实现代码如下所示。

```
<!DOCTYPE html>
<html>
  <head>
    <meta http-equiv="Content-Type" content="text/html; charset=utf-8">
```

```
        <title> 通知实例 </title>

        <script type="text/javascript" charset="utf-8" src="cordova.js"></script>
        <script type="text/javascript" charset="utf-8">
        document.addEventListener("deviceready",onDeviceReady, false);
        function    onDeviceReady() {
        var element=document.getElementById('deviceProperties');
        element.innerHTML=' 设备名字：    '+device.name+'<br/>'+
        'PhoneGap 版本：'-+device.cordova+'<br/>'+
        ' 设备平台：    '+ device.platform+'<br/>'+
        ' 设备的 UUID: '+device.uuid+'<br/>'+
        ' 设备的版本：'+ device.version +'<br />';
      }
    </script>
    </head>
    <body>
    <p id="deviceProperties"></p>
    </bodY>
    </html>
```

【运行结果】

执行后将在屏幕中显示当前设备的信息，执行效果如图 9-3 所示。

图 9-3　执行效果

在 PhoneGap 应用中，基于上述属性信息，应用程序可以做一些定制化的操作以适应不同设备的需求，也可以用于收集用户设备分布之类的统计信息。

> **注意** 因为笔者是在模拟器中运行上述实例的，所以执行效果如图 9-13 所示，并没有显示出具体的“设备名字”和“PhoneGap 版本。

9.2.4 网络连接 API

对于传统的 Web 应用开发来说，网络连接正常是一件理所当然的事。但是对于移动应用来说，用户很可能处于信号非常差的地方，或者为了节省流量，经常暂时关闭了网络连接。PhoneGap 为此专门提供了网络连接 API 来获取此类信息。

在 PhoneGap 应用中，网络连接 API 通过 navigator.network.connection 对象来访问。该对象的

type 属性代表了网络连接的类型，其所有的可能取值通过 PhoneGap 中的 Connection 来获取，分别是 UNKNOWN、ETHERNET、WIFI、CELL_2G、CELL_3G、CELL_4G 和 NONE，分别对应未知连接、以太网络、WiFi 网络、2G 网络、3G 网络、4G 网络以及无网络连接。

在接下来的内容中，将通过一个检测当前网络状况的简单例子来阐述网络连接 API 的用法。

【范例 9-3】阐述网络连接 API 的用法

源码路径：光盘 \ 配套源码 \9\9-3.html

本实例的实现文件是 9-3.html，具体实现代码如下所示。

```
<!DOCTYPE html>
<html>
  <head>
    <meta http-equiv="Content-Type" content="text/html; charset=utf-8">
    <title> 通知实例 </title>

    <script type="text/javascript" charset="utf-8" src="cordova.js"></script>
    <script type="text/javascript" charset="utf-8">

    document.addEventListener("deviceready", onDeviceReady, false);

    function onDeviceReady() {
        // 监听网络的变化
        document.addEventListener("online", onOnline, false);
        document.addEventListener("offline", onOffline, false);
        // 检查网络连接
        checkNetworkConnection();
    }

    function checkNetworkConnection() {
        var states = {};
        states[Connection.UNKNOWN]   = ' 未知连接 ';
        states[Connection.ETHERNET] = ' 以太网 ';
        states[Connection.WIFI]       = 'WiFi';
        states[Connection.CELL_2G]   = '2G 网络 ';
        states[Connection.CELL_3G]   = '3G 网络 ';
        states[Connection.CELL_4G]   = '4G 网络 ';
        states[Connection.NONE]       = ' 无网络连接 ';
        alert(' 网络连接类型 : ' + states[navigator.network.connection.type]);
    }

    function onOnline() {
        alert(' 您现在在线 ');
    }
```

```
        function onOffline() {
            alert(' 您现在离线 ');
        }
        </script>
    </head>
    <body>
        <p> 检查网络类型的例子 </p>
        <input type="button" value=" 检查网络 " onClick="checkNetworkConnection()" />
    </body>
</html>
```

【范例分析】

在上述代码中，deviceready 的事件回调函数中安全地添加了对 online 和 offline 事件的回调函数。当网络环境发生变化时，相应的事件回调函数便会被正确地调用。还有一点值得注意的是，在 PhoneGap 1.5 版本中，online 和 offline 事件需要注册在 window 对象上，而不是 document 对象上。而在 PhoneGap 的其他版本中，online 和 offline 事件都是注册在 document 对象上的。

然后在文件 AndroidManifest.xml 中添加网络访问的权限，具体代码如下所示。

```
<uses-permission android:name="android.permission.INTERNET" />
<uses-permission android:name="android.permission.ACCESS_NETWORK_STATE" />
```

【运行结果】

执行文件 9-3.html 后会在屏幕中显示当前设备的网络类型，执行效果如图 9-4 所示。

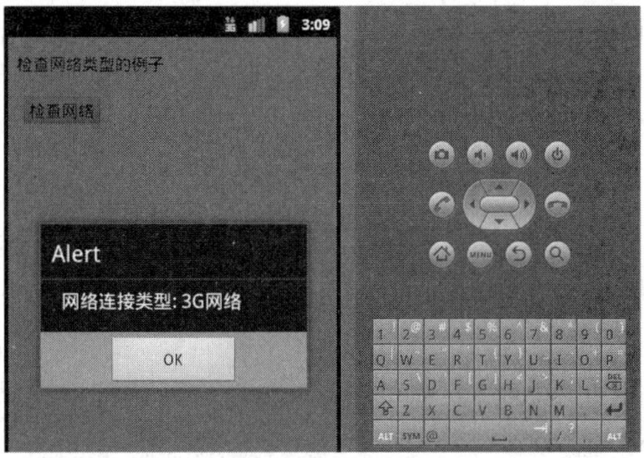

图 9-4　执行效果

提 示

不能使用 PhoneGap 状态灯的问题

在现实应用中，很多移动设备具有 LED 状态灯功能，如可以通过闪烁不同颜色的灯来给予用户不同的提示。对于状态灯的控制，虽然早期的 PhoneGap 版本（比如 1.4）有 navigator.notification.blink() 函数对应，但该函数只是一个空实现。目前，最新版中该函数已经被移除。

9.2.5 加速计 API

在现代智能手机（例如 iPhone 手机）应用中，重力感应技术是吸引用户眼球的一个重要功能。传统的手机界面比较死板，无论你怎么动或是怎么摇晃它，界面都不会随之变动，只能朝一个方向定位。然而运用了重力感应技术的现代智能手机改变了传统手机这一刻板的印象，手机可以通过内置方向感应器来对动作做出反应。当将手机由纵向转为横向时，方向感应器会自动做出反应并改变显示方式。举个简单的例子来说，市面上大部分手机都是矩形手机，长和宽的尺寸不一样，在用手机浏览网页或看电子书的时候，界面所呈现的也多是矩形画面，长与宽的比例也是不一样的。以一段文章来看，由于文字是由左向右排列的，所以横向的文字会比纵向的文字多，而传统手机一般都是横向比纵向短，因此浏览起来很不方便。有了重力感应器之后，这个问题就解决了，因为它可以让你的手机随着你手的转动而变化。这种应用上的创新设计，让浏览用户有了全新的体验。在下面的内容中，将详细讲解在 PhoneGap 应用中使用加速计 API 的基本知识。

1. 主要对象

在 PhoneGap 应用中，acceleration 对象就是加速度对象，包括了在特定时间点的加速度数据，具有如下属性。

- x：表示 *x* 轴上的动量，number 类型，其范围为 0 ～ 1。
- y：表示 *y* 轴上的动量，number 类型，其范围为 0 ～ 1。
- z：表示 *z* 轴上的动量，number 类型，其范围为 0 ～ 1。
- timestamp：创建时的时间戳，DOMTimeStamp 类型，以毫秒数表示。

acceleration 对象由 PhoneGap 创建建并计算，一般由我们调用的加速计方法的回调函数来返回。在 PhoneGap 应用中，加速计 API 主要包含如下所示的选项参数。

- accelerometerSuccess：成功获取加速度信息后的回调函数，返回的属性值包含各维度加速度信息的 acceleration 对象。
- accelerometerError：获取加速度信息失败后的回调函数。
- accelerometerOptions：获取加速度信息时的选项，例如获取频率。

在 PhoneGap 应用中，accelerometerOptions 一般是一个 JSON 对象，frequency 是它目前唯一的属性参数，以毫秒数为表示单位，用来指定定期获取加速度信息的频率。如果不指定 frequency，则默认值为 10 秒，即 10000 毫秒。

在 PhoneGap 应用中，accelerometerOptions 的常见用法如下所示：

```
// 下面的代码设置每隔 3 秒更新一次
var options=(frequency:3000);
watchID=navigator.accelerometer.watchAcceleration(onSuccess,onError,options);
```

在 PhoneGap 应用中，加速计 API 包含如下所示的方法，这些方法通过 navigator 对象进行访问。

- accelerometer.getCurrentAcceleration()：获取当前设备分别在 x 轴、y 轴和 z 轴上的加速度。
- accelerometer.watchAcceleration()：定期获取设备的加速度信息。
- accelerometer.clearWatch()：停止定期获取设备的加速度信息。

2. clearWatch()

在 PhoneGap 应用中，accelerometer.clearWatch() 的功能是取消定期获取设备的加速度信息，其原型如下所示：

```
navigator. accelerometer.clearWatch (watchID);
```

其中 watchID 是刚刚调用 accelerometer.watchAcceleration() 所返回的 ID 值，即由 accelerometer.watchAcceleration 返回的引用标识 ID。

例如下面是应用 clearWatch() 的演示代码。

```
    var watchID = navigator.accelerometer.watchAcceleration(onSuccess, onError, options);
    // 后续处理
    navigator.accelerometer.clearWatch(watchID);
```

在接下来的内容中，将通过一个简单例子来阐述使用 clearWatch() 清除加速度的方法。

【范例 9-4】使用 clearWatch() 清除加速度

源码路径：光盘\配套源码\9\9-4.html

本实例的实现文件是 9-4.html，具体实现代码如下所示。

```
<!DOCTYPE html>
<html>
  <head>
    <meta http-equiv="Content-Type" content="text/html; charset=utf-8">
    <title>Acceleration 例子 </title>

    <script type="text/javascript" charset="utf-8" src="cordova.js"></script>
    <script type="text/javascript" charset="utf-8">

// 当前 watchAcceleration 的引用 ID
     varwatchID:null;
    // 等待 PhoneGap 加载
    document.addEventListener( "deviceready",  onDeviceReady,  false);
    // 加载完成
    function onDeviceReady()  {
    startWatch();
  }
    // 开始监测
    function  startWatch()  {
    // 每隔三秒更新一次信息
    var options={frequency:3000 };
    watchID=navigator.accelerometer.watchAcceleration(onSuccess,
    onError,options);
  }
    // 停止检测
    function stopWatch() {
    if (watchID)  {
```

```
        navigator. accelerometer. clearWatch( watchID);
        watchID=null;
    }
    }
        // 成功获取加速度信息后的回调函数
        // 接收包含当前加速度信息的 acceleration 对象
        function onSuccess (acceleration)   {
        var element=document.getElementById('accelerometer');
        element.innerHTML='x 轴方向的加速度: '+acceleration.x+'<br/>'+
        'y 轴方向的加速度:    '+ acceleration.y+'<br/>'+
        'z 轴方向的加速度: '+ acceleration.z+'<br/>'+
        ' 时间戳 :'+ acceleration.timestamp+'<br/>';
    }

        // 获取加速度信息失败后的回调函数
        function   onError()   {
        alert('onError!');
    }
        </script>
        </head>
        <body>
        <div   id=n accelerometer"> 监测加速度信息中 ...</div>
        <button   onclick="stopWatch();"> 停止监测加速度信息 </button>
        </body>
        </html>
```

【运行结果】

执行后的效果如图 9-5 所示，这是因为在模拟器中运行的原因，如果在真机中运行，会显示我们预期的效果。

图 9-5　执行效果

9.2.6 地理位置 API

在 PhoneGap 框架中，使用 Geolocation 接口，我们可以通过网页获取地理位置信息。一般来说，地理位置信息来源于 GPS 传感器。对于没有 GPS 功能的手机来说，也可以通过一些网络设备信号大致推断自己所处的地理位置，例如 IP 地址、RFID、无线网络、蓝牙 MAC 地址、GSM/CDMA 蜂窝基站信息。

在 PhoneGap 应用中，地理位置 API 主要包括了三个对象：Position 对象、PositionError 对象和 Coordinates 对象。

（1）Position 对象

Position 对象包含了由 geolocation API 创建的 Position 坐标信息。调用 PhoneGap 的地理位置接口成功后的回调函数用到了 Position 对象，它包含了地理位置坐标的集合。Position 对象具有如下所示的属性。

- coords：地理位置坐标集合，为 Coordinates 类型。
- timestamp：地理位置坐标获取时的时间戳，为 DOMTimeStamp 类型，以毫秒数表示。

（2）PositionError 对象

在 PhoneGap 应用中，当发生错误时，一个 PositionError 对象会传递给 geolocationError 回调函数。PhoneGap 的地理位置接口调用失败后的回调函数用到 PositionError 对象，它包含了详细的错误信息。PositionError 对象具有如下所示的属性。

- code：预定义的错误代码，目前有 PositionError.PERMISSION_DENIED、PositionError.POSITION_UNAVAILABLE 和 PositionError.TIMEOUT。
- message：详细的错误信息。

当使用 Geolocation 发生错误时，一个 PositionError 对象会作为 geolocationError 回调函数的参数传递给用户。PositionError 对象具有如下所示的常量。

- PositionError.PERMISSIONPositionError.PERMISSION_DENIED：表示权限被拒绝。
- PositionError.POSITION_UNAVAILABLE：表示位置不可用。
- PositionError.TIMEOUT：表示超时。

（3）Coordinates 对象

在 PhoneGap 应用中，Coordinates 对象是描述设备地理位置坐标信息的属性集合，是一系列用来描述位置的地理坐标信息的属性。Coordinates 对象一般是一个 JSON 对象，具有如下所示的属性。

- latitude：设备所处的纬度值，Number 类型，以浮点数表示。
- longitude：设备所处的经度值，Number 类型，以浮点数表示。
- altitude：设备所处的海拔高度，Number 类型，以浮点数表示。
- accuracy：经纬度的精确度级别，Number 类型，以浮点数表示。
- altitudeAccuracy：海拔高度的精确度级别，Number 类型，以浮点数表示。
- heading：设备当前的运动方向，相对于正北方顺时针方向的角度，Number 类型，以浮点数表示。
- speed：设备当前的速度值，Number 类型，以浮点数表示。

在接下来的内容中，将通过一个简单例子来阐述使用 Position 对象的方法。

【范例 9-5】使用 Position 对象

源码路径：光盘\配套源码\9\9-5.html

本实例的实现文件是 9-5.html，具体实现代码如下所示。

```
<!DOCTYPE html>
<html>
<head>
  <meta charset="utf-8">
```

```
    <meta name="viewport" content="width=device-width, initial-scale=1">
    <title>index.html</title>
    <script type="text/javascript" charset="utf-8" src="cordova.js" ></script>
      <script type="text/javascript" charset="utf-8">

      // 设置一个当 PhoneGap 加载完毕后触发的事件
      document.addEventListener("deviceready", onDeviceReady, false);

      // PhoneGap 加载完毕并就绪
      function onDeviceReady() {
          navigator.geolocation.getCurrentPosition(onSuccess, onError);
      }

      // 显示位置信息中的 "Position" 属性
      function onSuccess(position) {
          var div = document.getElementById('myDiv');

          div.innerHTML = 'Latitude: '          + position.coords.latitude    + '<br/>' +
                          'Longitude: '         + position.coords.longitude + '<br/>' +
                          'Altitude: '          + position.coords.altitude    + '<br/>' +
                          'Accuracy: '          + position.coords.accuracy    + '<br/>' +
                          'Altitude Accuracy: ' + position.coords.altitudeAccuracy   + '<br/>' +
                          'Heading: '           + position.coords.heading     + '<br/>' +
                          'Speed: '             + position.coords.speed       + '<br/>';
      }

      // 如果获取位置信息出现问题，则显示一个警告
      function onError() {
          alert('onError!');
      }

  </script>
  </head>
  <body>
      <div id="myDiv"></div>
  </body>
  </html>
```

【运行结果】

执行后的效果如图 9-6 所示，这是因为在模拟器中运行的原因，如果在真机中运行，会显示我们预期的效果。

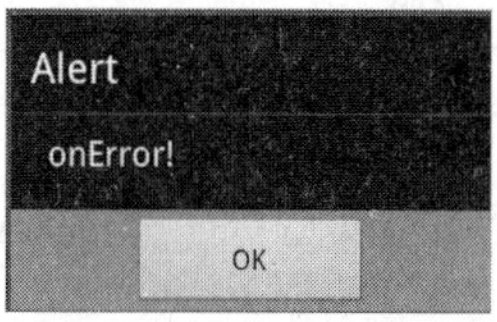

图 9-6 执行效果

9.2.7 指南针 API

在 PhoneGap 框架中，使用 Compass 接口可以实现指南针功能。拥有电子罗盘传感器的移动设备一般都有指南针功能，电子罗盘和传统罗盘的作用一样，用来指示方向。电子罗盘相关的应用很多，例如根据电子罗盘的读数，地图可以自动旋转到方便用户读取的方向，十分适合不太会用地图的人使用。此外，与传统罗盘一样，可以根据地标粗略估计自己所处位置、控制行进方向等。此外，电子罗盘可方便地与 GPS 和电子地图等系统整合使用。熟练运用 GPS 导航功能和电子罗盘功能，我们在任何地方都不会迷路。

1. 三个函数

在 PhoneGap 应用中，指南针 API 有三个函数：compass.getCurrentHeading、compass.watchHeading 和 compass.clearWatch。在接下来的内容中，将详细讲解这三个方法的基本知识和具体用法。

（1）获取设备当前的指南针信息。

在 PhoneGap 应用中，compass.getCurrentHeading() 函数的功能是获取罗盘的当前朝向。其原型如下所示。

```
navigator.compass.getCurrentHeading(compassSuccess, compassError, compassOptions);
```

其中 compassSuccess 是成功获取指南针信息后的回调函数；compassError 是获取指南针信息失败后的回调函数；compassOptions 为可选项，用来指定获取指南针信息的个性化参数。

（2）定期获取设备的指南针信息。

在 PhoneGap 应用中，compass.watchHeading() 函数的功能是在固定的时间间隔获取罗盘朝向的角度。其原型如下所示。

```
var watchID = navigator.compass.watchHeading(compassSuccess,
compassError, [compassOptions]);
```

罗盘是一个检测设备方向或朝向的传感器，使用度作为衡量单位，取值范围从 0 度到 359.99 度。compass.watchHeading 每隔固定时间就获取一次设备的当前朝向。每次取得朝向后，headingSuccess 回调函数会被执行。通过 compassOptions 对象的 frequency 参数可以设定以毫秒为单位的时间间隔。返回的 watch ID 是罗盘监视周期的引用，可以通过 compass.clearWatch 调用该 watch ID 以停止对罗盘的监视。

（3）取消定期获取设备的指南针信息。

在 PhoneGap 应用中，compass.clearWatch() 函数的功能是停止 watch ID 参数指向的罗盘监视。其原型如下所示。

```
navigator.compass.clearWatch(watchID);
```

其中 watchID 由 compass.watchHeading 返回的引用标示。

2. 使用指南针 API

在接下来的内容中，将通过一个简单例子来阐述使用 clearWatch() 函数的方法。

【范例 9-6】使用 clearWatch() 函数

源码路径：光盘\配套源码\9\9-6.html

本实例的实现文件是 9-6.html，具体实现代码如下所示。

```
<!DOCTYPE html>
<html>
  <head>
    <title>Compass 例子 </title>
    <meta http-equiv="Content-Type" content="text/html; charset=utf-8">
    <script type="text/javascript" charset="utf-8" src="cordova.js"></script>
    <script type="text/javascript" charset="utf-8">

    // 当前 watchHeading 的引用
    var watchID = null;

    // 等待 Cordova 加载
    document.addEventListener("deviceready", onDeviceReady, false);

    // Cordova 加载完成
    function onDeviceReady() {
        startWatch();
    }

    // 开始对指南针设备的监控
    function startWatch() {

        // 每隔三秒更新一次数据
        var options = { frequency: 3000 };

        watchID = navigator.compass.watchHeading(onSuccess, onError, options);
    }

    // 停止对指南针设备的监控
    function stopWatch() {
        if (watchID) {
            navigator.compass.clearWatch(watchID);
            watchID = null;
        }
    }

    // onSuccess 回调函数：返回指南针的当前方向
```

```
    function onSuccess(heading) {
        var element = document.getElementById('heading');
        element.innerHTML = ' 指南针方向（角度）: ' + heading.magneticHeading;
    }

    // onError 回调函数：返回详细的错误信息
    function onError(compassError) {
        alert(' 错误信息 : ' + compassError.code);
    }


    </script>
  </head>
  <body>
    <div id="heading"> 监测指南针信息中 ...</div>
    <button onclick="startWatch();"> 开始监测指南针信息 </button>
    <button onclick="stopWatch();"> 停止监测指南针信息 </button>
  </body>
</html>
```

【运行结果】

执行后的效果如图 9-7 所示，这是因为在模拟器中运行的原因，如果在真机中运行，会显示我们预期的效果。

图 9-7 执行效果

提 示

在 iOS 系统中使用 getCurrentAcceleration() 方法时的异常问题

当在 iOS 系统中使用 getCurrentAcceleration() 方法时会发生异常情况，因为 iOS 没有获取在任何给定点当前加速度数据的概念，所以必须通过给定时间间隔查看加速度并获得数据。因此，函数 getCurrentAcceleration 会返回从 PhoneGap watchAccelerometer 调用开始后的最近一个返回值。

9.2.8 照相机 API

在 PhoneGap 应用中，照相机 API 是 Camera，其功能是使用设备的摄像头采集照片，对象提供对设备默认摄像头应用程序的访问。通过使用照相机 API，可以拍照或者访问照片库中的照片。在本节的内容中，将首先讲解照相机 API 用到的对象，然后详细介绍如何利用照相机 API 进行拍照并访问照片库中的照片。

1. 方法 camera.getPicture

在 PhoneGap 应用中，照相机 API 只有一个方法：camera.getPicture，其功能是选择使用摄像头拍照，或从设备相册中获取一张照片，图片以 base64 编码的字符串或图片的 URI 形式返回。方法 camera.getPicture 的原型如下所示。

```
navigator.camera.getPicture( cameraSuccess, cameraError, [ cameraOptions ] );
```

由此可见，方法 camera.getPicture 有三个参数，具体说明如下所示。

（1）cameraOptions：它是键值对的 JSON 字符串，共有 8 个配置参数，具体说明如下所示。

- sourceType：如果该参数是 navigator.camera.PictureSourceType.PHOTOLIBRARY，则从图片库获取图片；如果该参数是 navigator.camera.PictureSourceType.SAVEDPHOTOALBUM，则从相册中获取图片；如果该参数是 navigator.camera.PictureSourceType.CAMERA，则从设备的照相机中获取图片。在某些设备中，PHOTOLIBRARY 和 AVEDPHOTOALBUM 是同一个。
- destinationType：该参数可以决定返回的数据类型，可以是图片的 URL，也可以是图片数据。
- quality：该参数用于设定图片的质量，可以是 1 ～ 100 之间的任意数字。
- allowEdit：该参数为布尔型，指定该图片在选中前是否可以编辑。
- encodingType：该参数的值是常量，可以是 camera.encodingType.JPEG 或者 camera.encodingType.PNG，用于指定图片返回的文件类型。
- targetWidth：用于指定图片展示时的宽度，以像素为单位，必须和 targetHeight 一起使用。
- targetHeight：用于指定图片展示时的高度，以像素为单位，必须和 targetWidth 一起使用。
- mediaType：该参数对应的值为常量，可以为 camera.mediaType.PICTURE、camera.mediaType.VIDEO 或者 camera.mediaType.ALLMEDIAo，该参数只有在 sourceType 设定为 PHOTOLIBRARY 或者 SAVEDPHOTOALBUM 的情况下才可使用。

（2）cameraSuccess：它是成功访问图片后的回调函数，该函数的参数取值取决于 destinationType 的类型，如果 destinationType 是 DATA_URI，则该参数返回 Base64 编码的图像数据；如果 destinationType 是 FILE_URI，则该参数返回的是图像的 URI。不论是图像数据或者 URI，都可以通过 img 标签的 src 属性显示在网页中，如对于图片数据 imageData，通过给 src 属性赋值 "data:image/jpeg;base64,"+ imageData 即可。而对于图片 URI imageURI，通过给 src 属性直接赋值 imageURI 即可。

（3）cameraError：它是访问图片失败后的回调函数，该函数的参数为失败的消息。

由此可见，方法 camera.getPicture 能够打开设备的默认摄像头应用程序，使用户可以拍照（如果 Camera.sourceType 设置为 Camera.PictureSourceType.CAMERA，这也是默认值）。一旦拍照结束，摄像头应用程序会关闭并恢复用户应用程序。

如果 Camera.sourceType = Camera.PictureSourceType.PHOTOLIBRARY 或 Camera.PictureSourceType.SAVEDPHOTOALBUM，则系统弹出照片选择对话框，用户可以从照片库中选择照片。

- 返回值会按照用户通过 cameraOptions 参数所设定的下列格式之一发送给 cameraSuccess 回

调函数：

- 一个字符串，包含 Base64 编码的照片图像（默认情况）。
- 一个字符串，表示在本地存储的图像文件位置。

- 可以对编码的图片或 URI 做任何处理，例如：
  - 通过标签渲染图片。
  - 存储为本地数据，例如 LocalStorage、Lawnchair* 等。
  - 将数据发送到远程服务器。

> **注意**　在现实应用中，在较新的设备上使用摄像头拍摄的照片的质量是相当不错的，使用 Base64 对这些照片进行编码已导致其中的一些设备出现内存问题（如 iPhone4、Blackberry Torch 9800）。因此，强烈建议将“Camera.destinationType”设为 FILE_URI。

2. 实战演练

在接下来的内容中，将通过一个简单例子来阐述使用照相机 API 的方法。

【范例 9-7】使用照相机 API

源码路径：光盘 \ 配套源码 \9\9-7.html

本实例的实现文件是 9-7.html，具体实现代码如下所示。

```
<!DOCTYPE html>
<html>
<head>
  <meta charset="utf-8">
  <meta name="viewport" content="width=device-width, initial-scale=1">
  <title>index.html</title>
  <script type="text/javascript" charset="utf-8" src="cordova.js" ></script>
    <script type="text/javascript" charset="utf-8">

    var pictureSource;                      // 图片来源
    var destinationType;                    // 设置返回值的格式

    // 等待 PhoneGap 连接设备
    document.addEventListener("deviceready",onDeviceReady,false);

    // PhoneGap 准备就绪，可以使用！
    function onDeviceReady() {
        pictureSource=navigator.camera.PictureSourceType;
        destinationType=navigator.camera.DestinationType;
    }

    // 当成功获得一张照片的 Base64 编码数据后被调用
    function onPhotoDataSuccess(imageData) {
```

```
        // 取消注释以查看 Base64 编码的图像数据
        // console.log(imageData);
        // 获取图像句柄
        var smallImage = document.getElementById('smallImage');

        // 取消隐藏的图像元素
        smallImage.style.display = 'block';

        // 显示拍摄的照片
        // 使用内嵌 CSS 规则来缩放图片
        smallImage.src = "data:image/jpeg;base64," + imageData;
    }

    // 当成功得到一张照片的 URI 后被调用
    function onPhotoURISuccess(imageURI) {

        // 取消注释以查看图片文件的 URI
        // console.log(imageURI);
        // 获取图片句柄
        var largeImage = document.getElementById('largeImage');

        // 取消隐藏的图像元素
        largeImage.style.display = 'block';

        // 显示拍摄的照片
        // 使用内嵌 CSS 规则来缩放图片
        largeImage.src = imageURI;
    }

    // "Capture Photo" 按钮单击事件触发函数
    function capturePhoto() {

        // 使用设备上的摄像头拍照，并获得 Base64 编码字符串格式的图像
        navigator.camera.getPicture(onPhotoDataSuccess, onFail, { quality: 50 });
    }

    // "Capture Editable Photo" 按钮单击事件触发函数
    function capturePhotoEdit() {

        // 使用设备上的摄像头拍照，并获得 Base64 编码字符串格式的可编辑图像
```

```
            navigator.camera.getPicture(onPhotoDataSuccess, onFail, { quality: 20, allowEdit: true });
        }

        //"From Photo Library"/"From Photo Album" 按钮单击事件触发函数
        function getPhoto(source) {

            // 从设定的来源处获取图像文件 URI
            navigator.camera.getPicture(onPhotoURISuccess, onFail, { quality: 50,
            destinationType: destinationType.FILE_URI,sourceType: source });
        }

        // 当有错误发生时触发此函数
        function onFail(mesage) {
            alert('Failed because: ' + message);
        }

    </script>
    </head>
    <body>
        <button onclick="capturePhoto();">Capture Photo</button> <br>
        <button onclick="capturePhotoEdit();">Capture Editable Photo</button> <br>
        <button onclick="getPhoto(pictureSource.PHOTOLIBRARY);">From Photo Library</button><br>
        <button onclick="getPhoto(pictureSource.SAVEDPHOTOALBUM);">From Photo Album</
button><br>
        <img style="display:none;width:60px;height:60px;" id="smallImage" src=""  />
        <img style="display:none;" id="largeImage" src=""  />
        </body>
    </html>
```

【运行结果】

执行后的效果如图 9-1 所示，触摸屏幕中的某个按钮后，会实现对应的功能。例如触摸“From Photo Album”按钮后，会显示系统内图片库内的图片信息，因为在模拟器中运行的原因，所以会显示图 9-8 所示的效果。如果在真机中运行，会显示我们预期的效果。

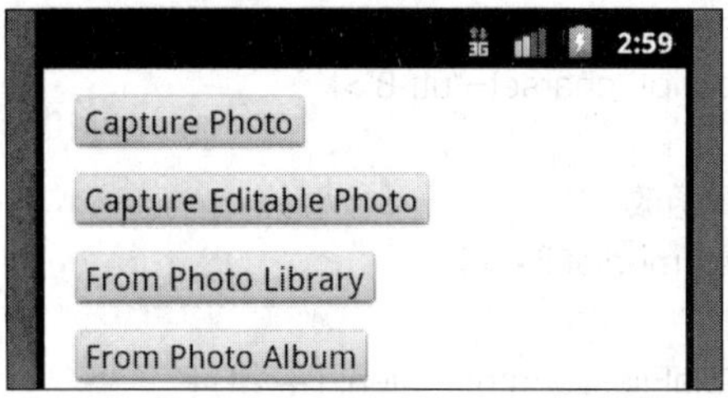

图 9-8　执行效果

9.2.9 采集 API

在 PhoneGap 应用中，Capture 也被称为采集 API 或捕获 API，其功能是捕获视频、音频和图像，它是一个全局对象。在本节的内容中，将首先讲解一下采集 API 用到的对象，然后详细介绍采集 API 的具体用法。

1. Capture 的对象

在 PhoneGap 应用中，采集 API 有如下所示的 ID 对象。

（1）capture：被分配给 navigator.device 对象，因此作用域为全局范围。例如下面的演示代码：

```
// 全局范围的 capture 对象
var capture = navigator.device.capture;
```

capture 对象包含如下所示的属性。

- supportedAudioModes：当前设备所支持的音频录制格式，是 ConfigurationData[] 类型。
- supportedImageModes：当前设备所支持的拍摄图像尺寸及格式，是 ConfigurationData[] 类型。
- supportedVideoModes：当前设备所支持的拍摄视频分辨率及格式，是 ConfigurationData[] 类型。

（2）CaptureAudioOptions：用于封装音频采集的配置选项。

CaptureAudioOptions 对象包含如下所示的属性。

- limit：在单个采集操作期间能够记录的音频剪辑数量最大值，必须设定为大于等于 1，默认值为 1。
- drration：一个音频剪辑的最长时间，单位为秒。
- mode：选定的音频模式，必须设定为 capture.supportedAudioModes 枚举中的值。

2. 使用 Capture

在接下来的内容中，将通过一个简单例子来阐述使用方法 captureAudio 的方法。

【范例 9-8】使用方法 captureAudio

源码路径：光盘 \ 配套源码 \9\9-8.html

本实例的实现文件是 9-8.html，具体实现代码如下所示。

```
<!DOCTYPE html>
<html>
<head>
  <meta charset="utf-8">
  <meta name="viewport" content="width=device-width, initial-scale=1">
  <title>index.html</title>
    <script type="text/javascript" charset="utf-8" src="cordova.js" ></script>
    <script type="text/javascript" charset="utf-8" src="json2.js"></script>
    <script type="text/javascript" charset="utf-8">

    // 采集操作成功后的回调函数
    function captureSuccess(mediaFiles) {
        var i, len;
        for (i = 0, len = mediaFiles.length; i < len; i += 1) {
            uploadFile(mediaFiles[i]);
```

```
        }
    }

    // 采集操作出错后的回调函数
    function captureError(error) {
        var msg = 'An error occurred during capture: ' + error.code;
        navigator.notification.alert(msg, null, 'Uh oh!');
    }

    // "Capture Audio" 按钮单击事件触发函数
    function captureAudio() {

        // 启动设备的音频录制应用程序
        // 允许用户最多采集 2 个音频剪辑
        navigator.device.capture.captureAudio(captureSuccess, captureError, {limit: 2});
    }

    // 上传文件到服务器
    function uploadFile(mediaFile) {
        var ft = new FileTransfer(),
        path = mediaFile.fullPath,
        name = mediaFile.name;
        ft.upload(path,
                "http://my.domain.com/upload.php",
                function(result) {
                    console.log('Upload success: ' + result.responseCode);
                    console.log(result.bytesSent + ' bytes sent');
                },
                function(error) {
                    console.log('Error uploading file ' + path + ': ' + error.code);
                },
                { fileName: name });
    }

</script>
</head>
<body>
    <button onclick="captureAudio();">Capture Audio</button>
</body>
</html>
```

【运行结果】

执行后的效果如图 9-9 所示。如果在真机中运行，触摸单击“Capture Audioo”按钮后会实现我们预期的采集功能。

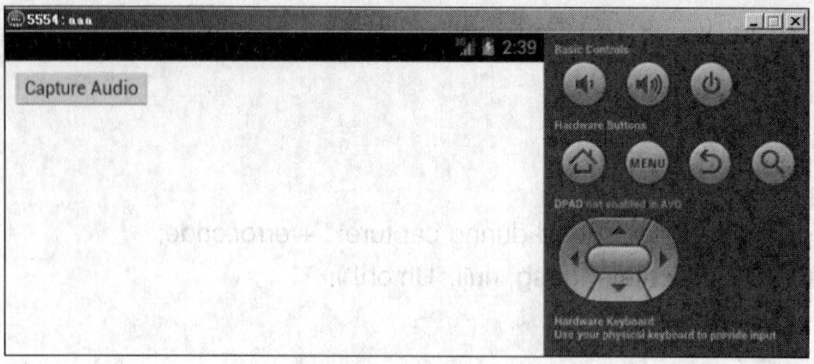

图 9-9　执行效果

9.2.10 录音 API

在 PhoneGap 应用中，媒体 API 是 Media，其功能是实现音频的录制和播放。利用 Media，可以创建自制的录音器。在 PhoneGap 应用中，Media 主要包含如下所示的方法。

（1）media.getCurrentPosition：功能是返回一个音频文件的当前位置，其原型如下所示。

media.getCurrentPosition(mediaSuccess, [mediaError]);

参数说明如下。

- mediaSuccess：成功的回调函数，返回当前的位置。
- mediaError：（可选项）发生错误时调用的回调函数。

方法 media.getCurrentPosition 是一个异步函数，用户返回一个 Media 对象所指向的音频文件的当前位置，同时会对 Media 对象的 _position 参数进行更新。

（2）media.getDuration：功能是返回音频文件的时间长度，其原型如下所示。

```
media.getDuration();
```

media.getDuration 是一个同步函数，如果音频时长已知的话，则返回以秒为单位的音频文件时长，如果时长不可知的话，则返回 -1。

（3）media.play：功能是开始或恢复播放一个音频文件，其原型如下所示。

```
media.play();
```

方法 media.play 是一个用于开始或恢复播放音频文件的同步函数。

（4）media.pause：功能是暂停播放一个音频文件，其原型如下所示。

```
media.pause();
```

方法 media.pause 是一个用于暂停播放音频文件的同步函数。

（5）media.release：功能是释放底层操作系统的音频资源，其原型如下所示。

```
media.release();
```

方法 media.release 是一个用于释放系统音频资源的同步函数。该函数对于 Android 系统尤为重要，因为 Android 系统的 OpenCore（多媒体核心）的实例是有限的。开发者需要在他们不再需要相应 Media 资源时调用“release”函数释放它。

（6）media.startRecord：功能是开始录制一个音频文件，其原型如下所示。

```
media.startRecord();
```

方法 media.startRecord 是用于开始录制一个音频文件的同步函数。
（7）media.stop：功能是停止播放一个音频文件，其原型如下所示。

```
media.stop();
```

方法 media.stop 是一个用于停止播放音频文件的同步函数。
（8）media.stopRecord：功能是停止录制一个音频文件，其原型如下所示。

```
media.stopRecord();
```

方法 media.stopRecord 是用于停止录制一个音频文件的同步函数。

提 示

解决 iOS 系统中使用 Position 对象的异常问题
当在 iOS 系统中使用 Position 对象时会发生异常情况，timestamp 单位将变为秒，而不是毫秒。例如通过下面的代码可以用手动的方式将时间戳转换为毫秒（*1000）:

```
var onSuccess = function(position) {
  alert('Latitude: '    + position.coords.latitude          + '\n' +
        'Longitude: ' + position.coords.longitude         + '\n' +
        'Timestamp: ' + new Date(position.timestamp * 1000)   + '\n');
};
```

9.3 综合应用——构造一个播放器

本节教学录像：2 分钟

在接下来的内容中，将通过一个简单例子来阐述使用方法 media.play 的方法。

【范例 9-9】构造一个播放器

源码路径：光盘\配套源码\9\9-9.html
本实例的实现文件是 9-9.html，具体实现代码如下所示。

```
<!DOCTYPE html>
<html>
<head>
  <meta charset="utf-8">
  <meta name="viewport" content="width=device-width, initial-scale=1">
  <title>index.html</title>
    <script type="text/javascript" charset="utf-8" src="cordova.js" ></script>
```

```
<script type="text/javascript" charset="utf-8">
// 等待加载 PhoneGap
document.addEventListener("deviceready", onDeviceReady, false);

// PhoneGap 加载完毕
function onDeviceReady() {
    playAudio("http://audio.ibeat.org/content/p1rj1s/p1rj1s_-_rockGuitar.mp3");
}

// 音频播放器
var my_media = null;
var mediaTimer = null;

// 播放音频文件
function playAudio(src) {
    // 从目标文件创建 Media 对象
    my_media = new Media(src, onSuccess, onError);

    // 播放音频
    my_media.play();

    // 每秒更新一次媒体播放到的位置
    if (mediaTimer == null) {
        mediaTimer = setInterval(function() {
            // 获取媒体播放到的位置
            my_media.getCurrentPosition(
                // 获取成功后调用的回调函数
                function(position) {
                    if (position > -1) {
                        setAudioPosition((position/1000) + " sec");
                    }
                },
                // 发生错误后调用的回调函数
                function(e) {
                    console.log("Error getting pos=" + e);
                    setAudioPosition("Error: " + e);
                }
            );
        }, 1000);
    }
}

// 暂停音频播放
function pauseAudio() {
```

```
            if (my_media) {
                my_media.pause();
            }
        }

        // 停止音频播放
        function stopAudio() {
            if (my_media) {
                my_media.stop();
            }
            clearInterval(mediaTimer);
            mediaTimer = null;
        }

        // 创建 Media 对象成功后调用的回调函数
        function onSuccess() {
            console.log("playAudio():Audio Success");
        }

        // 创建 Media 对象出错后调用的回调函数
        function onError(error) {
            alert('code: '      + error.code      + '\n' +
                  'message: ' + error.message + '\n');
        }

        // 设置音频播放位置
        function setAudioPosition(position) {
            document.getElementById('audio_position').innerHTML = position;
        }

    </script>
    </head>
    <body>
        <a href="#" class="btn large" onclick="playAudio('http://audio.ibeat.org/content/p1rj1s/p1rj1s_-_
rockGuitar.mp3');">Play Audio</a>
        <a href="#" class="btn large" onclick="pauseAudio();">Pause Playing Audio</a>
        <a href="#" class="btn large" onclick="stopAudio();">Stop Playing Audio</a>
        <p id="audio_position"></p>
    </body>
    </html>
```

【运行结果】

执行后的效果如图 9-10 所示，执行后就将播放指定的 MP3 文件。单击某个链接后，会播放或暂停指定的 MP3 文件。

图 9-10　执行效果

9.4 高手点拨

1. PhoneGap 和 Cordova 的关系和区别

Cordova 是 Adobe 捐献给 Apache 的项目，是一个开源的、核心的跨平台模块。PhoneGap 是 Adobe 的一项商业产品。Cordova 和 PhoneGap 的关系类似于 WebKit 与 Chrome 或者 Safari 的关系。PhoneGap 还包括一些额外的商用组件，例如 PhoneGap Build 和 Adobe Shadow。

2. 尽量打造模块化和可修改性强的页面

模块化不仅可以提高重用性，也能统一网站风格，还可以降低程序开发的强度。这里仅涉及一些尺寸、模数、宽容度、命名规范等知识，不再冗述。

无论是架构还是模块或图片，都要考虑可修改性。举个简单的例子，Logo、按钮等，很多人喜欢制作图片，N 个按钮就是 N 张图片。如果只做 3～5 类按钮的背景图片，然后用在网页代码里并打上文字，那么修改起来就简单了，让程序员自己改字就可以了。然而网页显示的字体是带有锯齿的，一般既能清晰又保证美观的字体字号有以下几类：

宋体 12px、宋体 12px 粗体、宋体 14px、宋体 14px 粗体、黑体 20px、Verdana 9px、Arial Black 12px+。

9.5 实战练习

1. 使用设备 API 检测设备属性

很多开发平台都提供运行环境软硬件属性的 API，PhoneGap 也不例外。请尝试使用设备 API 检测设备属性。

2. 使用 getCurrentAcceleration() 获取加速度

在 PhoneGap 应用中，加速计 API 中的方法 getCurrentAcceleration 的功能是，返回当前沿 x、y 和 z 轴方向的加速度。请尝试使用 getCurrentAcceleration() 获取加速度。

第 10 章

本章教学录像：22 分钟

开发移动设备网页

人们用手机这个通信工具来上网是“大势所趋”，所以我们很有必要专门开发能在手机上浏览的网页，即能在手机上浏览的网站。本章详细讲解通过 CSS 设置出符合 Android 标准的 HTML 网页的方法。

本章要点（已掌握的在方框中打钩）

- □ 编写第一个适用于 Android 系统的网页
- □ 添加 Ajax 特效
- □ 综合应用——打造一个 iOS+jQuery Mobile+PhoneGap 程序
- □ 综合应用——打造一个 Android+jQuery Mobile+PhoneGap 程序

10.1 编写第一个适用于 Android 系统的网页

本节教学录像：11 分钟

我们以一个具体例子来作为开始，假设有一个很好的网页，广大用户在电脑上已经“光顾”它很多次了。

【范例 10-1】编写一个适用于 Android 系统的网页

源码路径：光盘 \ 配套源码 \10\first\

主页文件 index.html 的源代码如下所示。

```
<html>
    <head>
        <title>aaa</title>
        <link rel="stylesheet" href="desktop.css" type="text/css" />
    <body>
        <div id="container">
            <div id="header">
                <h1><a href="./">AAAA</a></h1>
                <div id="utility">
                    <ul>
                        <li><a href="about.html"> 关于我们 </a></li>
                        <li><a href="blog.html"> 博客 </a></li>
                        <li><a href="contact.html"> 联系我们 </a></li>
                    </ul>
                </div>
                <div id="nav">
                    <ul>
                        <li><a href="bbb.html">Android 之家 </a></li>
                        <li><a href="ccc.html"> 电话支持 </a></li>
                        <li><a href="ddd.html"> 在线客服 </a></li>
                        <li><a href="http://www.aaa.com"> 在线视频 </a></li>
                    </ul>
                </div>
            </div>
            <div id="content">
                <h2>About</h2>
                <p> 欢迎大家学习 Android，都说这是一个前途辉煌的职业，我也是这么认为的，希
望事实如此……</p>
            </div>
            <div id="sidebar">
                <img alt=" 好图片 " src="aaa.png">
                <p> 欢迎大家学习 Android，都说这是一个前途辉煌的职业，我也是这么认为的，希
望事实如此……</p>
```

```
            </div>
            <div id="footer">
                <ul>
                    <li><a href="bbb.html">Services</a></li>
                    <li><a href="ccc.html">About</a></li>
                    <li><a href="ddd.html">Blog</a></li>
                </ul>
                <p class="subtle"> 巅峰卓越 </p>
            </div>
        </div>
    </body>
</html>
```

根据“样式和表现相分离”的原则，我们需要单独写一个 CSS 文件，通过这个 CSS 文件来给上述这个网页进行修饰，修饰的最终目的是能够在 Android 手机上浏览。

开始写 CSS 文件，为了适应 Android 系统，我们写下面的 link 标签。

```
<link rel="stylesheet" type="text/css"
  href="android.css" media="only screen and (max-width: 480px)" />
<link rel="stylesheet" type="text/css"
  href="desktop.css" media="screen and (min-width: 481px)" />
```

在上述代码中，最明显的变动是浏览器宽度的变化，即：

```
max-width: 480px
min-width: 481px
```

这是因为手机屏幕的宽度和电脑屏幕的宽度是不一样的（当然长度也不一样，但是都具有下拉功能），480 是 Android 系统的标准宽度，上述代码的功能是不管浏览器的窗口是多大，桌面用户看到的都是文件 desktop.css 中样式修饰的页面，宽度都是用如下代码设置的宽度。

```
max-width: 480px
min-width: 481px
```

Link 标签的代码中有两个 CSS 文件，一个是 desktop.css，此文件是在开发电脑页面时编写的样式文件，是为这个 HTML 页面服务的。而文件 Android.css 是一个新文件，也是我们本章将要讲解的重点，通过这个 Android.css，可以将上面的电脑网页显示在 Android 手机中。当读者开发出完整的 Android.css 后，可以直接在 HTML 文件中将如下代码删除，即不再用这个修饰文件了。

```
<link rel="stylesheet" type="text/css"
  href="desktop.css" media="screen and (min-width: 481px)" />
```

此时在 Chrome 浏览器中浏览修改后的 HTML 文件，不管在 Android 手机浏览器还是电脑浏览器中，执行后都将得到一个完整的页面展示。此时的完整代码如下所示。

```
<html>
    <head>
        <title>AAAA</title>
        <link rel="stylesheet" type="text/css" href="android.css" media="only screen and (max-width: 480px)" />
        <link rel="stylesheet" type="text/css" href="desktop.css" media="screen and (min-width: 481px)" />
        <!--[if IE]>
            <link rel="stylesheet" type="text/css" href="explorer.css" media="all" />
        <![endif]-->
        <script type="text/javascript" src="jquery.js"></script>
        <script type="text/javascript" src="android.js"></script>
    <meta http-equiv="Content-Type" content="text/html; charset=gb2312">
    </head>
    <body>
        <div id="container">
          <div id="header">
                <h1><a href="./">AAAA</a></h1>
                <div id="utility">
                    <ul>
                        <li><a href="about.html"> 关于我们 </a></li>
                        <li><a href="blog.html"> 博客 </a></li>
                        <li><a href="contact.html"> 联系我们 </a></li>
                    </ul>
                </div>
                <div id="nav">
                    <ul>
                        <li><a href="bbb.html">Android 之家 </a></li>
                        <li><a href="ccc.html"> 电话支持 </a></li>
                        <li><a href="ddd.html"> 在线客服 </a></li>
                        <li><a href="http://www.aaa.com"> 在线视频 </a></li>
                    </ul>
                </div>
            </div>
            <div id="content">
                <h2>About</h2>
                <p> 欢迎大家学习 Android，都说这是一个前途辉煌的职业，我也是这么认为的，希
望事实如此……</p>
            </div>
            <div id="sidebar">
                <img alt=" 好图片 " src="aaa.png">
                <p> 欢迎大家学习 Android，都说这是一个前途辉煌的职业，我也是这么认为的，希
望事实如此……</p>
            </div>
```

```
            <div id="footer">
                <ul>
                    <li><a href="bbb.html">Services</a></li>
                    <li><a href="ccc.html">About</a></li>
                    <li><a href="ddd.html">Blog</a></li>
                </ul>
                <p class="subtle"> 巅峰卓越 </p>
            </div>
        </div>
    </body>
</html>
</html>
```

而 desktop.css 的代码如下所示。

```
For example:
body {
    margin:0;
    padding:0;
    font: 75% "Lucida Grande", "Trebuchet MS", Verdana, sans-serif;
}
```

【运行结果】

执行效果如图 10-1 所示。

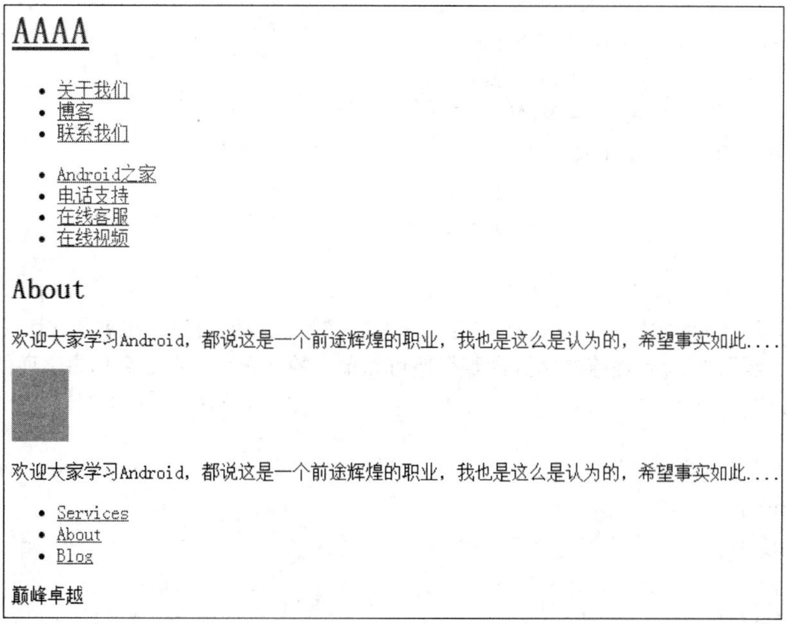

图 10-1　执行效果

10.1.1 控制页面的缩放

浏览器很认死理，除非我们明确告诉 Android 浏览器，否则它会认为页面宽度是 980px。当然这在大多数情况下能工作得很好，因为电脑已经适应了这个宽度。但是如果针对小尺寸屏幕的 Android 手机的话，我们必须做一些调整，必须在 HTML 文件的 head 元素里加一个 viewport 的元标签，让移动浏览器知道屏幕大小。

```
<meta name="viewport" content="user-scalable=no, width=device-width" />
```

这样就实现了屏幕的自动缩放，可以根据显示屏的大小带给我们不同大小的显示页面。读者无须担心加上 viewport 后在电脑上的显示影响，因为桌面浏览器会忽略 wiewport 元标签。

如果不设置 viewport 的宽度，页面在加载后会缩小。Android 浏览器的设置项允许用户设置默认缩放大小。选项有大、中（默认）、小。即使设置过 viewport 宽度，这个设置项也会影响页面的缩放大小。

10.1.2 添加 CSS 样式

我们接着上一节的演示代码继续讲解，前面代码中的文件 android.css 一直没用到，接下来将开始编写这个文件，目的是使我们的网页在 Android 手机上完美并优秀地显示。

1. 编写基本的样式

所谓的基本样式是指诸如背景颜色、字体大小、字体颜色等样式，在上一节实例的基础上继续扩展，看我们的具体实现流程。

（1）在文件 android.css 中设置 <body> 元素的基本样式。

```
body {
    background-color: #ddd; /* 背景颜色 r */
    color: #222;                /* 字体颜色 */
    font-family: Helvetica;   /* 字体 */
    font-size: 14px;   /* 字体大小 */
    margin: 0;                  /* 外边距 */
    padding: 0;                 /* 内边距 */
}
```

（2）开始处理 <header> 中的 <div> 内容，它包含主要入口的链接（也就是 logo）和一级、二级站点导航。第一步是把 logo 链接的格式调整得像可以单击的标题栏，在此我们将下面的代码加入到文件 android.css 中。

```
#header h1 {
    margin: 0;
    padding: 0;
}
#header h1 a {
    background-color: #ccc;
```

```
    border-bottom: 1px solid #666;
    color: #222;
    display: block;
    font-size: 20px;
    font-weight: bold;
    padding: 10px 0;
    text-align: center;
    text-decoration: none;
}
```

（3）用同样的方式格式化一级和二级导航的 <ul> 元素。在此只需用通用的标签选择器（也就是 #header ul）就够用了，而不必再设置标签 <ID>，也就不必设置诸如下面的样式了。

- #header ul
- #utility
- #header ul
- #nav

此步骤的代码如下所示。

```
#header ul {
    list-style: none;
    margin: 10px;
    padding: 0;
}
#header ul li a {
    background-color: #FFFFFF;
    border: 1px solid #999999;
    color: #222222;
    display: block;
    font-size: 17px;
    font-weight: bold;
    margin-bottom: -1px;
    padding: 12px 10px;
    text-decoration: none;
}
```

（4）给 content 和 sidebar div 加点内边距，让文字到屏幕边缘之间空出点距离。代码如下所示。

```
#content, #sidebar {
    padding: 10px;
}
```

（5）接下来设置 <footer> 中内容的样式，<footer> 里面的内容比较简单，我们只需将 display 设置为 none 即可，代码如下所示。

```
#footer {
    display: none;
}
```

【运行结果】

此时将上述代码在电脑中执行的效果如图 10-2 所示。

在 Android 中的执行效果如图 10-3 所示。

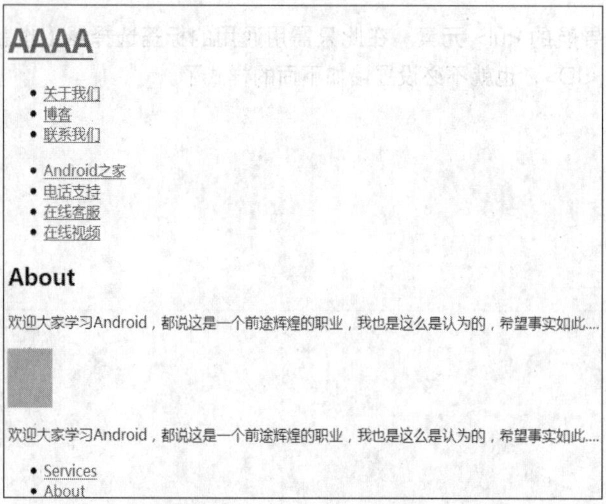

图 10-2　电脑中的执行效果

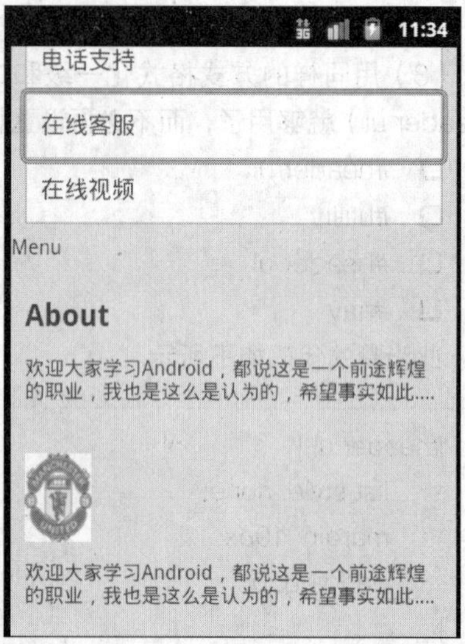

图 10-3　在 Android 中的执行效果

因为添加了自动缩放，并且添加了修饰 Menu 的样式，所以整个界面看上去“很美”。

2. 添加视觉效果

为了使我们的页面变得精彩，我们可以尝试加一些充满视觉效果的样式。

（1）给 <header> 文字加 1px 向下的白色阴影，背景加上 CSS 渐变效果。具体代码如下所示。

```
#header h1 a {
    text-shadow: 0px 1px 1px #fff;
    background-image: -webkit-gradient(linear, left top, left bottom, from(#ccc), to(#999));
}
```

对于上述代码有两点说明。

- text-shadow 声明：参数从左到右分别表示水平偏移、垂直偏移、模糊效果和颜色。在大多数情况下，可以将文字设置成上面代码中的数值，这在 Android 界面中的显示效果也不错。在大部分浏览器上，将模糊范围设置为 0px 也能看到效果。但 Andorid 要求模糊范围最少是 1px，如果设置成 0px，则在 Android 设备上将显示不出文字阴影。
- -webkit-gradient：让浏览器在运行时产生一张渐变的图片。因此，可以把 CSS 渐变功能用在任何平常指定图片（如背景图片或者列表式图片）URL 的地方。参数从左到右的排列顺序分别是：渐变类型（可以是 linear 或者 radial）、渐变起点（可以是 left top、left bottom、right

top 或者 right bottom)、渐变终点、起点颜色、终点颜色。

注意 在上述赋值时，不能颠倒描述渐变起点、终点常量（left top、left bottom、right top、right bottom）的水平和垂直顺序。也就是说，top left、bottom left、top right 和 bottom right 是不合法的值。

（2）给导航菜单加上圆角样式，代码如下所示。

```
#header ul li:first-child a {
    -webkit-border-top-left-radius: 8px;
    -webkit-border-top-right-radius: 8px;
}
#header ul li:last-child a {
    -webkit-border-bottom-left-radius: 8px;
    -webkit-border-bottom-right-radius: 8px;
}
```

上述代码使用 -webkit-border- radius 属性描述角的方式，定义列表第一个元素的上两个角和最后一个元素的下两个角为以 8 像素为半径的圆角。

【运行结果】

此时在 Android 中的执行效果如图 10-4 所示。

此时会发现列表显示样式变为了圆角样式，整个外观显得更加圆滑和自然。

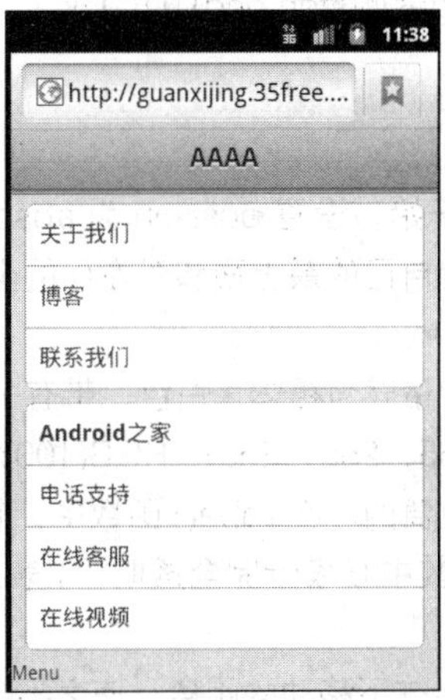

图 10-4　在 Android 中的执行效果

10.1.3 添加 JavaScript

经过前面的步骤，一个基本的 HTML 页面就设计完成了，并且这个页面可以在 Android 手机上完美显示。为了使页面更加完美，接下来的步骤的目的是给页面添加一些 JavaScript 元素，让页面支持一些基本的动态行为。在具体实现的时候，当然是基于前面介绍的 jQuery 框架。具体要做的是，让用户控制是否显示页面顶部那个太引人注目的导航栏，这样用户可以只在想看的时候去看。具体实现流程如下所示。

（1）隐藏 <header> 中的 ul 元素，让它在用户第一次加载页面之后不会显示出来。具体代码如下所示。

```
#header ul. hide{
display : none;
)
```

（2）定义显示和隐藏菜单的按钮，代码如下所示。

```
<div class=" leftButton" onclick="toggleMenu()">Menu< / div>
```

我们定义一个带有 leftButton 类的 div 元素，将被放在 header 里面，下面是这个按钮的完整 CSS 样式代码。

```
#header div.leftButton {
    position: absolute;
    top: 7px;
    left: 6px;
    height: 30px;
    font-weight: bold;
    text-align: center;
    color: white;
    text-shadow: rgba (0,0,0,0.6) 0px -1px 1px;
    line-height: 28px;
    border-width: 0 8px 0 8px;
    -webkit-border-image: url(images/button.png) 0 8 0 8;
}
```

上述代码的具体说明如下。

- position: absolute：从顶部开始，设置 position 为 absolute，相当于把这个 div 元素从 HTML 文件流中去掉，从而可以设置自己的最上面和最左面的坐标。
- height: 30px：设置高度为 30px。
- font-weight: bold：定义文字格式为粗体、白色，带有一点向下的阴影，在元素里居中显示。
- text-shadow: rgba：RGB(255，255，255)、RGB(100%，100%，96%) 格式和 #FFFFFF 格式是一个原理，都是设置颜色值的。在 rgba() 函数中，它的第 4 个参数用来定义 Alpha 值（透明度），取值范围从 0 到 1。其中 0 表示完全透明，1 表示完全不透明，0 到 1 之间的小数表示不同程度的半透明。
- line-height：把元素中的文字往下移动的距离，使之不会和上边框齐平。
- border-width 和 -webkit-border-image：这两个属性一起决定把一张图片的一部分放入某一元素的边框中去。如果元素大小随着文字的增减而改变，图片会自动拉伸以适应这样的变化。这一点其实非常棒，意味着只需要不多的图片、少量的工作、低带宽和更少的加载时间。
- border-width：让浏览器把元素的边框定位在距上 0px、距右 8px、距下 0px、距左 8px 的地方（4 个参数从上开始，以顺时针为序）。不需要指定边框的颜色和样式。边框宽度定义好之后，就要确定放进去的图片了。
- url(images/button.png) 0 8 0 8：5 个参数从左到右分别是：图片的 URL、上边距、右边距、

下边距、左边距（再一次，从上顺时针开始）。URL 可以是绝对（比如 http://example.com/myBorderImage.png）或者相对路径，后者是相对于样式表所在的位置的，而不是引用样式表的 HTML 页面的位置。

（3）开始在 HTML 文件中插入引入 JavaScript 的代码，将对 aaa.js 和 bbb.js 的引用写到 HTML 文件中。

```
<script type="text/javascript" src="aaa.js"></script>
<script type="text/javascript" src="bbb.js"></script>
```

在文件 bbb.js 中，我们编写一段 JavaScript 代码，这段代码的主要作用是让用户显示或者隐藏 nav 菜单。代码如下所示。

```
if (window.innerWidth && window.innerWidth <= 480) {
    $(document).ready(function(){
        $('#header ul').addClass('hide');
        $('#header').append('<div class="leftButton" onclick="toggleMenu()">Menu</div>');
    });
    function toggleMenu() {
        $('#header ul').toggleClass('hide');
        $('#header .leftButton').toggleClass('pressed');
    }
}
```

【范例分析】

对上述代码的具体说明如下所示。

第 1 行：括号中的代码，表示当 Window 对象的 innerWidth 属性存在并且 innerWidth 小于等于 480px（这是大部分手机合理的最大宽度值）时才执行到内部。这一行保证只有当用户用 Android 手机或者类似大小的设备访问这个页面时，上述代码才会执行。

第 2 行：使用了函数 document ready，此函数是“网页加载完成”函数。这段代码的功能是设置当网页加载完成之后才运行里面的代码。

第 3 行：使用了典型的 jQuery 代码，目的是选择 header 中的 <ul> 元素并且往其中添加 hide 类。

此处的“hide”前面的 CSS 选择器代码的功能是隐藏 header 的 ul 元素。

第 4 行：此处是给 header 添加按钮的地方，以显示和隐藏菜单。

第 8 行：函数 toggleMenu() 用 jQuery 的 toggleClass() 函数来添加或删除所选择对象中的某个类。这里应用了 header 的 ul 里的 hide 类。

第 9 行：在 header 的 leftButton 里添加或删除 pressed 类，类 pressed 的具体代码如下所示。

```
#header div.pressed {
    -webkit-border-image: url(images/button_clicked.png) 0 8 0 8;
}
```

【运行结果】

通过上述样式和 JavaScript 行为的设置以后，Menu 开始动起来了，默认是隐藏了链接内容，单击之后才会在下方显示链接信息，如图 10-5 所示。

图 10-5　下方显示信息

提 示

搭建网页运行环境

这里的搭建开发环境比较简单，只需要有一个网络空间即可。我们做的网页上传到空间中，然后保证在 Android 模拟器中上网浏览这个网页即可。可能有的读者本来就有自己的网站，也有的没有。没有的读者也不要紧张，我们可以申请一个免费的空间。很多网站提供了免费空间服务，例如 http://free.3v.do/。申请免费空间的基本流程如下所示。

（1）登录 http://free.3v.do/，如图 10-6 所示。

图 10-6　登录 http://free.3v.do/

（2）单击左侧的“注册”按钮来到注册表单界面，如图 10-7 所示。

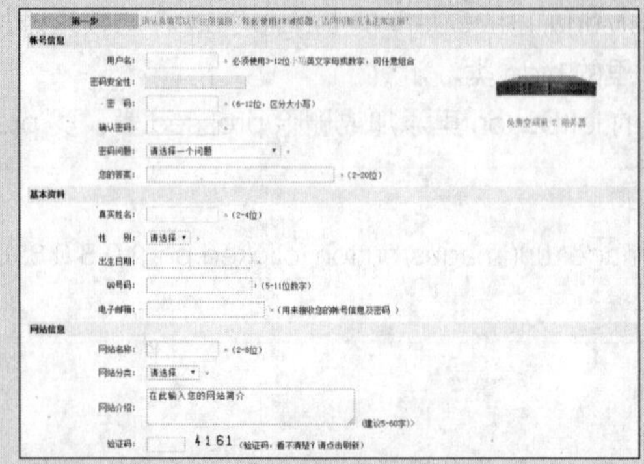

图 10-7　填写注册信息界面

（3）填写完毕后单击“递交”按钮完成注册，在用户中心界面我们可以管理自己的空间，如图 10-8 所示。

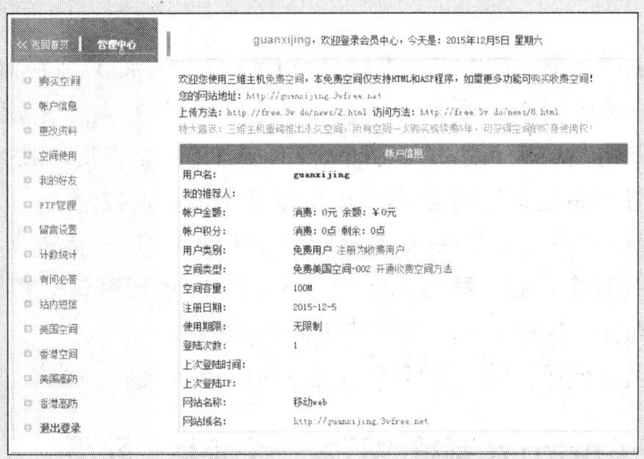

图 10-8　用户中心界面

（4）单击左侧的“FTP 管理”链接可以更改我们的 FTP 密码，并且可以查看我们空间的 IP 地址，如图 10-9 所示。

根据图 10-9 中的资料，我们可以用专业上传工具上传我们编写的程序文件。

（5）单击左侧的“文件管理”链接，在弹出的界面中我们可以在线管理我们空间中的文件。如图 10-10 所示。

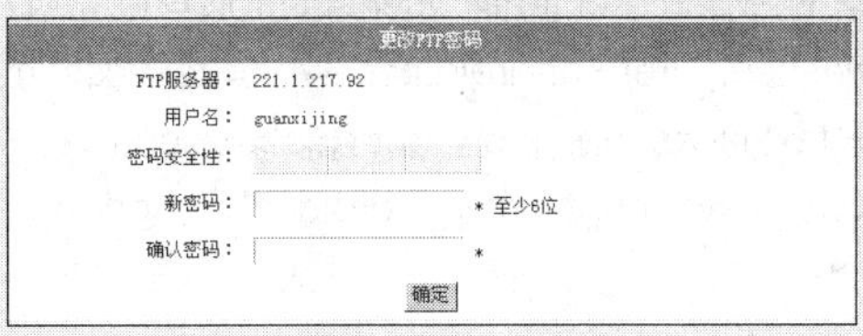

图 10-9　FTP 管理

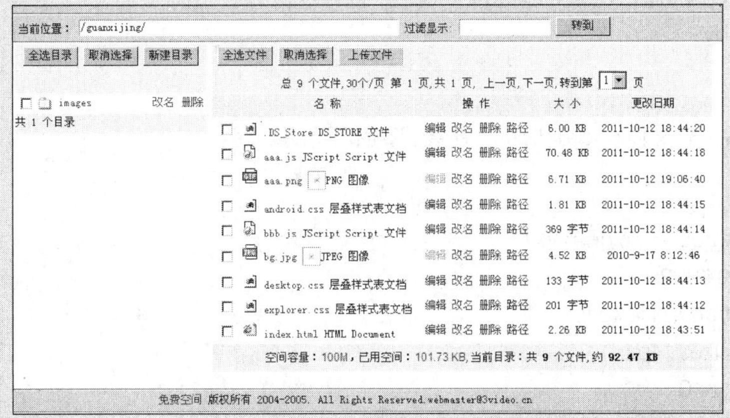

图 10-10　文件管理

单击图 10-10 中每一个文件的“路径”链接，我们可以获取这个文件的 URL 地址，这样我们在 Android 手机中就可以用这个 URL 来访问此文件，查看此文件在 Android 手机中的执行效果。

10.2 添加 Ajax 特效

本节教学录像：4 分钟

Ajax 是指异步 JavaScript 及 XML，是 Asynchronous JavaScript And XML 的缩写。Ajax 不是一种新的编程语言，而是一种用于创建更好更快以及交互性更强的 Web 应用程序的技术。通过使用 Ajax，我们的 JavaScript 可使用 JavaScript 的 XMLHttpRequest 对象来直接与服务器进行通信。通过这个对象，我们的 JavaScript 可在不重载页面的情况下与 Web 服务器交换数据。

Ajax 在浏览器与 Web 服务器之间使用异步数据传输（HTTP 请求），这样就可使网页从服务器请求少量的信息，而不是整个页面。既然 Ajax 和 JavaScript 的关系这么密切，那么就很有必要在开发的 Android 网页中使用 Ajax，这样可以给用户带来更精彩的体验。

接下来将以一个具体例子开始，讲解 Ajax 在 Android 网页中的简单应用。

【范例 10-2】在 Android 系统中开发一个 Ajax 网页

源码路径：光盘\配套源码\10\gaoji\

（1）编写一个简单的 HTML 文件，命名为 android.html，具体代码如下所示。

```
<html>
    <head>
        <title>Jonathan Stark</title>
        <meta name="viewport" content="user-scalable=no, width=device-width" />
        <link rel="stylesheet" href="android.css" type="text/css" media="screen" />
        <script type="text/javascript" src="jquery.js"></script>
        <script type="text/javascript" src="android.js"></script>
    </head>
    <body>
        <div id="header"><h1>AAA</h1></div>
        <div id="container"></div>
    </body>
</html>
```

（2）编写样式文件 android.css，主要代码如下所示。

```
body {
    background-color: #ddd;
    color: #222;
    font-family: Helvetica;
    font-size: 14px;
    margin: 0;
    padding: 0;
}
#header {
    background-color: #ccc;
    background-image: -webkit-gradient(linear, left top, left bottom, from(#ccc), to(#999));
```

```
    border-color: #666;
    border-style: solid;
    border-width: 0 0 1px 0;
}
#header h1 {
    color: #222;
    font-size: 20px;
    font-weight: bold;
    margin: 0 auto;
    padding: 10px 0;
    text-align: center;
    text-shadow: 0px 1px 1px #fff;
    max-width: 160px;
    overflow: hidden;
    white-space: nowrap;
    text-overflow: ellipsis;
}
ul {
    list-style: none;
    margin: 10px;
    padding: 0;
}
ul li a {
    background-color: #FFF;
    border: 1px solid #999;
    color: #222;
    display: block;
    font-size: 17px;
    font-weight: bold;
    margin-bottom: -1px;
    padding: 12px 10px;
    text-decoration: none;
}
ul li:first-child a {
    -webkit-border-top-left-radius: 8px;
    -webkit-border-top-right-radius: 8px;
}
ul li:last-child a {
    -webkit-border-bottom-left-radius: 8px;
    -webkit-border-bottom-right-radius: 8px;
}
ul li a:active, ul li a:hover {
    background-color: blue;
```

```
        color: white;
    }
    #content {
        padding: 10px;
        text-shadow: 0px 1px 1px #fff;
    }
    #content a {
        color: blue;
    }
```

上述样式文件在本章的前面内容中都进行了详细讲解。

（3）继续编写如下 HTML 文件

- about.html
- blog.html
- contact.html
- consulting–clinic.html
- index.html

为了简单起见，他们的代码都是一样的，具体代码如下所示。

```
<html>
    <head>
        <title>AAA</title>
        <meta name="viewport" content="user-scalable=no, width=device-width" />
        <link rel="stylesheet" type="text/css" href="android.css" media="only screen and (max-width: 480px)" />
        <link rel="stylesheet" type="text/css" href="desktop.css" media="screen and (min-width: 481px)" />
        <!--[if IE]>
            <link rel="stylesheet" type="text/css" href="explorer.css" media="all" />
        <![endif]-->
        <script type="text/javascript" src="jquery.js"></script>
        <script type="text/javascript" src="android.js"></script>
    <meta http-equiv="Content-Type" content="text/html; charset=gb2312">
    </head>
    <body>
        <div id="container">
      <div id="header">
                <h1><a href="./">AAAA</a></h1>
                <div id="utility">
                    <ul>
                        <li><a href="about.html">AAA</a></li>
                        <li><a href="blog.html">BBB</a></li>
                        <li><a href="contact.html">CCC</a></li>
```

```
                </ul>
            </div>
            <div id="nav">
                <ul>
                    <li><a href="bbb.html">DDD</a></li>
                    <li><a href="ccc.html">EEE</a></li>
                    <li><a href="ddd.html">FFF</a></li>
                    <li><a href="http://www.aaa.com">GGG</a></li>
                </ul>
            </div>
        </div>
        <div id="content">
            <h2>About</h2>
            <p> 欢迎大家学习 Android，都说这是一个前途辉煌的职业，我也是这么认为的，希
望事实如此……</p>
        </div>
        <div id="sidebar">
            <img alt=" 好图片 " src="aaa.png">
            <p> 欢迎大家学习 Android，都说这是一个前途辉煌的职业，我也是这么认为的，希
望事实如此……</p>
        </div>
        <div id="footer">
            <ul>
                <li><a href="bbb.html">Services</a></li>
                <li><a href="ccc.html">About</a></li>
                <li><a href="ddd.html">Blog</a></li>
            </ul>
            <p class="subtle"> 巅峰卓越 </p>
        </div>
    </div>
  </body>
</html>
```

（4）编写 JavaScript 文件 android.js，在此文件中使用了 Ajax 技术。具体代码如下所示。

```
var hist = [];
var startUrl = 'index.html';
$(document).ready(function(){
    loadPage(startUrl);
});
function loadPage(url) {
    $('body').append('<div id="progress">wait for a moment...</div>');
    scrollTo(0,0);
```

```
        if (url == startUrl) {
            var element = ' #header ul';
        } else {
            var element = ' #content';
        }
        $('#container').load(url + element, function(){
            var title = $('h2').html() || ' 你好 !';
            $('h1').html(title);
            $('h2').remove();
            $('.leftButton').remove();
            hist.unshift({'url':url, 'title':title});
            if (hist.length > 1) {
                $('#header').append('<div class="leftButton">'+hist[1].title+'</div>');
                $('#header .leftButton').click(function(e){
                    $(e.target).addClass('clicked');
                    var thisPage = hist.shift();
                    var previousPage = hist.shift();
                    loadPage(previousPage.url);
                });
            }
            $('#container a').click(function(e){
                var url = e.target.href;
                if (url.match(/aaa.com/)) {
                    e.preventDefault();
                    loadPage(url);
                }
            });
            $('#progress').remove();
        });
}
```

【范例分析】

对于上述代码的具体说明如下所示。

- 第 1 ~ 5 行：使用了 iQuery 的 document ready 函数，目的是使浏览器在加载页面完成后运行 loadPage() 函数。
- 剩余的行数是函数 loadPage(url) 部分，此函数的功能是载入地址为 URL 的网页，但是在载入时使用了 Ajax 技术特效。具体说明如下所示。
  - 第 7 行：为了使 Ajax 效果能够显示出来，在这个 loadPage() 函数启动时，在 body 中增加一个正在加载的 div，然后在 hij ackLinks() 函数结束的时候删除。
  - 第 9 ~ 13 行：如果没有在调用函数的时候指定 url（比如第一次在 document ready 函数中调用），url 将会是 undefined，这一行会被执行。这一行和下一行是 iQuery 的 load() 函数样例。load() 函数在给页面增加简单快速的 Ajax 实用性上非常出色。如果把这一行翻译出来，它的意思是“从 index.html 中找出所有 #header 中的 ul 元素，并把它们插入当前页面的

#container 元素中，完成之后再调用 hij ackLinks() 函数”。当 url 参数有值的时候，执行第 12 行。从效果上看，从传给 loadPage() 函数的 url 中得到 #content 元素，并把它们插入当前页面的 #container 元素，完成之后调用 hij ackLinks() 函数。

（5）最后的修饰。

为了能使我们设计的页面体现出 Ajax 效果，我们还需继续设置样式文件 android.css。

- 为了能够显示出“加载中…”的样式，需要在 android.css 中添加如下对应的修饰代码。

```
#progress {
    -webkit-border-radius: 10px;
    background-color: rgba(0,0,0,.7);
    color: white;
    font-size: 18px;
    font-weight: bold;
    height: 80px;
    left: 60px;
    line-height: 80px;
    margin: 0 auto;
    position: absolute;
    text-align: center;
    top: 120px;
    width: 200px;
}
```

- 用边框图片修饰“返回”按钮，并清除默认的单击后高亮显示的效果。在 android.css 中添加如下修饰代码。

```
#header div.leftButton {
    font-weight: bold;
    text-align: center;
    line-height: 28px;
    color: white;
    text-shadow: 0px -1px 1px rgba(0,0,0,0.6);
    position: absolute;
    top: 7px;
    left: 6px;
    max-width: 50px;
    white-space: nowrap;
    overflow: hidden;
    text-overflow: ellipsis;
    border-width: 0 8px 0 14px;
    -webkit-border-image: url(images/back_button.png) 0 8 0 14;
    -webkit-tap-highlight-color: rgba(0,0,0,0);
}
```

【运行结果】

此时在 Android 中执行我们的上述文件，执行后先加载页面，在加载时会显示“wait for a moment...”的提示，如图 10-11 所示。在滑动选择某个链接的时候，被选中的会有不同的颜色，如图 10-12 所示。

而文件 android.html 的执行效果和其他文件相比稍有不同，如图 10-13 所示。这是因为在编码时的有意而为之。

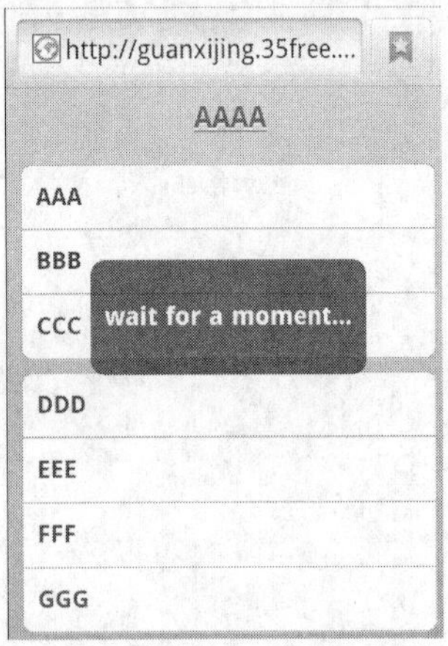

图 10-11　提示特效

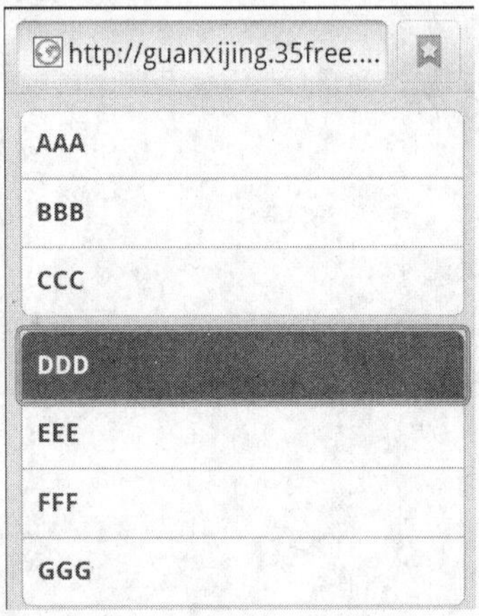

图 10-12　被选择的不同颜色

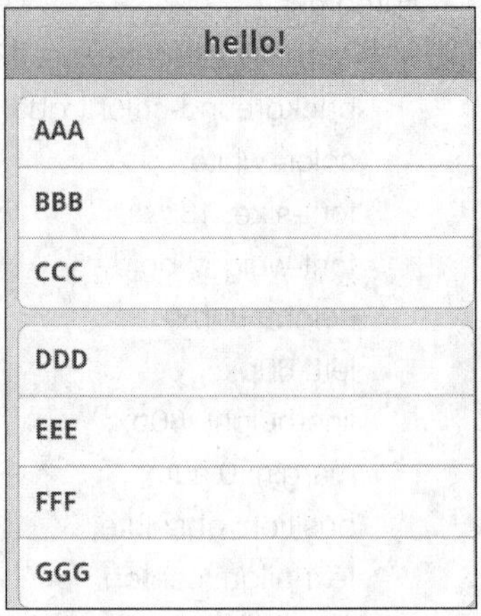

图 10-13　文件 android.html

提 示

充分利用开源的 JQTouch

最后的步骤就是使用 JQTouch 了，因为是开源部分，所以无须笔者耗费篇幅，笔者做的工作只是设置了里面的几个属性而已。文件 jqtouch.js 比较长，读者想理解 JQTouch 开源代码的各个部分，可以参阅相关资料。如果个人 JavaScript、Ajax、CSS、HTML 水平很不错，建议下载开源代码自己分析。网上也有很多参考资料，现在比较著名的是 LUPA 社区中的在线分析教程。此教程界面清新，左侧是导航，十分便于我们浏览，如图 10-14 所示。

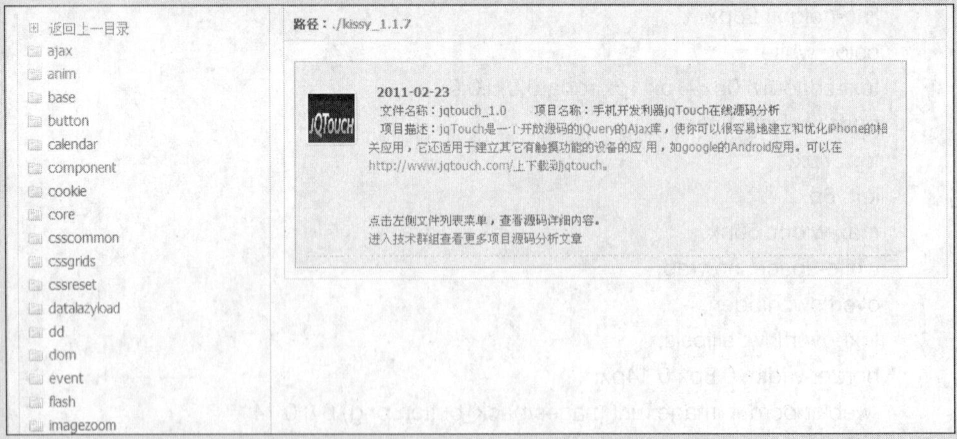

图 10-14　JQTouch 在线源码分析

10.3 综合应用——打造一个 iOS+jQuery Mobile+PhoneGap 程序

本节教学录像：2 分钟

在接下来的内容中，将创建第一个基于 iOS 系统的 PhoneGap 实例。首先，利用 HTML、CSS 和 JavaScript 来搭建一个标准的 Web 应用程序，然后用 PhoneGap 封装来访问移动设备的基本信息，在 iOS 模拟器上调试成功后，最后部署到实体机。为了在不同的设备上得到一样的渲染效果，将采用 jQuery Mobile 来设计应用程序界面。

【范例 10-3】在 iOS 系统中创建一个基于 PhoneGap 的应用程序

源码路径：光盘 \ 配套源码 \2\phonegap-2.9.0

【范例分析】

（1）在开始之前需要先准备集成开发环境 Xcode，必须先安装 iOS SDK 以及 PhoneGap。如果应用程序仅在模拟器中运行，则不需要准备开发者证书。

（2）利用 Xcode 中的模板创建一个空项目，将整个目录结构分为三个部分：项目文件夹（以项目名称为文件夹名称，这里是 HelloWorld）、Frameworks 和 Products。Frameworks 中包含该应用可能用到的所有库文件，一般不需要修改。Products 文件夹包含了编译成功后的 .app 文件。HelloWorld 文件夹包含项目的主体文件，其中 Cordova.framework 引入了 Cordova 静态库，Resources 目录包含图片以及和国际化有关的资源。Classes 目录包含了应用程序委派的头文件和可执行文件、主界面控制器的头文件和可执行文件。Plugins 中包含了可能添加的插件头文件和可执行文件。Supporting Files 中的文件 .plist 类似于项目的 properties，包含项目基本信息（如名称和图标），InfoPlist.strings 包含国际化 info.plist 键值对。

（3）把系统生成的“www”文件夹添加到 HelloWorld 中，具体做法是右键单击 HelloWorld 项目，在弹出的快捷菜单中选择“添加文件到 HelloWorld”菜单，然后选择“www”目录，最后单击“Finish”按钮。此时可以看到“www”文件夹出现在项目的文件列表下，并且文件夹的图标是蓝色的，表示该文件夹已经成为文件引用类型，而不是虚拟的目录。

创建后的目录结构如图 10-15 所示。

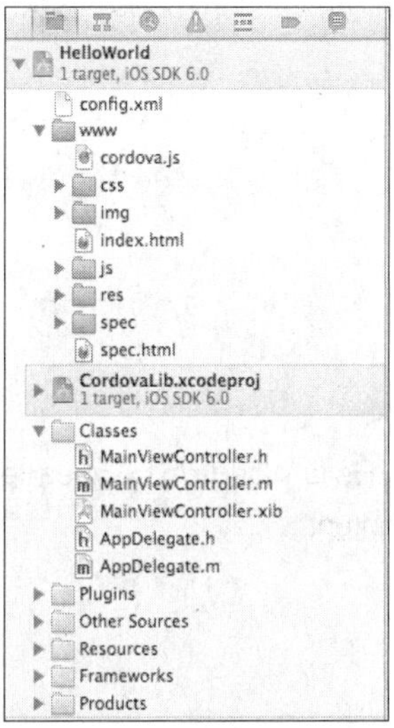

图 10-15　目录结构

在“www”目录下编写测试的网页文件 index.html，具体实现代码如下所示。

```
<!DOCTYPE html>
<html>
<head>
  <meta charset="utf-8">
  <meta name="viewport" content="width=device-width, initial-scale=1">
  <title>index.html</title>
  <link rel="stylesheet" href="jquery.mobile-1.0.1.min.css" />
  <script type="text/javascript" charset="utf-8" src="jquery.js"></script>
  <script type="text/javascript" charset="utf-8" src="jquery.mobile-1.0.1.min.js"></script>
  <script type="text/javascript" charset="utf-8" src="cordova.js" ></script>
  <script type="text/javascript" charset="utf-8">

  $( function() {

  });
  $(document).ready(function(){

    console.log("jquery ready");
    document.addEventListener("deviceready", onDeviceReady, false);
    console.log("register the listener");
  });

  function onDeviceReady()
  {
      console.log("onDeviceReady");
      $(".content").html("<ul data-role='listview'><li>"+device.name+"</li><li>"+device.cordova+"</
li><li>"+device.platform+"</li><li>"+device.version+"</li><li>"+device.uuid+"</li></ul>");
  }


  </script>
</head>
<body>
<!-- begin first page -->
<div id="page1" data-role="page" >
<header data-role="header"><h1>Hello World</h1></header>
<div data-role="content" class="content">
<h3> 设备信息 </h3>

</ul>
</div>
```

```
<footer data-role="footer"><h1>Footer</h1></footer>
</div>
<!-- end first page -->
</body>
</html>
```

【运行结果】

在 iOS 模拟器中的执行效果如图 10-16 所示。

图 10-16　执行效果

10.4 综合应用——打造一个 Android+jQuery Mobile+PhoneGap 程序

本节教学录像：5 分钟

在接下来的内容中，将详细讲解在 Android 平台中创建一个基于 PhoneGap 的程序的过程。

【范例 10-4】在 Android 平台创建基于 PhoneGap 的应用程序

源码路径：光盘 \ 配套源码 i\10\HelloWorld\

10.4.1 建立一个基于 Web 的 Android 应用

创建标准 Android 应用的操作步骤如下所示。

（1）启动 Eclipse，依次选中 File、New、Other 菜单，然后在向导的树形结构中找到 Android 节点。并单击“Android Project”，在项目名称上填写“HelloWorld”。

（2）单击“Next”按钮，选择目标 SDK，在此选择 2.3.3。单击“Next”按钮，然后填写包名为“com.adobe.phonegap”，如图 10-17 所示。

（2）单击“Finish”按钮，此时将成功构建一个标准的 Android 项目。图 10-18 展示了当前项目的目录结构。

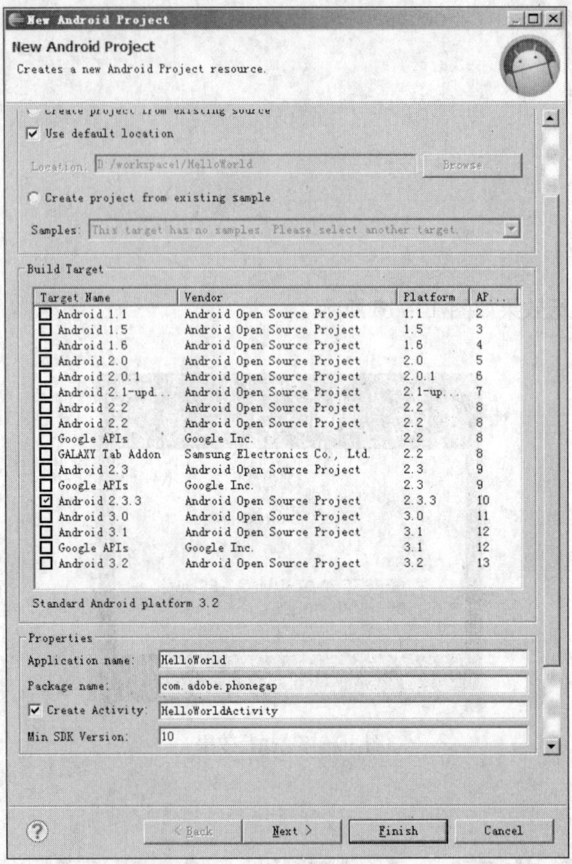

图 10-17　创建 Android 工程

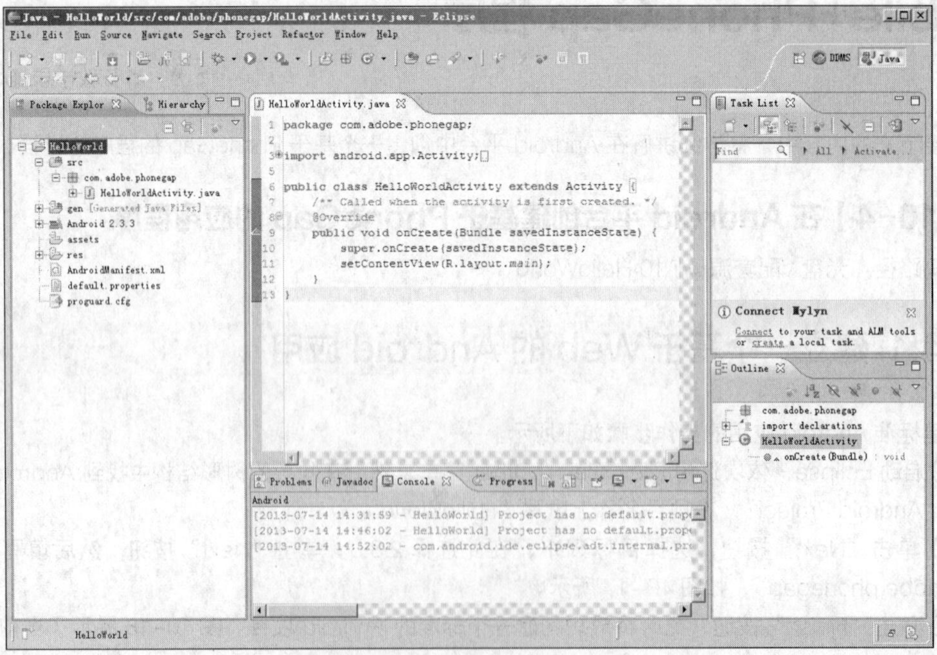

图 10-18　创建的 Android 工程

10.4.2 添加 Web 内容

在 HelloWorld 中，将要添加的 Web 页面只有 index.html，该页面要完成的功能是在内容区域输出“HelloWorld”。为了确保在不同的移动平台上显示一样的效果，我们使用 jQuery Mobile 来设计 UI。

（1）在“HelloWorld”程序的“assets”目录下创建“www”文件夹，这个文件夹是所有 Web 内容的容器。

（2）下载 jQuery Mobile，笔者在此实例中使用的版本是 1.1.0 RC1。除了需要 jQuery Mobile 的 CSS 和相关 JavaScript 文件外，还需要用到 jquery.js。

（3）下载完 jQuery Mobile 并解压缩后，将 jquery.mobile-1.0.1.min.css、jquery.mobile-1.0.1.min.js 和 jquery.js 放置在 www 文件夹下，如图 10-19 所示。

图 10-19　添加 jQuery Mobile 文件

（4）开始编写文件 index.html，该页面是一个单页结构，共包含三部分，分别是页头、内容和页脚。文件 index.html 的具体代码如下所示。

```
<!DOCTYPE html>
<html>
<head>
  <meta charset="utf-8">
  <meta name="viewport" content="width=device-width, initial-scale=1">
  <title>index.html</title>
  <link rel="stylesheet" href="jquery.mobile-1.0.1.min.css" />
  <script type="text/javascript" charset="utf-8" src="jquery.js"></script>
  <script type="text/javascript" charset="utf-8" src="jquery.mobile-1.0.1.min.js"></script>
</head>
<body>
<!-- begin first page -->
<div id="page1" data-role="page" >
<header data-role="header"><h1>Hello World</h1></header>
<div data-role="content" class="content">
<h3> 设备信息 </h3>

</ul>
</div>
<footer data-role="footer"><h1>Footer</h1></footer>
</div>
<!-- end first page -->
```

```
</body>
</html>
```

【运行结果】

目前，该页面无法显示在移动设备中，它在桌面浏览器上的显示效果如图 10-20 所示。

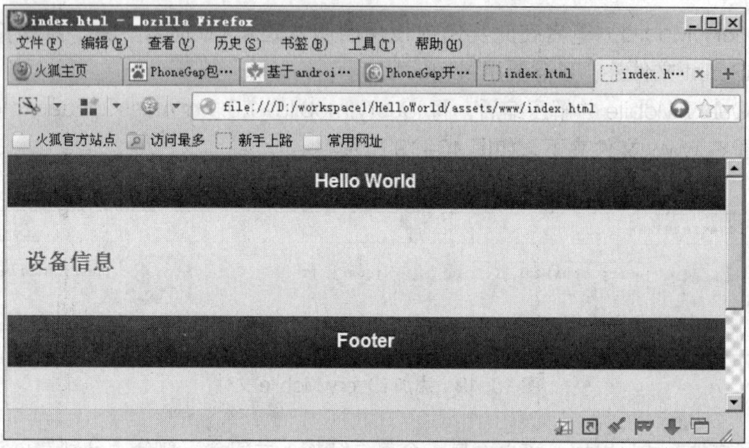

图 10-20　文件 index.html 的执行效果

10.4.3 利用 PhoneGap 封装成移动 Web 应用

整个封装过程可以分为如下所示的 4 部分。

- 第一部分：修改项目结构，即创建一些必要的目录结构。
- 第二部分：引入 PhoneGap 相关文件，包含 cordova.js 和 cordova.j ar，其中 cordova.js 主要用于 HTML 页面，而 cordova.jar 作为 Java 库文件引入。
- 第三部分：修改项目文件（包含 HTML 页面和 activity 类文件）。
- 第四部分：是可选的，即修改项目元数据 AndroidManifest.xml，我们可以根据实际需要来修改该配置文件。

在接下来的内容中，将逐一介绍每一部分的具体实现过程。

（1）修改项目结构

在项目的根目录下创建“libs”和“assets/www”文件夹，前者是将要添加的 cordova.jar 包的容器，后者（该文件夹在“添加 Web 内容”一节中已经创建）是 Web 内容的容器。

（2）引入 PhoneGap 相关文件。

在前面已经下载了最新的 PhoneGap 发布包 2.9.0。进入发布包的 \lib\android 目录，将文件 cordova.js 复制到 assets/www 目录下，将 cordova-2.9.0.jar 库文件复制到 libs 目录下，将 XML 文件夹复制到 res 目录下，作为 res 目录的一个子目录。在 PhoneGap 2.0 以前，XML 文件夹包含两个配置文件 cordova.xml 和 plugins.xml，从 2.0 开始，这两个文件合并成一个 config.xml。修改项目的 Java 构建路径，把 libs 下的 cordova-2.9.0.jar 添加到编译路径中。

（3）修改项目文件。

修改默认的 Java 文件 HelloWorldActivity，使其继承 DroidGap，修改后的代码如下所示。

```
package com.adobe.phonegap;
import org.apache.cordova.DroidGap;
import android.app.Activity;
import android.os.Bundle;
public class HelloWorldActivity extends DroidGap {
    /** Called when the activity is first created. */
    @Override
    public void onCreate(Bundle savedInstanceState) {
        super.onCreate(savedInstanceState);
        super.loadUrl("file:///android_asset/www/index.html");
    }
}
```

在上述代码中，DroidGap 是 PhoneGap 提供的，此类继承自 android.app.Activity 类。如果需要 PhoneGap 提供的 API 访问设备的原生功能或者设备信息，则需要在 index.html 的 <header> 标签中加入如下代码：

```
<script type="text/javascript" charset="utf-8" src="cordova.js" >
```

【运行结果】

在本例中，我们先实验一下不引入 cordova.js 时的情况，此时在模拟器上的运行效果如图 10-21 所示。

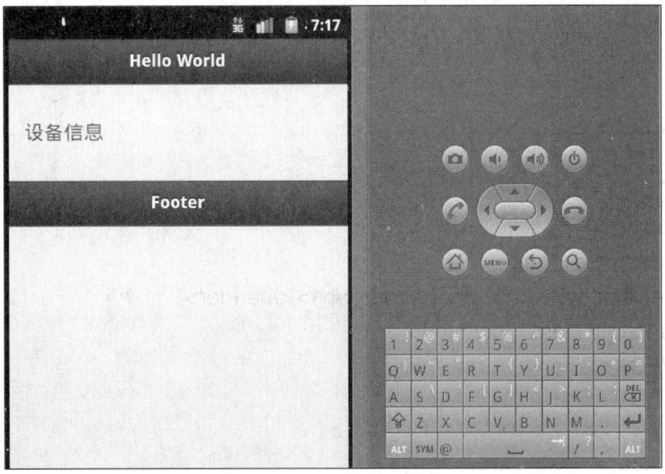

图 10-21　不引入 cordova.js 时的执行效果

现在修改文件 index.html，将文本“I am here”替换为显示设备信息。更改后的 index.html 页面的代码如代码如下所示。

```
<!DOCTYPE html>
<html>
<head>
```

```
    <meta charset="utf-8">
    <meta name="viewport" content="width=device-width, initial-scale=1">
    <title>index.html</title>
    <link rel="stylesheet" href="jquery.mobile-1.0.1.min.css" />
    <script type="text/javascript" charset="utf-8" src="jquery.js"></script>
    <script type="text/javascript" charset="utf-8" src="jquery.mobile-1.0.1.min.js"></script>
    <script type="text/javascript" charset="utf-8" src="cordova.js" ></script>
    <script type="text/javascript" charset="utf-8">

    $( function() {

    });
    $(document).ready(function(){

        console.log("jquery ready");
        document.addEventListener("deviceready", onDeviceReady, false);
        console.log("register the listener");
    });

    function onDeviceReady()
    {
        console.log("onDeviceReady");
        $(".content").html("<ul data-role='listview'><li>"+device.name+"</li><li>"+device.cordova+"</
li><li>"+device.platform+"</li><li>"+device.version+"</li><li>"+device.uuid+"</li></ul>");
    }


    </script>
  </head>
  <body>
  <!-- begin first page -->
  <div id="page1" data-role="page" >
  <header data-role="header"><h1>Hello World</h1></header>
  <div data-role="content" class="content">
  <h3> 设备信息 </h3>

  </ul>
  </div>
  <footer data-role="footer"><h1>Footer</h1></footer>
  </div>
  <!-- end first page -->
  </body>
  </html>
```

在上述代码中，使用函数 onDeviceReady() 调用 $（".content"）.html() 函数来修改 div 中的 HTML 内容。

10.4.4 修改权限文件

在文件 AndroidManifest.xml 中，增加了访问网络和照相机的权限，并添加了适用不同分辨率的设置代码。文件 AndroidManifest.xml 的具体代码如下所示。

```
<?xml version="1.0" encoding="utf-8"?>
<manifest xmlns:android="http://schemas.android.com/apk/res/android"
        package="com.adobe.phonegap"
        android:versionCode="1"
        android:versionName="1.0">

      <supports-screens android:largeScreens="true" android:normalScreens="true"
android:smallScreens="true"   android:resizeable="true" android:anyDensity="true"   />
    <uses-permission android:name="android.permission.CAMERA" />
    <uses-permission android:name="android.permission.VIBRATE" />
    <uses-permission android:name="android.permission.ACCESS_COARSE_LOCATION" />
    <uses-permission android:name="android.permission.ACCESS_FINE_LOCATION" />
    <uses-permission android:name="android.permission.ACCESS_LOCATION_EXTRA_COMMANDS" />
    <uses-permission android:name="android.permission.READ_PHONE_STATE" />
    <uses-permission android:name="android.permission.INTERNET" />
    <uses-permission android:name="android.permission.RECEIVE_SMS" />
    <uses-permission android:name="android.permission.RECORD_AUDIO" />
    <uses-permission android:name="android.permission.MODIFY_AUDIO_SETTINGS" />
    <uses-permission android:name="android.permission.READ_CONTACTS" />
    <uses-permission android:name="android.permission.WRITE_CONTACTS" />
    <uses-permission android:name="android.permission.WRITE_EXTERNAL_STORAGE" />
    <uses-permission android:name="android.permission.ACCESS_NETWORK_STATE" />
    <uses-permission android:name="android.permission.BROADCAST_STICKY" />
      <uses-sdk android:minSdkVersion="10" />

      <application android:icon="@drawable/icon" android:label="@string/app_name">
          <activity android:name=".HelloWorldActivity"
                    android:label="@string/app_name">
              <intent-filter>
                  <action android:name="android.intent.action.MAIN" />
                  <category android:name="android.intent.category.LAUNCHER" />
              </intent-filter>
          </activity>
      </application>
</manifest>
```

【运行结果】

到此为止，整个实例介绍完毕，此时在 Android 中的执行效果如图 10-22 所示。

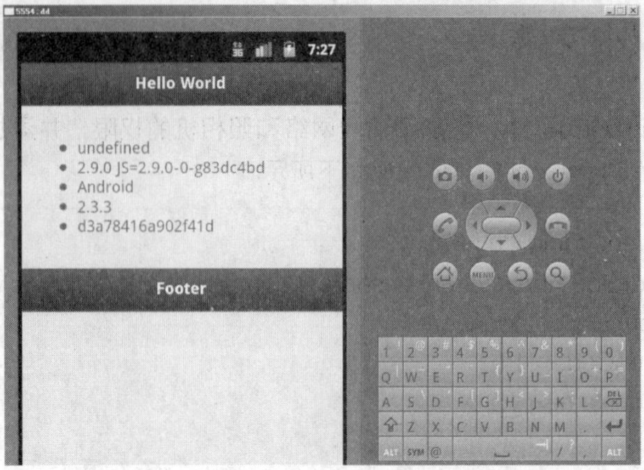

图 10-22　最终的执行效果

10.5 高手点拨

1. 建议将桌面浏览器的样式表和 Android 样式表划清界限

在现实的开发应用中，最好将桌面浏览器的样式表和 Android 样式表划清界限。笔者自我感觉，写两个完全独立的文件会舒服很多。当然还有另一种做法，即把所有的 CSS 规则放到一个单一的样式表中，但是这种做法不值得提倡，原因有二：

- 文件太长了就显得麻烦，不利于维护；
- 把太多不相关的桌面样式规则发送到手机上，这会浪费一些宝贵的带宽和存储空间。

2. 不要注重外观而不注重实用

目前，很多企业在进行网页设计时，往往注重网站外观是否漂亮，有的网页为追求漂亮，用了大量的 Flash，实际上 Flash 不利于百度蜘蛛的抓取，不利于企业开展网络营销，建议企业在进行网页设计时，不仅要重视它的外观是否漂亮，还要注意网页是否迎合搜索引擎的喜好。

10.6 实战练习

1. 在表单中选择多个上传文件

请在页面中设置一个查询表单，单击“浏览”按钮后弹出文件选择对话框，在此可以选择多个上传文件。

2. 在表单中自动提示输入文本

尝试在页面的表单中新增一个 ID 号为“1stWork”的 <datalist> 元素，然后创建一个文本输入框，并将文本框的“list”属性设置为“1stWork”，即将文本框与 <datalist> 元素进行绑定。当单击输入框时，将显示 <datalist> 元素中的列表项。

第 3 篇

知识进阶

第 11 章

本章教学录像：35 分钟

Web Sockets 实时数据处理

Web Sockets 是 HTML5 中的一种 Web 应用通信机制，能够在客户端与服务器端之间进行非 HTTP 的通信。本章详细介绍在移动 Web 页面中使用 Web Sockets API 实现通信的方法，为读者步入本书后面知识的学习打下基础。

本章要点（已掌握的在方框中打钩）

- □ 安装 jWebSocket 服务器
- □ 实现跨文档传输数据
- □ 使用 WebSocket 传送数据
- □ 处理 JSON 对象
- □ jWebSocket 框架
- □ jWebSocket 令牌详解
- □ 综合应用——使用 jWebSocketTest 框架进行通信

11.1 安装 jWebSocket 服务器

本节教学录像：5 分钟

随着当今生活节奏的加快，对站点效率的要求也越来越高。为了提高开发动态 Web 的效率，市面上诞生了以 Web Sockets 为基础开发的 jWebSocket 框架。jWebSocket 框架是一个成熟的、可以实现 Socket 通信的框架，可以直接使用它所提供的服务器插件及 API 来实现 Socket 通信的 Web 应用程序。因为 jWebSocket 服务器是基于纯 Java 技术建立起来的，因此在运行 jWebSocket 服务器时一定要确保已经安装了 Java Runtime Environment（JRE）1.6 或者更高版本，并且设置好 Java-HOME 环境变量并将其指向 Java 的安装路径。在 Windows 操作系统中，推荐在 PATH 环境变量中添加 java.exe 文件的所在路径，否则需要调整安装包内提供的启动 jWebSocket 服务器时所使用的批处理文件。

在开发应用中，安装 jWebSocket 服务器的具体步骤如下所示。

（1）下载 jWebSocket 服务器安装包（jWebSocketServer-< 版本号 >.zip）

在该压缩文件中包括 jWebSocketServer-< 版本号 >.jar 文件，包括所有运行 jWebSocket 服务器时所必需的库文件以及 jWebSocketServer-< 版本号 >.bat 批处理文件。

（2）解压安装包

在解压后的路径中包括 jWebSocketServer-< 版本号 > 目录，该目录就是 jWebSocket 服务器的根目录，里面包含了如下所示的 4 个子目录。

- conf 子目录：包含一个用于对 jWebSocket 服务器进行配置的 jWebSocket.xml 文件。
- Libs 子目录：包含 jWebSocketServer.jar 文件与所有运行 jWebSocket 服务器时所必需的库文件，包括利用插件或过滤器对 jWebSocket 进行扩展时所需要的 .jar 文件。
- bin 目录：包含所有的 Windows 可执行文件，作为 Windows 服务被使用时的文件，启动 jWebSocket 服务器时所需要使用的批处理文件，安装与卸载 Windows 的 32 位或 64 位的服务时所需要使用的文件。
- Logs 目录：包含作为日志来使用的 jWebSocket.log 日志文件。

（3）设置 JWEBSOCKET-HOME 环境变量，并将其指向 jWebSocket 的根目录：

```
jWebSocketServer-< 版本号 > 目录
```

（4）在 Windows 操作系统中，运行 bin 目录下的批处理文件 jWebSocketServer.bat。

在运行 jWebSocket 服务器时，可以在命令行中添加如下所示的参数：

```
-config <jWebSocket 服务的配置文件的路径 >
```

这样可以在该参数中手动指定运行 jWebSocket 服务器时使用的配置文件及其路径，而无须使用默认的配置文件。

11.2 实现跨文档传输数据

本节教学录像：5 分钟

在 JavaScript 脚本程序中，出于对代码安全性的考虑，不允许跨域访问其他页面中的元素。但是这样也造成了一个问题，会给不同区域的页面数据互访带来障碍。在 HTML5 标记语言中，可以利用

postMessage 方法在两个不同域名与端口的页面之间实现数据的接收与发送功能。要想实现跨域页面间的数据互访，需要调用对象的 postMessage() 方法，具体调用格式如下所示。

```
otherWindow.postMessage (message,targetOrIgin)
```

各个参数的具体说明如下所示。

- otherWindow：数据接收数据页面的引用对象，可以是 window.open 的返回值，也可以是 iframe 的 contentWindow 属性，或通过下标返回的 window.frames 单个实体对象。
- message：表示所有发送的数据、字符类型，也可以是 JSON 对象转换后的字符内容。
- targetOrigin：表示发送数据的 URL 来源，用于限制 otherWindow 对象的接收范围，如果该值为通配符号 (t)，则表示不限制发送来源，指向全部的地址。

在接下来的内容中，将通过一个具体的演示实例的实现过程，来讲解在网页中实现跨文档传输数据的方法。

【范例 11-1】在网页中实现跨文档传输数据

源码路径：光盘 \ 配套源码 \11\11-1\1.html

本实例演示了使用方法 postMessage() 实现跨文档传输数据的过程。

【范例分析】

本实例的实现文件是 1.html，具体实现流程如下所示。

（1）首先创建一个 HTML5 页面，并在页面中添加一个 <iframe> 标记作为子页面。

（2）在主页面的文本框中输入生成随机数的位数，在单击“请求”按钮后，子页面将接收该位数信息，并向主页面返回根据该位数生成的随机数。

（3）主页面能够接收指定位数的随机数，并将随机数显示在页面中，从而完成在不同文档之间的数据互访功能。

实例文件 1.html 的具体实现代码如下所示。

```
<!DOCTYPE html>
<html>
<head>
<meta charset="utf-8" />
<title> 用 PostMessage() 实现跨文档传输数据 </title>
<link href="css.css" rel="stylesheet" type="text/css">
<script type="text/javascript" language="jscript"
        src="js1.js"/>
</script>
</head>
<body onLoad="pageload();">
  <fieldset>
    <legend> 跨文档请求数据 </legend>
    <p id="pStatus"></p>
    <input id="txtNum" type="text" class="inputtxt">
    <input id="btnAdd" type="button" value=" 请求 "
```

```
            class="inputbtn" onClick="btnSend_Click();">
        <iframe id="ifrA" src="Message.html"
            width="0px" height="0px" frameborder="0"/>
    </fieldset>
</body>
</html>
```

CSS 样式文件 css.css 的具体代码如下所示。

```
@charset "utf-8";
/* CSS Document */
body {
    font-size:12px
}
.inputbtn {
    border:solid 1px #ccc;
    background-color:#eee;
    line-height:18px;
    font-size:12px
}
.inputtxt {
    border:solid 1px #ccc;
    line-height:18px;
    font-size:12px;
    padding-left:3px
}
fieldset{
    padding:10px;
    width:285px;
    float:left
}
#pStatus{
    display:none;
    border:1px #ccc solid;
    width:248px;
    background-color:#eee;
    padding:6px 12px 6px 12px;
    margin-left:2px
}
textarea{
    border:solid 1px #ccc;
    padding:3px;
    text-align:left;
```

```
    font-size:10px
  }
  .w176{
    width:176px
    }
  .w85{
    width:85px
  }
  .pl140{
    padding-left:135px
  }
  .pl2{
    padding-left:2px
  }
  .ml4{
    margin-left:4px
  }
  #divMap{
    height:260px;
    width:560px;
  }
```

脚本文件 js1.js 的具体代码如下所示。

```
function $$(id) {
      return document.getElementById(id);
}
var strOrigin = "http://localhost";
// 自定义页面加载函数
function pageload() {
      window.addEventListener('message',
      function(event) {
            if (event.origin == strOrigin) {
                  $$("pStatus").style.display = "block";
                  $$("pStatus").innerHTML += event.data;
            }
      },
      false);
}
// 单击"请求"按钮时调用的函数
function btnSend_Click() {
      // 获取发送内容
      var strTxtValue = $$("txtNum").value;
```

```
    if (strTxtValue.length > 0) {
        var targetOrigin = strOrigin;
        $$("ifrA").contentWindow.postMessage(strTxtValue, targetOrigin);
        $$("txtNum").value = "";
    }
}
```

然后通过 <iframe> 元素的“src”属性导入一个名称为 Message.html 的子页面，功能是接收主页面请求生成随机数长度的值，并返回根据该值生成的随机数。文件 Message.html 的具体代码如下所示。

```
<!DOCTYPE html>
<html>
<head>
<meta charset="utf-8" />
<title></title>
<link href="css.css" rel="stylesheet" type="text/css">
<script type="text/javascript" language="jscript"
        src="js162.js"/>
</script>
</head>
<body onLoad="PageLoadForMessage();">
</body>
</html>
```

在本实例的上述代码中，为了接收页面间传输的数据，在加载主、子页面时都为页面添加了 message 事件，添加方式如下所示。

```
window.addEventListener( 'messagel,function (event)  {...},false);
```

【运行结果】

执行效果如图 11-1 所示。

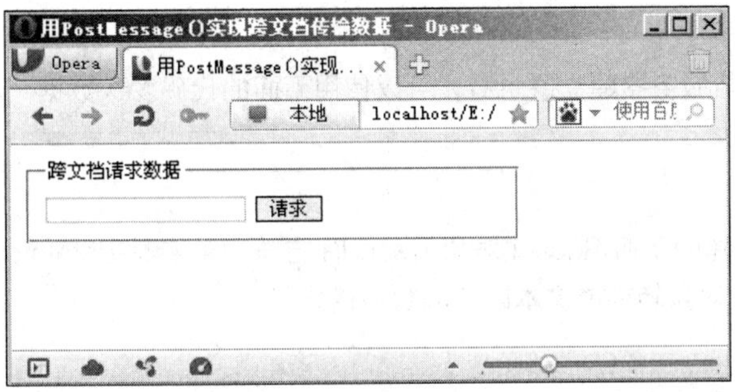

图 11-1 执行效果

注意 如果成功在页面中添加“message”事件，那么通过方法 postMessage() 向页面发送数据请求时会触发该事件，并通过事件回调函数中 event 对象的“data”属性捕获发送来的数据。在本实例中，将捕获的数据 event.data 传递给另外一个自定义函数 RetRndNum()，此函数的功能是生成随机数。另外，在 event 对象中还包含“source”和“origin”属性，分别代表发送数据对象与发送来源，可以使用属性“source”向发送数据页面返回数据。同时，还可以通过属性“origin”检测互通数据的域名是否正确，以规避因域名不正确产生的恶意代码来源，确保数据交互的安全性。在本实例中，主、子页面通过“event.origin==strOrigin”代码，判断各自请求来源是否是约定的 strOrigin 值。如果是，则进行后面的操作，否则不进行任何数据交互操作。

11.3 使用 WebSocket 传送数据

本节教学录像：5 分钟

在移动 Web 页面中，WebSocket 为客户端与服务器端搭起了一座双向通信的桥梁，实现了服务器端信息的推送功能。在本节的内容中，将详细讲解使用 WebSocket 传送数据的基本知识。

11.3.1 使用 Web Sockets API 的方法

WebSocket 这座桥梁是一个实时、永久性的连接，服务器端一旦与客户端建立了这样的双向连接，就可以将数据推送至 Socket 中。而客户端只要有一个 Socket 绑定的地址和端口与服务器建立联系，就可以接收推送来的数据。在网页开发过程中，使用 Web Sockets API 的基本步骤如下所示。

1. 创建连接

新建一个 WebSocket 对象的方法十分方便，具体代码如下所示。

```
var objns=new WebSocket ("ws://localhost:3131/test/demo");
```

其中，URL 必须以“ws”字符开头，剩余部分可以像使用 HTTP 地址一样来编写。该地址没有使用 HTTP，因为它的属性为 WebSocket URL；URL 必须由 4 个部分组成，分别是通信标记（ws）、主机名称（host）、端口号（port）及 Web Sockets Server。

2. 发送数据

当 WebSocket 对象与服务器建立联系后，可以使用下面的代码发送数据。

```
objns.send(dataInfo);
```

其中，objns 为新创建的 WebSocket 对象，send() 方法中的参数 dataInfo 为字符类型，即只能使用文本数据或者将 JSON 对象转换成文本内容的数据格式。

3. 接收数据

客户端添加事件机制用于接收服务器发送来的数据，具体代码如下所示。

```
objns.onmessage=function( event){
alert (event.data)
)
```

其中，通过回调函数中 event 对象的“data”属性来获取服务器端发送的数据内容，该内容可以是一个字符串或者 JSON 对象。

4. 设置状态标志

通过 WebSocket 对象的“readyState”属性记录连接过程中的状态值。属性“readyState”是一个连接的状态标志，用于获取 WebSocket 对象在连接、打开、关闭中和关闭时的状态。

11.3.2 在网页中传送数据

在本实例中新建了一个 HTML5 页面，当用户在文本框中输入发送内容并单击“发送”按钮后，通过创建的 WebSocket 对象将内容发送至服务器端，同时页面接收服务器端返回来的数据，并展示在页面的 <textarea> 元素中。

【范例 11-2】在网页中使用 WebSocket 传送数据

源码路径：光盘\配套源码\11\11-2\2.html

实例文件 2.html 的具体实现代码如下所示。

```
<!DOCTYPE html>
<html>
<head>
<meta charset="utf-8" />
<title> 使用 WebSocket 传送数据 </title>
<link href="css.css" rel="stylesheet" type="text/css">
<script type="text/javascript" language="jscript"
          src="js2.js"/>
</script>
</head>
<body onLoad="pageload();">
   <textarea id="txtaList" cols="26" rows="12"
                readonly="true"></textarea><br>
     <input id="txtMessage" type="text" class="inputtxt">
     <input id="btnAdd" type="button" value=" 发送 "
            class="inputbtn" onClick="btnSend_Click();">
</body>
</html>
```

编写脚本文件 js2.js，具体代码如下所示。

```
function $$(id) {
     return document.getElementById(id);
}
```

```
var strTip = "";
var objWs = null;
var conUrl = "ws://localhost:3131/test/demo";
var SocketCreated = false;
var arrState = new Array(" 正在建立连接 ...", " 连接成功 !",
                        " 正在关闭连接 ...", " 连接已关闭 !",
                        " 正在初始化值 ...", " 连接出错 !");
// 自定义页面加载时函数
function pageload() {
    if (SocketCreated && (objWs.readyState == 0 || objWs.readyState == 1)) {
        objWs.close();
    } else {
        Handle_List(arrState[4]);
        try {
            objWs = new WebSocket(conUrl);
            SocketCreated = true;
        } catch(ex) {
            Handle_List(ex);
            return;
        }
    }
    // 添加 socket 对象的打开事件
    objWs.onopen = function() {
        Handle_List(arrState[objWs.readyState]);
    }
  // 添加 socket 对象的接收服务器数据事件
    objWs.onmessage = function(event) {
        Handle_List(" 系统消息 :" +event.data);
    }
  // 添加 socket 对象的关闭事件
    objWs.onclose = function() {
        Handle_List(arrState[objWs.readyState]);
    }
  // 添加 socket 对象的出错事件
    objWs.onerror = function() {
        Handle_List(arrState[5]);
    }
}
// 自定义单击“发送”按钮时调用的函数
function btnSend_Click() {
    var strTxtMessage = $$("txtMessage").value;
    if (strTxtMessage.length > 0) {
        objWs.send(strTxtMessage);
        Handle_List(" 我说 :" + strTxtMessage);
        $$("txtMessage").value = "";
    }
}
// 自定义显示与服务器交流内容的函数
```

```
function Handle_List(message) {
    strTip += message + "\n";
    $$("txtaList").innerHTML = strTip;
}
```

【范例分析】

文件 js2.js 的功能是设置当页面加载 onLoad 事件时会调用自定义函数 pageload()，该函数的实现流程如下所示。

- 首先根据变量 SocketCreated 与 readyState 属性的值，检测是否还存在没有关闭的连接，如果存在，则调用 WebSocket 对象的 close() 方法关闭。
- 然后使用 try 语句通过新创建的 WebSocket 对象与服务器请求连接。
- 如果连接成功，则将变量 SocketCreated 赋值为 true，否则执行 catch 部分代码，将错误显示在页面的 <textarea> 元素中。
- 为了能实时捕捉与服务器端连接的各种状态，在函数 pageload() 中自定义了 WebSocket 对象的打开 (open)、接收数据 (message)、关闭连接 (close)、连接出错 (error) 等事件，在触发这些事件时会将获取的数据显示在 <textarea> 元素中。
- 当单击“发送”按钮时，先检测发送的内容是否为空，再调用 WebSocket 对象的 send() 方法，将获取的数据发送至服务器端。

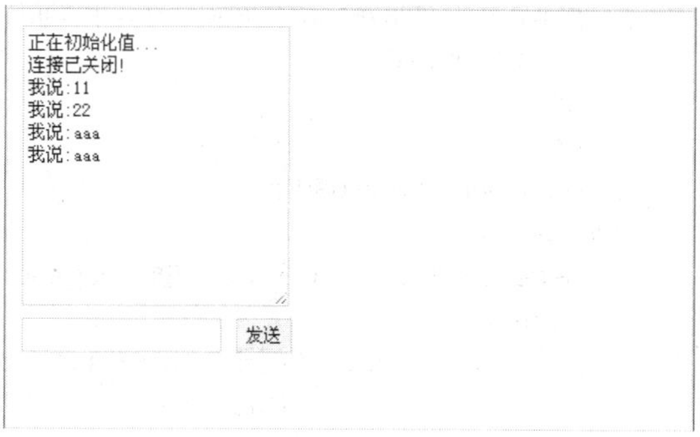

图 11-2 执行效果

【运行结果】

执行效果如图 11-2 所示。

> **注意** 要想实现客户端与服务器端的连接并且双方互通数据，首要条件是需要在服务器端进行一些系统的配置，并使用服务器端代码编写程序支持客户端的请求。

11.4 处理 JSON 对象

本节教学录像：4 分钟

在移动 Web 页面中，客户端能够发送与接收 JSON 对象。但是，在发送与接收过程中需要借助 JavaScript 中的如下两个方法。

- JSON.parse：功能是将文本数据转换成 JSON 对象。
- JSON.stringify：功能是将 JSON 对象转换成文本数据。

在 HTML5 标记语言中，因为 WebScoket 对象中的方法 send() 只能接收字符型的数据，所以在发送数据时需要将 JSON 对象转换成文本数据，在接收过程中再将服务器推送的文本数据转换成 JSON 对象。

在接下来的内容中，将通过一个具体的演示实例的实现过程，来讲解在网页中传送 JSON 对象的方法。

【范例 11-3】在网页中传送 JSON 对象

源码路径：光盘 \ 配套源码 \11\11-3\3.html

在本实例的实现文件是 3.html，具体实现流程如下所示。

（1）以前面的实例 11-2 为基础，新添加了一个 <textarea> 元素，用于显示从服务器接收的在线人员数据。

（2）当用户输入发送内容并单击“发送”按钮后，将使用 JSON 对象的形式向服务器端发送输入的发送内容与时间。

实例文件 3.html 的具体实现代码如下所示。

```
<!DOCTYPE html>
<html>
<head>
<meta charset="utf-8" />
<title> 用 WebSocket 传送对象 </title>
<link href="Ccss.css" rel="stylesheet" type="text/css">
<script type="text/javascript" language="jscript"
        src="js3.js"/>
</script>
</head>
<body onLoad="pageload();">
<fieldset>
    <legend> 用 JSON 对象传输数据 </legend>
      <div>
          <span><b> 对话记录 </b></span>
          <span class="pl140">
                <b> 在线人员 </b>
          </span>
      </div>
    <textarea id="txtaList" cols="26" rows="12"
          readonly="true"></textarea>
    <textarea id="txtaUser" cols="10" rows="12"
          readonly="true"></textarea>
      <div class="pl2">
    <input id="txtMessage" type="text" class="inputtxt w176">
    <input id="btnAdd" type="button" value=" 发送 "
          class="inputbtn w85 ml4" onClick="btnSend_Click();">
      </div>
  </fieldset>
</body>
</html>
```

编写脚本文件 js3.js，此文件与实例 11-2 基本相同，具体实现流程如下所示。

（1）为了能够向服务器端发送输入内容与对应时间，需要将获取的内容变量 strTxtMessage 与当前时间 strTime.toLocaleTimeString() 这两项内容，通过调用 JSON.stringify 方法转换成文本数据，再调用 send() 方法向服务器端发送数据。

（2）在 message 事件中，为了更好地接收服务器端推送来的数据，先调用 JSON.parse 方法将获取的 event.data 数据转成 JSON 对象，再通过遍历对象元素的方法，将接收的全部数据信息展示在对应的 <textarea> 元素中。

文件 js3.js 的具体实现代码如下所示。

```
function $$(id) {
    return document.getElementById(id);
}
var strList = "";
var strUser = "";
var objWs = null;
var conUrl = "ws://localhost:3131/test/JSON";
var SocketCreated = false;
var arrState = new Array(" 正在建立连接 ...", " 连接成功 !", " 正在关闭连接 ...",
                    " 连接已关闭 !", " 正在初始化值 ...", " 连接出错 !");
// 自定义页面加载时函数
function pageload() {
    if (SocketCreated && (objWs.readyState == 0 || objWs.readyState == 1)) {
        objWs.close();
    } else {
        Handle_List(arrState[4]);
        try {
            objWs = new WebSocket(conUrl);
            SocketCreated = true;
        } catch(ex) {
            Handle_List(ex);
            return;
        }
    }
    // 添加 socket 对象的打开事件
    objWs.onopen = function() {
        Handle_List(arrState[objWs.readyState]);
    }
    // 添加 socket 对象的接收服务器数据事件
    objWs.onmessage = function(event) {
        var objJSON =JSON.parse(event.data);
        for (var intI = 0; intI < objJSON.length; i++) {
            Handle_User(objJSON[intI].UserName);
            Handle_User(objJSON[intI].Stauts);
        }
    }
    // 添加 socket 对象的关闭事件
    objWs.onclose = function() {
        Handle_List(arrState[objWs.readyState]);
    }
    // 添加 socket 对象的出错事件
```

```
        objWs.onerror = function() {
            Handle_List(arrState[5]);
        }
    }
    // 自定义单击“发送”按钮时调用的函数
    function btnSend_Click() {
        var strTxtMessage = $$("txtMessage").value;
        // 定义一个日期型对象
        var strTime = new Date();
        if (strTxtMessage.length > 0) {
            objWs.send(JSON.stringify({
                content: strTxtMessage,
                datetime: strTime.toLocaleTimeString()
            }));
            Handle_List(strTime.toLocaleTimeString());
            Handle_List(" 我说 :" + strTxtMessage);
            $$("txtMessage").value = "";
        }
    }
    // 自定义显示对话记录内容的函数
    function Handle_List(message) {
        strList += message + "\n";
        $$("txtaList").innerHTML = strList;
    }
    // 自定义显示在线人员内容的函数
    function Handle_User(message) {
        strUser += message + "\n";
        $$("txtaUser").innerHTML = strUser;
    }
```

【运行结果】

执行效果如图 11-3 所示。

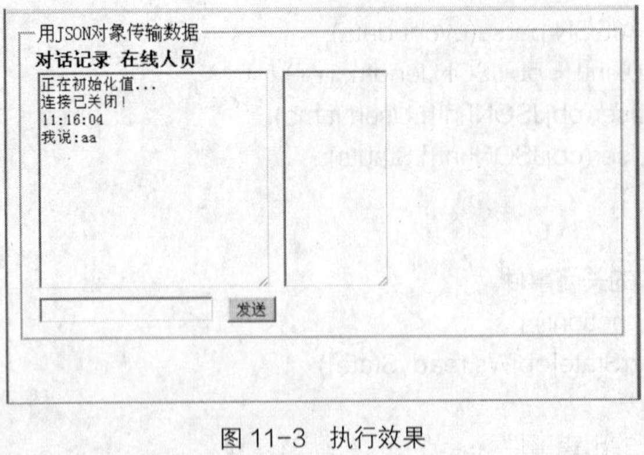

图 11-3 执行效果

11.5 jWebSocket 框架

本节教学录像：5 分钟

在移动 Web 页面中，jWebSocket 是一个安全、可靠的 Java/JavaScript 高速双向通信解决方案，开发人员可以通过 jWebSocket 创建基于 HTML5 的流媒体和通信 Web 应用程序。HTML5 中的 WebSockets 是一种超高速双向 TCP 套接字通信技术，是实现 HTML5 上的 WebSocket 功能的 Java 和 JavaScript 的开源框架。在本节的内容中，将详细讲解在 HTML5 中使用 jWebSocket 框架的基本知识，为读者步入本书后面知识的学习打下基础。

11.5.1 jWebSocket 框架的构成

在移动 Web 页面中，jWebSocket 包含了 jWebSocket Server、jWebSocket Clients 以及 jWebSocket FlashBridge 等内容，具体说明如下所示。

- jWebSocket Server：基于 Java 的 WebSocket 服务器，用于 server-to-client(S2C)（客户端到服务器）的流媒体解决方案，和服务器控制 client-to-client（C2C）（客户端到客户端）的通信。
- jWebSocket Clients：这是纯 JavaScript 的 WebSocket 客户端，它包含了多个子协议和可选的用户机制、session 机制、timeout 机制等，无需插件即可实现。并且现在可以应用在任何其他 Java、Android 客户端。
- jWebSocket：基于 Flash 的 WebSocket 插件的跨浏览器兼容性。
- FlashBridge：告诉所有浏览器双向通信。

11.5.2 创建 jWebSocket 服务器端的侦听器

在本节的内容中，将详细讲解创建一个 jWebSocket 服务器端的侦听器的方法。在创建侦听器之前，将首先介绍 jWebSocket 服务器层通信架构的知识。

1. jWebSocket 的通信架构

HTML5 中的 WebSocket 协议是一种基于 TCP 套接字（Socket）通信协议之上的通信协议，但是当使用 WebSocket 协议时，在浏览器与客户端之间只需做一个握手动作即可形成一条快速通道，这样两者之间可以直接互相传送数据。当使用 HTTP 协议进行通信的时候，浏览器需要不断向服务器发出请求，由于 HTTP request 的 header 非常长，而其中包含的数据可能是一个很小的值，这样会占用很多的带宽和服务器资源。此时如果使用 Socket 协议进行通信，就可以避免这种情况的发生，可以很好地节省服务器资源和带宽，同时也实现了实时通信。在现实应用中，一个服务器可以同时处理几百个并发的客户端连接。因为 jWebSocket 具有可扩展性的特性，所以使用多个服务器组成的群集几乎可以支持无限个客户端，其实这也是 jWebSocket 2.0 版的实现目标。

在 HTML5 应用中使用 jWebSocket 服务器时，每个客户端与 jWebSocket 服务器的一个连接器（connetor）建立连接。连接器由一个类似 jWebSocket 的内部 TCP 引擎（Engine）或诸如 Jbos Netty 之类的第三方引擎所驱动，jWebSocket 的核心服务层可以驱动很多第三方引擎。

2. 创建侦听器

在接下来的内容中，将详细讲解创建一个 jWebSocket 服务器端侦听器（Listener）的过程。创建侦听器后，开发者可以更加容易地处理服务器端接收到的消息，可以自定义客户端与服务器端建立连接、关闭连接或执行其他操作时服务器端所执行的处理。

在 HTML5 开发应用中，创建侦听器并实现自定义逻辑的基本步骤如下所示。

（1）创建一个服务器端的侦听器类。

要实现自定义侦听器类，首先需要创建一个继承 WebSocketListener 类或 WebSocketTokenListener 类的 jWebSocket 侦听器类。例如在下面的代码中，自定义了一个当客户端发送 getInfo 类型的令牌时服务器端可以返回自定义令牌的令牌侦听器，在令牌中存储了一组客户端与服务器端之间相互发送的令牌消息，客户端可以向服务器端发送令牌，服务器可以根据客户端发送的令牌类型返回对应的令牌。

源码路径：光盘 \ 配套源码 \11\jWebSocketTest\src\serverTest\JWebSocketTokenListenerSample.java

```
package serverTest;
import javax.servlet.http.HttpServlet;

import org.apache.log4j.Logger;
import org.jwebsocket.api.WebSocketPacket;
import org.jwebsocket.kit.WebSocketServerEvent;
import org.jwebsocket.listener.WebSocketServerTokenEvent;
import org.jwebsocket.listener.WebSocketServerTokenListener;
import org.jwebsocket.logging.Logging;
import org.jwebsocket.token.Token;
import org.jwebsocket.config.*;
public class JWebSocketTokenListenerSample extends HttpServlet implements
WebSocketServerTokenListener{
    private static Logger log =Logging.getLogger(JWebSocketTokenListenerSample.class);

    @Override
    public void processToken(WebSocketServerTokenEvent aEvent, Token aToken) {
        log.info("Client '" + aEvent.getSessionId() + "' sent Token: '" + aToken.toString() + "'.");
        String lNS = aToken.getNS();
        String lType = aToken.getType();
        // 你可以在此根据客户端发送的令牌类型返回相应的自定义的令牌
        if (lType != null && "my.namespace".equals(lNS)) {
            // 创建一个服务器端的响应令牌
            Token lResponse = aEvent.createResponse(aToken);
            // 如果令牌类型为 getInfo，则在响应令牌中加入一些自定义消息
            if ("getInfo".equals(lType)) {
                lResponse.put("vendor", JWebSocketCommonConstants.VENDOR);
                lResponse.put("copyright",JWebSocketCommonConstants.COPYRIGHT);
                lResponse.put("license", JWebSocketCommonConstants.LICENSE);
            }
            // 如果令牌类型为 my.namespace 命名空间中的其他类型，则加入一些自定义错误信息
            else {
                lResponse.put("code", -1);
                lResponse.put("msg", " 令牌类型 '" + lType + "' 在 '" + lNS + "' 命名空间里不被支持 .");
            }
            aEvent.sendToken(lResponse);
        }
```

```
    }
    @Override
    public void processClosed(WebSocketServerEvent aEvent) {
        // TODO Auto-generated method stub
        log.info("Client '" + aEvent.getSessionId() + "' disconnected.");
    }
    @Override
    public void processOpened(WebSocketServerEvent aEvent) {
        // TODO Auto-generated method stub
        log.info("Client '" + aEvent.getSessionId() + "' connected.");
    }
    @Override
    public void processPacket(WebSocketServerEvent aEvent, WebSocketPacket aPacket) {
        // 可以在此处直接处理非令牌的更低阶层的数据包
    }
}
```

在上述代码中，当服务器端接收到客户端发送的令牌时会调用 procesToken 事件处理函数。上述代码的具体实现流程如下所示。

第一步：自定义一个 INFO，并将该 INFO 消息输出到控制台，也可以输出到日志。

第二步：获取客户端发送令牌的命名空间并赋值给变量 1NS，获取客户端发送令牌的类型并赋值给变量 1Type。如果客户端发送的令牌存在令牌类型且命名空间是“my.namespace”，则创建服务器端的响应令牌。

第三步：判断客户端发送令牌的令牌类型。如果令牌类型等于“getInfo”，则在响应中加入如下所示的一些自定义消息。

- 加入 vendor 字段，并设置字段值为提供 jWebSocket 服务的供应商。
- 加入 copyright 字段，并设置字段值为供应商所声明的版权信息。
- 加入 license 字段，并且设置字段值为供应商所声明的许可证信息。

第四步：当客户端接收到令牌时，可以通过 aToken 参数（表示接收到的服务器端的响应令牌）的 vendor 属性、copyright 属性和 license 属性访问到这些内容。

如果客户端发送的令牌的命名空间等于“my.namespace”，而令牌类型不是“getInfo”，则在响应令牌中加入如下所示的自定义错误消息。

- 加入 code 字段，并且设置字段值为 -1。
- 加入 msg 字段，并且设置字段值为自定义错误信息，文字为：“令牌类型”+ 客户端发送令牌的令牌类型 +“在”+ 客户端发送令牌的命名空间 +“命名空间里不被支持”。

第五步：当客户端接收到令牌时可以通过 aToken 参数的 code 属性与 msg 属性访问到这些内容。

第六步：在 processToken 事件处理函数的最后，将在 procesToken 事件处理函数中创建的服务器端的响应令牌发送给客户端，具体代码如下所示。

```
aEvent.sendToken (lResponse);
```

（2）在 jWebSocket 服务器中注册自定义的侦听器类。

在定义好侦听器类之后，接下来需要在 jWebSocket 服务器中注册所定义的侦听器类，具体实现代码如下所示。

源码路径：光盘 \ 配套源码 \11\jWebSocketTest\src\serverTest\ContextListener.java

```
package serverTest;
import javax.servlet.ServletContextEvent;
import javax.servlet.ServletContextListener;
import org.jwebsocket.server.TokenServer;
import org.jwebsocket.factory.JWebSocketFactory;
import plugInTest.SamplePlugIn;
public class ContextListener  implements ServletContextListener{
  @Override
  public void contextInitialized(ServletContextEvent sce) {
      // 启动 jWebSocket 服务器的子系统
      JWebSocketFactory.start();
      // 获取令牌服务器
      TokenServer lServer = (TokenServer)JWebSocketFactory.getServer("ts0");
      // 如果获取到令牌服务器
      if( lServer != null ) {
        // 将自定义侦听器注册到服务器的侦听器链中
        lServer.addListener(new JWebSocketTokenListenerSample());
        SamplePlugIn lSP=new SamplePlugIn();
        lServer.getPlugInChain().addPlugIn(lSP);
      }
  }
  @Override
  public void contextDestroyed(ServletContextEvent sce) {
      // 关闭 jWebSocket 服务器的子系统
      JWebSocketFactory.stop();
  }
}
```

上述代码的具体实现流程如下所示。

第一步：通过 start() 启动一个 jWebSocket 服务器的子系统，每一个使用 jWebSocket 服务器的 ContextListener 类都需要使用这行代码，因为在运行每一个应用程序时都需要启动一个 WebSocket 服务器的子系统。启动完毕后需要获取 jWebSocket 服务器中的令牌服务器。

第二步：因为在 jWebSocket 服务器的配置文件中，org.jwebsocket.server.TokenServer（令牌服务器类）的 id 属性被配置为“ts0”，所以在此需要获取令牌服务器。

第三步：在 Web 工程的文件 web.xml 中添加类 ContextListener 与令牌（Jweb SocketToken ListenerSample）的定义。具体实现代码如下所示。

源码路径：光盘 \ 配套源码 \11\jWebSocketTest\WebRoot\WEB-INF\web.xml

```
<?xml version=” 1.0” encoding=” UTF-8” ?>
<web-app version="2.5"
  xmlns="http://java.sun.com/xml/ns/javaee"
  xmlns:xsi="http://www.w3.org/2001/XMLSchema-instance"
  xsi:schemaLocation="http://java.sun.com/xml/ns/javaee
  http://java.sun.com/xml/ns/javaee/web-app_2_5.xsd">
```

```
    <listener>
        <description>ServletContextListener</description>
        <listener-class>serverTest.ContextListener</listener-class>
    </listener>
        <listener>
        <description>HttpSessionListener</description>
        <listener-class>serverTest.SessionListener</listener-class>
    </listener>
            <servlet>
        <servlet-name>JWebSocketTokenListenerSample</servlet-name>
        <servlet-class>
            serverTest.JWebSocketTokenListenerSample
        </servlet-class>
        <load-on-startup>1</load-on-startup>
    </servlet>
    <servlet-mapping>
        <servlet-name>JWebSocketTokenListenerSample</servlet-name>
        <url-pattern>/JWebSocketTokenListenerSample</url-pattern>
    </servlet-mapping>

    <session-config>
        <session-timeout>
            30
        </session-timeout>
    </session-config>
  <welcome-file-list>
    <welcome-file>index.jsp</welcome-file>
  </welcome-file-list>
</web-app>
```

在这个时候，就可以直接在页面中使用自定义的令牌侦听器了。

（3）在页面上使用自定义的令牌侦听器。

编写 HTML5 文件 helloworld.html，具体实现代码如下所示。

源码路径：光盘\配套源码\11\jWebSocketTest\WebRoot\hello_world.html

```
<!DOCTYPE html>
<html>
<head>
<meta charset="UTF-8">
<title>jWebSocket 示例 </title>
<style>
div#msg{
  border: 0px;
  margin:10px 0px 10px 0px;
  padding: 3px;
  background-color: #f0f0f0;
```

```
    -moz-border-radius: 5px;
    -webkit-border-radius: 5px;
        position:relative;
        height:300px;
        overflow:auto;
        font-size: 14px;
    }
    </style>
    <script type="text/javascript" src="jWebSocket.js"></script>
    <script type="text/javascript" src="samplesPlugIn.js"></script>
    <script type="text/javascript" language="JavaScript">
    var jWebSocketClient;
    var userName;
    function window_onload()
    {
        if( jws.browserSupportsWebSockets() ) {
            jWebSocketClient = new jws.jWebSocketJSONClient();
            jWebSocketClient.setSamplesCallbacks({OnSamplesServerTime:getServerTimeCallback});
            document.getElementById("btnConnect").disabled="";
        }
        else {
            var lMsg = jws.MSG_WS_NOT_SUPPORTED;
            alert( lMsg );
        }
    }
    function btnConnect_click()
    {
        var lURL = jws.JWS_SERVER_URL;
        userName = document.getElementById("userName").value;
        var userPass = document.getElementById("userPass").value;
        var msg=document.getElementById("msg");
        msg.innerHTML=" 连接到地址：" + lURL + " 并且以 \"" + userName + "\" 用户名与服务器建立链接 ...";
        var lRes = jWebSocketClient.logon(lURL,userName,userPass, {
            OnOpen: function( aEvent ) {
                msg.innerHTML+="<br/>jWebSocket 连接已建立 ";
            },
            OnMessage: function( aEvent, aToken ) {
                msg.innerHTML+="<br/>jWebSocket \"" + aToken.type + "\" 令牌收到，消息字符串为：\""
+ aEvent.data + "\"";
            },
            OnClose: function( aEvent ) {
                msg.innerHTML+="<br/>jWebSocket 连接被关闭 .";
                document.getElementById("btnbroadcastText").disabled="disabled";
                document.getElementById("btnDisConnect").disabled="disabled";
                document.getElementById("btnTestPlugIn").disabled="disabled";
            }
```

```
        });
        msg.innerHTML+="<br/>"+jWebSocketClient.resultToString(lRes);
        if(lRes.code==0)
        {
            document.getElementById("btnbroadcastText").disabled="";
            document.getElementById("btnDisConnect").disabled="";
            document.getElementById("btnTestPlugIn").disabled="";
        }
    }
    function btnbroadcastText_click()
    {
        var sendMsg=document.getElementById("sendMsg").value;
        var msg=document.getElementById("msg");
        msg.innerHTML+="<br/> 广播消息: \""+sendMsg+"\"...";
        var lRes = jWebSocketClient.broadcastText("",sendMsg);
        if(lRes.code!=0)
            msg.innerHTML=jWebSocketClient.resultToString( lRes );
        document.getElementById("sendMsg").value="";
    }
    function btnDisConnect_click()
    {
        if(jWebSocketClient)
        {
            var msg=document.getElementById("msg");
            msg.innerHTML+="<br/> 用户 "+"\""+userName+"\" 关闭连接 ";
            var lRes=jWebSocketClient.close();
            msg.innerHTML+="<br/>"+jWebSocketClient.resultToString( lRes );
            if(lRes.code==0)
            {
                document.getElementById("btnbroadcastText").disabled="disabled";
                document.getElementById("btnDisConnect").disabled="disabled";
                document.getElementById("btnTestPlugIn").disabled="disabled";
            }
        }
    }
    function btnTestPlugIn_click()
    {
        var msg=document.getElementById("msg");
        msg.innerHTML+="<br/> 通过 WebSockets 获取服务器的系统时间 ..." ;
        var lRes = jWebSocketClient.requestServerTime();
      // 发生错误时显示错误消息
        if( lRes.code != 0 )
            msg.innerHTML+="<br/>"+jWebSocketClient.resultToString(lRes);
    }
    function getServerTimeCallback( aToken ) {
        msg.innerHTML+="<br/> 服务器的系统时间 : " + aToken.time ;
```

```
}
function window_onunload()
{
    if(jWebSocketClient)
    {
        jWebSocketClient.close({timeout:3000});
    }
}

</script>
<body onload="window_onload()" onunload="window_onunload()">
用   户    名：<input type="text" id="userName"><br/>
密        码：<input type="text" id="userPass"><br/>
发送消息：<input type="text" id="sendMsg"><br/>
<input type="button" id="btnConnect" onclick="btnConnect_click()" value=" 建立连接 "  disabled="disabled">
<input type="button" id="btnbroadcastText" onclick="btnbroadcastText_click()" value=" 广播消息 " disabled="disabled">
<input type="button" id="btnDisConnect" onclick="btnDisConnect_click()" value=" 关闭连接 " disabled="disabled">
<input type="button" id="btnTestPlugIn" onclick="btnTestPlugIn_click()" value=" 测试插件 " disabled="disabled">
<div id="msg">
</body>
</html>
```

在上述 JavaScript 脚本代码中添加了用户单击“测试侦听器”按钮时所调用的 btnTestListenerclick 函数，并且在有关函数中编写了控制测试侦听器按钮有效性的代码。函数 btnTestListenerclick 的具体实现流程如下所示。

- 首先定义一个令牌，令牌的命名空间为“my.namespace”，令牌的类型为“getInfo”。
- 然后发送该令牌，并定义当接收到服务器端响应令牌时执行的回调函数。
- 在回调函数中，指定当接收到服务器端响应令牌时，如果 aToken 参数（表示服务器端响应令牌）的 vendor 属性值不为空，则在通信消息显示区域中显示文字：“服务器响应如下消息：”+（换行标志）+“供应商：”+ 服务器端响应令牌的 vendor 属性值 +（换行标志 +“版权：”+ 服务器端响应令牌的 copyright 属性值 +（换行标志）+“许可证：”+ 服务器端响应令牌的 license 属性值。如果参数 aToken 的 vendor 属性值为空，则在通信消息显示区域中显示文字：“服务器响应错误消息：”+ 服务器端响应令牌的 msg 属性值（令牌侦听器自定义的错误消息）。

11.6 jWebSocket 令牌详解

本节教学录像：9 分钟

在移动 Web 页面应用中，当客户端与服务器端建立连接、向服务器端发送消息以及服务器断开连接时，服务器端都会向客户端发送一个令牌，客户端也可以直接通过 jWebSocketjSONClient 对象的 sendToken 方法向服务器端发送令牌，服务器端在接收到令牌后向客户端发送响应令牌，开发者可以通过创建令牌侦听器的方法来自定义响应令牌中的内容。在本节的内容中，将详细讲解 jWebSocket 令牌的基本知识。

11.6.1 令牌的格式

在 jWebSocket 应用中，令牌是一个可以包含多个字段与字段值的对象。在 jWebSocketSerer-0.10.jar 包的类 org.jWebSocket.token.Token 中内置了一个 HashMap 类，在该类中可以包含多个字段与字段值。在类 HashMap 中，字段名(又称键名)以字符串形式保存，字段值(又称键值)可以为任何对象。在 jWebSocket 应用中分为三种令牌，分别是 JSON 格式的令牌、XML 格式的令牌与 CSV 格式的令牌，其中 CSV 格式的令牌中只能使用简单数据类型的字段值，不能使用复合的对象结构。在接下来的内容中，将对这三种格式的令牌进行简要介绍。

1. JSON 格式令牌

在使用 JavaScript 语言的客户端脚本代码中，可以很容易地解析出 JSON 格式的令牌。而在使用 Java 语言的客户端中，则不能很容易地解析出 JSON 格式的令牌。同时，使用 JSON 格式的令牌会带来一些不安全因素。因为 JSON 格式的令牌可以在客户端执行恶意代码，所以在服务器端使用 JSON 格式的令牌时要牢记将一些潜在的可执行的代码抽离出来。当浏览器客户端与具有可以用来确保安全的脚本过滤器的服务器需要大量交互时，可以使用 JSON 格式的令牌。与 JSON 格式的令牌不同的是，CSV 格式的令牌是安全的，因为它的数据不是由 eval 函数解析的，而是简单地利用字符串分析器（ string tokenizer）来进行解析的。

2. CSV 格式令牌

CSV 是一种简便易用的格式，其缺点是不支持复合的对象结构，只支持使用简单数据类型的行结构。要想交换大量的简单类型的数据，CSV 是最好的选择。

3. XML 格式令牌

XML 格式是一种最灵活也是最冗长的数据格式，在 XML 格式中可以包含任意的对象类型。在不需要交换大量的数据而又想灵活使用令牌中包含的数据时，XML 格式是最好的选择。目前 XML 格式的令牌在 1.0 及之前版本的 jWebSocket 中没有使用，预计在 1.1 版中将会使用。

11.6.2 令牌的常用术语

1. 令牌类型

每个令牌都具有一个令牌类型，该令牌类型被保存在其 type 字段中。令牌类型决定了令牌可以拥有哪些其他字段。

2. 命名空间

在 jWebSocket 应用中，各种强大的通信能力是依靠各种服务器端或客户端的插件来实现的。我们可以通过自定义插件来扩展 jWebSocket 中现有的通信功能。为了避免各种令牌中的字段名冲突，jWebSocket 提供了一种使用命名空间来管理令牌的机制。可以将各种自定义的令牌指定在不同的命名空间中，一个插件在启动并读取令牌的内容时，首先会检查令牌的命名空间与插件的命名空间是否匹配。

3. 令牌的 id

每一个令牌都在 session 中拥有一个唯一的 id，客户端与服务器端在交换令牌（即客户端发送令牌，服务器端响应令牌）的时候会交换令牌 id。基于 jWebSocket 服务器的多线程处理机制的特性，jWebSocket 框架并不保证客户端提出请求的顺序与它随后接收到的服务器端的 session 顺序是一致的。所以当客户端向服务器端发送请求时，会为每 id 个新的令牌分配一个新 session 中唯一的令牌 id。服务器端在做出响应时会接管这个令牌 id，并将其放在响应令牌中，这样客户端就能将每一个接收到的响应分配给它之前发送的请求。

> **注意** 不需要在开发应用程序时关注令牌 id。所有客户端接收到的响应都可以在 OnMessage 回调函数中被捕获，因此多数时候可以不必关注令牌 id。

11.6.3 系统令牌详解

在接下来的内容中，将详细讲解在 jWebSocket 中 SystemPlugIn 支持的令牌，首先介绍服务器端户端的令牌。

1. 服务器端发送给客户端的令牌

（1）welcome 令牌

当客户端与服务器端之间建立连接后，服务器端将 welcome 令牌发送给客户端。welcome 令牌是唯一一个将标识每个客户端的唯一 session id 发送给客户端的令牌。在整个会话期间，服务器端不会再次将该 session id 发送给客户端，客户端也不会再次向服务器端请求其 session id。在任何情况下，只要客户端与服务器端之间建立连接，总会执行该客户端的 processOpened 方法。

在 jWebSocket 应用中，welcome 令牌中所包含的字段及其说明如表 11-1 所示。

表 11-1　welcome 令牌中所包含的字段及其说明

字段	数据类型	说明
type	String	始终为“welcome”
vendor	String	提供 jWebSocket 服务的供应商的名字。可以在 config.java 文件中对其进行设置
version	String	jWebSocket 服务器的版本号
usid	String	jWebSocket 服务器端用来标识每个客户端的唯一 session id
sourceId	Integer	每个客户端的唯一 id，可以用来标识不同的客户端
timeout	Integer	以毫秒为单位的会话超时时间。如果在此期间客户端一直处于非活动状态，服务器端将自动关闭服务器端与该客户端之间的连接

（2）goodBye 令牌

当客户端向服务器端发出关闭连接的请求后，服务器端将 goodBye 令牌作为响应令牌发送给客户端。采用 JavaScipt 脚本语言的客户端的 close 方法支持一个 timeout 选项。如果 timeout 的值 <=0，客户端与服务器端之间的连接将被立即关闭。如果 timeout 的值 >0，客户端将向服务器端发送一个 close 令牌并为 goodBye 响应令牌等待 timeout 值中指定的时间，在这种情况下，服务器端将在发出 goodBye 响应令牌后关闭连接。如果客户端在 timeout 值所指定的时间范围内没有收到 goodBye 响应令牌，客户端也将关闭与服务器端的连接。在任何情况下，只要客户端与服务器端的连接被中止，都会执行该客户端的 processClosed 方法。goodBye 令牌中所包含的字段及其说明如表 11-2 所示。

表 11-2　goodBye 令牌中所包含的字段及其说明

字段	数据类型	说明
type	String	始终为“goodBye”
vendor	String	提供 jWebSocket 服务的供应商的名字。可以在 config.java 文件中对其进行设置

续表

字段	数据类型	说明
version	String	jWebSocket 服务器的版本号
usid	String	jWebSocket 服务器端用来标识每个客户端的唯一 session id
port	Integer	服务器端与客户端之间建立连接时所使用的 TCP 端口号

（3）response 令牌

当客户端向服务器端或其他客户端发出请求后，服务器端或其他客户端将 response 响应令牌发送给该客户端。response 令牌中所包含的字段及其说明如表 11–3 所示。

表 11-3 response 令牌中所包含的字段及其说明

字段	数据类型	说明
type	String	始终为“response”
utid	Integer	作为响应而发送给发出请求的客户端的唯一令牌 id
reqType	String	作为响应而发送给发出请求的客户端的令牌类型，总是等于客户端请求令牌的类型
code	Integer	当客户端请求被正确执行时，返回结果为 0。执行发生错误时为对应的错误号
sult	Variant	客户端请求的执行结果，可以为任意类型（依客户端的请求及其所调用的服务器端或其他客户端的方法而定）
msg	String	客户端请求在执行过程中发生错误时的错误信息描述

（4）event 令牌

event 令牌是服务器或其他客户端作为消息主动发送给客户端的令牌。当其他客户端建立或关闭与 jWebSocket 服务器之间的连接，或者当服务器端的会话超时，将主动关闭与客户端之间的连接时会触发事件，向客户端发送 event 令牌。event 令牌中所包含的字段及其说明如表 11–4 所示。

表 11-4 event 令牌中所包含的字段及其说明

字段	数据类型	说明
type	String	始终为“event”
name	String	事件名，该令牌中的其他字段依不同的事件而定
…	…	其他字段，依不同的事件而定

（5）connect event 令牌

当客户端接收到 connect event 令牌时，表示有一个新的客户端与 jWebSocket 服务器之间建立了连接。这个事件是可选的，也是可配置的。如果配置了该事件，则一个客户端与 jWebSocket 服务器之间建立连接时，jWebSocket 服务器将向当前所有与自己处于连接状态的其他客户端发送 connect event 令牌。connect event 令牌中所包含的字段及其说明如表 11–5 所示。

表 11-5 connect event 令牌中所包含的字段及其说明

字段	数据类型	说明
type	String	始终为“event”
name	String	始终为“connect”

续表

字段	数据类型	说明
sourceId	String	与服务器端建立连接的客户端的唯一 id（可选字段，可以在服务器端配置是否广播 sourceId 字段值）
clientCount	Integer	当前与服务器端处于连接状态的客户端数（可选字段，可以在服务器端配置是否广播 clientCount 字段值）

（6）disconnect event 令牌

当客户端收到 disconnect event 令牌时，表示有一个客户端与 jWebSocket 服务器之间连接被关闭。这个事件是可选的，同时也是可配置的。如果配置了该事件，则一个客户端与 jWebSocket 服务器之间建立的连接被关闭时，jWebSocket 服务器将向当前所有与自己处于连接状态的其他客户端发送 disconnect event 令牌。disconnect event 令牌中所包含的字段及其说明如表 11–6 所示。

表 11-6　disconnect event 令牌中所包含的字段及其说明

字段	数据类型	说明
type	String	始终为“event”
name	String	始终为“disconnect”
sourceId	String	与服务器端的连接被关闭的客户端的唯一 id（可选字段，可以在服务器端设置是否广播 sourceId 字段值）
clientCount	Integer	当前与服务器端处于连接状态的客户端数（可选字段，可以在服务器端配设置是否广播 clientCount 字段值）

（7）login event 令牌

当客户端收到 login event 令牌时，表示有一个新的客户端登录到 jWebSocket 服务器。这个事件可以用于实时更新客户端的用户列表。这个事件是可选的，也是可配置的。如果配置了该事件，则一个客户端登录到 jWebSocket 服务器时，jWebSocket 服务器将向其他所有当前与自己处于连接状态的客户端发送 login event 令牌。login event 令牌中所包含的字段及其说明如表 11–7 所示。

表 11-7　login event 令牌中所包含的字段及其说明

字段	数据类型	说明
type	String	始终为“event”
name	String	始终为“login”
sourceId	String	登录到服务器的客户端的唯一 id（可选字段，可以在服务器端配置是否广播 sourceId 字段值）
clientCount	Integer	当前与服务器端处于连接状态的客户端数（可选字段，可以在服务器端配置是否广播 clientCount 字段值）
userName	String	登录到服务器的客户端所使用的用户名

2. 客户端发送给服务器端的令牌

在大多数情况下，当客户端发送了令牌后，服务器端会发送一个 response 响应令牌（除非由于某些特殊的原因而显式指定服务器端不需要发送 response 响应令牌），客户端请求的执行结果将被包含在 response 响应令牌的 result 字段值、code 字段值与 msg 字段值中。因为 JavaScript 脚本不支持异步调用，所以它会为每个令牌提供一个可选的 OnResponse 侦听器。

（1）login 令牌

客户端与服务器端建立连接后登录到服务器，通知服务器对其进行验证。客户端将处于等待状态，直到服务器端发送响应令牌，通知客户端登录状态或潜在错误。一个用户已经通过验证并登录到服务器后，如果该客户端再次发送 login 令牌，之前已经登录的用户将会自动退出。login 令牌中所包含的字段及其说明如表 11-8 所示。

表 11-8　login 令牌中所包含的字段及其说明

字段	数据类型	说明
type	String	始终为“login”
ns	String	命名空间为“org.jWebSocket.plugins.system”
usemame	String	之前被自动退出服务器的用户名
password	String	字段值根据服务器端设置的安全级别来决定（可能是自动退出服务器的用户的密码）

（2）logout 令牌

当前用户退出 jWebSocket 服务器，并没有关闭客户端与服务器端的连接。可以指定是否允许其他用户利用同一个连接登录到 jWebSocket 服务器。logout 令牌中所包含的字段及其说明如表 11-9 所示。

表 11-9　logout 令牌中所包含的字段及其说明

字段	数据类型	说明
type	String	始终为“logout”
ns	String	命名空间为“org.jWebSocket.plugins.system”

（3）close 令牌

允许采用 JavaScript 脚本语言的客户端的 close 方法使用一个 timeout 可选参数。如果 timeout 参数值 <–0，客户端与服务器端之间的连接将立即被关闭。如果 timeout 参数值 >0，客户端将向服务器端发送一个 close 令牌，并且处于等待状态，直到接收到服务器端的 goodBye 响应令牌。在这种情况下，服务器端在发送了 goodBye 响应令牌之后关闭与客户端之间的连接。如果客户端在 timeout 参数值指定的时间内没有接收到 goodBye 响应令牌，客户端也将关闭与服务器端的连接。close 令牌中所包含的字段及其说明如表 11-10 所示。

表 11-10　close 令牌中所包含的字段及其说明

字段	数据类型	说明
type	String	始终为“close”
ns	String	命名空间为“org.j WebSocket.plugins.system”
timeout	Integer	以毫秒为单位的超时时间

（4）send 令牌

当客户端在 send 令牌的 tagetId 字段值中指定其他客户端 id 并将其发送给服务端时，服务器端会将接收到的 send 令牌转发给在 tagetId 字段值中指定的其他客户端。可以在 send 令牌的

responseRequested 字段中指定是否要求该客户端（接收 send 令牌的客户端）做出响应（确认已接收到服务器端转发的 send 令牌）。如果服务器端没有找到 tagetId 字段值中指定的客户端，服务器端将向发送 send 令牌的客户端发送一个 response 令牌，并且在其中包含错误信息。

提示 在指定其他客户端时，不能利用该客户端登录 jWebSocket 服务器端时使用的用户名来进行指定，只能利用该客户端的标识 id 来进行指定。因为只有 Web 应用程序允许在多个浏览器中、同一个浏览器的多个标签中、不同的客户端计算机（或移动设备）中使用相同的用户名进行登录（除非开发者在 Web 应用程序中进行了特别处理，禁止使用相同的用户名进行登录）。如果一个客户端只需要接收服务器端发送的消息，那么它不需要登录到 jWebSocket 服务器中（只需与服务器建立连接即可）。

send 令牌中所包含的字段及其说明如表 11-11 所示。

表 11-11　send 令牌中所包含的字段及其说明

字段	数据类型	说明
type	String	始终为“send”
ns	String	命名空间为“org.jWebSocket.plugins.system”
data	String	发送的消息字符串
sourceId	String	发送消息的客户端的 id
targetId	String	接受消息的客户端的 id
responseRequested	Boolean	指定接受消息的客户端是否要做出响应
sender	String	发送消息的客户端的用户名

（5）broadcast 令牌

客户端向服务器端发送 broadcast 令牌后，服务器端将该令牌广播给所有与之相连接的客户端。可以指定是否因为某种特殊原因而将令牌广播给发送 broadcast 令牌的客户端自身。可以指定服务器端是否向广播消息的客户端发送响应令牌，响应令牌的内容取决于其他客户端对广播令牌做出的响应结果。广播令牌可以在聊天室网站中用来广播聊天内容，可以在游戏网站中用来向所有玩家分配游戏角色等，也可以在服务器被配置成不自动发送 connect、disconnect、login 与 logout 事件令牌时用来将某个客户端与服务器端的交互操作通知给其他所有的客户端。broadcast 令牌中所包含的字段及其说明如表 11-12 所示。

表 11-12　broadcast 令牌中所包含的字段及其说明

字段	数据类型	说明
type	String	始终为“broadcast”
ns	String	命名空间为“org.j WebSocket.plugins.system”
data	String	发送的消息字符串
sourceId	String	发送消息的客户端的 id
senderIcluded	Boolean	是否将消息发送给发送消息的客户端自身（默认为 false）
responseRequested	Boolean	指定接受消息的客户端是否希望接收响应令牌
sender	String	发送消息的客户端的用户名

（6）echo 令牌

客户端可以通过发送 echo 令牌来向服务器端发送一个消息。客户端期望得到的服务器端发送的响应令牌中包含相同的数据。通常 Web 应用程序中不会使用这个令牌，除非 Web 应用程序需要进行连接测试或性能测试。echo 令牌中所包含的字段及其说明如表 11–13 所示。

表 11-13　echo 令牌中所包含的字段及其说明

字段	数据类型	说明
type	String	始终为“echo”
ns	String	命名空间为“org.j Web Socket.plugins.system”
data	String	需要发送给服务器端并返回的数据

（7）ping 令牌

ping 令牌中包含了一个客户端发送给服务器端的简单而短小的消息，该消息仅仅用来说明客户端依然处于活动状态。如果服务器端在 timeout 指定的会话超时时间内没有接收客户端的任何数据，超过 timeout 指定的超时时间后，服务器端将主动关闭与客户端之间的连接。ping 令牌中所包含的字段及其说明如表 11–14 所示。

表 11-14　ping 令牌中所包含的字段及其说明

字段	数据类型	说明
type	String	始终为“ping”
ns	String	命名空间为“org.jWeb Socket.plugins.system”
echo	Boolean	指定服务器端是否需要做出响应（默认为 false）。只有客户端需要检查服务器是否处于活动状态时，才有必要将 echo 字段值设定为 true

（8）getClients 令牌

客户端使用 getClients 令牌来向服务器端请求与之连接的客户端名单。可以使用 mode 可选项（默认为 0）来指定服务器端是否返回所有与之相连接的客户端名单、只返回所有已登录到服务器的客户端名单与只返回所有只连接而没有登录到服务器的客户端名单。response 响应令牌的 result 字段值为一个数组，该数组中的每个数组项的内容为一串字符串，文字为：已登录到服务器的客户端所使用的用户名或虚线（表示该客户端只与服务器端建立了连接，并没有登录到服务器）+“@”+ 客户端的 id。getClients 令牌中所包含的字段及其说明如表 11–15 所示。

表 11-15　getClients 令牌中所包含的字段及其说明

字段	数据类型	说明
type	String	始终为“getClients”
ns	String	命名空间为“org.jWeb Socket.plugins.system”
mode	Integer	0：请求服务器端返回所有与之相连接的客户端名单 1：请求服务器端返回所有已登录到服务器的客户端名单 2：返回所有只连接而没有登录到服务器的客户端名单

11.7 综合应用——使用 jWebSocketTest 框架进行通信

本节教学录像：2 分钟

在接下来的内容中，将通过一个具体的演示实例的实现过程，来讲解使用 jWebSocketTest 框架进行通信的方法。

【范例 11-4】在网页中使用 jWebSocketTest 框架进行通信

源码路径：光盘\配套源码\11\11-4\jWebSocketTest\WebRoot\hello_world.html

在本实例的实现文件是 hello_world.html.html，具体实现流程如下所示。

（1）首先明确目标，在 HTML5 页面中利用 jWebSocket 框架进行 Socket 通信。

（2）在客户端建立一个与 jWebSocket 服务器之间的连接，这样客户端可以向 jWebSocket 服务器端或向其他所有与 jWebSocket 服务器建立连接的客户端发送消息。

（3）在建立连接后，服务器端也可以通过同一个连接（客户端与服务器端的连接）向客户端发送消息。除非客户端或服务器端显式地关闭连接，否则任何一方都可以向另一方发送任何消息。

实例文件 hello_world.html 的主要实现代码如下所示。

```
<script type="text/javascript" src="jWebSocket.js"></script>
<script type="text/javascript" src="samplesPlugIn.js"></script>
<script type="text/javascript" language="JavaScript">
var jWebSocketClient;
var userName;
function window_onload()
{
    if( jws.browserSupportsWebSockets() ) {
        jWebSocketClient = new jws.jWebSocketJSONClient();
        jWebSocketClient.setSamplesCallbacks({OnSamplesServerTime:getServerTimeCallback});
        document.getElementById("btnConnect").disabled="";
    }
    else {
        var lMsg = jws.MSG_WS_NOT_SUPPORTED;
        alert( lMsg );
    }
}
function btnConnect_click()
{
    var lURL = jws.JWS_SERVER_URL;
    userName = document.getElementById("userName").value;
    var userPass = document.getElementById("userPass").value;
    var msg=document.getElementById("msg");
    msg.innerHTML=" 连接到地址：" + lURL + " 并且以 \"" + userName + "\" 用户名与服务器建立链接 ..." ;
    var lRes = jWebSocketClient.logon(lURL,userName,userPass, {
```

```
            OnOpen: function( aEvent ) {
                msg.innerHTML+="<br/>jWebSocket 连接已建立 " ;
            },
            OnMessage: function( aEvent, aToken ) {
                msg.innerHTML+="<br/>jWebSocket \"" + aToken.type + "\" 命令收到 , 消息字符串为 : \""
+ aEvent.data + "\"" ;
            },
            OnClose: function( aEvent ) {
                msg.innerHTML+="<br/>jWebSocket 连接被关闭 ." ;
                document.getElementById("btnbroadcastText").disabled="disabled";
                document.getElementById("btnDisConnect").disabled="disabled";
                document.getElementById("btnTestPlugIn").disabled="disabled";
            }
        });
        msg.innerHTML+="<br/>"+jWebSocketClient.resultToString(lRes);
        if(lRes.code==0)
        {
            document.getElementById("btnbroadcastText").disabled="";
            document.getElementById("btnDisConnect").disabled="";
            document.getElementById("btnTestPlugIn").disabled="";
        }
    }
    function btnbroadcastText_click()
    {
        var sendMsg=document.getElementById("sendMsg").value;
        var msg=document.getElementById("msg");
        msg.innerHTML+="<br/> 广播消息 : \""+sendMsg+"\"...";
        var lRes = jWebSocketClient.broadcastText("",sendMsg);
        if(lRes.code!=0)
            msg.innerHTML=jWebSocketClient.resultToString( lRes );
        document.getElementById("sendMsg").value="";
    }
    function btnDisConnect_click()
    {
        if(jWebSocketClient)
        {
            var msg=document.getElementById("msg");
            msg.innerHTML+="<br/> 用户 "+"\""+userName+"\" 关闭连接 ";
            var lRes=jWebSocketClient.close();
            msg.innerHTML+="<br/>"+jWebSocketClient.resultToString( lRes );
            if(lRes.code==0)
            {
                document.getElementById("btnbroadcastText").disabled="disabled";
```

```
                document.getElementById("btnDisConnect").disabled="disabled";
                document.getElementById("btnTestPlugIn").disabled="disabled";
            }
        }
}
function btnTestPlugIn_click()
{
    var msg=document.getElementById("msg");
    msg.innerHTML+="<br/> 通过 WebSockets 获取服务器的系统时间 ..." ;
    var lRes = jWebSocketClient.requestServerTime();
  // 发生错误时显示错误消息
    if( lRes.code != 0 )
        msg.innerHTML+="<br/>"+jWebSocketClient.resultToString(lRes);
}
function getServerTimeCallback( aToken ) {
    msg.innerHTML+="<br/> 服务器的系统时间：" + aToken.time ;
}
function window_onunload()
{
    if(jWebSocketClient)
    {
        jWebSocketClient.close({timeout:3000});
    }
}

</script>
<body onload="window_onload()" onunload="window_onunload()">
用   户    名：<input type="text" id="userName"><br/>
密      码：<input type="text" id="userPass"><br/>
发送消息：<input type="text" id="sendMsg"><br/>
<input type="button" id="btnConnect" onclick="btnConnect_click()" value=" 建立连接 "   disabled="disabled">
<input type="button" id="btnbroadcastText" onclick="btnbroadcastText_click()" value=" 广播消息 " disabled="disabled">
<input type="button" id="btnDisConnect" onclick="btnDisConnect_click()" value=" 关闭连接 " disabled="disabled">
<input type="button" id="btnTestPlugIn" onclick="btnTestPlugIn_click()" value=" 测试插件 " disabled="disabled">
<div id="msg">
</body>
<html>
```

【范例分析】

要在页面中使用 jWebSocket 插件进行 Socket 通信，需要在页面中加入对文件 jWebSocket.js 或文件 jWebSocket_min.js 的引用。接下来需要在页面脚本代码的开头处定义如下所示的两个全局变量。

- 变量 jWebSocketClient：代表在 jWebSocket 中使用的一个 jWebSocketjSONClient 类的对象，类 jWebSocketjSONClient 的命名空间为 jws。类 jWebSocketjSONClient 提供了通过 JSON 协议来建立和关闭客户端与 jWebSocket 服务器端的连接以及互相发送消息的方法。
- 全局变量 userName：代表用户登录到 jWebSocket 服务器中时所使用的用户名。

【运行结果】

本实例执行后的效果如图 11-4 所示。

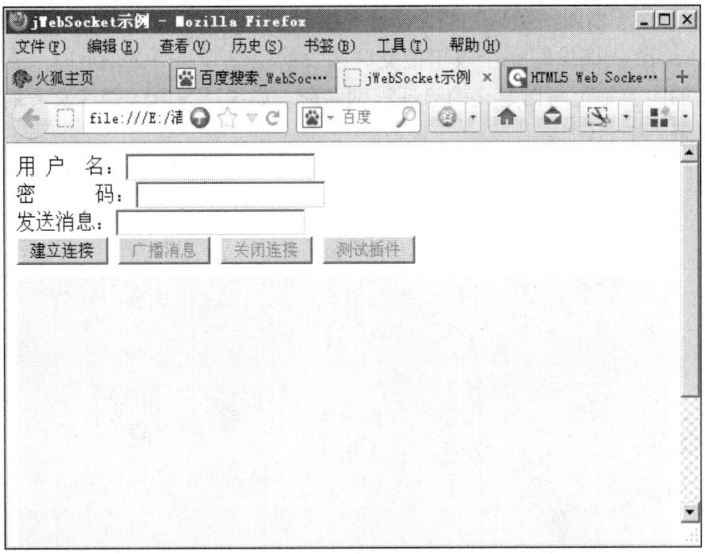

图 11-4　执行效果

11.8 高手点拨

1. 在安装 jWebSocket 服务器后的问题

其实在安装 jWebSocket 服务器后，还是不能使用 jWebSocket 框架。为了方便在不同的编程环境下开发 jWebSocket 项目，接下来需要掌握在不同开发环境中运行 jWebSocket 服务器的知识。至于什么开发环境，读者可以根据自己的具体情况而定。还需要将 jWebSocket 服务器设置为 Windows 服务，并且需要在客户端进行设置。因为读者们的操作系统不同，开发环境不同，所以在本书中不再介绍上述相关内容。

2. 侦听器与插件的不同

侦听器被内置在开发者应用程序的代码内，而且与应用程序的代码是紧密联系的。因此，侦听器通常被用来实现应用程序内的某些特定逻辑，而不是用来指定应用程序内的通用功能。当然，可以在侦听器中随意定义任何满足需要的逻辑，也可以在多个应用程序内部共享这些逻辑。与插件不同的是，使用侦听器的好处是只需实现一个接口就可以直接将它内置在代码内部。

11.9 实战练习

1. 在网页中生成一个密钥

尝试表单中新建一个“name”值为“keyUserInfo”的 <keygen> 元素，通过此元素可以在页面中创建一个选择密钥位数的下拉列表框。当选择列表框中的某选项值，单击表单的“提交”按钮时可以将根据所选密钥的位数生成的对应密钥提交给服务器。

2. 验证输入的密码是否合法

在表单中创建一个用于输入“密码”的文本框，并使用“patten”属性自定义相应的“密码”验证规则。然后用 JavaScript 代码编写一个表单提交时触发的函数 chkPassWord()，该函数将显式地检测“密码”输入文本框的内容是否与自定义的验证规则匹配。如果不符合，则在文本输入框的右边显示一个“×”，否则，显示一个“√”。

第12章

本章教学录像：26分钟

Web Workers 通信处理

在移动 Web 页面开发应用中，使用 Worker 可以将前台中的 JavaScript 代码分割成若干个分散的代码块，分别由不同的后台线程负责执行，这样可以避免由于前台单线程执行缓慢出现用户等待的情况。本章详细介绍使用 Worker 线程实现前台数据和后台数据交互的过程，并通过具体实例来演示具体实现流程。

本章要点（已掌握的在方框中打钩）

- □ Web Workers API 基础
- □ Worker 线程处理
- □ 执行大计算量任务
- □ 综合应用——在后台运行耗时较长的运算

12.1 Web Workers API 基础

本节教学录像：6 分钟

从传统意义上来说，浏览器是单线程的，它们会强制应用程序中的所有脚本一起在单个 UI 线程中运行。虽然可以通过使用文档对象模型（DOM）事件和 setTimeout API 造成一种多个任务同时在运行的假象，但是只需一个计算密集型任务就会使用户体验急转直下。在本节的内容中，将简要介绍 Web Workers API 的基本知识。

12.1.1 使用 HTML5 Web Workers API

在移动 Web 页面中，使用 Web Workers 的方法非常简单，具体流程如下所示。

（1）首先创建一个 Web Workers 对象，然后传入希望执行的 JavaScript 文件。

（2）在页面中再设置一个事件监听器，用来监听由 Web Worker 发来的消息和错误信息。

（3）如果想要在页面和 Web Workers 之间建立通信，需要通过函数 postMessage() 来传递数据。

（4）在 Web Worker Javascript 中的代码的实现过程也是如此，也必须通过设置事件处理程序来处理发来的消息和错误信息，并通过函数 postMessage 实现与页面数据的交互。具体流程如下所示。

（1）创建 HTML5 Web Workers 对象。

在 Web Workers 初始化时会接受一个 Javascript 文件的 URL 地址，其中包含了供 Worker 执行的代码。这段代码会设置事件监听器，并与生成 Worker 的容器进行通信。Javascript 文件的 URL 可以是相对路径或绝对路径，只要是同源（相同协议、主机和端口）即可。

```
worker=new Worker("echoWorker.js") ;
```

（2）实现多个 Javascript 文件的加载与执行。

对于由多个 Javascript 文件组成的应用程序来说，可以通过包含 <script> 元素的方式，在页面加载的时候同步加载 Javascript 文件。然而，由于 Web Workers 没有访问 document 对象的权限，所以在 Worker 中必须使用另外一种方法导入其他的 Javascript 文件：importScripts。

```
importScripts("helper.js");
```

导入的 Javascript 文件只会在某一个已有的 Worker 中加载和执行。多个脚本的导入同样也可以使用 importScript 函数，它们会按顺序执行。

```
importScripts("helper.js","anotherHelper.js");
```

（3）与 HTML5 Web Workers 进行通信。

在生成 Web Work 之后，就可以使用 postMessage API 传送和接收数据。另外，postMessage API 还支持跨框架和跨窗口通信功能。大多数 Javascript 对象都可以通过 postMessage 进行发送，含有循环引用的除外。

12.1.2 .js 文件

在移动 Web 页面中，Web Worker API 为 Web 应用程序开发人员提供了一种新方法，用于生成与主页并行运行的后台脚本，并且可以一次生成多个线程以用于长时间运行的任务。新的 Worker 对象需要一个 .js 文件，该文件通过一个发给服务器的异步请求包含在内。

```
var myWorker = new Worker('worker.js');
```

在 Worker 线程中的所有通信都是通过消息进行管理的，主机 Worker 和 Worker 脚本可以通过 postMessage 发送消息并使用 onmessage 事件侦听响应。消息的内容作为事件的数据属性进行发送。

例如通过如下所示的代码，创建了一个 Worker 线程并侦听消息。

```
var hello = new Worker('hello.js');
hello.onmessage = function(e) {
  alert(e.data);
};
```

这样 Worker 线程就可以通过如下代码发送要显示的消息。

```
postMessage('Hello world!');
```

12.1.3 与 Web Worker 进行双向通信

在移动 Web 页面中，要想建立双向通信机制，主页和 Worker 线程都要侦听 onmessage 事件。例如在下面的实现流程中，Worker 线程在指定的延迟后返回消息。

（1）通过脚本创建 Worker 线程，具体代码如下所示。

```
var echo = new Worker('echo.js');
echo.onmessage = function(e) {
  alert(e.data);
}
```

在 HTML5 页面表单中，需要指定消息文本和具体的超时值。

（2）当用户单击“提交”按钮时，脚本会将两条信息以 JavaScript 对象文本的形式传递给 Worker 对象。为了防止页面在新的 HTTP 请求中提交表单值，事件处理程序还对事件对象调用 preventDefault。例如如下所示的代码。

```
<script>
window.onload = function() {
  var echoForm = document.getElementById('echoForm');
  echoForm.addEventListener('submit', function(e) {
    echo.postMessage({
      message : e.target.message.value,
      timeout : e.target.timeout.value
    });
    e.preventDefault();
```

```
    }, false);
  }
</script>
<form id="echoForm">
  <p>Echo the following message after a delay.</p>
  <input type="text" name="message" value="Input message here."/><br/>
  <input type="number" name="timeout" max="10" value="2"/> seconds.<br/>
  <button type="submit">Send Message</button>
</form>
```

（3）Worker 开始侦听消息，并在指定的超时间隔之后将其返回。

```
onmessage = function(e)
{
  setTimeout(function()
  {
    postMessage(e.data.message);
  },
  e.data.timeout * 1000);
}
```

在 Internet Explorer 浏览器和使用 JavaScript 的 Metro 风格应用中，Web Worker API 支持表 12-1 所示的方法。

表 12-1 Web Worker API 支持的方法

方法	描述
void close();	终止 Worker 线程
void importScripts（inDOMString... urls）;	导入其他 JavaScript 文件的逗号分隔列表
void postMessage（在任何数据中）;	从 Worker 线程发送消息或发送消息到 Worker 线程

在 Internet Explorer 浏览器和使用 JavaScript 的 Metro 风格应用中，支持表 12-2 所示的 Web Workers API 属性。

表 12-2 Web Workers API 属性

属性	类型	描述
location	WorkerLocation	代表绝对 URL，包括 protocol、host、port、hostname、pathname、search 和 hash 组件
navigator	WorkerNavigator	代表用户代理客户端的标识和 onLine 状态
self	WorkerGlobalScope	Worker 范围，包括 WorkerLocation 和 WorkerNavigator 对象

在 Internet Explorer 浏览器和使用 JavaScript 的 Metro 风格应用中，支持表 12-3 所示的 Web Workers API 事件。

表 12-3　Web Workers API 事件

事件	描述
onerror	出现运行时错误
onmessage	接收到消息数据

Web Worker API 还支持更新的 HTML5 WindowTimers 功能方法，具体说明如表 12-4 所示。

表 12-4　WindowTimers 方法

方法	描述
void clearInterval(inlonghandle);	取消由句柄所确定的超时
void clearTimeout(inlonghandle);	取消由句柄所确定的超时
long setInterval(inanyhandler, inoptionalanytimeout, inany... args);	计划在指定的毫秒数后重复运行的超时。可以将其他参数直接传递到处理程序，如果处理程序是 DOMString，它将被编译成 JavaScript。将句柄返回到超时，清除 clearInterval
long setTimeout(inanyhandler，在可选的任何超时中，在任何 ... 参数中);	计划在指定的毫秒数之后运行的超时。注：你现在可以将其他参数直接传递到处理程序。如果处理程序是 DOMString，它将被编译成 JavaScript。将句柄返回到超时，清除 clearTimeout

提 示

在 Web Worker 中可以使用什么？

在 Worker 中不能使用 Window 对象和 Docuemnt 对象，那么能够使用什么呢？具体说明如下。

- JavaScript 的全局对象：JSON、Date()、Array。
- self 自身引用。
- location 对象，但是其属性都是只读的，改了也不影响调用者。
- navigator 对象。
- setTimeout()、setInterval() 及其对应清除方法。
- addEventListener()、removeEventListener()。

12.2 Worker 线程处理

本节教学录像：13 分钟

在 HTML5 网页开发应用中，如果一个网页的执行时间较长，则可能需要用户等待一段时间去操作，此时可以将工作交给后台线程 Worker 去处理。虽然它与前台的线程分离并互不影响，但是可以通过方法 postMessage() 与 onmessage 事件进行数据的交互。方法 postMessage() 通过 Worker 对象发送数据，具体使用格式如下所示。

```
var objWorker=new Worker ( " 脚本文件 URL" ) ;
objWorker.postMessage (data);
```

- 第一行代码：用于实例化一个 Worker 类对象，创建了一个名为 objWorker 的后台线程。
- 第二行代码：通过 objWorker 调用方法 postMessage()，向后台线程发送文本格式的 data 数据。

为了在前台接收后台线程返回的数据，需要在定义 objWorker 对象后添加一个 message 事件，用于捕捉后台线程返回的数据，具体调用的格式如下所示。

```
obj Worker.addEventListener(' message',
function (event)  {
alert (event.data);
),
false);
```

其中，event.data 表示后台线程处理完成后返回给前台的数据。

12.2.1 使用 Worker 处理线程

在接下来的内容中，将通过一个具体的演示实例的实现过程，来讲解使用 Worker 处理线程的方法。

【范例 12-1】使用 Worker 处理线程

源码路径：光盘\配套源码\12\12-1\1.html

在本实例的实现文件是 1.html，具体实现流程如下所示。

（1）创建一个 HTML5 页面，当页面在加载时创建一个 Worker 后台线程。

（2）当用户在文本框中输入生成随机数的位数，然后单击“请求”按钮时，向该后台线程发送文本框中的输入值。

（3）后台线程根据接收的数据生成指定位数的随机数，返回给前台调用代码并显示在页面中。

实例文件 1.html 的具体实现代码如下所示。

```
<link href="css.css" rel="stylesheet" type="text/css">
<script type="text/javascript" language="jscript"
        src="js1.js"/>
</script>
</head>
<body onLoad="pageload();">
<fieldset>
    <legend> 线程脚本处理数据 </legend>
    <p id="pStatus"></p>
    <input id="txtNum" type="text" class="inputtxt">
    <input id="btnAdd" type="button" value=" 请求 "
           class="inputbtn" onClick="btnSend_Click();">
</fieldset>
</body>
</html>
```

在上述页面代码中引入了一个 JavaScript 文件 js1.js，在里面自定义了两个函数，分别在页面加载和单击“请求”按钮时调用。文件 js1.js 的具体代码如下所示。

```
function $$(id) {
    return document.getElementById(id);
}
var objWorker = new Worker("js1_1.js");
```

```
// 自定义页面加载时调用的函数
function pageload() {
    objWorker.addEventListener('message',
    function(event) {
        $$("pStatus").style.display = "block";
        $$("pStatus").innerHTML += event.data;
    },
    false);
}
// 自定义单击“请求”按钮时调用的函数
function btnSend_Click() {
    // 获取发送内容
    var strTxtValue = $$("txtNum").value;
    if (strTxtValue.length > 0) {
        objWorker.postMessage(strTxtValue);
        $$("txtNum").value = "";
    }
}
```

在上述 JavaScript 文件 js1.js 的代码中，通过 Worker 对象调用了一个后台线程脚本文件 js1_1.js。在文件 js1_1.js 中，根据获取的位数生成随机数并将该数值返回前台。文件 js1_1.js 的具体实现代码如下所示。

```
self.onmessage = function(event) {
    var strRetHTML = "<span><b> ";
    strRetHTML += event.data + " </b> 位随机数为: <b> ";
    strRetHTML += RetRndNum(event.data);
    strRetHTML += " </b></span><br>";
    self.postMessage(strRetHTML);
}
// 生成指定长度的随机数
function RetRndNum(n) {
    var strRnd = "";
    for (var intI = 0; intI < n; intI++) {
        strRnd += Math.floor(Math.random() * 10);
    }
    return strRnd;
}
```

样式文件 css.css 的具体代码如下所示。

```
@charset "utf-8";
/* CSS Document */
body {
  font-size:12px
}
.inputbtn {
  border:solid 1px #ccc;
  background-color:#eee;
```

```
    line-height:18px;
    font-size:12px
}
.inputtxt {
    border:solid 1px #ccc;
    line-height:18px;
    font-size:12px;
    padding-left:3px
}
fieldset{
    padding:10px;
    width:285px;
    float:left
}
#pStatus{
    display:none;
    border:1px #ccc solid;
    width:248px;
    background-color:#eee;
    padding:6px 12px 6px 12px;
    margin-left:2px
}
textarea{
    border:solid 1px #ccc;
    padding:3px;
    text-align:left;
    font-size:10px
}
.w2{
    width:2px
    }
.w85{
    width:85px
}
.pl140{
    padding-left:135px
}
.pl2{
    padding-left:2px
}
.ml4{
    margin-left:4px
}
#divMap{
    height:260px;
    width:560px;
}
```

【范例分析】

到此为止，整个实例介绍完毕。接下来将对本实例的具体实现流程进行总结。

（1）首先定义一个后台线程 objWorker，其脚本文件指向 js1_1.js，表示由该文件实现前台请求的操作。

（2）当用户在文本框中输入随机数长度并单击“请求”按钮时，该输入的内容通过调用线程 objWorker 对象的 postMessage() 方法，发送至脚本文件 js1_1.js。

（3）在脚本文件 js1_1.js 中，通过添加 message 事件获取前台传回的数据，并将该数据值 event.data 作为自定义函数 RetRndNum() 的实参，生成指定位数的随机数，并将该随机数通过方法 self.postMessage() 发送至调用后台线程的前台程序。

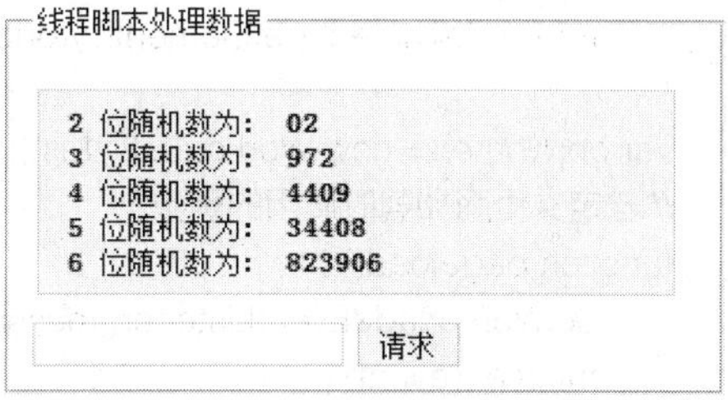

图 12-1 执行效果

【运行结果】

本实例的最终执行效果如图 12-1 所示。

注 意 在本实例的前台代码中，通过添加 message 事件获取后台线程处理完成后传回的数据，并将数据的信息展示在页面中。虽然后台线程可以处理前台的代码，但是不允许后台线程访问前台页面的对象或元素。如果访问后台线程将报错，它们只限于进行数据上的交互。

12.2.2 使用线程传递 JSON 对象

在 HTML5 网页中，可以使用后台线程传递 JSON 对象。在具体传递 JSON 对象时，需要通过后台线程传递一个 JSON 对象给前台，然后前台接收并显示 JSON 对象的内容。在接下来的内容中，将通过一个具体的演示实例的实现过程，来讲解使用线程传递 JSON 对象的方法。

【范例 12-2】使用线程传递 JSON 对象

源码路径：光盘\配套源码\12\12-2\2.html

在本实例的实现文件是 2.html，具体实现流程如下所示。

（1）新建一个 HTML5 页面，当加载页面时创建一个 Worker 后台线程。

（2）将线程返回给前台页面的一个 JSON 对象，当前台获取该 JSON 对象后，使用遍历的方式显示对象中的全部内容。

实例文件 2.html 的具体实现代码如下所示。

```
    <link href="css.css" rel="stylesheet" type="text/css">
    <script type="text/javascript" language="jscript"
            src="js2.js"/>
    </script>
    </head>
    <body onLoad="pageload();">
  <fieldset>
      <legend> 使用线程传递 JSON 对象 </legend>
      <p id="pStatus"></p>
  </fieldset>
```

```
</body>
</html>
```

在上述页面文件中引入了一个 JavaScript 文件 js2.js，在里面自定义了一个在页面加载时调用的函数 pageload()。文件 js2.js 的具体实现代码如下所示。

```
function $$(id) {
    return document.getElementById(id);
}
var objWorker = new Worker("js2_1.js");
// 自定义页面加载时调用的函数
function pageload() {
    objWorker.addEventListener('message',
    function(event) {
        var strHTML = "";
        var ev = event.data;
        for (var i in ev) {
            strHTML +="<span>"+ i + " :";
            strHTML +="<b> " + ev[i] + " </b></span><br>";
        }
        $$("pStatus").style.display = "block";
        $$("pStatus").innerHTML = strHTML;
    },
    false);
    objWorker.postMessage("");
}
```

在上述 JavaScript 文件 js2.js 的代码中，调用了后台线程脚本文件 js2_1.js。在文件 js2_1.js 中通过方法 postMessage() 向前台发送 JSON 对象，此文件的具体实现代码如下所示。

```
var json = {
  姓名 : "aaaaaa",
    性别 : " 男 ",
    邮箱 : "aaaaaaa@163.com",
    武器 : "x 神剑 ",
    攻击值 : "10000"
};
self.onmessage = function(event) {
    self.postMessage(json);
    close();
}
```

【范例分析】

在上述代码中，当加载页面时触发 onLoad 事件，该事件调用了 pageload() 函数，在此函数中首先定义一个后台线程对象 objWorker，脚本文件指向 js2_1.js，并通过调用对象的方法 postMessage()

向后台线程发送一个空字符请求。在后台线程指向文件 js2_1.js 时，先自定义一个 JSON 对象 json，当通过 message 事件监测前台页面请求后，调用方法 selfpostMessage() 向前台代码传递 JSON 对象，并使用 close 语句关闭后台线程。前台为了在 message 事件中获取传递来的 JSON 对象内容，使用 for 语句遍历了整个 JSON 对象的内容，并将内容显示在页面中。

图 12-2　执行效果

【运行结果】

执行后的效果如图 12-2 所示。

12.2.3 使用线程嵌套交互数据

在 HTML5 开发应用中，通过在后台线程中继续调用线程的方式实现分割主线程的功能，并最终形成线程嵌套处理代码的格局。这种方式可以将各个功能块分离，形成独立的子模块，有利于开发 Web 应用。

注 意

目前，只有 Firefox 5.0 以上版本浏览器支持这种后台子线程嵌套交互数据的方法。

在接下来的实例中，基于实例 12-2，新添加了一个显示随机数奇偶特征的功能。

【范例 12-3】使用线程嵌套交互数据

源码路径：光盘 \ 配套源码 \12\12-3\3.html

在本实例的实现文件是 3.html，具体实现流程如下所示。

（1）设计一个 HTML5 页面，在里面设置一个输入数据的表单。

（2）当用户在页面中输入生成随机数的位数并单击“请求”按钮后，不仅在页面中显示对应位数的随机数，而且将随机数的奇偶特征一起显示在页面中。

实例文件 3.html 的具体实现代码如下所示。

```
<!DOCTYPE html>
<html>
<head>
<meta charset="utf-8" />
<title> 使用线程嵌套交互数据 </title>
<link href="css.css" rel="stylesheet" type="text/css">
<script type="text/javascript" language="jscript"
        src="js3.js"/>
</script>
</head>
<body onLoad="pageload();">
<fieldset>
    <legend> 线程嵌套请交互求数据 </legend>
    <p id="pStatus"></p>
    <input id="txtNum" type="text" class="inputtxt">
    <input id="btnAdd" type="button" value=" 请求 "
```

```
                class="inputbtn" onClick="btnSend_Click();">
</fieldset>
  </body>
  </html>
```

在上述 HTML5 页面中导入了一个 JavaScript 文件 js3.js，在里面自定义了两个函数，分别供在页面加载与单击“请求”按钮时调用。文件 js3.js 的实现代码如下所示。

```
function $$(id) {
    return document.getElementById(id);
}
var objWorker = new Worker("js3_1.js");
// 自定义页面加载时调用的函数
function pageload() {
    objWorker.addEventListener('message',
    function(event) {
        $$("pStatus").style.display = "block";
        $$("pStatus").innerHTML += event.data;
    },
    false);
}
// 自定义单击“请求”按钮时调用的函数
function btnSend_Click() {
    // 获取发送内容
    var strTxtValue = $$("txtNum").value;
    if (strTxtValue.length > 0) {
        objWorker.postMessage(strTxtValue);
        $$("txtNum").value = "";
    }
}
```

在上述 JavaScript 文件 js3.js 代码中，调用了后台线程脚本文件 js3_1.js，此文件能够通过指定位数生成随机数。文件 js3_1.js 的实现代码如下所示。

```
self.onmessage = function(event) {
    var intLen = event.data;
    var LngRndNum = RetRndNum(intLen);
    var objWorker = new Worker("js3_1_1.js");
    objWorker.postMessage(LngRndNum);
    objWorker.onmessage = function(event) {
        var strRetHTML = "<span><b> ";
        strRetHTML += intLen + " </b> 位随机数为: <b> ";
        strRetHTML += LngRndNum;
        strRetHTML += " </b> " + event.data + " </span><br>";
        self.postMessage(strRetHTML);
    }
}
```

```
//生成指定长度的随机数
function RetRndNum(n) {
    var strRnd = "";
    for (var intI = 0; intI < n; intI++) {
        strRnd += Math.floor(Math.random() * 10);
    }
    return strRnd;
}
```

在上述 JavaScript 文件 js3_1.js 代码中，调用了另外一个后台线程脚本文件 js3_1_1.js，此文件可以检测随机数奇偶的特征。文件 js3_1_1.js 的实现代码如下所示。

```
self.onmessage = function(event) {
    if (event.data % 2 == 0) {
        self.postMessage("oushu");
    } else {
        self.postMessage("jishu");
    }
    self.close();
}
```

【范例分析】

本实例是以实例 12-2 为基础的，为了在前台页面中既显示按指定位数生成的随机数，也能够检测随机数奇偶特征，在调用的后台线程中使用了嵌套的方式来实现。在脚本文件 js3.js 中指定的后台线程文件 js3_1.js 为主线程。文件 js3_1.js 的运作流程如下所示。

（1）在 message 事件中获取前台页面传来的生成随机数的长度值 event.data，并保存至变量 intLen 中。

（2）根据该变量值调用函数 RetRndNum()，生成一个指定长度的随机数，并保存至变量 LngRndNum 中。

（3）创建一个后台子线程对象 objWorker，并指定该对象的脚本文件为 js3_1_1.js，通过方法 postMessage() 将生成的随机数发送给 objWorker 对象对应的脚本文件。

子线程文件 js3_1_1.js 的功能是通过监测 message 事件获取 event.data 值，得到主线程传回的随机数，并通过“event.data%2”的方法检测随机数的奇偶性，通过 postMessage() 方法返回给主线程。主线程 js3_1.js 文件在监测的 message 事件中接收子线程传回的随机数奇偶特征，与生成的随机数一起组成一个字符串，通过方法 self.postMessage() 将字符串传递给前台页面。前台页面在监测的 message 事件中，获取后台主线程传回的数据 event.data，即将字符串内容显示在页面中。

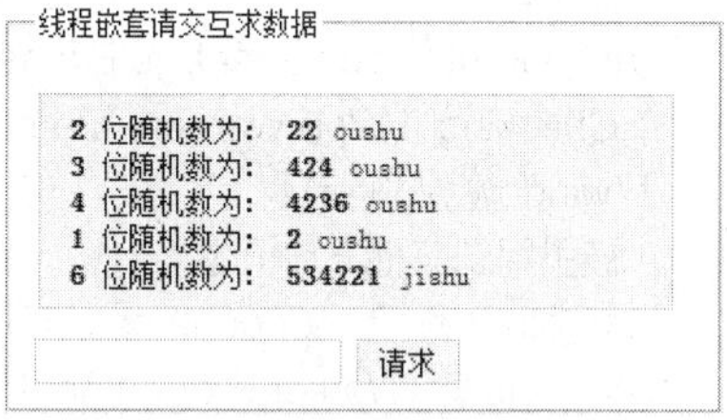

图 12-3 执行效果

【运行结果】

本实例执行后的效果如图 12-3 所示。

> **注 意** 当主线程向子线程发送数据时，使用子线程对象的 postMessage() 方法实现，即 objWorker.postMessage(LngRndNum)。在向前台页面发送数据时则使用线程自身的 postMessage() 方法实现，即 self postMessage(strRetHTML)，或者也可以省略 self。

12.2.4 通过 JSON 发送消息

在移动 Web 页面中，Web Workers 可以通过 Message channels 进行通信。在大多数情况下，虽然会发送更加结构化的数据给 Workers，但是使用 JSON 格式是唯一可以给 Worker 发送结构化消息的方法。幸运的是，现在主流浏览器支持 Worker 的程度已经与原生支持 JSON 的程度一样好了。

在下面的实例中编写了另一个 WorkerMessage 类型的对象，这种类型将被用来向 Web Workers 发送一些带参数的命令。

【范例 12-4】通过 JSON 发送消息

源码路径：光盘\配套源码\12\12-4\4.html

实例文件 4.html 的具体实现代码如下所示。

```
<!DOCTYPE html>
<html>
<head>
    <title>Hello Web Workers</title>
</head>
<body>
    <input id=inputForWorker />
<button id=btnSubmit>Send to the worker</button>
<button id=killWorker>Stop the worker</button>
    <div id="output"></div>
    <script src="js4.js" type="text/javascript"></script>
</body>
</html>
```

脚本文件 js4.js 的具体代码如下所示。

```
function WorkerMessage(cmd, parameter) {
this.cmd = cmd; this.parameter = parameter;
}
// 显示输出部分
var _output = document.getElementById("output");
/* Checking if Web Workers are supported by the browser */
if (window.Worker) {
// 被引用到其他 3 个元素
var _btnSubmit = document.getElementById("btnSubmit");
var _inputForWorker = document.getElementById("inputForWorker");
var _killWorker = document.getElementById("killWorker");
var myHelloWorker = new Worker('helloworkersJSON_EN.js');
myHelloWorker.addEventListener("message", function (event) {
_output.textContent = event.data;
}, false);
// 发送初始化命令
myHelloWorker.postMessage(new WorkerMessage('init', null));
```

```
// 添加的“提交”按钮单击事件
// 发送信息
_btnSubmit.addEventListener("click", function (event) {
// We're now sending messages via the 'hello' command
myHelloWorker.postMessage(new WorkerMessage('hello', _inputForWorker.value));
}, false);
// 添加的按钮单击事件
// which will stop the worker. It won't be usable anymore after that.
_killWorker.addEventListener("click", function (event) {
myHelloWorker.terminate();
_output.textContent = "The worker has been stopped.";
}, false);
} else {
_output.innerHTML = "Web Workers are not supported by your browser. Try with IE10: <a href=\"http://ie.microsoft.com/testdrive\">download the latest IE10 Platform Preview</a>";
}
```

在上述 JavaScript 代码中，使用了一种非侵入式的 JavaScript 方法来帮助我们分离表现层和逻辑层。

【运行结果】

执行后的效果如图 12-4 所示。

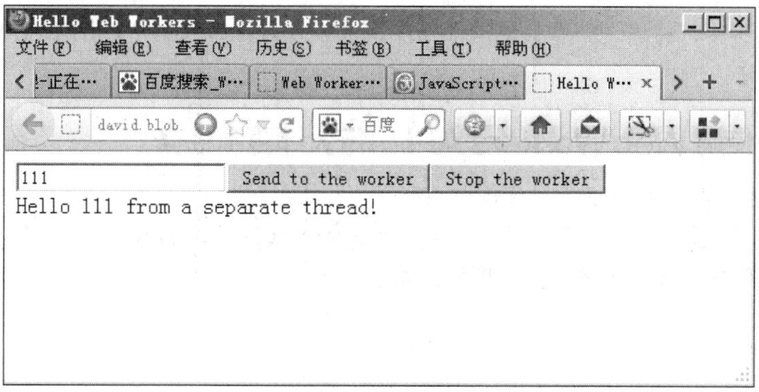

图 12-4 执行效果

12.3 执行大计算量任务

本节教学录像：4 分钟

一直以来，广大游戏程序员一直致力于寻求一种高性能的图形渲染方法，以便将其用于最终的游戏渲染工作。而路径查找则是一个非常有用的功能，可以用于创建道路或显示角色从 A 点到 B 点的过程。也就是说，路径查找算法就是要在 n 维（通常是 2D 或 3D）空间中找出两点间的最短路线。在本节的内容中，将详细讲解通过 Worker 方式实现大计算量任务的过程。

12.3.1 创建 Worker

在 HTML5 开发应用中，处理路径查找的最佳算法叫作 A*，这是迪杰斯特拉（Dijkstra）算法的变体。路径查找（或者类似的计算时间超过数毫秒的操作）的最大问题是会导致 JavaScript 产生一种名为“界面锁定”的效果，也就是在操作完成以前，浏览器将一直被冻结。幸运的是，HTML5 规范也提供了一个名为 Web Workers 的新 API。Web Workers（通常称为“Worker”）可以让我们在后台执行计算量相对较大以及执行时间较长的脚本，而不会影响浏览器中的主用户界面。

在移动 Web 页面中，创建 Worker 的语法格式如下所示。

```
var worker = new Worker(PATH_TO_A_JS_SCRIPT);
```

其中的 PATHTOAJSSCRIPT 可以是一个脚本文件，比如 astar.js。

在创建 Worker 之后，随时可以调用方法 worker.close() 终止它的执行。如果终止了一个 Worker，然后又需要执行一个新操作，那么就要再创建一个新的 Worker 对象。在 Web Workers 之间的通信，是通过在 worker.onmessage 事件的回调函数中调用 worker.postMessage（object）来实现的。此外，还可以通过 onerror 事件处理程序来处理 Worker 的错误。与普通的网页类似，Web Workers 也支持引入外部脚本，使用的是 importScripts() 函数。此函数可以接受 0 个或多个参数，如果有参数，每个参数都应该是一个 JavaScript 文件。

12.3.2 使用 Web Workers API 执行大计算量任务

在接下来的内容中，将通过一个具体的演示实例的实现过程，来讲解使用 Web Workers API 执行大计算量任务的方法。

【范例 12-5】使用 Web Workers API 执行大计算量任务

源码路径：光盘\配套源码\12\12-5\5.html

在本实例的 HTML5 页面中，定义了一个用 JavaScript 代码编写的 A* 算法，在实现过程中使用了 Web Worders。实例文件 5.html 的具体实现代码如下所示。

```
<!DOCTYPE html>
<html lang="en">
<head>
<meta charset="UTF-8" />
<title> 使用 web workers)</title>
<script>
window.onload = function () {
var tileMap = [];
var path = {
start: null,
stop: null
}
    var tile = {
      width: 6,
```

```
  height: 6
}
  var grid = {
  width: 100,
  height: 100
}
  var canvas = document.getElementById('myCanvas');
  canvas.addEventListener('click', handleClick, false);
  var c = canvas.getContext('2d');
// 随机生成 1000 个元素
for (var i = 0; i < 1000; i++) {
generateRandomElement();
}
// 绘制整个网格
draw();
function handleClick(e) {
// 检测到鼠标单击后，把鼠标坐标转换为像素坐标
var row = Math.floor((e.clientX - 10) / tile.width);
var column = Math.floor((e.clientY - 10) / tile.height);
if (tileMap[row] == null) {
tileMap[row] = [];
}
  if (tileMap[row][column] !== 0 && tileMap[row][column] !== 1) {
  tileMap[row][column] = 0;
    if (path.start === null) {
    path.start = {x: row, y: column};
} else {
  path.stop = {x: row, y: column};
  callWorker(path, processWorkerResults);
  path.start = null;
  path.stop = null;
}
  draw();
}
}
function callWorker(path, callback) {
var w = new Worker('js5.js');
w.postMessage({
tileMap: tileMap,
grid: {
  width: grid.width,
  height: grid.height
},
  start: path.start,
  stop: path.stop
});
```

```
    w.onmessage = callback;
}
function processWorkerResults(e) {
    if (e.data.length > 0) {
        for (var i = 0, len = e.data.length; i < len; i++) {
            if (tileMap[e.data[i].x] === undefined) {
            tileMap[e.data[i].x] = [];
}
            tileMap[e.data[i].x][e.data[i].y] = 0;
}
}
        draw();
}
function generateRandomElement() {
    var rndRow = Math.floor(Math.random() * (grid.width + 1));
    var rndCol = Math.floor(Math.random() * (grid.height + 1));
        if (tileMap[rndRow] == null) {
        tileMap[rndRow] = [];
}
    tileMap[rndRow][rndCol] = 1;
}
function draw(srcX, srcY, destX, destY) {
    srcX = (srcX === undefined) ? 0 : srcX;
    srcY = (srcY === undefined) ? 0 : srcY;
    destX = (destX === undefined) ? canvas.width : destX;
    destY = (destY === undefined) ? canvas.height : destY;
    c.fillStyle = '#FFFFFF';
    c.fillRect (srcX, srcY, destX + 1, destY + 1);
    c.fillStyle = '#000000';
    var startRow = 0;
    var startCol = 0;
    var rowCount = startRow + Math.floor(canvas.width / tile.
    width) + 1;
    var colCount = startCol + Math.floor(canvas.height / tile.
    height) + 1;
    rowCount = ((startRow + rowCount) > grid.width) ? grid.width :
    rowCount;
    colCount = ((startCol + colCount) > grid.height) ? grid.height :
    colCount;
for (var row = startRow; row < rowCount; row++) {
for (var col = startCol; col < colCount; col++) {
    var tilePositionX = tile.width * row;
    var tilePositionY = tile.height * col;
if (tilePositionX >= srcX && tilePositionY >= srcY &&
    tilePositionX <= (srcX + destX) &&
    tilePositionY <= (srcY + destY)) {
```

```
if (tileMap[row] != null && tileMap[row][col] != null) {
if (tileMap[row][col] == 0) {
    c.fillStyle = '#CC0000';
} else {
c.fillStyle = '#0000FF';
}
    c.fillRect(tilePositionX, tilePositionY, tile.width,
    tile.height);
} else {
    c.strokeStyle = '#CCCCCC';
    c.strokeRect(tilePositionX, tilePositionY, tile.width,
    tile.height);
}
}
}
}
}
}
</script>
</head>
<body>
<canvas id="myCanvas" width="600" height="300"></canvas>
<br />
</body>
</html>
```

脚本文件 js5.js 的具体代码如下所示。

```
// 此 worker 处理负责 aStar 类的实例
onmessage = function(e){
    var a = new aStar(e.data.tileMap, e.data.grid.width, e.data.grid.height,
    e.data.start, e.data.stop);
    postMessage(a);
}
// 基于非连续索引的 tileMap 调整后的 A* 路径查找类
var aStar = function(tileMap, gridW, gridH, src, dest, createPositions) {
    this.openList = new NodeList(true, 'F');
    this.closedList = new NodeList();
    this.path = new NodeList();
    this.src = src;
    this.dest = dest;
    this.createPositions = (createPositions === undefined) ? true :
    createPositions;
    this.currentNode = null;
var grid = {
rows: gridW,
```

```
cols: gridH
}
    this.openList.add(new Node(null, this.src));
    while (!this.openList.isEmpty()) {
    this.currentNode = this.openList.get(0);
    this.currentNode.visited = true;
if (this.checkDifference(this.currentNode, this.dest)) {
// 到达目的地 :)
break;
}
this.closedList.add(this.currentNode);
this.openList.remove(0);
// 检查与当前节点相近的 8 个元素
var nstart = {
    HTML5 声音及处理优化 | 219
    x: (((this.currentNode.x - 1) >= 0) ? this.currentNode.x - 1 : 0),
    y: (((this.currentNode.y - 1) >= 0) ? this.currentNode.y - 1 : 0),
}
var nstop = {
    x: (((this.currentNode.x + 1) <= grid.rows) ? this.currentNode.
    x + 1 : grid.rows),
    y: (((this.currentNode.y + 1) <= grid.cols) ? this.currentNode.
    y + 1 : grid.cols),
}
for (var row = nstart.x; row <= nstop.x; row++) {
for (var col = nstart.y; col <= nstop.y; col++) {
// 在原始的 tileMap 中还没有行，还继续吗?
if (tileMap[row] === undefined) {
if (!this.createPositions) {
    continue;
}
}
// 检查建筑物或其他障碍物
if (tileMap[row] !== undefined && tileMap[row][col] === 1) {
    continue;
}
    var element = this.closedList.getByXY(row, col);
if (element !== null) {
// 这个元素已经在 closedList 中了
    continue;
} else {
    element = this.openList.getByXY(row, col);
    if (element !== null) {
// 这个元素已经在 closedList 中了
continue;
}
```

```
}
// 还不在任何列表中，继续
    var n = new Node(this.currentNode, {x: row, y: col});
    n.G = this.currentNode.G + 1;
    n.H = this.getDistance(this.currentNode, n);
    n.F = n.G + n.H;
    this.openList.add(n);
}
}
}
    while (this.currentNode.parentNode !== null) {
    this.path.add(this.currentNode);
    this.currentNode = this.currentNode.parentNode;
}
}
aStar.prototype.checkDifference = function(src, dest) {
    return (src.x === dest.x && src.y === dest.y);
}
aStar.prototype.getDistance = function(src, dest) {
    return Math.abs(src.x - dest.x) + Math.abs(src.y - dest.y);
}
function Node(parentNode, src) {
    this.parentNode = parentNode;
    this.x = src.x;
    this.y = src.y;
    this.F = 0;
    this.G = 0;
    this.H = 0;
}
var NodeList = function(sorted, sortParam) {
    this.sort = (sorted === undefined) ? false : sorted;
    this.sortParam = (sortParam === undefined) ? 'F' : sortParam;
    this.list = [];
    this.coordMatrix = [];
}
NodeList.prototype.add = function(element) {
    this.list.push(element);
if (this.coordMatrix[element.x] === undefined) {
    this.coordMatrix[element.x] = [];
}
    this.coordMatrix[element.x][element.y] = element;
if (this.sort) {
    var sortBy = this.sortParam;
    this.list.sort(function(o1, o2) { return o1[sortBy] - o2[sortBy]; });
}
}
```

```
NodeList.prototype.remove = function(pos) {
    this.list.splice(pos, 1);
}
NodeList.prototype.get = function(pos) {
    return this.list[pos];
}
NodeList.prototype.size = function() {
    return this.list.length;
}
NodeList.prototype.isEmpty = function() {
    return (this.list.length == 0);
}
NodeList.prototype.getByXY = function(x, y) {
    if (this.coordMatrix[x] === undefined) {
    return null;
} else {
    var obj = this.coordMatrix[x][y];
    if (obj == undefined) {
    return null;
} else {
return obj;
}
}
}
NodeList.prototype.print = function() {
    for (var i = 0, len = this.list.length; i < len; i++) {
    console.log(this.list[i].x + ' ' + this.list[i].y);
}
}
```

【运行结果】

执行后的效果如图 12-5 所示。

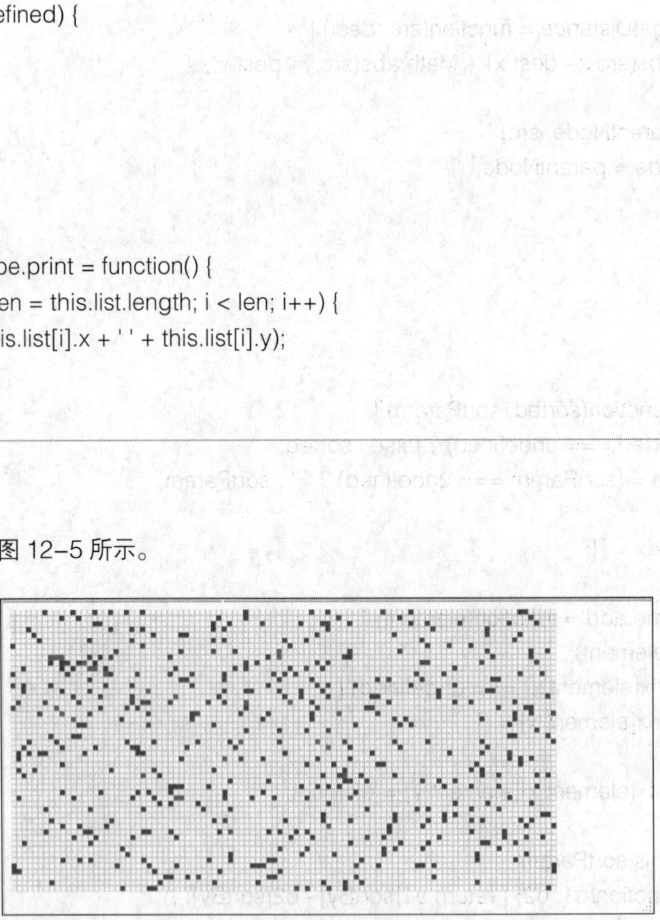

图 12-5　执行效果

12.4 综合应用——在后台运行耗时较长的运算

本节教学录像：3 分钟

在接下来的内容中，将通过一个具体的演示实例的实现过程，来讲解使用 Web Workers API 在后台运行耗时运算的方法。

【范例 12-6】使用 Web Workers API 在后台运行耗时较长的运算

源码路径：光盘\配套源码\12\12-6\6.html

【范例分析】

在移动 Web 页面中，新增的 Web Workers 用于在 Web 应用程序中实现后台处理功能。在使用 HTML4 与 JavaScript 创建出来的 Web 程序中，因为所有的处理都是在单线程内执行的，所以如果花费的时间比较长的话，程序界面会处于长时间没有响应的状态。更为严重的是，当时间长到一定程度时，浏览器还会跳出一个提示脚本运行时间过长的提示框，使用户不得不中断正在执行的处理。为了解决这个问题，HTML5 新增了一个 Web Workers API，使用这个 API 可以很容易地创建在后台运行的线程（在 HTML5 中被称为 Worker）。如果将可能耗费较长时间的处理交给后台去执行的话，对用户在前台页面中执行的操作就完全没有影响了。

在本实例的实现文件是 6.html，此文件是用 HTML4 实现的，具体实现流程如下所示。

（1）在页面中放置一个文本框。

（2）当用户在该文本框中输入数字，然后单击旁边的“计算”按钮时，在后台计算从 1 到给定数值的合计值。

（3）虽然对于从 1 到给定数值的求和计算过程中，只需要用一个求和公式即可。但是本实例中，为了展示后台线程的使用方法，特意采取了循环计算的方法。

文件 6.html 的具体实现代码如下所示。

```
<!DOCTYPE html>
<html>
<head>
<meta charset="utf-8">
<script type="text/javascript">
function calculate()
{
    var num = parseInt(document.getElementById("num").value, 10);
    var result = 0;
    // 循环计算求和
    for (var i = 0; i <= num; i++)
    {
       result += i;
    }
    alert(" 合计值为 " + result + "。");
}
</script>
```

```
</head>
<body>
<h1> 从 1 到给定数值的求和示例 </h1>
输入数值 :<input type="text" id="num">
<button onclick="calculate()"> 计算 </button>
</body>
</html>
```

【运行结果】

执行后的效果如图 12-6 所示。

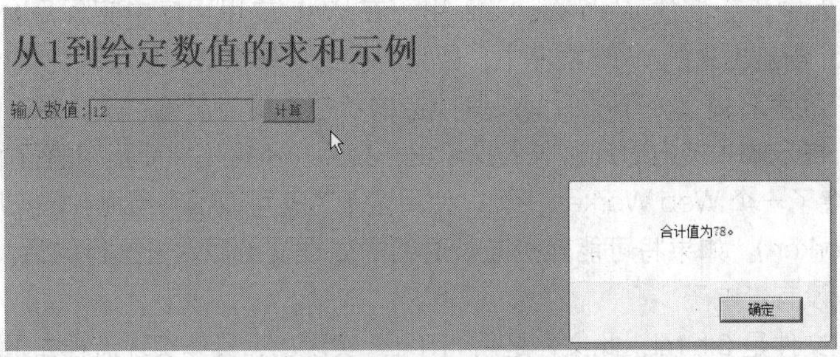

图 12-6　执行效果

在执行上述代码的时候，当在数值文本框中输入数值并单击“计算”按钮之后，在弹出合计值消息框之前，用户是不能在该页面上进行操作的。另外，虽然用户在文本框中输入比较小的值时不会有什么问题，但是当用户在该文本框中输入大数字时，例如 10 亿时，浏览器会跳出一个图 12-7 所示的提示脚本运行时间过长的对话框，导致不得不停止当前计算。

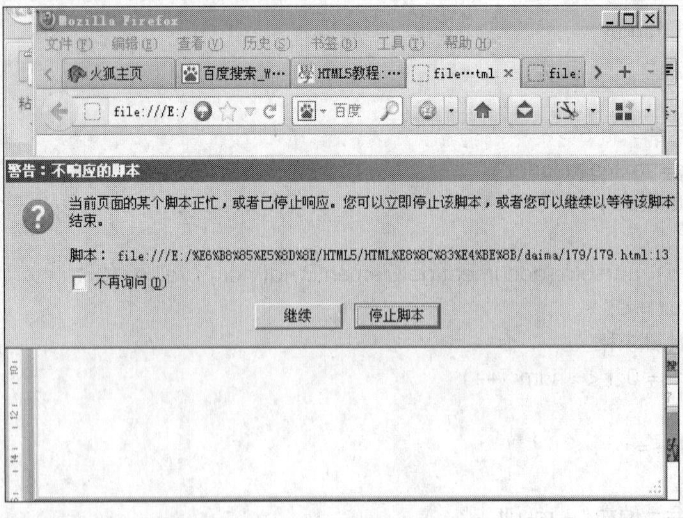

图 12-7　计算大数时

接下来新建一个 HTML5 页面文件 6_1.html，对以上文件重新书写，使用 Web Workers API 让耗时较长的运算在后台运行，这样在上例的文本框中无论输入多么大的数值都可以正常运算了。文件 6_1.html 是对上例进行修改后的 HTML5 中的代码，具体代码如下所示。

```
<!DOCTYPE html>
<head>
<meta charset="UTF-8">
<script type="text/javascript">
// 创建执行运算的线程
var worker = new Worker("js6.js");
// 接收从线程中传出的计算结果
worker.onmessage = function(event)
{
    // 消息文本放置在 data 属性中 , 可以是任何 JavaScript 对象 .
    alert(" 合计值为 " + event.data + "。");
};
function calculate()
{
    var num = parseInt(document.getElementById("num").value, 10);
    // 将数值传给线程
    worker.postMessage(num);
}
</script>
</head>
<body>
<h1> 从 1 到给定数值的求和示例 </h1>
输入数值 :<input type="text" id="num">
<button onClick="calculate()"> 计算 </button>
</body>
</html>
```

脚本文件 js6.js 的具体代码如下所示。

```
onmessage = function(event
{
    var num = event.data;
    var result = 0;
    for (var i = 0; i <= num; i++)
    result += i;
    // 向线程创建源送回消息
    postMessage(result);
}
```

此时就可以在后台执行大数运算操作了。

12.5 高手点拨

1. JavaScript 的并行性问题

如果要将有趣的应用（如从侧重服务器端的实施）移植到客户端 JavaScript，存在很多制约瓶颈。其中包括浏览器兼容性、静态类型、可访问性和性能。幸运的是，随着浏览器供应商快速提高 JavaScript 引擎的速度，性能已不再是瓶颈。

仍在阻碍 JavaScript 的实际上是语言本身，JavaScript 属于单线程环境，也就是说无法同时运行多个脚本。例如，假设有一个网站，它需要处理 UI 事件，查询并处理大量 API 数据以及操作 DOM。这很常见，但遗憾的是，由于受到浏览器 JavaScript 运行时的限制，所有这些操作都无法同时进行。脚本是在单个线程中执行的。

开发人员会使用 setTimeout()、setInterval()、XMLHttpRequest 和事件处理程序等技术模拟“并行”。所有这些功能确实都是异步运行的，但没有阻碍未必就意味着并行。系统会在生成当前执行脚本后处理异步事件。好消息是，HTML5 为我们提供了优于这些技巧的技术。

2. 在 Worker 中不能访问 DOM

为了安全起见，Worker 不能直接对 HTML 进行操作。同一 DOM 上的多线程操作可能会引发线程安全问题。优势是您不再担忧 Worker 实现中的多线程安全问题。这在开发 Worker 时有一些局限性，开发者不能在 Worker 中调用 alert()，这是一个非常流行的调试 JavaScript 代码的方法。您也不能调用 document.getElementById()，因为它只能检索和返回变量，可能是字符串、数组、JSON 对象等。

12.6 实战练习

1. 验证两次输入的密码是否一致

先创建了两个“text”类型的 <input> 元素，用于输入两次“密码”值。在提交表单时，调用一个用 JavaScript 编写的自定义函数 setErrorInfo()，该函数先获取两次输入的“密码”值，然后检测两次输入是否一致，最后调用元素的 setCustomValidity() 方法修改系统验证的错误信息。

2. 取消表单元素的所有验证规则

在页面表单中先创建了一个用户登录界面，其中包括两个“text”类型的输入文本框，一个用于输入“用户名”，另一个用于输入“密码”，并都通过“patten”属性设置相应的输入框验证规则。然后将表单的“novalidate”属性设置为“true”，单击表单“提交”按钮后，表单中的元素将不会进行内置的验证，而是直接进行数据提交操作。

第13章 页面数据离线处理

本章教学录像：32 分钟

在 Web 应用技术中，离线技术已经成为了最主要的应用之一，它确保了即使在离线的情况下，也可以正常实现数据交互功能。在 HTML5 中新增加了一个专用 API，用于实现本地数据的缓存，这个 API 使得开发离线应用成为可能。本章将详细介绍在移动 Web 页面中实现页面数据离线处理的基本过程，为读者步入本书后面知识的学习打下基础。

本章要点（已掌握的在方框中打钩）

□ 离线应用基础

□ 检测本地缓存的更新状态

□ 检测在线状态

□ 综合应用——开发一个离线式日历提醒系统

13.1 离线应用基础

本节教学录像：7 分钟

在 Web 开发应用中，离线应用程序就是一个 URL 列表，在该列表中包括 HTML、CSS、JavaScript、图片及其他资源性文件的 URL 清单。当应用程序与服务器建立联系时，浏览器会在本地缓存所有 URL 清单中的资源文件。当应用与服务器失去联系时，浏览器会调用缓存的文件来支撑 Web 应用。在本节的内容中，将详细讲解 HTML5 离线应用的基础知识。

13.1.1 manifest 文件详解

在移动 Web 页面应用中，提供了 Cache Manifest 缓存机制技术，可以在线时将对应文件缓存在本地，在离线时调用这些本地文件。可以通过 manifest 文件来实现对如下功能的管理。

- 需要保存哪些文件。
- 不需要保存哪些文件。
- 在线与离线时需要调用哪些文件。

在移动 Web 页面应用中，为了实现正常访问 manifest 文件的功能，需要在服务器端进行相应的 IIS 配置。在使用 manifest 文件绑定页面后，浏览器可以与服务器进行数据交互。

在移动 Web 页面应用中，为了能在离线状态下继续访问 Web 应用，需要使用 manifest 文件将离线时需要缓存文件的 URL 写入该文件中。当浏览器与服务器建立联系后，浏览器就会根据 manifest 文件所列的缓存清单，将相应的资源文件缓存在本地。在具体应用时，可以使用所有创建文本文件的编辑器来新建一个 manifest 文件，在保存时需要将扩展名设置为".manifest"。

例如通过如下代码新建了一个名为 tmp.manifest 的文件。

```
CACHE MANIFEST
#version 0.0.0
CACHE:
# 下面列出了带有相对路径的资源文件
Js0.js
css0.css
Images/img0.jpg
Images/img1.png
NETWORK:
# 下面列出了在线时需要访问的资源文件
Index.jsp
Online.do
FALLBACK:
# 以成对形式列出不可访问文件的替补资源文件
/Project/Index.jsp      /BkProject/Index.jsp
```

对上述代码的具体说明如下所示。

- "CACHE:"标记：表示离线时浏览器需要缓存到本地的服务器资源文件列表。当为某个页面编写 manifest 类型文件时，不需要将该页面放入列表中，因为浏览器在进行本地资源缓存时会自动缓存这个页面。

- "NETWORK :" 标记：表示在线时需要访问的资源文件列表，这些文件只有在浏览器与服务器之间建立联系时才能访问。如果设置为 "*"，表示除了在 "CACHE:" 标记中标明需要缓存的文件之外都不进行本地缓存。
- "FALLBACK:" 标记：表示以成对方式列出不访问文件的替补文件。其中前者是不可访问的文件，后者是替补文件，即当 "/Project/Index.jsp" 文件不可访问时，浏览器会尝试访问 "/BkProject/Index.jsp" 文件。

在创建完 manifest 类型文件后，就可以通过页面中 <html> 元素的 "manifest" 属性，将页面与 manifest 类型文件绑定起来。这样当在浏览器中查看页面时，会自动将 manifest 类型文件中所涉及的资源文件缓存在本地。例如如下所示的绑定代码。

```
<html manifest="tmp.manifest">
```

13.1.2 配置 IIS 服务器

完成 manifest 文件的创建工作，并将该文件与 Web 页进行了绑定后，接下来需要设置服务器支持 ".mainfest" 扩展名的文件，否则服务器无法读取 mainfest 类型的文件。接下来以 Windows 7 系统为例，介绍通过配置 IIS 选项以使服务器支持 manifest 类型文件的过程。

（1）依次单击【开始】→【控制面板】，打开【控制面板】界面。

（2）双击打开【管理工具】，然后双击打开【Internet 信息服务（IIS）管理器】。

（3）在左边依次单击【网站】→【默认网站】，右键单击【默认网站】，单击【属性】命令。

（4）在弹出的 "属性" 对话框中选择 "HTTP 头" 选项卡，在该选项卡中单击 "MIME" 映射区域中的 "文件类型" 按钮。

（5）在 "HTTP 头" 选项卡中单击 "文件类型" 按钮，在弹出的 "文件类型" 对话框中单击 "新类型" 按钮，会弹出新建文件类型的对话框；在对应的 "关联扩展名" 文本框中输入 ".manifest"，在 "内容类型" 文本框中输入 "textjcache-manifest"。

（6）在创建新 "文件类型" 时，当输入 "关联扩展名" 与 "内容类型" 后单击 "确定" 按钮，此时便完成了 ".manifest" 文件类型的创建。

通过上述实现步骤，成功为 IIS 创建了一个 ".manifest" 文件类型，使服务器能够支持 manifest 文件，实现对应站点下 Web 页离线访问的功能。

13.1.3 开发离线应用程序

在 HTML5 网页开发应用中，开发离线的 Web 应用的基本流程如下所示。

（1）编写一个 .manifest 类型文件，列出需要通过浏览器缓存至本地的资源性文件。

（2）开发一个 Web 页面，通过 <html> 元素的 "manifest" 属性将 .manifest 文件与页面绑定。

（3）对服务器端进行配置，使其能读取 .manifest 类型的文件。

在接下来的内容中，将通过一个具体的演示实例的实现过程，来讲解开发一个简单的离线应用程序的方法。

【范例 13-1】开发一个简单的离线应用

源码路径：光盘\配套源码\13\13-1\1.html

本实例的实现文件是 1.html，具体实现流程如下所示。

（1）新建一个 HTML5 页面，当浏览该页面时，通过 JS 文件 js1.js 来获取服务器时间，并按照指定的时间的格式动态地显示在页面中。

（2）当中断与服务器的联系后再次浏览该页面时，仍然可以在页面中动态地显示时间。

实例文件 1.html 的具体实现代码如下所示。

```
<!DOCTYPE html>
<html manifest="she1.manifest">
<head>
<meta charset="utf-8" />
<title> 开发一个简单离线应用 </title>
<script type="text/javascript" language="jscript"
        src="js1.js"/>
</script>
</head>
<body>
  <fieldset>
  <legend> 简单离线示例 </legend>
    <output id="time"> 正在获取当前时间 ...</output>
  </fieldset>
</body>
</html>
```

再看 JS 文件 js1.js，在此自定义了两个函数，分别用于获取系统时间与格式化显示的时间。文件 js1.js 的具体实现代码如下所示。

```
function $$(id) {
    return document.getElementById(id);
}
// 获取当前格式化后的时间并显示在页面上
function getCurTime(){
  var dt=new Date();
  var strHTML=" 当前时间是 ";
  strHTML+=RuleTime(dt.getHours(),2)+":"+
           RuleTime(dt.getMinutes(),2)+":"+
      RuleTime(dt.getSeconds(),2);
  $$("time").value=strHTML;
}
// 转换时间显示格式
function RuleTime(num, n) {
    var len = num.toString().length;
    while(len < n) {
        num = "0" + num;
        len++;
    }
    return num;
```

```
}
// 定时执行
setInterval(getCurTime,1000);
```

另外，在 1.html 页面中通过 <html> 元素的“manifest”属性绑定了一个“.manifest”类型的文件 shel.manifest，在此文件中列举了服务器需要缓存至本地的代码。文件 shel.manifest 的具体实现代码如下所示。

```
CACHE MANIFEST
#version 0.0.1
CACHE:
js1.js
```

【范例分析】

在上述代码中缓存了两个资源文件，分别是 jsl.js 和 1.html 本身。因为使用了本地缓存，所以使浏览器与服务器之间的数据交互按照如下步骤进行。

（1）浏览器：请求访问文件 1.html。

（2）服务器：返回文件 1.html。

（3）浏览器：解析返回的文件 1.html，请求服务器返回文件 1.html 所包含的全部资源性文件，包括文件 shel.manifest。

（4）服务器：返回浏览器所请求的所有资源文件。

（5）浏览器：解析返回的文件 shel.manifest，请求返回 URL 清单中的资源文件。

（6）服务器：再次返回 URL 清单中的资源文件。

（7）浏览器：更新本地缓存，将新获取的 URL 清单中的资源文件更新至本地缓存中。更新过程中会触发 onUpdateReady 事件，表示完成本地缓存的更新工作。

（8）浏览器再次查看访问文件 1.html 的页面，如果文件 shel.manifest 没有发生变化，则直接调用本地的缓存以响应用户的请求，从而实现离线访问页面的功能。

【运行结果】

本实例执行后的效果如图 13-1 所示。

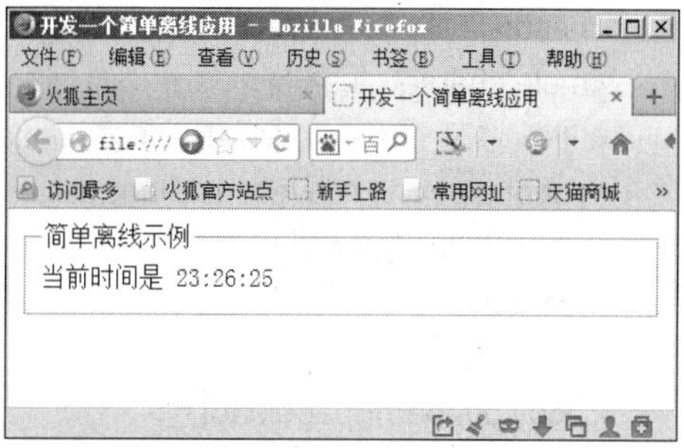

图 13-1　执行效果

13.2 检测本地缓存的更新状态

本节教学录像：10 分钟

在 HTML5 标记语言中，applicationCache 对象表示本地缓存。在开发 HTML5 离线应用程序时，通过调用该对象的 onUpdateReady 事件来监测本地缓存是否更新完成。在当前有如下两种手动更新本地缓存的方法：

- 一种是在 onUpdateReady 事件中调用 swapCache() 方法。
- 一种是直接调用 applicationCache 对象的 update() 方法。

当更新本地缓存时，可以调用 applicationCache 对象的其他事件来实时监测本地缓存更新的状态。在本节的内容中，将详细讲解在移动 Web 页面应用中监测本地缓存更新状态的基本知识，为读者步入本书后面知识的学习打下基础。

13.2.1 updateready 事件

在本章前面的实例 13-1 中，如果与页面绑定的 .manifest 文件 shel.manifest 的内容发生变化，将会引起本地缓存的更新而触发 updateready 事件。基于此特征，可以在 updateready 事件中编写实时监测本地缓存是否完成更新的代码。

在接下来的内容中，将通过一个具体的演示实例的实现过程，来讲解监测 updateready 事件触发过程的方法。

【范例 13-2】监测 updateready 事件触发的过程

源码路径：光盘 \ 配套源码 \13\13-2\2.html

在本实例的实现文件是 2.html，具体实现流程如下所示。

（1）新建一个 HTML5 页面，当加载页面时为 applicationCache 对象添加一个 updateready 事件，用于监测本地缓存是否发生改变。

（2）如果更新本地缓存，则会触发 updateready 事件，调用 JS 文件 js2.js 在页面中显示“正在触发 updateready 事件”的提示。

实例文件 2.html 的具体实现代码如下所示。

```
<!DOCTYPE html>
<html manifest="she2.manifest">
<head>
<meta charset="utf-8" />
<title> 监测 updateready 事件触发 </title>
<script type="text/javascript" language="jscript"
        src="js2.js"/>
</script>
</head>
<body onLoad="pageload();">
  <fieldset>
   <legend> 监测 updateready 事件触发过程 </legend>
     <p id="pStatus"></p>
  </fieldset>
</body>
</html>
```

再看 manifest 文件 she2.manifest，在里面列举了服务器需要缓存至本地的文件清单，具体实现代码如下所示。

```
CACHE MANIFEST
#version 0.0.2
```

```
CACHE:
js2.js
```

再看 JS 文件 js2.js，功能是在页面加载时调用函数 pageload()。文件 js2.js 的具体实现代码如下所示。

```
function $$(id) {
    return document.getElementById(id);
}
// 自定义页面加载时调用的函数
function pageload() {
  window.applicationCache.addEventListener("updateready",function() {
      $$("pStatus").style.display="block";
        $$("pStatus").innerHTML = " 正在触发 updateready 事件 ...";
  },true);
}
```

【范例分析】

在上述实例代码中，当与页面绑定的服务端 .manifest 文件 she2.manifest 的内容发生改变时，才会触发本地缓存的更新。如果完成了本地缓存更新，会触发设置好的 updateready 事件，显示“正在触发 updateready 事件 ...”的提示。

【运行结果】

执行后的效果如图 13-2 所示。

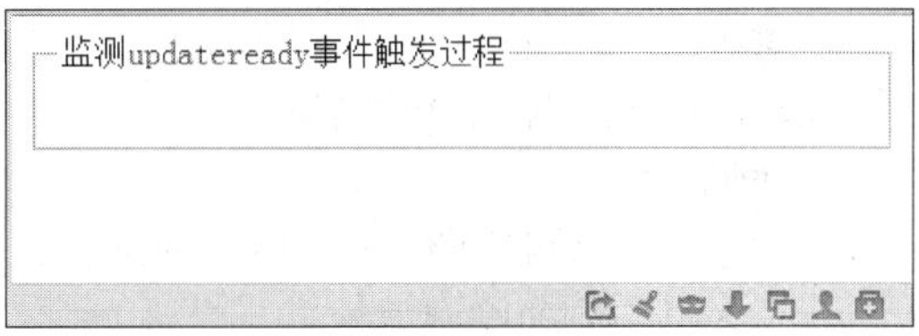

图 13-2　执行效果

> **注意**　即使完成了本地缓存的更新，当前页面也不会发生任何变化，需要重新打开该页面或刷新当前页后才能执行本地缓存更新后的页面效果。

13.2.2 update 方法

在 HTML5 网页开发应用中，可以调用 applicationCache 对象中的 update 方法来手动更新本地缓存，具体调用格式如下所示。

```
window. applicationCache. update()
```

在使用 update 方法时，如果有可以更新的本地缓存，调用该方法后可以对本地缓存进行更新。

> **注意**　在 HTML5 网页开发应用中，除了通过 updateready 事件检测是否有可更新的本地缓存以外，还可以调用 applicationCache 对象中的“status”属性来检测。属性 status 有多个值，当值为“4”时，表示有可更新的本地缓存。

在接下来的内容中，将通过一个具体的演示实例的实现过程，来讲解使用 update() 方法更新本地

缓存的方法。

【范例 13-3】使用 update() 方法更新本地缓存

源码路径：光盘\配套源码\13\13-3\3.html

在本实例的实现文件是 1.html，具体实现流程如下所示。

（1）新建一个 HTML5 页面，当加载页面时检测是否有可更新的本地缓存。

（2）如果存在有可更新的本地缓存则显示“手动更新”按钮，单击该按钮后会更新本地的缓存，同时在页面中显示“手动更新完成！”的提示。

实例文件 3.html 的具体实现代码如下所示。

```
<!DOCTYPE html>
<html manifest="she3.manifest">
<head>
<meta charset="utf-8" />
<title> 使用 update() 方法更新本地缓存 </title>
<script type="text/javascript" language="jscript"
        src="js3.js"/>
</script>
</head>
<body onLoad="pageload();">
  <fieldset>
   <legend> 检测是否有更新并手动更新缓存 </legend>
     <p id="pStatus"></p>
     <p id="pShow">
        <input id="btnUpd" value=" 手动更新 " type="button"
               class="inputbtn" onClick="btnUpd_Click()"/>
     </p>
  </fieldset>
</body>
</html>
```

再看 JavaScript 文件 js3.js，功能是自定义多个函数，用于在页面加载与单击“手动更新”按钮时调用。文件 js3.js 的具体实现代码如下所示。

```
function $$(id) {
    return document.getElementById(id);
}
// 检测 manifest 文件是否有更新
function pageload() {
    if (window.applicationCache.status == 4) {
        Status_Handle(" 找到可更新的本地缓存 !");
        $$("pShow").style.display = "block";
```

```
    }
}
// 单击“手动更新”按钮时调用
function btnUpd_Click() {
    window.applicationCache.update();
    Status_Handle(" 手动更新完成 !");
}
// 自定义显示执行过程中状态的函数
function Status_Handle(message) {
    $$("pStatus").style.display = "block";
    $$("pStatus").innerHTML = message;
}
```

【范例分析】

在上述代码中定义了函数 pageload()，此函数的具体实现流程如下所示。

- 先通过 applicationCache 对象中的“status”属性检测是否有可更新的本地缓存，如果存在，即该值为“4”时，显示“手动更新”按钮。
- 如果单击“手动更新”按钮，将触发按钮的“onClick”事件。在该事件中调用自定义的函数 btnUpd_Click()，该函数通过使用 applicationCache 对象中的 update() 方法，更新了本地的缓存，并在页面中显示“手动更新完成！”的提示。

在文件 3.html 中，通过 <html> 元素的“manifest”属性绑定了一个“manifest”类型的文件 she3.manifest，在里面列举了服务器需要缓存至本地的文件清单。文件 she3.manifest 的具体实现代码如下所示。

```
CACHE MANIFEST
#version 0.3.0
CACHE:
js3.js
```

【运行结果】

执行后的效果如图 13-3 所示。

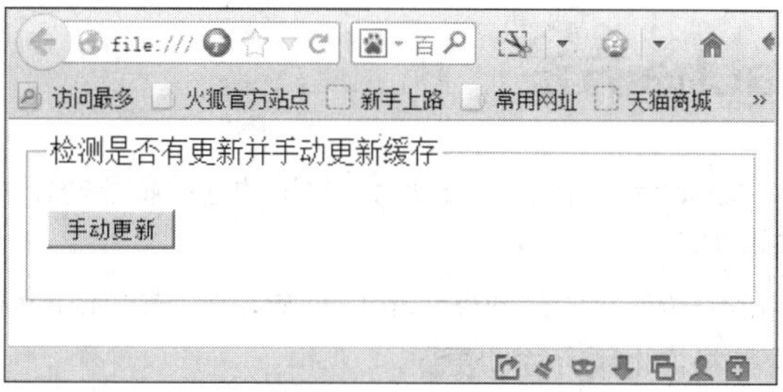

图 13-3　执行效果

提示

在此需要特别说明的是，本实例中 applicationCache 对象的“status”属性值等于“4”，表示本地有可以更新的本地缓存。属性 status 还包含其他属性值，具体定义代码如下所示。

```
var appCache = window.applicationCache;
switch (appCache.status) {
  case appCache.UNCACHED: // UNCACHED == 0
    return 'UNCACHED';
    break;
  case appCache.IDLE: // IDLE == 1
    return 'IDLE';
    break;
  case appCache.CHECKING: // CHECKING == 2
    return 'CHECKING';
    break;
  case appCache.DOWNLOADING: // DOWNLOADING == 3
    return 'DOWNLOADING';
    break;
  case appCache.UPDATEREADY:   // UPDATEREADY == 4
    return 'UPDATEREADY';
    break;
  case appCache.OBSOLETE: // OBSOLETE == 5
    return 'OBSOLETE';
    break;
  default:
    return 'UKNOWN CACHE STATUS';
    break;
};
```

在上述代码中列出了属性 status 的其他属性值，各个值的具体说明如下所示。

- 0：表示空值，说明本地缓存不存在或不可用。
- 1：表示空闲，说明本地缓存是最新的，无须更新。
- 2：表示检测，说明正在检查 manifest 文件的状态是否发生了变化。
- 3：表示下载，说明已经确定 manifest 文件发生了变化，并且正在下载中。
- 4：表示状态，说明已经更新了本地缓存，只需刷新页面或手动更新即可。
- 5：表示废弃，说明本地缓存已经被删除或不可用。

13.2.3 swapCache 方法

在 HTML5 应用中，swapCache() 方法与 update() 方法的功能都是更新本地缓存。但是与 update() 方法相比，有如下所示的两点不同。

- 更新本地缓存的时间不一样：方法 swapCache() 要早于方法 update() 将本地的缓存进行更新，方法 swapCache() 是将本地缓存立即更新。
- 触发事件不一样：必须在 updateready 事件中才能调用方法 swapCache()，而 update() 方法可以随时调用。

在移动 Web 页面应用中，无论使用哪种方法，当前执行的页面都不会立即显示本地缓存更新后的页面效果，都要重新加载一次或手动刷新页面后才能发挥作用。

在接下来的内容中，将通过一个具体的演示实例的实现过程，来讲解使用线程传递 JSON 对象的方法。

【范例 13-4】使用 swapCache 方法更新本地缓存

源码路径：光盘 \ 配套源码 \13\13-4\4.html

在本实例的实现文件是 4.html，具体实现流程如下所示。

（1）新建一个 HTML5 页面，设置当加载页面时检测是否有可更新的本地缓存。

（2）如果存在可更新的本地缓存，则调用 swapCache() 方法立即更新本地缓存。

（3）更新成功后在页面中显示“本地缓存更新完成！”的提示，并自动刷新当前页面以展示更新后的效果。

实例文件 4.html 的具体实现代码如下所示。

```
<!DOCTYPE html>
<html manifest="she4.manifest">
<head>
<meta charset="utf-8" />
<title> 使用 swapCache() 方法更新本地缓存 </title>
<script type="text/javascript" language="jscript"
        src="js4.js"/>
</script>
</head>
<body onLoad="pageload();">
  <fieldset>
   <legend> 检测是否有更新并立即更新缓存 </legend>
     <p id="pStatus"></p>
</fieldset>
</body>
</html>
```

再看 JavaScript 文件 js4.js，在里面定义了页面加载时调用的函数 pageload()，具体实现代码如下所示。

```
function $$(id) {
    return document.getElementById(id);
}
// 在添加 "updateready" 事件中执行 swapCache() 方法，
function pageload() {
  window.applicationCache.addEventListener("updateready",function() {
    Status_Handle(" 找到可更新的本地缓存 !");
        window.applicationCache.swapCache();
    Status_Handle(" 本地缓存更新完成 !");
    location.reload();
  },false);
}
// 自定义显示执行过程中状态的函数
```

```
function Status_Handle(message) {
    $$("pStatus").style.display = "block";
    $$("pStatus").innerHTML = message;
}
```

【范例分析】

在文件 4.html 中，通过 <html> 元素的“manifest”属性绑定了一个“manifest”类型的文件 she4.manifest，在里面列举了服务器需要缓存至本地的文件清单。文件 she4.manifest 的具体实现的代码如下所示。

```
CACHE MANIFEST
#version 0.4.0
CACHE:
js4.js
```

由此可见，如果在本地有可更新的缓存，那么将触发 updateready 事件。这是检测本地是否有可更新缓存的另外一个方法。当触发该事件时，调用 applicationCache 对象中的 swapCache() 方法，更新本地已有的缓存。

【运行结果】

本实例执行后的效果如图 13-4 所示。

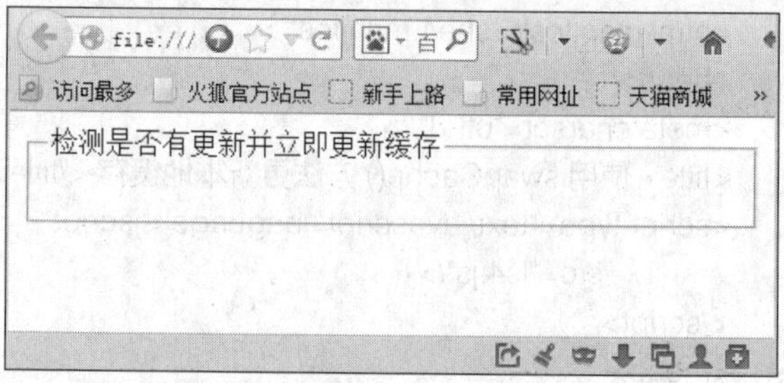

图 13-4 执行效果

13.2.4 可能触发的其他事件

在 HTML5 网页应用中，当浏览器加载一个离线应用时可能会触发许多其他事件。例如，在更新本地缓存时除了触发 updateready 事件外，还会触发 downloading、progress、cached 等事件。

在接下来的内容中，将通过一个具体的演示实例的实现过程，来讲解检测离线应用在加载过程中触发的事件的方法。

【范例 13-5】检测离线应用在加载过程中触发的事件

源码路径：光盘 \ 配套源码 \13\13-5\5.html

在本实例的实现文件是 1.html，具体实现流程如下所示。

（1）新建一个 HTML5 页面，在页面加载时为 applicationCache 对象添加各种可能触发的事件。

（2）当触发某一事件时，在页面中显示该事件的名称。

实例文件 5.html 的具体实现代码如下所示。

```
<!DOCTYPE html>
<html manifest="she5.manifest">
<head>
<meta charset="utf-8" />
<title> 检测离线应用在加载过程中触发的事件 </title>
<script type="text/javascript" language="jscript"
```

```
        src="js5.js"/>
</script>
</head>
<body onLoad="pageload();">
  <fieldset>
   <legend> 检测离线应用在加载过程中触发的事件 </legend>
     <p id="pStatus"></p>
  </fieldset>
</body>
</html>
```

再看 JavaScript 文件 js5.js，在自定义函数 pageload 中添加了多个可能触发的事件，用于在页面加载时调用。文件 js5.js 的具体实现代码如下所示。

```
function $$(id) {
    return document.getElementById(id);
}
// 自定义页面加载时调用的函数
function pageload() {
  window.applicationCache.addEventListener("checking",function() {
      Status_Handle(" 正在检测是否有更新 ...");
  },true);
  window.applicationCache.addEventListener("downloading",function() {
      Status_Handle(" 正在下载可用的缓存 ...");
  },true);
  window.applicationCache.addEventListener("noupdate",function() {
      Status_Handle(" 没有最新的缓存更新 !");
  },true);
  window.applicationCache.addEventListener("progress",function() {
      Status_Handle(" 本地缓存正在更新中 ...");
  },true);
  window.applicationCache.addEventListener("cached",function() {
      Status_Handle(" 本地缓存已更新成功 !");
  },true);
  window.applicationCache.addEventListener("error",function() {
      Status_Handle(" 本地缓存更新时出错 !");
  },true);
}
// 自定义显示执行过程中状态的函数
function Status_Handle(message) {
    $$("pStatus").style.display = "block";
    $$("pStatus").innerHTML = message;
}
```

【范例分析】

在上述代码中，为 applicationCache 对象添加了各种可能触发的事件。当第一次在浏览器中加载一个离线应用时，所触发的整个事件的运作过程如下所示。

（1）浏览器：请求访问页面 5.html。

（2）服务器：返回页面 5.html。

（3）浏览器：解析页面头部时发现 manifest 属性，触发 checking 事件以检测属性对应的“manifest”类型文件是否存在，如果不存在则触发 error 事件。

（4）浏览器：解析返回的页面 5.html，请求服务器返回页面中所有的资源文件，包括“manifest”文件。

（5）服务器：返回请求的所有资源文件。

（6）浏览器：处理“manifest”文件，请求服务器返回所有“manifest”文件中要求缓存在本地的文件，即使是第一次请求过的文件也要重新请求一次。

（7）服务器：返回所请求的需要缓存至本地的资源文件。

（8）浏览器：下载资源文件时触发 downloading 事件，如果文件很多，则会间歇性地触发 progress 事件，表示正在下载过程中。下载完成后触发 cached 事件，表示下载完成并存入缓存中。如果没有修改“manifest”文件，则再次通过浏览器加载页面 5.html，并重复执行上述过程中的第 1 ～ 5 步。当执行到第 6 步会检测是否有可更新的本地缓存，如果无则触发 noupdate 事件，表示没有最新的缓存可更新。如果有，则触发 updateready 事件表示更新已下载完成，刷新页面或手动更新就可以展示本地缓存更新后的效果。由此可见，当本地缓存更新的资源文件很多时，可以调用文件在下载时的 progress 事件动态显示已更新的总量与未更新数量，从而达到优化用户在更新本地缓存过程中的 UI 体验的目的。

在文件 5.html 中，通过“manifest”属性绑定了一个“manifest”文件 she5.manifest，在里面列举了服务器需要缓存至本地的文件清单。文件 she5.manifest 的具体实现代码如下所示。

```
CACHE MANIFEST
#version 0.5.0
CACHE:
js5.js
```

【运行结果】

执行后的效果如图 13-5 所示。

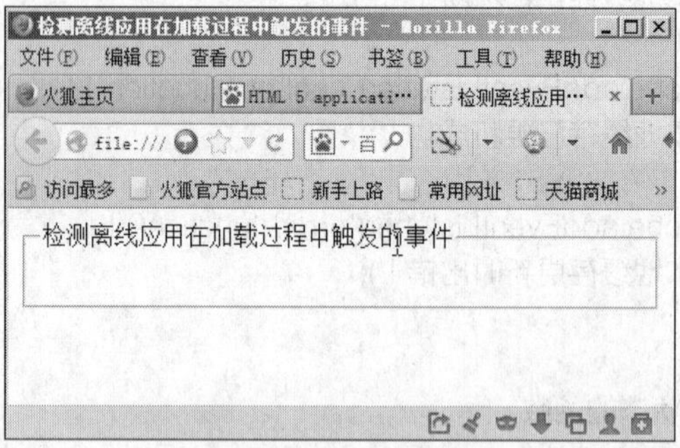

图 13-5　执行效果

13.3 检测在线状态

本节教学录像：10 分钟

在本章前面的内容中，已经详细介绍了通过调用 applicationCache 对象中的方法与事件手动更新本地缓存的方法。但是在 HTML5 网页开发过程中，除了静态页面的离线应用外，更多的是离线时用户数据的交互应用，这也是 Web 技术发展的必然趋势。要想开发浏览器与服务器在数据交互时的离线应用程序，其中一个很重要的标志是必须获取应用的在线状态。只有检测出页面的在线状态，才能在离线后将数据保存在本地，在上线时将本地数据同步至服务器，从而实现离线数据交互功能。在 HTML5 标记语言中，可以通过访问 onLine 属性和触发 online 事件的方法分别检测应用是否在线。在本节的内容中，将详细讲解使用这两种方法检测在线状态的基本知识。

13.3.1 使用 onLine 属性

在 HTML5 标记语言中，属性 onLine 是一个布尔值，当值为 true 时表示在线，否则表示离线。如果当前的网络状态发生了变化，属性 onLine 的值就会随之发生变动。基于此，可以通过获取属性 onLine 的值来检测当前网络的状态，确定应用是否在线或离线，从而可以编写出不同的代码。

在接下来的内容中，将通过一个具体的演示实例的实现过程，来讲解使用属性 onLine 检测网络的当前状态的方法。

【范例 13-6】使用属性 onLine 检测网络的当前状态

源码路径：光盘 \ 配套源码 \13\13-6\6.html

在本实例的实现文件是 1.html，具体实现流程如下所示。

（1）新建一个 HTML5 页面，设置在页面加载时调用 onLine 属性。

（2）如果属性 onLine 的值为 true，则在页面中显示“在线”字样，否则显示“离线”字样。

实例文件 6.html 的具体实现代码如下所示。

```
<!DOCTYPE html>
<html manifest="she6.manifest">
<head>
<meta charset="utf-8" />
<title> 通过 onLine 属性检测网络的当前状态 </title>
<script type="text/javascript" language="jscript"
        src="js6.js"/>
</script>
</head>
<body onLoad="pageload();">
  <fieldset>
   <legend> 通过 onLine 属性检测网络的当前状态 </legend>
     <p id="pStatus"></p>
  </fieldset>
</body>
</html>
```

再看 JavaScript 文件 js6.js，自定义函数 pageload() 的功能是根据“onLine”属性检测当前网络的状态，在页面加载时调用。文件 js6.js 的具体实现代码如下所示。

```
function $$(id) {
    return document.getElementById(id);
}
// 自定义页面加载时调用的函数
function pageload() {
    if (navigator.onLine) {
        Status_Handle(" 在线 ");
    } else {
        Status_Handle(" 离线 ");
    }
}
// 自定义显示执行过程中状态的函数
function Status_Handle(message) {
    $$("pStatus").style.display = "block";
    $$("pStatus").innerHTML = message;
}
```

【范例分析】

在上述代码中，通过调用 navigator 对象的属性 onLine 来检测当前浏览器的在线模式。如果为“true”表示在线，否则表示离线。

再看“manifest”文件 she6.manifest，功能是列举服务器需要缓存至本地的文件清单，具体实现代码如下所示。

```
CACHE MANIFEST
#version 0.6.0
CACHE:
js6.js
```

【运行结果】

执行后的效果如图 13-6 所示。

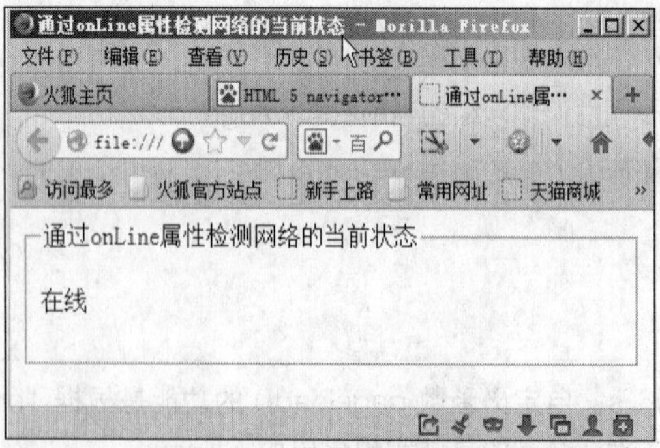

图 13-6 执行效果

提示 在移动 Web 页面应用中，navigator 是一个独立的对象，用于向用户返回浏览器和操作系统的相关信息，所有信息都是以 navigator 对象的属性方式进行调用的。在日常的代码开发过程中，除使用属性 onLine 检测当前浏览器的在线模式外，还可以使用 navigator 对象中如表 13-1 所示的属性。

表 13-1 navigator 对象中的属性

appCodeName	代码
appName	名称
appVersion	版本
language	语言
mimeType	以数组表示所支持的 MIME 类型
platform	编译浏览器的机器类型
plugins	以数组表示已安装的外挂程序
userAgent	用户代理程序的表头

13.3.2 使用 online 事件和 offline 事件

在 HTML5 网页开发过程中，在使用 navigator 对象中的“onLine”属性来检测当前网络的状态时，因为该属性有滞后性，所以不能及时反馈当前网络的变化状态。为了解决这个问题，在 HTML5 中可以调用 online 与 offline 事件及时侦测网络在线与离线的状态。这两个事件是基于 body 对象触发的，以冒泡的方式传递给 document、window 对象，因此这两个事件可以准确及时地捕获当前浏览器的在线状态。

在接下来的内容中，将通过一个具体的演示实例的实现过程，来讲解使用 online 与 offline 事件检测网络的当前状态的方法。

【范例 13-7】使用 online 与 offline 事件检测网络的当前状态

源码路径：光盘 \ 配套源码 \13\ 13-7\7.html

在本实例的实现文件是 7.html，具体实现流程如下所示。

（1）新建一个 HTML5 页面，在浏览页面的过程中，如果用户有切换网络连接状态的操作，页面将自动触发 online 或 offline 事件。

（2）如果是连接网络，则在页面中显示“在线”提示，否则显示“离线”提示。

实例文件 7.html 的具体实现代码如下所示。

```
<!DOCTYPE html>
<html manifest="she7.manifest">
<head>
<meta charset="utf-8" />
<title> 通过 online 与 offline 事件检测网络的当前状态 </title>
<script type="text/javascript" language="jscript"
        src="js7.js"/>
</script>
</head>
```

```
<body>
    <fieldset>
     <legend> 通过 online 与 offline 事件检测网络的当前状态 </legend>
        <p id="pStatus"> 连接已经断开 </p>
    </fieldset>
</body>
</html>
```

再看 JavaScript 文件 js7.js，设置当页面加载时调用函数 pageload() 为 window 对象添加“online”事件和“offline”事件。文件 js7.js 的具体实现代码如下所示。

```
function $$(id) {
     return document.getElementById(id);
}
// 自定义页面加载时调用的函数
function pageload() {
     window.addEventListener("online",function() {
          Status_Handle(" 网络连接正常 ");
     },false);
     window.addEventListener("offline",function() {
          Status_Handle(" 连接已经断开 ");
     },false);
}
// 自定义显示执行过程中状态的函数
function Status_Handle(message) {
     $$("pStatus").style.display = "block";
     $$("pStatus").innerHTML = message;
}
```

注 意 因为本实例是通过事件的机制捕获网络状态的，所以只有在触发 online 事件和 offline 事件时才能在页面中展现提示信息。通常在手动或异常使网络断开后会触发 offline 事件，打开的页面将自动侦测，无须刷新，并在页面中显示“连接已断开”的提示。在手动或自动重试的方式使网络连接成功后，打开的页面也无须刷新，自动在页面中显示“网络连接正常”的提示。如果不触发网络断开与连接的事件，则不会在页面中展示任何提示信息。

再看“manifest”文件 she7.manifest，功能是列举服务器需要缓存至本地的文件清单，具体实现的代码如下所示。

```
CACHE MANIFEST
#version 0.7.0
CACHE:
js7.js
```

【运行结果】

本实例执行后的效果如图 13-7 所示。

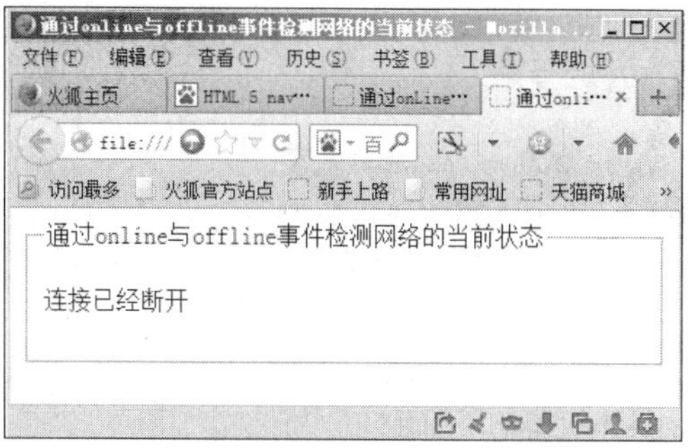

图 13-7 执行效果

13.3.3 开发一个离线留言系统

在 HTML5 网页开发过程中，如果目标对象仅仅是简单的静态页面，那么使用 Cache Manifest 处理方法就可以实现离线页面的访问。但如果是数据交互型的离线应用，不仅需要在离线时访问页面，而且还要支持数据在离线时的传输功能。要想数据在离线时也能与服务器进行交互，通常的处理方式是使用属性 onLine 来检测当前网络的状态，具体处理过程如下所示。

- 如果是离线，则先将交互的数据暂时存储至本地，例如保存到 localStorage 对象或 Web SQL 数据库中。
- 在上线时将存储的数据同步至服务器，从而实现数据在离线时的交互功能。

在接下来的内容中，将通过一个具体的演示实例的实现过程，来讲解开发一个离线留言系统的方法。

【范例 13-8】开发一个离线留言系统

源码路径：光盘 \ 配套源码 \13\13-8\8.html

本实例的功能是创建一个 HTML5 页面，无论是网络在线或离线时都可以访问页面，并在文本框中输入留言内容。单击“发表”按钮时，如果是在线状态，将向服务器与本地存储对象同时写入数据；如果是离线，则将数据保存在本地，等上线时再将存储的数据同步至服务器中。

本实例的实现文件为 8.html，具体实现代码如下所示。

```
<!DOCTYPE html>
<html manifest="ex8.manifest">
<head>
<meta charset="utf-8" />
<title> 离线留言系统 </title>
<link href="css.css" rel="stylesheet" type="text/css">
<script type="text/javascript" language="jscript"
        src="js8.js"/>
</script>
</head>
<body onLoad="SynclocalData();">
    <ul id="ulMessage">
        亲，请稍等，正在读取数据中 ...
    </ul>
    <p class="p4">
```

```
        <textarea id="txtContent" class="inputtxt"
                  cols="37" rows="5">
        </textarea><br>
        <input id="btnAdd" type="button" value=" 发表 "
               class="inputbtn" onClick="btnAdd_Click();">
    </p>
</body>
</html>
```

然后编写脚本文件 js8.js，具体代码如下所示。

```
function $$(id) {
    return document.getElementById(id);
}
// 单击“发表”按钮时调用
function btnAdd_Click() {
    // 获取文本框中的内容
    var strContent = $$("txtContent").value;
    // 如果不为空，则保存
    if (strContent.length > 0) {
        var strKey = RetRndNum(4);
        var strVal = strContent;
        if (navigator.onLine) {
            // 如果在线向服务器端增加数据
            AddServerData(strKey, strVal);
        }
        localStorage.setItem(strKey, strVal);
    }
    // 重新加载
    SynclocalData();
    // 清空原先内容
    $$("txtContent").value = "";
}

// 获取保存数据并显示在页面中
function SynclocalData() {
    // 标题部分
    var strHTML = "<li class='li_h'>";
    strHTML += "<span class='spn_a'>ID</span>";
    strHTML += "<span class='spn_b'> 内容 </span>";
    strHTML += "</li>";
    // 内容部分
    for (var intI = 0; intI < localStorage.length; intI++) {
        // 获取 Key 值
        var strKey = localStorage.key(intI);
        // 过滤键名内容
        var strVal = localStorage.getItem(strKey);
        strHTML += "<li class='li_c'>";
        strHTML += "<span class='spn_a'>" + strKey + "</span>";
```

```
            strHTML += "<span class='spn_b'>" + strVal + "</span>";
            strHTML += "</li>";
            if (navigator.onLine) {
                // 如果在线向服务端增加数据
                AddServerData(strKey, strVal);
            }
        }
        $$("ulMessage").innerHTML = strHTML;
    }
    // 生成指定长度的随机数
    function RetRndNum(n) {
        var strRnd = "";
        for (var intI = 0; intI < n; intI++) {
            strRnd += Math.floor(Math.random() * 10);
        }
        return strRnd;
    }
    // 向服务器同步点评数据
    function AddServerData(id, val) {
        // 根据 ID 号与内容，向服务器端数据库增加记录
    }
```

然后通过 <html> 元素的“manifest”属性绑定了一个“manifest”类型的文件 ex8.manifest，用于列举服务器需要缓存至本地的文件清单。文件 ex8.manifest 的具体实现代码如下所示。

```
CACHE MANIFEST
#version 0.8.0
CACHE:
js8.js
css.css
```

【范例分析】

（1）函数 SynclocalData()：当页面加载时调用此函数，该函数的功能是调用本地存储的数据，并显示在页面中。同时在遍历数据的过程中，如果网络是在线状态，则通过 AddServerData() 函数向服务器同步数据，以确定本地存储的数据与服务器完全一致。当用户单击“发表”按钮提交数据时，如果网络是在线状态，除向本地添加数据外，还要调用 AddServerData() 函数，向服务器添加一条记录，以确定数据的实时同步。

（2）函数 AddServerData()：用于根据获取的 ID 号与内容，在线时向服务器添加数据。这一功能可以借助 Ajax 异步的方式，根据服务端提供的 URL 向服务器发送添加数据的请求，然后根据请求反馈的信息，确定本次增加是否成功。

【运行结果】

本实例执行后的效果如图 13-8 所示。

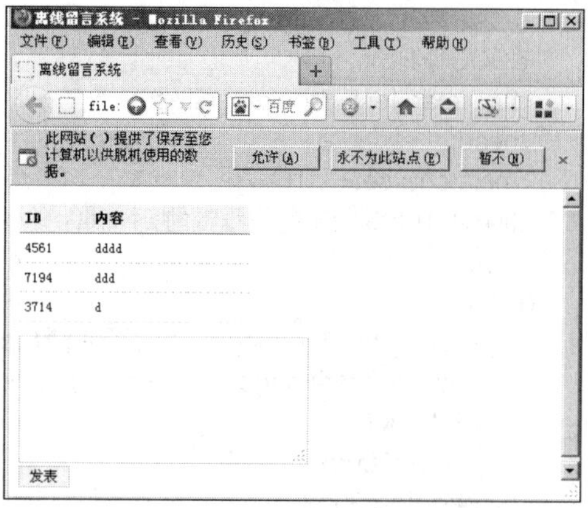

图 13-8　执行效果

13.4 综合应用——开发一个离线式日历提醒系统

本节教学录像：5 分钟

本实例的功能是，使用 HTML5 技术开发一个离线式日历提醒系统。添加离线功能后，用户可以在不与案例所在的网站建立网络连接的情况下，继续使用这个日程提醒簿功能。当用户在第一次访问本实例页面之后，案例所在网站会将该页面所使用的资源文件下载到客户端计算机（或移动设备）的本地缓存中，下一次即使客户端计算机（或移动设备）不与案例所在网站建立网络连接也可以继续使用案例中的日程提醒簿。一旦客户端计算机（或移动设备）再次与该网站建立连接，如果案例页面所使用的资源文件存在更新，客户端计算机（或移动设备）会再次将更新后的资源文件自动下载到客户端计算机（或移动设备）中，同时页面上弹出“本地缓存已被更新，需要刷新画面来获取应用程序的最新版本，是否刷新？”的确认信息。如果用户单击确认信息中的“确定”按钮，则立即刷新页面，并使用最新的资源文件，否则资源文件将在用户手工刷新页面或下次访问该页面时被使用。

【范例 13-9】开发一个离线式日历提醒系统

源码路径：光盘\配套源码\13\13-9\9.html

本实例的具体实现流程如下所示。

（1）编写“manifest”文件 book.manifest。

Web 应用程序的本地缓存是通过每个页面的“manifest”文件来管理的，在“manifest”文件中以清单的形式列举了需要被缓存或不需要被缓存的资源文件的文件名称，以及这些资源文件的访问路径。我们可以为每一个页面单独指定一个“manifest”文件，也可以对整个 Web 应用程序指定一个总的“manifest”文件。本实例“manifest”文件 book.manifest 的具体代码如下所示。

```
CACHE MANIFEST
#version 1.0
CACHE:
script.js
日历背景 .png
```

（2）编写 HTML5 文件 9.html。

在 HTML5 页面文件 9.html 中声明了引用的“manifest”文件和 JS 文件 script.js，具体实现代码如下所示。

```
<!DOCTYPE html>
<html manifest="book.manifest">
<head>
<meta charset="UTF-8">
<title>HTML5 版本的日程提醒簿 </title>
<style>
div{
    -webkit-border-image: url( 日历背景 .png) 10;
    -moz-border-image: url( 日历背景 .png) 10;
    width:300px;
    height:300px;
    padding:35px;
```

```
        background:#eee;
        font-weight:bold;
    }
    li{
        list-style:none;
    }
    </style>
    <script type="text/javascript" src="script.js"></script>
    </head>
    <body onload="window_onload()">
    <h1>HTML5 版本的日程提醒簿 </h1>
    选择日期：<input id="date1" type="date" onchange="date_onchange()"><input type="button" value="
保存 " onclick="save()"/><br/>
    <div>
    本日日期：<span id="today"></span><br/>
    本日要事：<br/>
    <ul   contentEditable="true">
    <li id="li1">( 尚未记录 ) </li>
    <li id="li2">( 尚未记录 ) </li>
    <li id="li3">( 尚未记录 ) </li>
    <li id="li4">( 尚未记录 ) </li>
    <li id="li5">( 尚未记录 ) </li>
    </ul>
    </div>
    </body>
    </html>
```

（3）实现 JS 文件 script.js。

在文件 script.js 中定义了函数 onchange、save、setInnerHTML 和 setToday，具体实现代码如下所示。

```
var dateElement;
var today;
function window_onload() {
    dateElement=document.getElementById("date1");
    today=document.getElementById("today");
    setToday();
    setInterval(function() {
        applicationCache.update();
    }, 5000);
    applicationCache.addEventListener("updateready", function() {
        if (confirm(" 本地缓存已被更新 , 需要刷新画面来获取应用程序的最新版本，是否刷新？ ")) {
            applicationCache.swapCache();
            location.reload();
        }
    }, true);
}
function date_onchange()
{
    var obj;
```

```
        if(isNaN(Date.parse(dateElement.value)))
        {
            setToday();
            return;
        }
        today.innerHTML=dateElement.value;
        obj=JSON.parse(localStorage.getItem(dateElement.value));
        setInnerHTML(obj);
    }
    function save()
    {
        var obj=new Object();
        obj.record=new Array();
        if(document.getElementById("li1").innerHTML!="（尚未记录）")
            obj.record.push(document.getElementById("li1").innerHTML);
        if(document.getElementById("li2").innerHTML!="（尚未记录）")
            obj.record.push(document.getElementById("li2").innerHTML);
        if(document.getElementById("li3").innerHTML!="（尚未记录）")
            obj.record.push(document.getElementById("li3").innerHTML);
        if(document.getElementById("li4").innerHTML!="（尚未记录）")
            obj.record.push(document.getElementById("li4").innerHTML);
        if(document.getElementById("li5").innerHTML!="（尚未记录）")
            obj.record.push(document.getElementById("li5").innerHTML);
        localStorage.setItem(dateElement.value,JSON.stringify(obj));
    }
    function setInnerHTML(obj)
    {
        if(obj==null||obj.record==null)
        {
            document.getElementById("li1").innerHTML="（尚未记录）";
            document.getElementById("li2").innerHTML="（尚未记录）";
            document.getElementById("li3").innerHTML="（尚未记录）";
            document.getElementById("li4").innerHTML="（尚未记录）";
            document.getElementById("li5").innerHTML="（尚未记录）";
        }
        else
        {
            if(obj.record[0]!=null)
                document.getElementById("li1").innerHTML=obj.record[0];
            else
                document.getElementById("li1").innerHTML="（尚未记录）";
            if(obj.record[1]!=null)
                document.getElementById("li2").innerHTML=obj.record[1];
            else
                document.getElementById("li2").innerHTML="（尚未记录）";
            if(obj.record[2]!=null)
                document.getElementById("li3").innerHTML=obj.record[2];
            else
                document.getElementById("li3").innerHTML="（尚未记录）";
```

```
        if(obj.record[3]!=null)
            document.getElementById("li4").innerHTML=obj.record[3];
        else
            document.getElementById("li4").innerHTML="（尚未记录）";
        if(obj.record[4]!=null)
            document.getElementById("li5").innerHTML=obj.record[5];
        else
            document.getElementById("li5").innerHTML="（尚未记录）";
    }
}
function setToday()
{
    var date=new Date();
    var yearStr=String(date.getFullYear());
    var monthStr=String(date.getMonth()+1);
    var dateStr=String(date.getDate());
    if (monthStr.length == 1)    monthStr = '0' + monthStr;
    if (dateStr.length == 1) dateStr = '0' + dateStr;
    var str=yearStr+"-"+monthStr+"-"+dateStr;
    dateElement.value=str;
    today.innerHTML=dateElement.value;
    var obj=JSON.parse(localStorage.getItem(dateElement.value));
    setInnerHTML(obj);
}
```

【范例分析】

在上述代码中，函数 window_onload 的具体运作流程如下所示。

- 先获取页面中的选择日期文本框并将其赋值给 dateElement 全局变量，获取页面中用来显示本日日期的 span 元素并将其赋值给 today 全局变量。
- 然后调用 setToday 函数将本日日期显示在日期文本框与用来显示本日日期的 span 元素中，将用户保存的本日要处理的事件显示在日程提醒簿中。
- 设置每 5 秒自动检查一下服务器端的资源文件是否被更新（服务器端的资源文件被修改后会自动下载到客户端计算机或移动设备中），一旦当服务器端的资源文件被更新并且被下载到客户端计算机（或移动设备）中，会弹出询问用户是否立即更新本地缓存的提示信息。
- 如果用户单击“确定”按钮，客户端计算机（或移动设备）中的本地缓存将被立即更新，同时页面被刷新，页面中使用更新后的资源文件；否则（用户单击“取消”按钮）本地缓存将在案例页面被刷新或下一次打开案例页面时被更新。

【运行结果】

本实例执行后的效果如图 13-9 所示。

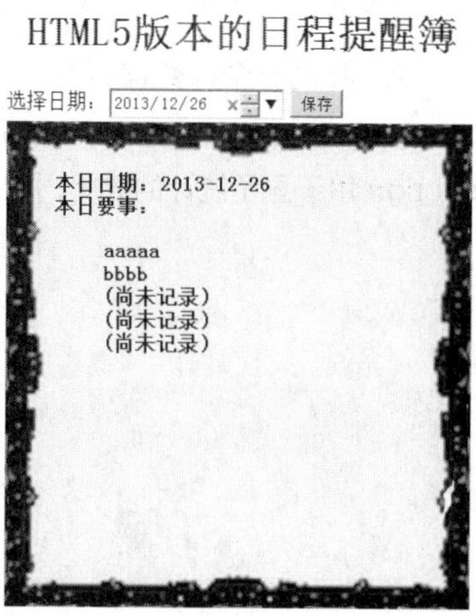

图 13-9　执行效果

注意

本实例必须在 Google Chrome 浏览器中运行，才能得到预期的执行效果。

13.5 高手点拨

1. 使用 swapCache() 方法更新本地缓存时的问题

使用 swapCache() 方法更新本地缓存的好处是可以立即实现本地缓存的更新。但是，如果需要更新的缓存列表较多时，可能耗时很长，甚至会锁住浏览器。这时需要在更新过程中，通过获取更新文件的进度信息来给客户进行提示，以达到优化用户 UI 体验的目的。

2. 在编写“manifest”文件代码时的注意事项

（1）在“manifest”文件中，第一行必须是“CACHE MANIFEST”，表明这是一个通过浏览器将服务器资源进行本地缓存的格式文件。

（2）在编写注释时需要另起一行，并且以“#”开头。

（3）“manifest”文件的内容允许重复编写分类标记，即可以写多个“CACHE:”标记或另外两种标记。

（4）如果没有找到分类的标记，则都被视为“CACHE:”标记下的资源文件。

（5）建议通过注释的方式标明每一个“manifest”类型文件的版本号，以便于更新文件时使用。例如在上面的演示代码中，“#version 0.0.0”表示内定的版本号。

13.6 实战练习

1. 在网页中实现自动增加表格效果

请编写一个页面，执行后首先显示一个“2×2”的表格，每单击一次“+”按钮，则增加一行表格。

2. 开发一个计数器程序

请使用 HTML + CSS + JavaScript 技术开发一个绚丽的计时器程序。首先用加粗标记 <strong></strong> 用于显示统计的时间，然后用两个 <button> 按钮分别实现“开始”操作和“重启”操作。

第 14 章

本章教学录像：16 分钟

绘制三维图形图像

WebGL 是一种 3D 绘图标准，这种绘图技术标准允许把 JavaScript 和 OpenGL ES 2.0 结合在一起，通过增加 OpenGL ES 2.0 的一个 JavaScript 绑定，WebGL 可以为 HTML5 Canvas 提供硬件 3D 加速渲染，这样 Web 开发人员就可以借助系统显卡在浏览器里更流畅地展示 3D 场景和模型了。本章详细讲解使用 WebGL 在移动 Web 页面应用中绘制三维图形图像的基础知识。

本章要点（已掌握的在方框中打钩）

□ WebGL 基础

□ 使用 WebGL

□ 综合应用——绘制一个三维物体

14.1 WebGL 基础

本节教学录像：5 分钟

在移动 Web 页面应用中，WebGL 和 3D 图形规范 OpenGL、通用计算规范 OpenGL 一样都是来自于 Khronos Group，而且免费开放。Adobe Flash Player 11、微软 Silverlight 3.0 也都已经支持 GPU 加速，但它们都是私有的、不透明的。WebGL 标准工作组的成员包括 AMD、爱立信、谷歌、Mozilla、Nvidia 以及 Opera 等，这些成员会与 Khronos 公司通力合作，创建一种多平台环境可用的 WebGL 标准，该标准将完全免费对外提供。在本节的内容中，将简要讲解 WebGL 的基本知识。

14.1.1 发展历程

2011 年 3 月，多媒体技术标准化组织 Khronos 在美国洛杉矶举办的游戏开发大会上发布 WebGL 标准规范 R 1.0，支持 WebGL 的浏览器不借助任何插件便可提供硬件图形加速，从而提供高质量的 3D 体验。 WebGL 标准已经获得了业界大佬们的支持：Apple（Mac OS Safari nightly builds）、Google（Chrome 9.0）、Mozilla（Firefox 4.0 beta）和 Opera（preview build）。

2012 年 4 月，Google 搜索悄然上线了一个新的功能，那就是在搜索框里输入一个曲线方程，那么 Google 就会在搜索页里为你画出这个曲线！这也是 WebGL 第一次被应用在 Google 的搜索引擎中，使用者可以在搜索框里输入任意一个二元方程，Google 都会将此方程绘制出来，并且是显示在全 3D 的空间中，另外还可以自由调整和编辑曲线以及方程。如果想要临时查看一个方程的曲线，而周围又没有专业软件的时候，你可以应急使用一下 Google 的这个贴心新功能！但是目前这个功能只能运行在支持 WebGL 的浏览器中，例如 Chrome 和 Firefox。

2013 年 4 月 1 日，国外开发者 Francois Remy 在泄露版 Windows Blue 附带的 Internet Explorer 11 中发现，WebGL 接口已经封装完成，但功能上还未能开放支持。在这之后，另一名开发者 Rafael Rivera 继续深入挖掘，竟然发现了在此版本的 Internet Explorer 11 中开启 WebGL 支持的方法。由此可见，微软终于加入了支持 WebGL 的大家庭。

在网页开发技术的发展历程中，WebGL 标准已出现在 Mozilla Firefox、Apple Safari 及开发者预览版 Google Chrome 等浏览器中，这项技术支持 Web 开发人员借助系统显示芯片在浏览器中展示各种 3D 模型和场景，未来有望推出 3D 网页游戏及复杂 3D 结构的网站页面。

14.1.2 WebGL 和 HTML5 的关系

WebGL 完美地解决了现有的 Web 交互式三维动画的如下两个问题。

（1）WebGL 通过 HTML 脚本本身实现 Web 交互式三维动画的制作，无须任何浏览器插件支持。

（2）WebGL 利用底层的图形硬件加速功能进行的图形渲染，是通过统一的、标准的、跨平台的 OpenGL 接口实现的。

WebGL 相对于 HTML5 来说，两者关系就好比是 OpenGL 库和三维应用程序的关系。WebGL 只是提供了底层的渲染和计算的函数，而并没有定义一个高级的文件格式或交互函数。有一些开发者正在 WebGL 的基础上创建高级的程序库，比如在 Web3D 联盟的推进下，浏览器可以解析 X3D-XML DOM 文档树中的三维内容，这样就可以直接在浏览器中浏览 X3D 格式的三维场景而不需要再安装额外的插件。

14.1.3 开发前的准备

在网页中使用 WebGL 进行开发之前，需要先下载 WebGL 的开源资料。下载地址是 https://www.khronos.org/registry/webgl/，如图 14-1 所示。

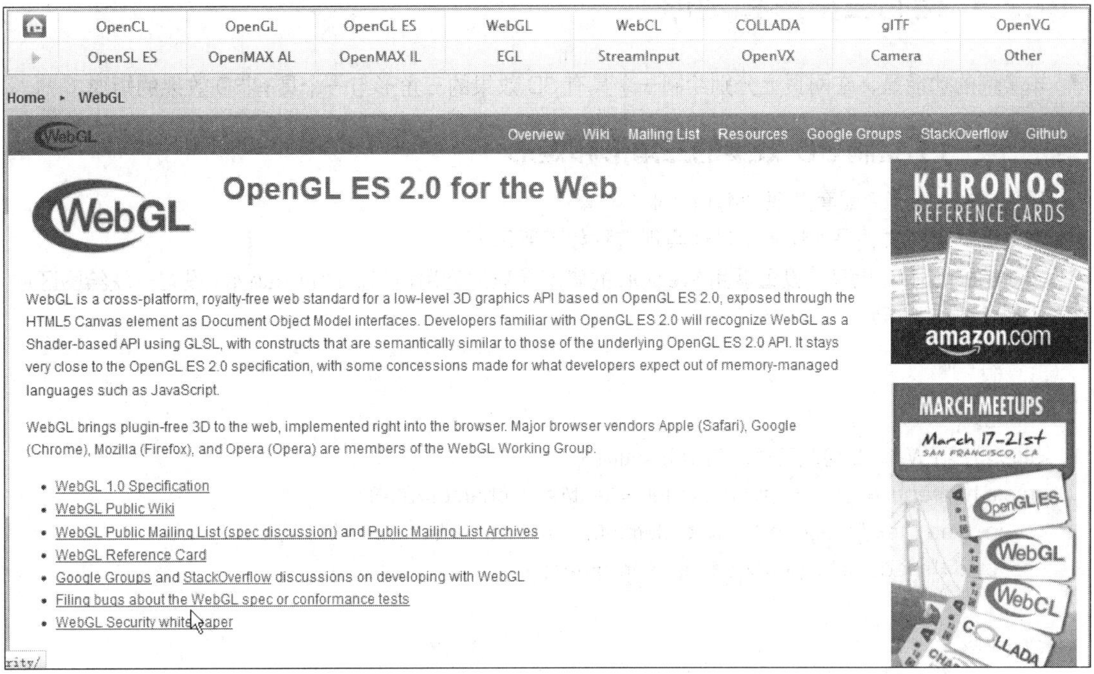

图 14-1 WebGL 官方页面

在日常开发应用中，使用最频繁的是开源脚本文件。在本书中的实例中，我们调用的脚本文件是 glMatrix-0.9.5.min.js。读者可以登录 https://github.com/gpjt/webgl-lessons 下载这个脚本文件，该脚本文件的主要功能是用来处理矩阵操作与 vector 动态数组操作。通过这个网址还可以获得其他开源脚本文件，读者可以免费登录获得。

技 巧

那怎么在页面中运用 3D 元素呢？

下面给读者推荐三个好用的工具。

（1）Three.js（http://threejs.org）

目前最好的 WebGL library，也是浏览器支持最好、最广泛的类库，IE 和 Chrome 对它的支持都很不错。

（2）Blender（http://www.blender.org）

Blender 是一个免费和开源的 3D 建模编辑应用，可以直接导出 ThreeJS 可用的代码。当然你也可以使用其他 3D 建模工具如 3DMax，然后导入到 Blender，从而生成 ThreeJS 可用的文件。

（3）Voodoojs（http://www.voodoojs.com）

这是一个全新的 JS library，可以让你创建 2D 和 3D 有机融合的网页。

14.2 使用 WebGL

本节教学录像：9 分钟

在本节的内容中，将通过几个实例的具体实现流程，详细讲解在移动 Web 页面应用中使用 WebGL 绘制三维图形图像的方法。

14.2.1 绘制三角形和矩形

本实例的功能是，在网页上分别绘制一个具有 3D 效果的三角形与一个具有 3D 效果的矩形。

【范例 14-1】绘制 3D 效果的三角形和矩形

源码路径：光盘\配套源码\14\1.html

本实例的实现文件是 1.html，具体实现流程如下所示。

（1）编写 HTML 代码，设置调用 WebGL 的脚本代码的调用语句，通过 canvas 设置一块绘图区域。具体实现代码如下所示。

```
<html>
<head>
<title> 使用 WebGL 绘制三角形与矩形 </title>
<meta http-equiv="content-type" content="text/html; charset=utf-8">
<script type="text/javascript" src="glMatrix-0.9.5.min.js"></script>
<script id="shader-fs" type="x-shader/x-fragment">
......
</head>
<body onLoad="webGLStart();">
<canvas id="canvas1" style="border: none;" width="500" height="500"></canvas>
</body>

</html>
```

（2）编写 JavaScript 脚本代码，具体实现流程如下所示。

❑ 创建 WebGL 上下文对象，定义函数 initGL 初始化 WebGL，具体代码如下所示。

```
// 初始化 WebGL
function initGL(canvas)
{
    try
    {
        // 获取 canvas 元素的 WebGL 上下文对象
        gl = canvas.getContext("experimental-webgl");
        // 将 3D 视图的宽度设置为 canvas 元素的宽度
        gl.viewportWidth = canvas.width;
        // 将 3D 视图的高度设置为 canvas 元素的高度
```

```
        gl.viewportHeight = canvas.height;
    }
    catch (e)
    {
    }
    if (!gl) // 初始化失败
        alert(" 对不起，您不能初始化 WebGL。");
}
```

- 定义函数 getShader 创建一个渲染器，根据 id 查找页面上的元素，并根据这些元素分别创建元渲染器和顶点渲染器。具体实现代码如下所示。

```
// 创建渲染器
function getShader(gl, id)
{

    // 根据 id 查找页面上的元素
    var shaderScript = document.getElementById(id);
     // 如果找不到元素则返回
    if (!shaderScript)
        return null;
    // 取出元素中的所有内容
    var str ="";
    var k = shaderScript.firstChild;
    while (k)
    {
        if (k.nodeType==3)
            str+= k.textContent;
        k = k.nextSibling;
    }

    var shader;
    // 如果元素类型为 "x-shader/x-fragment"
    if (shaderScript.type=="x-shader/x-fragment")
        // 创建片元渲染器
        shader = gl.createShader(gl.FRAGMENT_SHADER);
    // 如果元素类型为 "x-shader/x-vertex"
    else if (shaderScript.type=="x-shader/x-vertex")
        // 创建顶点渲染器
        shader = gl.createShader(gl.VERTEX_SHADER);
    // 如果元素类型为其他
    else
        // 返回 null
```

```
        return null;
    // 使用 WebGL 编译元素中的内容
    gl.shaderSource(shader,str);
    gl.compileShader(shader);
    // 执行错误处理
    if(!gl.getShaderParameter(shader,gl.COMPILE_STATUS))
    {
        alert(gl.getShaderInfoLog(shader));
        return null;
    }
    // 返回渲染器
    return shader;
}
```

- 定义初始化渲染器函数 initShaders，根据获取的渲染器进行初始化操作。具体实现代码如下所示。

```
var shaderProgram;// 程序对象
// 初始化渲染器
function initShaders()
{
    // 获取片元渲染器
    var fragmentShader = getShader(gl, "shader-fs");
    // 获取顶点渲染器
    var vertexShader = getShader(gl, "shader-vs");
    // 创建程序对象
    shaderProgram = gl.createProgram();
    // 将渲染器绑定到程序对象上
    gl.attachShader(shaderProgram, vertexShader);
    gl.attachShader(shaderProgram, fragmentShader);
    gl.linkProgram(shaderProgram);

    // 如果不能初始化渲染器
    if (!gl.getProgramParameter(shaderProgram, gl.LINK_STATUS))
        alert(" 不能初始化渲染器 ");

    gl.useProgram(shaderProgram);
    // 获取程序对象的 avertexPosition 属性的引用并将其保存在程序对象的 vertexPosition 属性中
    shaderProgram.vertexPositionAttribute = gl.getAttribLocation(shaderProgram, "aVertexPosition");
    // 允许使用程序对象的 vertexPosition 属性值来绘制顶点
    gl.enableVertexAttribArray(shaderProgram.vertexPositionAttribute);
    // 从 program 对象中获取两个一致（uniform）变量 uPMatrix 与 uMVMatrix 的信息
    shaderProgram.pMatrixUniform = gl.getUniformLocation(shaderProgram, "uPMatrix");
```

```
    shaderProgram.mvMatrixUniform = gl.getUniformLocation(shaderProgram, "uMVMatrix");
}
```

- 定义初始化缓冲区函数 initBuffers，具体实现代码如下所示。

```
// 初始化缓冲区
function initBuffers()
{
    // 创建三角形顶点位置缓冲区
    triangleVertexPositionBuffer = gl.createBuffer();
    // 将 triangleVertexPositionBuffer 设定为接下来的操作所使用的缓冲区
    gl.bindBuffer(gl.ARRAY_BUFFER, triangleVertexPositionBuffer);
    // 使用 JavaScript 列表定义一个等腰三角形的一组顶点信息
    var vertices =
    [
        0.0,   1.0,   0.0,
        -1.0, -1.0,   0.0,
         1.0, -1.0,   0.0
    ];
    // 使用顶点列表创建 Float32Array 对象填充缓存
    gl.bufferData(gl.ARRAY_BUFFER, new Float32Array(vertices), gl.STATIC_DRAW);
    // 缓冲区中存放三个顶点信息，每个顶点由三个数据（三维）构成
    triangleVertexPositionBuffer.itemSize = 3;
    triangleVertexPositionBuffer.numItems = 3;

    // 创建矩形顶点位置缓冲区
    squareVertexPositionBuffer = gl.createBuffer();
    // 将 squareVertexPositionBuffer 设定为接下来的操作所使用的缓冲区
    gl.bindBuffer(gl.ARRAY_BUFFER, squareVertexPositionBuffer);
    // 使用 JavaScript 列表定义一个矩形的一组顶点信息
    vertices =
    [
        1.0,   1.0,   0.0,
        -1.0,  1.0,   0.0,
         1.0, -1.0,   0.0,
        -1.0, -1.0,   0.0
    ];
    // 使用顶点列表创建 Float32Array 对象填充缓存
    gl.bufferData(gl.ARRAY_BUFFER, new Float32Array(vertices), gl.STATIC_DRAW);
    // 缓冲区中存放四个顶点信息，每个顶点由三个数据（三维）构成
    squareVertexPositionBuffer.itemSize = 3;
    squareVertexPositionBuffer.numItems = 4;
}
```

❑ 定义绘制图形函数 drawScene，在页面中分别绘制三角形和矩形。具体实现代码如下所示。

```
//绘制图形
function drawScene()
{
    //设置 3D 视图的视图大小
    gl.viewport(0, 0, gl.viewportWidth, gl.viewportHeight);
    //擦除 canvas 元素中的内容
    gl.clear(gl.COLOR_BUFFER_BIT | gl.DEPTH_BUFFER_BIT);
    //设置对视图的观察视角
    mat4.perspective(45, gl.viewportWidth / gl.viewportHeight, 0.1, 100.0, pMatrix);
    //使用恒等矩阵进行初始化，将绘制位置设置在视图中央
    mat4.identity(mvMatrix);
    //将绘制位置左移 1.5 个单位，内移 7 个单位（三角形第一个顶点位置处）
    mat4.translate(mvMatrix, [-1.5, 0.0, -7.0]);
    //将 triangleVertexPositionBuffer 设定为接下来的操作所使用的缓冲区
    gl.bindBuffer(gl.ARRAY_BUFFER, triangleVertexPositionBuffer);
    /* 通知 WebGL 缓冲区中存放的顶点位置信息将被作为三角形各顶点位置信息来使用，
    每个三角形使用三个数据（三维信息）*/
    gl.vertexAttribPointer(shaderProgram.vertexPositionAttribute, triangleVertexPositionBuffer.
itemSize, gl.FLOAT, false, 0, 0);
    //通知 WebGL 使用我们当前的模型—视图矩阵与投影矩阵
    setMatrixUniforms();
    //绘制三角形
    gl.drawArrays(gl.TRIANGLES, 0, triangleVertexPositionBuffer.numItems);

    //将绘制位置右移 3 个单位
    mat4.translate(mvMatrix, [3.0, 0.0, 0.0]);
    //将 squareVertexPositionBuffer 设定为接下来的操作所使用的缓冲区
    gl.bindBuffer(gl.ARRAY_BUFFER, squareVertexPositionBuffer);
    /* 通知 WebGL 缓冲区中存放的顶点位置信息将被作为矩形各顶点位置信息来使用，
    每个矩形使用三个数据（三维信息）*/
    gl.vertexAttribPointer(shaderProgram.vertexPositionAttribute, squareVertexPositionBuffer.
itemSize, gl.FLOAT, false, 0, 0);
    //通知 WebGL 使用我们当前的模型—视图矩阵与投影矩阵
    setMatrixUniforms();
    //绘制矩形
    gl.drawArrays(gl.TRIANGLE_STRIP, 0, squareVertexPositionBuffer.numItems);
}
```

❑ 定义绘制 3D 图形的函数 webGLStart，调用函数 drawScene 进行绘制，具体实现代码如下所示。

```
//绘制 3D 图形
function webGLStart()
```

```
{
    var canvas = document.getElementById("canvas1");// 获取 canvas 元素
    initGL(canvas);// 初始化 WebGL
    initShaders();// 初始化渲染器
    initBuffers();// 初始化缓冲区
    // 每次清除 canvas 元素中的内容时均将其填充为黑色
    gl.clearColor(0.0, 0.0, 0.0, 1.0);
    gl.enable(gl.DEPTH_TEST);// 使能深度测试
    drawScene();// 进行绘制
}
```

【运行结果】

到此为止，整个实例介绍完毕，执行后的效果如图 14-2 所示。

图 14-2　执行效果

14.2.2 绘制有颜色的三角形和矩形

本实例的功能是，在网页中分别绘制一个有颜色的并具有 3D 效果的三角形和矩形。

【范例 14-2】绘制有颜色的 3D 效果的三角形和矩形

源码路径：光盘 \ 配套源码 \14\2.html

本实例的实现文件是 2.html，具体实现流程如下所示。

（1）编写 HTML 代码，设置调用 WebGL 的脚本代码的调用语句，通过 canvas 设置一块绘图区域。具体实现代码如下所示。

```
<html>

<head>
<title> 使用 WebGL 绘制彩色三角形与矩形 </title>
<meta http-equiv="content-type" content="text/html; charset=utf-8">
<script type="text/javascript" src="glMatrix-0.9.5.min.js"></script>



</head>
```

```
<body onLoad="webGLStart();">
<canvas id="canvas1" style="border: none;" width="500" height="500"></canvas>
</body>
</html>
```

（2）编写 JavaScript 脚本代码，具体实现流程如下所示。

❑ 创建 WebGL 上下文对象，定义函数 initGL 初始化 WebGL，具体代码如下所示。

```
var gl;//WebGL 上下文对象
// 初始化 WebGL
function initGL(canvas)
{
    try
    {
        // 获取 canvas 元素的 WebGL 上下文对象
        gl = canvas.getContext("experimental-webgl");
        // 将 3D 视图的宽度设置为 canvas 元素的宽度
        gl.viewportWidth = canvas.width;
        // 将 3D 视图的高度设置为 canvas 元素的高度
        gl.viewportHeight = canvas.height;
    }
    catch (e)
    {
    }
    if (!gl) // 初始化失败
        alert(" 对不起，您不能初始化 WebGL。");
}
```

❑ 定义函数 getShader 创建一个渲染器，根据 id 查找页面上的元素，并根据这些元素分别创建元渲染器和顶点渲染器。具体实现代码如下所示。

```
// 创建渲染器
function getShader(gl, id)
{

    // 根据 id 查找页面上的元素
    var shaderScript = document.getElementById(id);
    // 如果找不到元素则返回
    if (!shaderScript)
        return null;
    // 取出元素中的所有内容
    var str ="";
    var k = shaderScript.firstChild;
    while (k)
```

```
    {
        if (k.nodeType==3)
            str+= k.textContent;
        k = k.nextSibling;
    }

    var shader;
    // 如果元素类型为 "x-shader/x-fragment"
    if (shaderScript.type=="x-shader/x-fragment")
        // 创建片元渲染器
        shader = gl.createShader(gl.FRAGMENT_SHADER);
    // 如果元素类型为 "x-shader/x-vertex"
    else if (shaderScript.type=="x-shader/x-vertex")
        // 创建顶点渲染器
        shader = gl.createShader(gl.VERTEX_SHADER);
    // 如果元素类型为其他
    else
        // 返回 null
        return null;
    // 使用 WebGL 编译元素中的内容
    gl.shaderSource(shader,str);
    gl.compileShader(shader);
    // 执行错误处理
    if(!gl.getShaderParameter(shader,gl.COMPILE_STATUS))
    {
        alert(gl.getShaderInfoLog(shader));
        return null;
    }
    // 返回渲染器
    return shader;
}
var shaderProgram;// 程序对象
```

- 定义初始化渲染器函数 initShaders，根据获取的渲染器进行初始化操作。具体实现代码如下所示。

```
// 初始化渲染器
function initShaders()
{
    // 获取片元渲染器
    var fragmentShader = getShader(gl, "shader-fs");
    // 获取顶点渲染器
    var vertexShader = getShader(gl, "shader-vs");
    // 创建程序对象
    shaderProgram = gl.createProgram();
```

```
    // 将渲染器绑定到程序对象上
    gl.attachShader(shaderProgram, vertexShader);
    gl.attachShader(shaderProgram, fragmentShader);
    gl.linkProgram(shaderProgram);

    // 如果不能初始化渲染器
    if (!gl.getProgramParameter(shaderProgram, gl.LINK_STATUS))
        alert(" 不能初始化渲染器 ");

    gl.useProgram(shaderProgram);
    // 获取程序对象的 avertexPosition 属性的引用并将其保存在程序对象的 vertexPosition 属性中
    shaderProgram.vertexPositionAttribute = gl.getAttribLocation(shaderProgram, "aVertexPosition");
    // 使用数组来提供 vertexPositionAttribute 属性的值
    gl.enableVertexAttribArray(shaderProgram.vertexPositionAttribute);

    // 获取程序对象的 aVertexColor 属性的引用并将其保存在程序对象的 vertexColor 属性中
    shaderProgram.vertexColorAttribute = gl.getAttribLocation(shaderProgram, "aVertexColor");
    // 使用数组来提供 vertexColor 属性的值
    gl.enableVertexAttribArray(shaderProgram.vertexColorAttribute);

    // 从 program 对象中获取两个一致（uniform）变量 uPMatrix 与 uMVMatrix 的信息
    shaderProgram.pMatrixUniform = gl.getUniformLocation(shaderProgram, "uPMatrix");
    shaderProgram.mvMatrixUniform = gl.getUniformLocation(shaderProgram, "uMVMatrix");
}

var mvMatrix = mat4.create();
var pMatrix = mat4.create();
function setMatrixUniforms()
{
    gl.uniformMatrix4fv(shaderProgram.pMatrixUniform, false, pMatrix);
    gl.uniformMatrix4fv(shaderProgram.mvMatrixUniform, false, mvMatrix);
}

var triangleVertexPositionBuffer;// 三角形顶点位置缓冲区
var triangleVertexColorBuffer;// 三角形各顶点颜色信息缓冲区
var squareVertexPositionBuffer;// 矩形顶点位置缓冲区
var squareVertexColorBuffer; // 矩形各顶点颜色信息缓冲区
```

- 定义初始化缓冲区函数 initBuffers，具体实现代码如下所示。

```
function initBuffers()
{
    // 创建三角形顶点位置缓冲区
    triangleVertexPositionBuffer = gl.createBuffer();
    // 将 triangleVertexPositionBuffer 设定为接下来的操作所使用的缓冲区
```

```
gl.bindBuffer(gl.ARRAY_BUFFER, triangleVertexPositionBuffer);
// 使用 JavaScript 列表定义一个等腰三角形的一组顶点信息
var vertices =
[
     0.0,  1.0,  0.0,
    -1.0, -1.0,  0.0,
     1.0, -1.0,  0.0
];
// 使用顶点列表创建 Float32Array 对象填充缓存
gl.bufferData(gl.ARRAY_BUFFER, new Float32Array(vertices), gl.STATIC_DRAW);
// 缓冲区中存放三个顶点信息，每个顶点由三个数据（三维）构成
triangleVertexPositionBuffer.itemSize = 3;
triangleVertexPositionBuffer.numItems = 3;

// 创建三角形各顶点颜色信息的缓冲区
triangleVertexColorBuffer = gl.createBuffer();
// 将该缓冲区指定为当前操作所使用的缓冲区
gl.bindBuffer(gl.ARRAY_BUFFER, triangleVertexColorBuffer);
// 使用 JavaScript 列表定义三角形各顶点所使用的颜色
var colors =
[
    1.0, 0.0, 0.0, 1.0,
    0.0, 1.0, 0.0, 1.0,
    0.0, 0.0, 1.0, 1.0
];
// 使用顶点颜色列表创建 Float32Array 对象填充缓存
gl.bufferData(gl.ARRAY_BUFFER, new Float32Array(colors), gl.STATIC_DRAW);
// 缓冲区中存放三个顶点信息，每个顶点由四个数据构成
triangleVertexColorBuffer.itemSize = 4;
triangleVertexColorBuffer.numItems = 3;

// 创建矩形顶点位置缓冲区
squareVertexPositionBuffer = gl.createBuffer();
// 将 squareVertexPositionBuffer 设定为接下来的操作所使用的缓冲区
gl.bindBuffer(gl.ARRAY_BUFFER, squareVertexPositionBuffer);
// 使用 JavaScript 列表定义一个矩形的一组顶点信息
vertices =
[
     1.0,  1.0,  0.0,
    -1.0,  1.0,  0.0,
     1.0, -1.0,  0.0,
    -1.0, -1.0,  0.0
];
// 使用顶点列表创建 Float32Array 对象填充缓存
```

```
        gl.bufferData(gl.ARRAY_BUFFER, new Float32Array(vertices), gl.STATIC_DRAW);
        // 缓冲区中存放四个顶点信息，每个顶点由三个数据（三维）构成
        squareVertexPositionBuffer.itemSize = 3;
        squareVertexPositionBuffer.numItems = 4;

        // 创建矩形各顶点颜色信息的缓冲区
        squareVertexColorBuffer = gl.createBuffer();
        // 将该缓冲区指定为当前操作所使用的缓冲区
        gl.bindBuffer(gl.ARRAY_BUFFER, squareVertexColorBuffer);
        // 使用 JavaScript 列表定义矩形各顶点所使用的颜色
        colors = []
        for (var i=0; i < 4; i++)
        {
          colors = colors.concat([0.5, 0.5, 1.0, 1.0]);
        }
        // 使用顶点颜色列表创建 Float32Array 对象填充缓存
        gl.bufferData(gl.ARRAY_BUFFER, new Float32Array(colors), gl.STATIC_DRAW);
        // 缓冲区中存放四个顶点信息，每个顶点由四个数据构成
        squareVertexColorBuffer.itemSize = 4;
        squareVertexColorBuffer.numItems = 4;
    }
```

- 定义绘制图形函数 drawScene，在页面中分别绘制三角形和矩形。具体实现代码如下所示。

```
    function drawScene()
    {
        // 设置 3D 视图的视图大小
        gl.viewport(0, 0, gl.viewportWidth, gl.viewportHeight);
        // 擦除 canvas 元素中的内容
        gl.clear(gl.COLOR_BUFFER_BIT | gl.DEPTH_BUFFER_BIT);
        // 设置对视图的观察视角
        mat4.perspective(45, gl.viewportWidth / gl.viewportHeight, 0.1, 100.0, pMatrix);
        // 使用恒等矩阵进行初始化，将绘制位置设置在视图中央
        mat4.identity(mvMatrix);
        // 将绘制位置左移 1.5 个单位，内移 7 个单位（三角形第一个顶点位置处）
        mat4.translate(mvMatrix, [-1.5, 0.0, -7.0]);
        // 将 triangleVertexPositionBuffer 设定为接下来的操作所使用的缓冲区
        gl.bindBuffer(gl.ARRAY_BUFFER, triangleVertexPositionBuffer);
        /* 通知 WebGL 缓冲区中存放的顶点位置信息将被作为三角形各顶点位置信息来使用，
        每个三角形使用三个数据（三维信息）*/
        gl.vertexAttribPointer(shaderProgram.vertexPositionAttribute, triangleVertexPositionBuffer.
itemSize, gl.FLOAT, false, 0, 0);
        // 将 triangleVertexColorBuffer 设定为接下来的操作所使用的缓冲区
        gl.bindBuffer(gl.ARRAY_BUFFER, triangleVertexColorBuffer);
        /* 通知 WebGL 缓冲区中存放的顶点颜色信息将被作为三角形各顶点颜色信息来使用，
```

```
        每个三角形使用四个数据 */
        gl.vertexAttribPointer(shaderProgram.vertexColorAttribute, triangleVertexColorBuffer.itemSize,
gl.FLOAT, false, 0, 0);

        // 通知 WebGL 使用我们当前的模型—视图矩阵与投影矩阵
        setMatrixUniforms();
        // 绘制三角形
        gl.drawArrays(gl.TRIANGLES, 0, triangleVertexPositionBuffer.numItems);

        // 将绘制位置右移 3 个单位
        mat4.translate(mvMatrix, [3.0, 0.0, 0.0]);
        // 将 squareVertexPositionBuffer 设定为接下来的操作所使用的缓冲区
        gl.bindBuffer(gl.ARRAY_BUFFER, squareVertexPositionBuffer);
        /* 通知 WebGL 缓冲区中存放的顶点位置信息将被作为矩形各顶点位置信息来使用，
        每个矩形使用三个数据（三维信息）*/
        gl.vertexAttribPointer(shaderProgram.vertexPositionAttribute, squareVertexPositionBuffer.
itemSize, gl.FLOAT, false, 0, 0);
        // 将 squareVertexColorBuffer 设定为接下来的操作所使用的缓冲区
        gl.bindBuffer(gl.ARRAY_BUFFER, squareVertexColorBuffer);
        /* 通知 WebGL 缓冲区中存放的顶点颜色信息将被作为矩形各顶点颜色信息来使用，
        每个矩形使用四个数据 */
        gl.vertexAttribPointer(shaderProgram.vertexColorAttribute, squareVertexColorBuffer.itemSize,
gl.FLOAT, false, 0, 0);
        // 通知 WebGL 使用我们当前的模型—视图矩阵与投影矩阵
        setMatrixUniforms();
        // 绘制矩形
        gl.drawArrays(gl.TRIANGLE_STRIP, 0, squareVertexPositionBuffer.numItems);
    }
```

❑ 定义绘制 3D 图形的函数 webGLStart，调用函数 drawScene 进行绘制，具体实现代码如下所示。

```
    function webGLStart()
    {
        var canvas = document.getElementById("canvas1");// 获取 canvas 元素
        initGL(canvas);// 初始化 WebGL
        initShaders();// 初始化渲染器
        initBuffers();// 初始化缓冲区
        // 每次清除 canvas 元素中的内容时均将其填充为黑色
        gl.clearColor(0.0, 0.0, 0.0, 1.0);
        gl.enable(gl.DEPTH_TEST);// 使能深度测试

        drawScene();// 进行绘制
    }
```

【运行结果】

到此为止，整个实例介绍完毕，执行后的效果如图 14-3 所示。

图 14-3　执行效果

14.2.3 绘制三维动画

在移动 Web 页面应用中，通过使用 WebGL 上下文对象可以很轻松地进行 3D 动画的绘制工作。在 X 点处绘制一个图形时，下一次绘制动画时在 Y 点处重新绘制该图形，再下一次绘制动画时在 Z 点处重新绘制该图形，以此类推。

> **提示**
> 为什么重绘的工作原理是每一次都要重绘图形呢？
> 这是因为 WebGL 上下文对象使用一个 drawScene 函数来绘制图形。在制作动画时，每一次重绘都需要调用该函数，然后使用不同的方法来重绘图形。

在本节的内容中，将通过一个实例的具体实现过程，讲解使用 WebGL 上下文对象绘制动画的过程。本实例的功能是，在网页中分别绘制一个有颜色的并具有 3D 效果的三角形和矩形。

【范例 14-3】使用 WebGL 上下文对象绘制三维动画

源码路径：光盘 \ 配套源码 \14\3.html

本实例的实现文件是 3.html，具体实现流程如下所示。

（1）编写 HTML 代码，设置调用 WebGL 的脚本代码的调用语句，通过 canvas 设置一块绘图区域。具体实现代码如下所示。

```
<html>
<head>
<title> 使用 WebGL 上下文对象绘制三维动画 </title>
<meta http-equiv="content-type" content="text/html; charset=utf-8">
<script type="text/javascript" src="glMatrix-0.9.5.min.js"></script>
<script type="text/javascript" src="webgl-utils.js"></script>
……
</head>
<body onLoad="webGLStart();">
<canvas id="canvas1" style="border: none;" width="500" height="500"></canvas>
```

```
</body>
</html>
```

（2）编写 JavaScript 脚本代码，具体实现流程如下所示。

- 创建 WebGL 上下文对象，定义函数 initGL 初始化 WebGL，具体代码如下所示。

```
// 初始化 WebGL
function initGL(canvas)
{
    try
    {
        // 获取 canvas 元素的 WebGL 上下文对象
        gl = canvas.getContext("experimental-webgl");
        // 将 3D 视图的宽度设置为 canvas 元素的宽度
        gl.viewportWidth = canvas.width;
        // 将 3D 视图的高度设置为 canvas 元素的高度
        gl.viewportHeight = canvas.height;
    }
    catch (e)
    {
    }
    if (!gl) // 初始化失败
        alert(" 对不起，您不能初始化 WebGL。");
}
```

- 编写创建渲染器 getShader，具体代码如下所示。

```
function getShader(gl, id)
{
    // 根据 id 查找页面上的元素
    var shaderScript = document.getElementById(id);
     // 如果找不到元素则返回
    if (!shaderScript)
        return null;
    // 取出元素中的所有内容
    var str ="";
    var k = shaderScript.firstChild;
    while (k)
    {
        if (k.nodeType==3)
            str+= k.textContent;
        k = k.nextSibling;
    }
```

```
    var shader;
    // 如果元素类型为 "x-shader/x-fragment"
    if (shaderScript.type=="x-shader/x-fragment")
        // 创建片元渲染器
        shader = gl.createShader(gl.FRAGMENT_SHADER);
    // 如果元素类型为 "x-shader/x-vertex"
    else if (shaderScript.type=="x-shader/x-vertex")
        // 创建顶点渲染器
        shader = gl.createShader(gl.VERTEX_SHADER);
    // 如果元素类型为其他
    else
        // 返回 null
        return null;
    // 使用 WebGL 编译元素中的内容
    gl.shaderSource(shader,str);
    gl.compileShader(shader);
    // 执行错误处理
    if(!gl.getShaderParameter(shader,gl.COMPILE_STATUS))
    {
        alert(gl.getShaderInfoLog(shader));
        return null;
    }
    // 返回渲染器
    return shader;
}
```

- 定义函数 mvPushMatrix 将视图—模型矩阵保存在堆栈中，具体实现代码如下所示。

```
function mvPushMatrix()
{
    var copy = mat4.create();
    mat4.set(mvMatrix, copy);
    mvMatrixStack.push(copy);
}
```

- 定义函数 mvPopMatrix 取出堆栈中保存的视图，具体实现代码如下所示。

```
function mvPopMatrix()
{
    if (mvMatrixStack.length == 0)
        throw "Invalid popMatrix!";
    mvMatrix = mvMatrixStack.pop();
}
function setMatrixUniforms()
```

```
{
    gl.uniformMatrix4fv(shaderProgram.pMatrixUniform, false, pMatrix);
    gl.uniformMatrix4fv(shaderProgram.mvMatrixUniform, false, mvMatrix);
}

var triangleVertexPositionBuffer;// 三角形顶点位置缓冲区
var triangleVertexColorBuffer;// 三角形各顶点颜色信息缓冲区
var squareVertexPositionBuffer;// 矩形顶点位置缓冲区
var squareVertexColorBuffer; // 矩形各顶点颜色信息缓冲区
```

由此可见，函数 mvPushMatrix 的作用是将当前的视图一模型矩阵保存在堆栈中。

- 定义函数 initBuffers 初始化缓冲区，具体实现代码如下所示。

```
function initBuffers()
{
    // 创建三角形顶点位置缓冲区
    triangleVertexPositionBuffer = gl.createBuffer();
    // 将 triangleVertexPositionBuffer 设定为接下来的操作所使用的缓冲区
    gl.bindBuffer(gl.ARRAY_BUFFER, triangleVertexPositionBuffer);
    // 使用 JavaScript 列表定义一个等腰三角形的一组顶点信息
    var vertices =
    [
        0.0,   1.0,   0.0,
        -1.0, -1.0,   0.0,
         1.0, -1.0,   0.0
    ];
    // 使用顶点列表创建 Float32Array 对象填充缓存
    gl.bufferData(gl.ARRAY_BUFFER, new Float32Array(vertices), gl.STATIC_DRAW);
    // 缓冲区中存放三个顶点信息，每个顶点由三个数据（三维）构成
    triangleVertexPositionBuffer.itemSize = 3;
    triangleVertexPositionBuffer.numItems = 3;

    // 创建三角形各顶点颜色信息的缓冲区
    triangleVertexColorBuffer = gl.createBuffer();
    // 将该缓冲区指定为当前操作所使用的缓冲区
    gl.bindBuffer(gl.ARRAY_BUFFER, triangleVertexColorBuffer);
    // 使用 JavaScript 列表定义三角形各顶点所使用的颜色
    var colors =
    [
        1.0, 0.0, 0.0, 1.0,
        0.0, 1.0, 0.0, 1.0,
        0.0, 0.0, 1.0, 1.0
    ];
```

```
        // 使用顶点颜色列表创建 Float32Array 对象填充缓存
        gl.bufferData(gl.ARRAY_BUFFER, new Float32Array(colors), gl.STATIC_DRAW);
        // 缓冲区中存放三个顶点信息，每个顶点由四个数据构成
        triangleVertexColorBuffer.itemSize = 4;
        triangleVertexColorBuffer.numItems = 3;

        // 创建矩形顶点位置缓冲区
        squareVertexPositionBuffer = gl.createBuffer();
        // 将 squareVertexPositionBuffer 设定为接下来的操作所使用的缓冲区
        gl.bindBuffer(gl.ARRAY_BUFFER, squareVertexPositionBuffer);
        // 使用 JavaScript 列表定义一个矩形的一组顶点信息
        vertices =
        [
             1.0,   1.0,   0.0,
            -1.0,   1.0,   0.0,
             1.0, -1.0,   0.0,
            -1.0, -1.0,   0.0
        ];
        // 使用顶点列表创建 Float32Array 对象填充缓存
        gl.bufferData(gl.ARRAY_BUFFER, new Float32Array(vertices), gl.STATIC_DRAW);
        // 缓冲区中存放四个顶点信息，每个顶点由三个数据（三维）构成
        squareVertexPositionBuffer.itemSize = 3;
        squareVertexPositionBuffer.numItems = 4;

        // 创建矩形各顶点颜色信息的缓冲区
        squareVertexColorBuffer = gl.createBuffer();
        // 将该缓冲区指定为当前操作所使用的缓冲区
        gl.bindBuffer(gl.ARRAY_BUFFER, squareVertexColorBuffer);
        // 使用 JavaScript 列表定义矩形各顶点所使用的颜色
        colors = []
        for (var i=0; i < 4; i++)
        {
          colors = colors.concat([0.5, 0.5, 1.0, 1.0]);
        }
        // 使用顶点颜色列表创建 Float32Array 对象填充缓存
        gl.bufferData(gl.ARRAY_BUFFER, new Float32Array(colors), gl.STATIC_DRAW);
        // 缓冲区中存放四个顶点信息，每个顶点由四个数据构成
        squareVertexColorBuffer.itemSize = 4;
        squareVertexColorBuffer.numItems = 4;
    }
    var rTri = 0;// 三角形的旋转角度
    var rSquare = 0;// 矩形的旋转角度
```

- 定义绘制图形函数 drawScene，具体实现代码如下所示。

```
function drawScene()
{
    // 设置 3D 视图的视图大小
    gl.viewport(0, 0, gl.viewportWidth, gl.viewportHeight);
    // 擦除 canvas 元素中的内容
    gl.clear(gl.COLOR_BUFFER_BIT | gl.DEPTH_BUFFER_BIT);
    // 设置对视图的观察视角
    mat4.perspective(45, gl.viewportWidth / gl.viewportHeight, 0.1, 100.0, pMatrix);
    // 使用恒等矩阵进行初始化，将绘制位置设置在视图中央
    mat4.identity(mvMatrix);
    // 将绘制位置左移 1.5 个单位，内移 7 个单位（三角形第一个顶点位置处）
    mat4.translate(mvMatrix, [-1.5, 0.0, -7.0]);
    // 将当前的视图—模型矩阵保存在堆栈中
    mvPushMatrix();
    // 旋转三角形
    mat4.rotate(mvMatrix, degToRad(rTri), [0, 1, 0]);
    // 将 triangleVertexPositionBuffer 设定为接下来的操作所使用的缓冲区
    gl.bindBuffer(gl.ARRAY_BUFFER, triangleVertexPositionBuffer);
    /* 通知 WebGL 缓冲区中存放的顶点位置信息将被作为三角形各顶点位置信息来使用，
    每个三角形使用三个数据（三维信息）*/
    gl.vertexAttribPointer(shaderProgram.vertexPositionAttribute, triangleVertexPositionBuffer.
itemSize, gl.FLOAT, false, 0, 0);
    // 将 triangleVertexColorBuffer 设定为接下来的操作所使用的缓冲区
    gl.bindBuffer(gl.ARRAY_BUFFER, triangleVertexColorBuffer);
    /* 通知 WebGL 缓冲区中存放的顶点颜色信息将被作为三角形各顶点颜色信息来使用，
    每个三角形使用四个数据 */
    gl.vertexAttribPointer(shaderProgram.vertexColorAttribute, triangleVertexColorBuffer.itemSize,
gl.FLOAT, false, 0, 0);

    // 通知 WebGL 使用我们当前的模型—视图矩阵与投影矩阵
    setMatrixUniforms();
    // 绘制三角形
    gl.drawArrays(gl.TRIANGLES, 0, triangleVertexPositionBuffer.numItems);
    // 恢复使用堆栈中保存的视图—模型矩阵
    mvPopMatrix();
    // 将绘制位置右移 3 个单位
    mat4.translate(mvMatrix, [3.0, 0.0, 0.0]);
    // 将当前的视图—模型矩阵保存在堆栈中
    mvPushMatrix();
    // 旋转矩形
    mat4.rotate(mvMatrix, degToRad(rSquare), [1, 0, 0]);
    // 将 squareVertexPositionBuffer 设定为接下来的操作所使用的缓冲区
```

```
        gl.bindBuffer(gl.ARRAY_BUFFER, squareVertexPositionBuffer);
        /* 通知 WebGL 缓冲区中存放的顶点位置信息将被作为矩形各顶点位置信息来使用，
        每个矩形使用三个数据（三维信息）*/
        gl.vertexAttribPointer(shaderProgram.vertexPositionAttribute, squareVertexPositionBuffer.
itemSize, gl.FLOAT, false, 0, 0);
        // 将 squareVertexColorBuffer 设定为接下来的操作所使用的缓冲区
        gl.bindBuffer(gl.ARRAY_BUFFER, squareVertexColorBuffer);
        /* 通知 WebGL 缓冲区中存放的顶点颜色信息将被作为矩形各顶点颜色信息来使用，
        每个矩形使用四个数据 */
        gl.vertexAttribPointer(shaderProgram.vertexColorAttribute, squareVertexColorBuffer.itemSize,
gl.FLOAT, false, 0, 0);
        // 通知 WebGL 使用我们当前的模型—视图矩阵与投影矩阵
        setMatrixUniforms();
        // 绘制矩形
        gl.drawArrays(gl.TRIANGLE_STRIP, 0, squareVertexPositionBuffer.numItems);
        // 恢复使用堆栈中保存的视图—模型矩阵
        mvPopMatrix();
    }
    // 将角度转变成为弧度
    function degToRad(degrees) {
        return degrees * Math.PI / 180;
    }
```

在使用 WebGL 上下文对象进行 3D 图形的绘制时，需要告诉 WebGL 上下文对象当前图形的绘制位置及旋转角度，而当前图形的绘制位置及旋转角度都被保存在模型—视图矩阵中，因此，mat4.rotate 方法的作用就比较明显了，该方法的书写代码类似于如下所示的代码。

```
mat4.rotate(mvMatrix, degToRad(rTri), [0, 1, 0]);
```

其中 mvMatrix 表示视图—模型矩阵，该行代码的含义为：将视图—模型矩阵中的旋转角度围绕垂直方向（参数为 [0，1，0]）旋转 rTi 度。因为在 WebGL API 中，使用弧度来指定旋转角度，所以使用 degToRad 函数将角度转变成为弧度，该函数代码如下所示。

```
// 将角度转变成为弧度
function degToRad(degrees)  {
    return degrees * Math.PI/180;
    }
```

当使用 mat4.rotate 方法旋转图形时，实际上改变了视图—模型矩阵中保存的当前图形的旋转角度。例如在绘制三角形时，当前图形在 *X* 轴、*Y* 轴以及 *Z* 轴上的旋转角度均为 0 度，同时在绘制矩形时，要求当前图形在 *X* 轴、*Y* 轴以及 *Z* 轴上的旋转角度仍然均为 0 度。但是因为使用 mat4.rotate 方法将三角形进行旋转，因此改变了当前图形的旋转角度。在绘制矩形时已经改变了当前图形的旋转角度，这不是希望的结果，所以需要在旋转三角形时先将当前的视图—模型矩阵保存在堆栈中，旋转完毕后再将堆栈中保存的视图—模型矩阵恢复出来继续使用。

- 定义函数 webGLStart 绘制 3D 图形，此函数调用了 tick 函数，在 tick 函数中调用 drawScene 函数来绘制图形。函数 webGLStart 的具体实现代码如下所示。

```
function webGLStart()
{
    var canvas = document.getElementById("canvas1");// 获取 canvas 元素
    initGL(canvas);// 初始化 WebGL
    initShaders();// 初始化渲染器
    initBuffers();// 初始化缓冲区
    // 每次清除 canvas 元素中的内容时均将其填充为黑色
    gl.clearColor(0.0, 0.0, 0.0, 1.0);
    gl.enable(gl.DEPTH_TEST);// 使能深度测试

    tick();// 调用 tick 函数
}
```

- 定义函数 tick，在此函数中使用 WebGL API 中的动画功能，每一次使用不同的方法来绘制图形（例如将三角形的旋转角度从 81 度变为 82 度），同时要在该函数中指定一个每次调用 drawScene 函数重绘图形的间隔时间。函数 tick 的具体实现代码如下所示。

```
function tick()
{
    requestAnimFrame(tick);
    drawScene();
    animate();
}
var lastTime = 0;
```

- 定义函数 animate 设置动画参数，具体实现代码如下所示。

```
// 设置动画参数
function animate()
{
    // 获取当前时间
    var timeNow = new Date().getTime();
    // 如果动画绘制已经开始
    if (lastTime != 0)
    {
        // 获取当前时间与上次动画绘制时间的间隔时间
        var elapsed = timeNow - lastTime;
        // 计算三角形旋转角度，允许三角形每秒旋转 90 度
        rTri += (90 * elapsed) / 1000.0;
        // 计算矩形旋转角度，允许矩形每秒旋转 90 度
        rSquare += (75 * elapsed) / 1000.0;
```

```
    }
    //保存动画绘制时间
    lastTime = timeNow;
}
```

【运行结果】

到此为止，整个实例介绍完毕，执行后的效果如图 14-4 所示。

图 14-4 执行效果

> **提示**
>
> 浏览器的支持问题
>
> 对于 WebGL 技术来说，一个不可回避的问题还是浏览器的支持，虽然 IE 都已经开始支持 WebGL 了，但很多用户的浏览器可能还不支持。我建议开发者采用渐进式的支持方法，即给不同的浏览器不同的版本，以确保最先进的浏览器用户获得最好体验，而低版本浏览器用户也能获得良好的效果。以上介绍的网站均对不支持 WebGL 的浏览器做了适配，拿“月熊志”为例，这个网站的 3D 场景在不支持 WebGL 的浏览器变成了 360 度连续帧的 PNG 图片，也能让用户左右滑动来获得模拟 3D 效果。
>
> 3D 对于网页来说不再是高不可攀的技术，有了浏览器的支持和各种 JS 库，会有更多网站加入 3D 的元素来丰富用户体验，这也是未来网页发展的新方向。

14.3 综合应用——绘制一个三维物体

本节教学录像：2 分钟

在接下来的内容中，将讲解一个使用 WebGL 上下文对象制作三维物体的实现过程，向读者介绍如何在 3D 视图中使用 WebGL 上下文对象来绘制三维物体的方法。本实例以实例 14-3 为基础，但是本实例程序绘制的不是三角形与矩形，而是椎体与立方体。

【范例 14-4】在移动 Web 页面应用中使用 WebGL 绘制三维物体

源码路径：光盘\配套源码\14\4.html

本实例的实现文件是 4.html，具体实现流程如下所示。

（1）编写 HTML 代码，设置调用 WebGL 的脚本代码的调用语句，通过 canvas 设置一块绘图区域。具体实现代码如下所示。

```
<html>
<head>
<title> 使用 WebGL 制作三维物体 </title>
<meta http-equiv="content-type" content="text/html; charset=utf-8">
<script type="text/javascript" src="glMatrix-0.9.5.min.js"></script>
<script type="text/javascript" src="webgl-utils.js"></script>
……
</head>
<body onLoad="webGLStart();">
<canvas id="canvas1" style="border: none;" width="600" height="500"></canvas>
</body>
</html>
```

（2）编写 JavaScript 脚本代码，具体实现流程如下所示。

- 创建 WebGL 上下文对象，定义函数 initGL 初始化 WebGL，具体代码如下所示。

```
var gl;//WebGL 上下文对象
// 初始化 WebGL
function initGL(canvas)
{
    try
    {
        // 获取 canvas 元素的 WebGL 上下文对象
        gl = canvas.getContext("experimental-webgl");
        // 将 3D 视图的宽度设置为 canvas 元素的宽度
        gl.viewportWidth = canvas.width;
        // 将 3D 视图的高度设置为 canvas 元素的高度
        gl.viewportHeight = canvas.height;
    }
    catch (e)
    {
    }
    if (!gl) // 初始化失败
        alert(" 对不起，您不能初始化 WebGL。");
}
```

- 编写创建渲染器 getShader，具体代码如下所示。

```
function getShader(gl, id)
{

    // 根据 id 查找页面上的元素
    var shaderScript = document.getElementById(id);
```

```
    // 如果找不到元素则返回
    if (!shaderScript)
        return null;
    // 取出元素中所有内容
    var str ="";
    var k = shaderScript.firstChild;
    while (k)
    {
        if (k.nodeType==3)
            str+= k.textContent;
        k = k.nextSibling;
    }

    var shader;
    // 如果元素类型为 "x-shader/x-fragment"
    if (shaderScript.type=="x-shader/x-fragment")
        // 创建片元渲染器
        shader = gl.createShader(gl.FRAGMENT_SHADER);
    // 如果元素类型为 "x-shader/x-vertex"
    else if (shaderScript.type=="x-shader/x-vertex")
        // 创建顶点渲染器
        shader = gl.createShader(gl.VERTEX_SHADER);
    // 如果元素类型为其他
    else
        // 返回 null
        return null;
    // 使用 WebGL 编译元素中的内容
    gl.shaderSource(shader,str);
    gl.compileShader(shader);
    // 执行错误处理
    if(!gl.getShaderParameter(shader,gl.COMPILE_STATUS))
    {
        alert(gl.getShaderInfoLog(shader));
        return null;
    }
    // 返回渲染器
    return shader;
}
```

- 定义函数 mvPushMatrix 将视图—模型矩阵保存在堆栈中，具体实现代码如下所示。

```
function mvPushMatrix()
{
    var copy = mat4.create();
    mat4.set(mvMatrix, copy);
```

```
    mvMatrixStack.push(copy);
}
```

- 定义函数 mvPopMatrix 取出堆栈中保存的视图，具体实现代码如下所示。

```
function mvPopMatrix()
{
    if (mvMatrixStack.length == 0)
        throw "Invalid popMatrix!";
    mvMatrix = mvMatrixStack.pop();
}
```

由此可见，函数 mvPushMatrix 的作用是将当前的视图一模型矩阵保存在堆栈中。

- 定义函数 initBuffers 初始化缓冲区，具体实现代码如下所示。

```
function initBuffers()
{
    // 创建椎体顶点位置缓冲区
    pyramidVertexPositionBuffer = gl.createBuffer();
    // 将 pyramidVertexPositionBuffer 设定为接下来的操作所使用的缓冲区
    gl.bindBuffer(gl.ARRAY_BUFFER, pyramidVertexPositionBuffer);
    // 使用 JavaScript 列表定义一个椎体的一组顶点信息
    var vertices = [
        // 前面
         0.0,  1.0,  0.0,
        -1.0, -1.0,  1.0,
         1.0, -1.0,  1.0,
        // 右面
         0.0,  1.0,  0.0,
         1.0, -1.0,  1.0,
         1.0, -1.0, -1.0,
        // 后面
         0.0,  1.0,  0.0,
         1.0, -1.0, -1.0,
        -1.0, -1.0, -1.0,
        // 左面
         0.0,  1.0,  0.0,
        -1.0, -1.0, -1.0,
        -1.0, -1.0,  1.0
    ];
    // 使用顶点列表创建 Float32Array 对象填充缓存
    gl.bufferData(gl.ARRAY_BUFFER, new Float32Array(vertices), gl.STATIC_DRAW);
    // 缓冲区中存放 12 个顶点信息，每个顶点由三个数据（三维）构成
    pyramidVertexPositionBuffer.itemSize = 3;
    pyramidVertexPositionBuffer.numItems = 12;
```

```
// 创建椎体各顶点颜色信息的缓冲区
pyramidVertexColorBuffer = gl.createBuffer();
// 将该缓冲区指定为当前操作所使用的缓冲区
gl.bindBuffer(gl.ARRAY_BUFFER, pyramidVertexColorBuffer);
// 使用 JavaScript 列表定义椎体各顶点所使用的颜色
var colors = [
    // 前面
    1.0, 0.0, 0.0, 1.0,
    0.0, 1.0, 0.0, 1.0,
    0.0, 0.0, 1.0, 1.0,
    // 右面
    1.0, 0.0, 0.0, 1.0,
    0.0, 0.0, 1.0, 1.0,
    0.0, 1.0, 0.0, 1.0,
    // 后面
    1.0, 0.0, 0.0, 1.0,
    0.0, 1.0, 0.0, 1.0,
    0.0, 0.0, 1.0, 1.0,
    // 左面
    1.0, 0.0, 0.0, 1.0,
    0.0, 0.0, 1.0, 1.0,
    0.0, 1.0, 0.0, 1.0
];
// 使用顶点颜色列表创建 Float32Array 对象填充缓存
 gl.bufferData(gl.ARRAY_BUFFER, new Float32Array(colors), gl.STATIC_DRAW);
// 缓冲区中存放 12 个顶点信息，每个顶点由四个数据构成
pyramidVertexColorBuffer.itemSize = 4;
pyramidVertexColorBuffer.numItems = 12;

// 创建立方体顶点位置缓冲区
cubeVertexPositionBuffer = gl.createBuffer();
// 将 cubeVertexPositionBuffer 设定为接下来的操作所使用的缓冲区
gl.bindBuffer(gl.ARRAY_BUFFER, cubeVertexPositionBuffer);
// 使用 JavaScript 列表定义一个立方体的一组顶点信息
vertices = [
  // 前面
  -1.0,  -1.0,   1.0,
   1.0,  -1.0,   1.0,
   1.0,   1.0,   1.0,
  -1.0,   1.0,   1.0,

  // 后面
  -1.0, -1.0, -1.0,
```

```
    -1.0,   1.0, -1.0,
     1.0,   1.0, -1.0,
     1.0,  -1.0, -1.0,

    // 顶面
    -1.0,   1.0,  -1.0,
    -1.0,   1.0,   1.0,
     1.0,   1.0,   1.0,
     1.0,   1.0,  -1.0,

    // 底面
    -1.0,  -1.0,  -1.0,
     1.0,  -1.0,  -1.0,
     1.0,  -1.0,   1.0,
    -1.0,  -1.0,   1.0,

    // 右面
     1.0,  -1.0,  -1.0,
     1.0,   1.0,  -1.0,
     1.0,   1.0,   1.0,
     1.0,  -1.0,   1.0,

    // 左面
    -1.0,  -1.0,  -1.0,
    -1.0,  -1.0,   1.0,
    -1.0,   1.0,   1.0,
    -1.0,   1.0,  -1.0,
];
// 使用顶点列表创建 Float32Array 对象填充缓存
gl.bufferData(gl.ARRAY_BUFFER, new Float32Array(vertices), gl.STATIC_DRAW);
// 缓冲区中存放 24 个顶点信息，每个顶点由三个数据（三维）构成
cubeVertexPositionBuffer.itemSize = 3;
cubeVertexPositionBuffer.numItems = 24;

// 创建立方体各顶点颜色信息的缓冲区
cubeVertexColorBuffer = gl.createBuffer();
// 将该缓冲区指定为当前操作所使用的缓冲区
gl.bindBuffer(gl.ARRAY_BUFFER, cubeVertexColorBuffer);
// 使用 JavaScript 列表定义立方体各顶点所使用的颜色
colors = [
    [1.0, 0.0, 0.0, 1.0],      // 前面
    [1.0, 1.0, 0.0, 1.0],      // 后面
    [0.0, 1.0, 0.0, 1.0],      // 顶面
    [1.0, 0.5, 0.5, 1.0],      // 底面
```

```
        [1.0, 0.0, 1.0, 1.0],      // 右面
        [0.0, 0.0, 1.0, 1.0],      // 左面
    ];
    var unpackedColors = [];
    for (var i in colors) {
        var color = colors[i];
        for (var j=0; j < 4; j++) {
            unpackedColors = unpackedColors.concat(color);
        }
    }
    // 使用顶点颜色列表创建 Float32Array 对象填充缓存
    gl.bufferData(gl.ARRAY_BUFFER, new Float32Array(unpackedColors), gl.STATIC_DRAW);
    // 缓冲区中存放 24 个顶点信息，每个顶点由四个数据构成
    cubeVertexColorBuffer.itemSize = 4;
    cubeVertexColorBuffer.numItems = 24;

    // 创建立方体所用元素数组缓冲区
    cubeVertexIndexBuffer = gl.createBuffer();
    // 将该缓冲区指定为当前操作所使用的缓冲区
    gl.bindBuffer(gl.ELEMENT_ARRAY_BUFFER, cubeVertexIndexBuffer);
    // 指定每个面的两个三角形中应该使用顶点的序号
    var cubeVertexIndices = [
        0, 1, 2,        0, 2, 3,      // 前面
        4, 5, 6,        4, 6, 7,      // 后面
        8, 9, 10,       8, 10, 11,    // 顶面
        12, 13, 14,     12, 14, 15,   // 底面
        16, 17, 18,     16, 18, 19,   // 右面
        20, 21, 22,     20, 22, 23    // 左面
    ]
    // 使用列表创建 Uint16Array 对象填充缓存
    gl.bufferData(gl.ELEMENT_ARRAY_BUFFER, new Uint16Array(cubeVertexIndices), gl.STATIC_DRAW);
    // 缓冲区中存放 36 个数据信息
    cubeVertexIndexBuffer.itemSize = 1;
    cubeVertexIndexBuffer.numItems = 36;
}
```

- 定义绘制图形函数 drawScene，具体实现代码如下所示。

```
function drawScene()
{
    // 设置 3D 视图的视图大小
    gl.viewport(0, 0, gl.viewportWidth, gl.viewportHeight);
    // 擦除 canvas 元素中的内容
    gl.clear(gl.COLOR_BUFFER_BIT | gl.DEPTH_BUFFER_BIT);
```

```
// 设置对视图的观察视角
mat4.perspective(45, gl.viewportWidth / gl.viewportHeight, 0.1, 100.0, pMatrix);
// 使用恒等矩阵进行初始化，将绘制位置设置在视图中央
mat4.identity(mvMatrix);
// 将绘制位置左移 1.5 个单位，内移 7 个单位（椎体第一个顶点位置处）
mat4.translate(mvMatrix, [-1.5, 0.0, -7.0]);
// 将当前的视图—模型矩阵保存在堆栈中
mvPushMatrix();
// 旋转椎体
mat4.rotate(mvMatrix, degToRad(rPyramid), [0, 1, 0]);
// 将 pyramidVertexPositionBuffer 设定为接下来的操作所使用的缓冲区
gl.bindBuffer(gl.ARRAY_BUFFER, pyramidVertexPositionBuffer);
/* 通知 WebGL 缓冲区中存放的顶点位置信息将被作为椎体各顶点位置信息来使用，
每个椎体使用三个数据（三维信息）*/
gl.vertexAttribPointer(shaderProgram.vertexPositionAttribute, pyramidVertexPositionBuffer.
itemSize, gl.FLOAT, false, 0, 0);
// 将 pyramidVertexColorBuffer 设定为接下来的操作所使用的缓冲区
gl.bindBuffer(gl.ARRAY_BUFFER, pyramidVertexColorBuffer);
/* 通知 WebGL 缓冲区中存放的顶点颜色信息将被作为椎体各顶点颜色信息来使用，
每个椎体使用四个数据 */
gl.vertexAttribPointer(shaderProgram.vertexColorAttribute, pyramidVertexColorBuffer.itemSize,
gl.FLOAT, false, 0, 0);

// 通知 WebGL 使用我们当前的模型—视图矩阵与投影矩阵
setMatrixUniforms();
// 绘制椎体
gl.drawArrays(gl.TRIANGLES, 0, pyramidVertexPositionBuffer.numItems);
// 恢复使用堆栈中保存的视图—模型矩阵
mvPopMatrix();

// 将绘制位置右移 3 个单位
mat4.translate(mvMatrix, [3.0, 0.0, 0.0]);
// 将当前的视图—模型矩阵保存在堆栈中
mvPushMatrix();
// 旋转立方体
mat4.rotate(mvMatrix, degToRad(rCube), [1,1,1]);
// 将 cubeVertexPositionBuffer 设定为接下来的操作所使用的缓冲区
gl.bindBuffer(gl.ARRAY_BUFFER, cubeVertexPositionBuffer);
/* 通知 WebGL 缓冲区中存放的顶点位置信息将被作为立方体各顶点位置信息来使用，
每个立方体使用三个数据（三维信息）*/
gl.vertexAttribPointer(shaderProgram.vertexPositionAttribute, cubeVertexPositionBuffer.itemSize,
gl.FLOAT, false, 0, 0);
// 将 cubeVertexColorBuffer 设定为接下来的操作所使用的缓冲区
gl.bindBuffer(gl.ARRAY_BUFFER, cubeVertexColorBuffer);
```

```
    /* 通知 WebGL 缓冲区中存放的顶点颜色信息将被作为立方体各顶点颜色信息来使用，
    每个立方体使用四个数据 */
    gl.vertexAttribPointer(shaderProgram.vertexColorAttribute, cubeVertexColorBuffer.itemSize,
gl.FLOAT, false, 0, 0);
    // 将 cubeVertexIndexBuffer 设定为接下来的操作所使用的缓冲区
    gl.bindBuffer(gl.ELEMENT_ARRAY_BUFFER, cubeVertexIndexBuffer);
    // 通知 WebGL 使用我们当前的模型—视图矩阵与投影矩阵
    setMatrixUniforms();
    // 绘制立方体
    gl.drawElements(gl.TRIANGLES, cubeVertexIndexBuffer.numItems, gl.UNSIGNED_SHORT, 0);
    // 恢复使用堆栈中保存的视图—模型矩阵
    mvPopMatrix();
}
```

- 定义函数 webGLStart 绘制 3D 图形，此函数调用了 tick 函数，在 tick 函数中调用 drawScene 函数来绘制图形。函数 webGLStart 的具体实现代码如下所示。

```
function webGLStart()
{
    var canvas = document.getElementById("canvas1");// 获取 canvas 元素
    initGL(canvas);// 初始化 WebGL
    initShaders();// 初始化渲染器
    initBuffers();// 初始化缓冲区
    // 每次清除 canvas 元素中的内容时均将其填充为黑色
    gl.clearColor(0.0, 0.0, 0.0, 1.0);
    gl.enable(gl.DEPTH_TEST);// 使能深度测试

    tick();// 调用 tick 函数
}
```

- 定义函数 degToRad 将角度转变成为弧度，具体实现代码如下所示。

```
function degToRad(degrees) {
    return degrees * Math.PI / 180;
}
```

- 定义函数 webGLStart 绘制 3D 图形，具体实现代码如下所示。

```
function webGLStart()
{
    var canvas = document.getElementById("canvas1");// 获取 canvas 元素
    initGL(canvas);// 初始化 WebGL
    initShaders();// 初始化渲染器
    initBuffers();// 初始化缓冲区
```

```
    // 每次清除 canvas 元素中的内容时均将其填充为黑色
    gl.clearColor(0.0, 0.0, 0.0, 1.0);
    gl.enable(gl.DEPTH_TEST);// 使能深度测试

    tick();// 调用 tick 函数
}
```

- 定义函数 tick，在此函数中使用 WebGL API 中的动画功能，每一次使用不同的方法来绘制图形（例如将三角形的旋转角度从 81 度变为 82 度），同时要在该函数中指定一个每次调用 drawScene 函数重绘图形的间隔时间。函数 tick 的具体实现代码如下所示。

```
function tick()
{
    requestAnimFrame(tick);
    drawScene();
    animate();
}
var lastTime = 0;
```

- 定义函数 animate 设置动画参数，具体实现代码如下所示。

```
// 设置动画参数
function animate()
{
    // 获取当前时间
    var timeNow = new Date().getTime();
    // 如果动画绘制已经开始
    if (lastTime != 0)
    {
        // 获取当前时间与上次动画绘制时间的间隔时间
        var elapsed = timeNow - lastTime;
        // 计算三角形旋转角度，允许三角形每秒旋转 90 度
        rTri += (90 * elapsed) / 1000.0;
        // 计算矩形旋转角度，允许矩形每秒旋转 90 度
        rSquare += (75 * elapsed) / 1000.0;
    }
    // 保存动画绘制时间
    lastTime = timeNow;
}
```

【运行结果】

到此为止，整个实例介绍完毕，执行后的效果如图 14–5 所示。

图 14-5　执行效果

14.4 高手点拨

学会使用模型查看器看模型

有了 3D 模型后，我们怎么去看它呢？我们在编写程序之前，总是希望先看到一些实际的场景，这样，当我们写起程序来，才会有依葫芦画瓢的感觉。所以在此教会大家怎么观察 3D 模型。读者可以下载一个 3ds Max，或者 Maya 之类的软件，然后安装上它。但是它们太重量级，动辄就是几个 GB，不太实用，我们也没有耐心去安装这样一个巨大的程序，而且这些程序过于专业，并不一定能很快使用它。所以，在工程领域，我们一般使用一些轻量级的查看器，如 Blender、ParaView。这些都是几十 MB 的软件，且功能足够可用。大家可以上网下载一个 ParaView，各大网站均有下载。ParaView 是一个模型查看器，打开软件就会看到模型界面。

14.5 实战练习

1. 绘制一个圆

在网页中绘制一个红色填充颜色的圆，执行之后的效果如图 14-6 所示。

2. 在画布中显示一幅指定的图片

在画布中显示一幅指定的图片，执行之后的效果如图 14-7 所示。

图 14-6　执行效果

图 14-7　执行效果

第 15 章

本章教学录像：21 分钟

使用 Geolocation API

Geolocation API 用于将用户当前的地理位置信息共享给信任的站点，因为在这个过程中会涉及用户的隐私安全问题，所以当一个站点需要获取用户的当前地理位置时，浏览器会提示用户是“允许”或“拒绝”。本章详细讲解在移动 Web 网页中使用 Geolocation API 实现定位处理的方法，为读者步入本书后面知识的学习打下基础。

本章要点（已掌握的在方框中打钩）

□ Geolocation API 介绍

□ 获取当前地理位置

□ 使用 getCurrentPosition() 方法

□ 在网页中使用地图

□ 综合应用——在弹出的对话框中显示定位信息

15.1 Geolocation API 介绍

本节教学录像：4 分钟

在移动 Web 网页中，提供了一组用来获取用户地理位置信息的 Geolocation API。在移动设备中，如果浏览器支持且设置了定位的功能，就可以使用这组 API 定位用户的地理位置。Geolocation API（地理位置应用程序接口）提供了一个可以准确知道浏览器用户当前位置的方法。现在 Geolocation API 接口可以提供详细的用户地理位置信息，例如经纬度、海拔、精确度和移动速度等。在本节的内容中，将详细讲解 Geolocation API 的基本知识，为读者步入本书后面知识的学习打下基础。

15.1.1 对浏览器的支持情况

在 Geolocation API 中，是通过收集用户周围的无线热点和 PC 机的 IP 地址获取位置的，然后浏览器把这些信息发送给默认的位置定位服务提供者（谷歌位置服务），由提供者来计算我们的位置，最后用户的位置信息就在您请求的网站上被共享出来。目前 W3C 地理位置 API 被如下所示的桌面浏览器支持。

- Firefox 3.5+
- Chrome 5.0+
- Safari 5.0+
- Opera 15.60+
- Internet Explorer 15.0+

W3C 地理位置 API 还可以被如下所示的手机设备所支持：

- Android 2.0+
- iPhone 3.0+
- Opera Mobile 15.1+
- Symbian (S60 3rd & 5th generation)
- Blackberry OS 6
- Maemo

15.1.2 使用 Geolocation API

在使用 Geolocation API 之前，首先要检测浏览器是否支持，例如下面的测试代码。

```
if (navigator.geolocation) {
  // 我们的目的
}
```

上述 if 语句能够对浏览器进行判断操作，可以区分 IE 6~8 版本浏览器与 IE 9 和其他新型的浏览器。通过 Geolocation API，可以使用如下两个方法变量获取用户的地理位置。

- getCurrentPosition
- watchPosition

上述两个方法的参数一致的，都支持三个参数，例如 getCurrentPosition 的格式如下所示。

```
navigator.geolocation.getCurrentPosition(successCallback, errorCallback, options)
```

各个参数的具体说明如下所示。

- successCallback：为方法成功时的回调，此参数必须有。
- errorCallback：为方法失败时的回调，此参数可选。
- option：为额外参数，也是可选参数对象。参数 option 支持如下三个可选参数 API。
- enableHighAccuracy：表示是否高精度可用，为 Boolean 类型，默认为 false。如果开启，响应时间会变慢，同时在手机设备上会用掉更多的流量。
- timeout：表示等待响应的最大时间，默认是 0 毫秒，表示无穷时间。
- maximumAge：表示应用程序的缓存时间。单位毫秒，默认是 0，意味着每次请求都是立即去获取一个全新的对象内容。

注 意　两个方法的差异

getCurrentPosition 方法属于一次性获取用户的地理位置信息，而 watchPosition 方法则不停地获取用户的地理位置信息，不停地更新用户的位置信息，这在我们开汽车的时候实时获知自己的位置就显得比较受用了。watchPosition 方法可以通过 watchPosition 方法停掉（停止不断更新用户地理位置信息），方法就是传递 watchPosition 方法返回的 watchID。当用户的位置被返回的时候，会藏在一个位置对象中，该对象包括一些属性，具体如表 15-1 所示。

表 15-1　属性说明

属性	释义
coords.latitude	纬度数值
coords.longitude	经度数值
coords.altitude	相对于椭圆球面的高度
coords.accuracy	精确度
coords.altitudeAccuracy	高度的精确度
coords.heading	设备正北顺时针前进的方位
coords.speed	设备外部环境的移动速度（m/s）
timestamp	当位置捕获时的时间戳

15.2 获取当前地理位置

本节教学录像：6 分钟

在移动 Web 网页中，使用方法 getCurrentPosition() 可以获取当前的地理位置。如果浏览器需要获取用户当前的地理位置信息，需要通过 API 访问 window.navigator 对象中新添加的 geolocation 属性，并调用该属性中的 getCurrentPositiont() 方法获取用户当前地理位置信息。使用 getCurrentPositiont() 方法的语法格式如下所示。

```
navigator.geolocation.getCurrentPosition(
successCallback,
errorCallback,
[Options]
)
```

各个参数的具体说明如下所示。

（1）参数 successCallback：是一个函数，用于成功获取用户当前地理位置信息时的回调操作。在该回调函数中有一个形参 position，该参数是一个对象，用于描述位置的详细数据信息。

（2）参数 errorCallback：是一个获取地理位置失败时回调的函数，在该函数中通过一个 error 对象作为形参，根据该对象的"code"属性获取定位失败的原因。该属性包括如下 4 个值：

- 0：表示未知错误信息。
- 1：表示用户拒绝了定位服务的请求。
- 2：表示没有获取正确的地理位置信息。
- 3：表示获取位置的操作超时。

在 error 对象中，除了属性"code"表示出错数字外，还可以通过属性"message"获取出错的详细文字信息。属性"message"是一个字符串，包含了与"code"属性值相对应的错误说明信息。

（3）参数 Options：这是一个可选择的对象，设置后可以为对象添加一些属性内容。

在接下来的内容中，将通过一个具体的演示实例的实现过程，来讲解在网页中获取当前地理位置的方法。

【范例 15-1】在网页中获取当前地理位置

源码路径：光盘\配套源码\15\15-1\1.html

在本实例中，当使用方法 getCurrentPosition 获取当前用户的浏览器地理位置信息时，在弹出的是否共享窗口中，如果用户选择了"拒绝"，则会将捕获的错误信息通过回调函数 errorCallback() 中的 error.code 与 errormessage 显示在页面中。实例文件 1.html 的具体实现代码如下所示。

```
<!DOCTYPE html>
<html>
<head>
<meta charset="utf-8" />
<title> 用 getCurrentPosition 获取出错信息 </title>
<link href="css.css" rel="stylesheet" type="text/css">
<script type="text/javascript" language="jscript"
        src="js1.js"/>
</script>
<script type="text/javascript" language="jscript"
        src="http://maps.google.com/maps/api/js?sensor=false"/>
</script>
</head>
<body onLoad="pageload();">
```

```
    <p id="pStatus"></p>
</body>
</html>
```

脚本文件 js1.js 的具体代码如下所示。

```
function $$(id) {
    return document.getElementById(id);
}
// 自定义页面加载时调用的函数
function pageload() {
    if (navigator.geolocation) {
        navigator.geolocation.getCurrentPosition(function(ObjPos) {
            Status_Handle(" 获取成功 !");
        },
        function(objError) {
            Status_Handle(objError.code + ":" + objError.message);
        },
        {
            maximumAge: 3 * 1000 * 60,
            timeout: 3000
        });
    }
}
// 自定义显示执行过程中状态的函数
function Status_Handle(message) {
    $$("pStatus").style.display = "block";
    $$("pStatus").innerHTML = message;
}
```

【范例分析】

在本实例的上述代码中，如果浏览器第一次调用 getCurrentPosition() 方法，出于安全的考虑，浏览器会询问用户是否共享位置数据信息。如果用户拒绝，则该方法将出现错误，将无法获取用户的地理位置数据，只有当用户允许共享地理位置时，方法 getCurrentPosition() 才能生效。

【运行结果】

执行效果如图 15-1 所示。

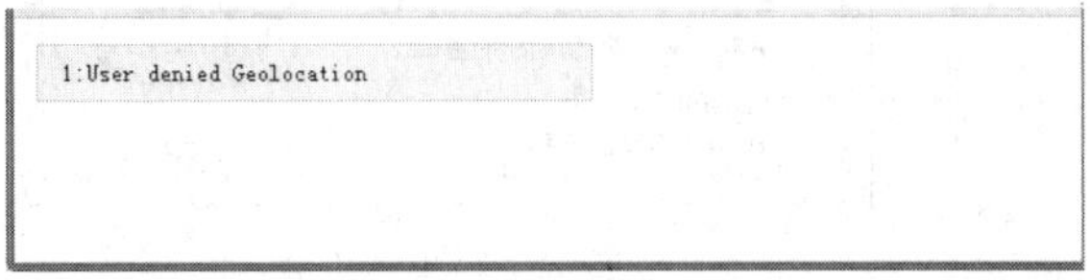

图 15-1 执行效果

注 意　目前，各浏览器厂商对该 Geolocation API 的支持情况不完全相同，因此在调用 getCurrentPosition() 方法之前需要先用方法 navigator.geolocation() 检测当前浏览器是否支持定位功能，然后才调用方法 getCurrentPosition() 获取用户的地理位置信息。当在使用方法 getCurrentPosition() 获取当前浏览器地理位置信息时用户允许了位置共享，并且浏览器也支持定位功能，那么该方法就可以正确地获取当前地理位置数据。

在使用 getCurrentPosition() 方法时，如果获取位置成功，则回调 successCallback() 函数，该函数通过一个对象参数 position 返回所有地理位置的详细数据信息，这些信息以对象的属性形式进行展示。position 对象包含两个重要的属性，分别为“timestamp”和“coords”，其中属性“timestamp”表示获取地理位置时的时间，而属性“coords”则包含多个值。

提 示　显然，地理位置属于用户的隐私信息之一，尤其在做一些隐晦的事情时候。因此浏览器不会直接把用户的地理位置信息呈现出来的，当需要获取用户地理位置信息的时候，浏览器会询问用户，是否愿意透露自己的地理位置信息，如图 15-2 所示。

图 15-2　设置地理位置

如果选择不共享，则浏览器不会做任何事情。如果不小心对某个站点共享了地理位置，可以随时将其取消，具体方法如下所示。

（1）对于 IE9 浏览器来说，依次选择“Internet 选项”→“隐私”→“位置（清除站点）”，如图 15-3 所示。

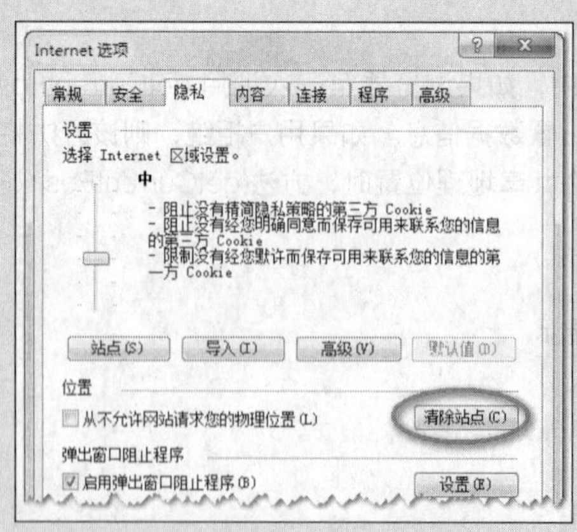

图 15-3　IE 浏览器

（2）对于 FireFox 浏览器来说，依次选择地址栏前面的“网站小图标”→“更多信息”→“权限”→“共享方位信息”→“阻止”，具体步骤如图 15-4 所示。

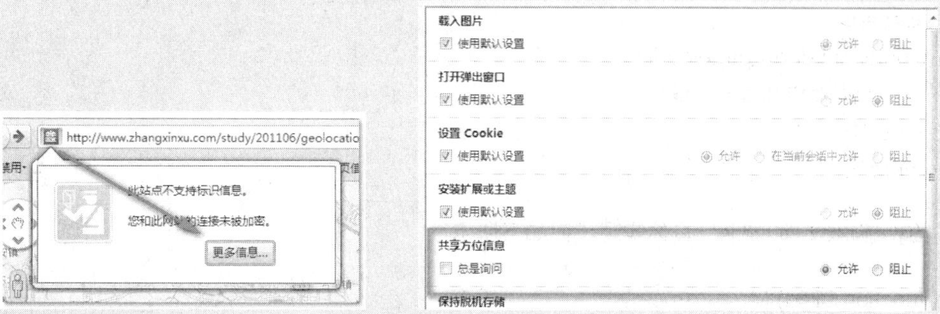

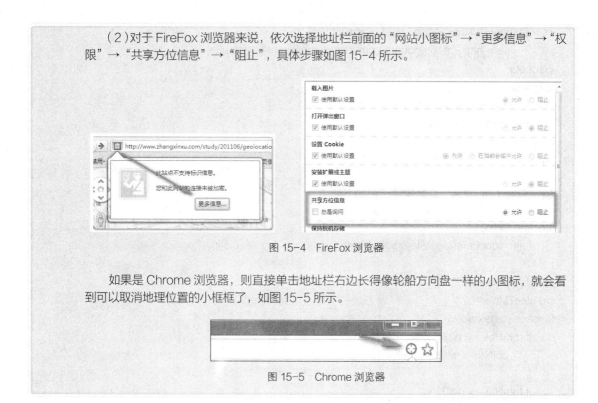

图 15-4　FireFox 浏览器

如果是 Chrome 浏览器，则直接单击地址栏右边长得像轮船方向盘一样的小图标，就会看到可以取消地理位置的小框框了，如图 15-5 所示。

图 15-5　Chrome 浏览器

15.3 使用 getCurrentPosition() 方法

本节教学录像：2 分钟

在移动 Web 网页中，使用 getCurrentPosition() 方法可以获取地理位置信息。在下面实例的 HTML 页面中，通过调用方法 getCurrentPosition() 获取了当前浏览器的地理位置，并将获取的位置信息展示在页面的 <p> 元素中。

【范例 15-2】使用 getCurrentPosition() 方法获取地理位置信息

源码路径：光盘 \ 配套源码 \15\15-2\2.html

实例文件 2.html 的具体实现代码如下所示。

```
<!DOCTYPE html>
<html>
<head>
<meta charset="utf-8" />
<title> 用 getCurrentPosition 获取地理位置 </title>
<link href="css.css" rel="stylesheet" type="text/css">
<script type="text/javascript" language="jscript"
        src="js2.js"/>
</script>
```

```
<script type="text/javascript" language="jscript"
        src="http://maps.google.com/maps/api/js?sensor=false"/>
</script>
</head>
<body onLoad="pageload();">
   <p id="pStatus"></p>
</body>
</html>
```

编写脚本文件 js2.js，具体实现代码如下所示。

```
function $$(id) {
    return document.getElementById(id);
}
var objNav = null;
var strHTML = "";
function pageload() {
    if (objNav == null) {
        objNav = window.navigator;
    }
    if (objNav != null) {
        var objGeoLoc = objNav.geolocation;
        if (objGeoLoc != null) {
            objGeoLoc.getCurrentPosition(function(objPos) {
                var objCrd = objPos.coords;
                strHTML += " 纬度值: <b>" + objCrd.latitude + "</b><br>";
                strHTML += " 精准度: <b>" + objCrd.accuracy + "</b><br>";
                strHTML += " 精度值: <b>" + objCrd.longitude + "</b><br>";
                strHTML += " 时间戳: <b>" + objPos.timestamp + "</b><br>";
                 var objAdd = objPos.address;
                 strHTML +="------------------------------<br>";
                 strHTML += " 国家: <b>" + objAdd.country + "</b><br>";
                strHTML += " 省份: <b>" + objAdd.region + "</b><br>";
                strHTML += " 城市: <b>" + objAdd.city + "</b><br>";
                Status_Handle(strHTML);
            },
            function(objError) {
                Status_Handle(objError.code + ":" + objError.message);
            },
            {
                maximumAge: 3 * 1000 * 60,
                timeout: 3000
            });
        }
```

```
    }
}
// 自定义显示执行过程中状态的函数
function Status_Handle(message) {
    $$("pStatus").style.display = "block";
    $$("pStatus").innerHTML = message;
}
```

【范例分析】

脚本文件 js2.js 的具体实现流程如下所示。

（1）设置当使用方法 getCurrentPosition() 成功获取地理位置数据后，即可用回调函数 successCallback() 解析对象参数 objPos。

（2）如果需要展示获取时间，则调用该对象的“timestamp”属性。

（3）如果需要展示地理位置数据，则通过对象的“coords”各个属性值来显示。

> **注意**
>
> 因为各浏览器对 Geolocation API 支持的情况不同，因此在两个不同浏览器中执行同一段代码会返回不同的结果，并且有一些属性不支持。例如在 Firefox 5.0 中支持显示地理位置所在的国家、省份、城市等信息，而 Chrome 10 浏览器则不支持。
>
> 此外，如果需要持续监测当前的地理位置，可以调用以下方法：
>
> ```
> var intWatchID=navigator.geolocation.watchCurrentPosition(successCallback, errorCallback, [Options])
> ```
>
> 其中的参数与 getCurrentPosition() 方法一样，但该方法还返回一个“intWatchID”值，用于停止持续监测的操作。如果需要停止持续监测，则调用下列方法：
>
> ```
> clearWatch (intWatchID)
> ```
>
> 此方法通过清除持续监测时返回的 intWatchID 值，实现停止持续监测的功能。

15.4 在网页中使用地图

本节教学录像：7 分钟

在移动 Web 网页中，可以通过使用 Google 地图中的 Google Map API 技术，将获取的位置信息标记在地图中，从而实现在 Google 地图中锁定位置的功能。在本节的内容中，将详细讲解在网页中使用地图的基本知识。

15.4.1 在网页中调用地图

在本实例的页面中，通过 <div> 元素显示一幅 Google 地图，并将 Google Map API 中的对象与 getCurrentPosition() 方法相结合，在地图中标注当前地理位置，当该位置发生变化时，地图中的标注信息也随之发生变化。

【范例 15-3】在移动 Web 网页中使用地图

源码路径：光盘\配套源码\15\15-3\3.html

实例文件 3.html 的具体实现代码如下所示。

```
<!DOCTYPE html>
<html>
<head>
<meta charset="utf-8" />
<title> 使用 Google 地图 </title>
<link href="css.css" rel="stylesheet" type="text/css">
<script type="text/javascript" language="jscript"
        src="js3.js"/>
</script>
<script type="text/javascript" language="jscript"
        src="http://maps.google.com/maps/api/js?sensor=false"/>
</script>
</head>
<body onLoad="pageload();">
  <div id="divMap"></div>
</body>
</html>
```

编写脚本文件 js3.js，具体实现代码如下所示。

```
function $$(id) {
    return document.getElementById(id);
}
var objNav = null;
var strHTML = "";
// 自定义页面加载时调用的函数
function pageload() {
    if (objNav == null) {
        objNav = window.navigator;
    }
    if (objNav != null) {
        var objGeoLoc = objNav.geolocation;
        if (objGeoLoc != null) {
            objGeoLoc.getCurrentPosition(function(objPos) {
                var objCrd = objPos.coords;
                var lat = objCrd.latitude;
                var lng = objCrd.longitude;
                // 根据获取的经度与纬度创建一个地图中心坐标
                var latlng = new google.maps.LatLng(lat, lng);
```

```
                    // 将中心点设置为页面打开时 google 地图的中心点
                    var objOpt = {
                        zoom: 16,
                        center: latlng,
                        mapTypeId: google.maps.MapTypeId.ROADMAP
                    };
                    // 创建地图，并与页面中 ID 号为 "divMap" 的元素相绑定
                    var objMap = new google.maps.Map($$("divMap"), objOpt);
                    // 创建一个地图标记
                    var objMrk = new google.maps.Marker({
                        position: latlng,
                        map: objMap
                    });
                    // 创建一个地图标记窗口并设置注释内容
                    var objInf = new google.maps.InfoWindow({
                        content: " 我在这里 "
                    });
                    // 在地图中打开标记窗口
                    objInf.open(objMap, objMrk);
                },
                function(objError) {
                    Status_Handle(objError.code + ":" + objError.message);
                },
                {
                    maximumAge: 3 * 1000 * 60,
                    timeout: 3000
                });
            }
        }
    }
```

【运行结果】

执行效果如图 15-6 所示。

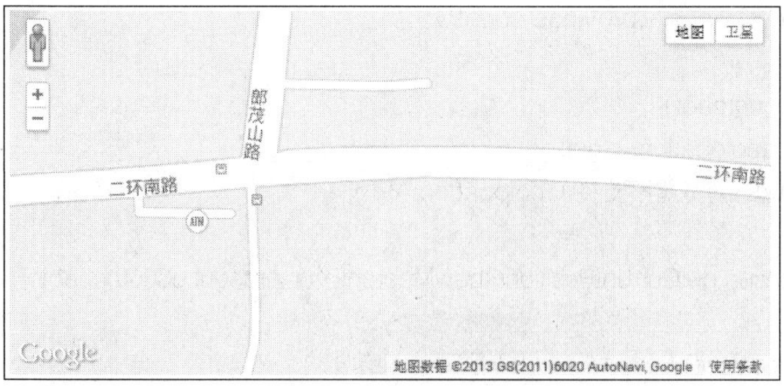

图 15-6　执行效果

【范例分析】

脚本文件 js3.js 的具体实现流程如下所示。

（1）为了能够使用 Google 地图及 Google Map API，需要使用 <script> 元素导入对应的脚本文件，文件的 URL 为“http://maps.google.com/map s/api/js?sensor=false”。

（2）编写 getCurrentPosition() 方法获取经度与纬度，创建一个地图中心坐标 latlng，并将该中心点设置为页面打开时 Google 地图的中心点。

（3）将设置好的地图与页面中 ID 号为“divMap”的元素绑定，将地图显示在页面中。

（4）在地图中创建一个锁定标记 objMrk，并在创建的标记窗口 objInf 中设定标记在地图中显示的中文注释，通过调用地图的 open() 方法，在地图中打开带有中文注释的标记窗口。

15.4.2 在地图中显示当前位置

在移动 Web 网页中，可以先在页面中制作一幅地图，然后在页面中显示用户计算机或移动设备所在地的地图。在浏览器中打开案例页面时，浏览器会询问用户是否共享用户计算机或移动设备的地理位置信息。在不支持 Geolocation API 的浏览器中，打开浏览器时会显示错误提示信息。在支持 Geolocation API 的浏览器中，当浏览器询问用户是否共享用户计算机或移动设备的地理位置信息时，选择共享地理位置信息，浏览器中将会显示用户计算机或移动所在地的地图。

【范例 15-4】在网页地图中显示当前位置

源码路径：光盘\配套源码\15\15-4\4.html

在本实例的实现文件是 4.html，具体实现流程如下所示。

（1）编写 HTML5 网页，设置当用户单击“监视位置更改”按钮后，浏览器将会对用户计算机或移动设备所在地进行监视，会每隔一段时间检查用户计算机或移动设备的地理位置是否发生改变。

（2）如果当前计算机或移动设备的地理位置发生改变，则更新页面中的地图。

（3）如果用户单击“停止监视”按钮，则会取消该监视功能。

实例文件 4.html 的具体实现代码如下所示。

```
<!DOCTYPE html>
<head>
<meta name="viewport" content="width=620" />
<title>Geolocation API 示例 </title>
<script type="text/javascript">
var streetNumber,street,city,province,country;
var watchId;
function window_onload() {
    if(navigator.geolocation==null)
        alert(" 您的浏览器不支持 Geolocation API");
    else
navigator.geolocation.getCurrentPosition(showMap,onError,{timeout:60000,enableHighAccuracy:true});
}
function watchPosition() {
    watchId=navigator.geolocation.watchPosition(showMap);
```

```
}
function clearWatch()
{
    navigator.geolocation.clearWatch(watchId);
}
function showMap(position)
{
    var coords = position.coords;
    var latlng = new google.maps.LatLng(coords.latitude, coords.longitude);
    var myOptions = {
        zoom: 18,
        center: latlng,
        mapTypeId: google.maps.MapTypeId.ROADMAP
    };
    var map1= new google.maps.Map(document.getElementById("map"), myOptions);
    var marker = new google.maps.Marker({
        position: latlng,
        map: map1
    });
    var infowindow = new google.maps.InfoWindow({
        content: " 当前位置 !"
    });
    infowindow.open(map1, marker);
}
function onError(error)
{
    var message = "";
    switch (error.code) {
      case error.PERMISSION_DENIED:
          message = " 位置服务被拒绝 ";
          break;
      case error.POSITION_UNAVAILABLE:
          message = " 未能获取到位置信息 ";
          break;
      case error.PERMISSION_DENIED_TIMEOUT:
          message = " 在规定时间内未能获取到位置信息 ";
          break;
    }
    if (message == "")
    {
        var strErrorCode = error.code.toString();
        message = " 由于不明原因，未能获取到位置信息（错误号: "+strErrorCode+").";
    }
```

```
        alert(message);
        document.getElementById("watchPosition").disabled="disabled";
        document.getElementById("clearWatch").disabled="disabled";
    }
    </script>
    <script type="text/javascript" src=http://maps.google.com/maps/api/js?sensor=false></script>
    </head>
    <body onload="window_onload()">
        <input type="button" id="watchPosition" value=" 监视位置更改 " onclick="watchPosition()"/><inp
ut type="button" id="clearWatch" value=" 停止监视 " onclick="clearWatch"/>
        <div id="map" style="width:500px; height:460px"></div>
    </body>
    </html>
```

【运行结果】

执行效果如图 15-7 所示。

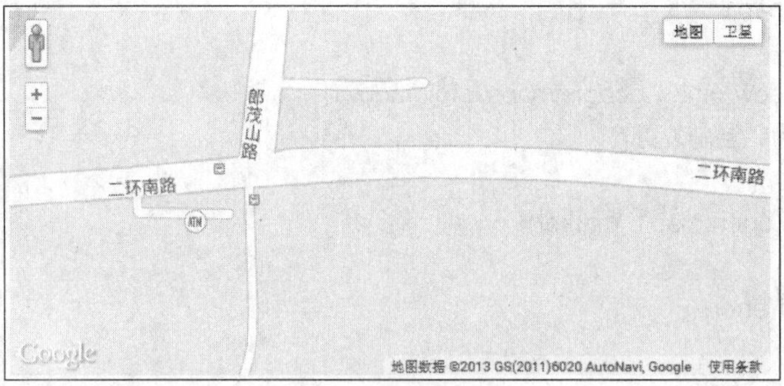

图 15-7 执行效果

15.4.3 在网页中居中显示定位地图

本实例比较简单，只是以前面的实例为基础进行了简单的修改，将地图在网页的中间位置显示。

【范例 15-5】在网页中居中显示定位地图

源码路径：光盘\配套源码\15\15-5\5.html

实例文件 5.html 的具体实现代码如下所示。

```
<!DOCTYPE html>
<meta charset="utf-8" />
<head>


    <meta name="viewport" content="user-scalable=no, width=device-width, initial-scale=1.0,
maximum-scale=1.0"/>
```

```
    <meta name="apple-mobile-web-app-capable" content="yes" />
    <meta name="apple-mobile-web-app-status-bar-style" content="black" />


    <title>GeoGoogleMapTest</title>
<script src="http://maps.google.com/maps/api/js?sensor=true"></script>
<script>

    if(navigator.geolocation) {

        function hasPosition(position) {
            var point = new google.maps.LatLng(position.coords.latitude, position.coords.longitude),

            myOptions = {
                zoom: 15,
                center: point,
                mapTypeId: google.maps.MapTypeId.ROADMAP
            },

            mapDiv = document.getElementById("mapDiv"),
            map = new google.maps.Map(mapDiv, myOptions),

            marker = new google.maps.Marker({
                position: point,
                map: map,
                title: "You are here"
            });
        }
        function positionError(error)
        {
            // 做错误处理
        }
        //navigator.geolocation.getCurrentPosition(hasPosition);
        navigator.geolocation.getCurrentPosition(hasPosition, positionError, { enableHighAccuracy:true });
    }
</script>
<style>
#mapDiv {
    width:320px;
    height:460px;
    border:1px solid #efefef;
    margin:auto;
    -moz-box-shadow:5px 5px 10px #000;
```

```
        -webkit-box-shadow:5px 5px 10px #000;
    }
    </style>
    </head>
    <body>
    <div id="mapDiv"></div>

    </body>
    </html>
```

【运行结果】

执行效果如图 15-8 所示。

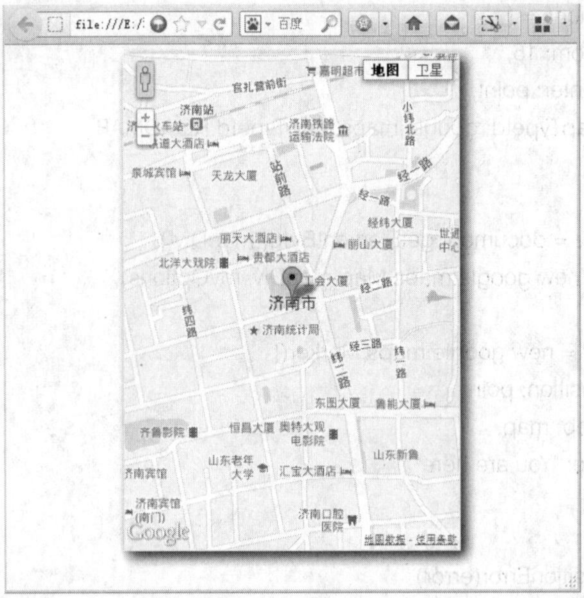

图 15-8　执行效果

15.4.4 利用百度地图实现定位

本实例比较简单，用的不是谷歌地图，而是百度地图。在移动 Web 网页中使用百度地图实现当前的位置定位。

【范例 15-6】在移动 Web 网页中利用百度地图实现定位

源码路径：光盘 \ 配套源码 \15\15- 6\6.html

实例文件 6.html 的具体实现代码如下所示。

```
<!DOCTYPE HTML>
<html>
```

```
<head>
<meta charset='utf-8'>
<title> 百度地图 </title>
<script type='text/javascript' src='http://api.map.baidu.com/api?v=1.3'></script>
<script type='text/javascript'>

function getLocation()
{
  if(navigator.geolocation){
       navigator.geolocation.getCurrentPosition(showMap, handleError, {enableHighAccuracy:true, 
maximumAge:1000});
  }else{
       alert(' 您的浏览器不支持使用 HTML5 来获取地理位置服务 ');
  }
}

function showMap(value)
{
  var longitude = value.coords.longitude;
  var latitude = value.coords.latitude;
  var map = new BMap.Map('map');
  var point = new BMap.Point(longitude, latitude);           // 创建点坐标
  map.centerAndZoom(point, 15);
  var marker = new BMap.Marker(new BMap.Point(longitude, latitude));   // 创建标注
  map.addOverlay(marker);                                    // 将标注添加到地图中
}

function handleError(value)
{
  switch(value.code){
       case 1:
              alert(' 位置服务被拒绝 ');
              break;
       case 2:
              alert(' 暂时获取不到位置信息 ');
              break;
       case 3:
              alert(' 获取信息超时 ');
              break;
       case 4:
              alert(' 未知错误 ');
     break;
  }
}
```

```
function init()
{
    getLocation();
}

window.onload = init;

</script>
</head>

<body>
<div id='map' style='width:600px;height:600px;'></div>
</body>
</html>
```

【运行结果】

执行效果如图 15-9 所示。

图 15-9　执行效果

15.5 综合应用——在弹出的对话框中显示定位信息

本节教学录像：2 分钟

本实例以本章的前面几个实例为基础，功能是在弹出的对话框中显示定位信息。

【范例 15-7】在网页弹出的对话框中显示定位信息

源码路径：光盘 \ 配套源码 \15\15-7\7.html

实例文件 7.html 的具体实现代码如下所示。

```
<!DOCTYPE html>

<head>
<meta http-equiv="Content-Type" content="text/html; charset=utf-8" />
<title> 无标题文档 </title>
<script type="text/javascript" language="jscript" >
            function initLocation() {
                // 预定义
                if (window.google && google.gears) {
                    return;
                }

                var factory = null;

                // Firefox 浏览器
                if (typeof GearsFactory != 'undefined') {
                    factory = new GearsFactory();
                } else {
                    // IE 浏览器
                    try {
                      factory = new ActiveXObject('Gears.Factory');
                      // privateSetGlobalObject 目前只支持 IE 和 WinCE 浏览器
                      if (factory.getBuildInfo().indexOf('ie_mobile') != -1) {
                        factory.privateSetGlobalObject(this);
                      }
                    } catch (e) {
                      // Safari 浏览器
                        if ((typeof navigator.mimeTypes != 'undefined') && navigator.
mimeTypes["application/x-googlegears"]) {
                        factory = document.createElement("object");
                        factory.style.display = "none";
                        factory.width = 0;
                        factory.height = 0;
                        factory.type = "application/x-googlegears";
                        document.documentElement.appendChild(factory);
                        if(factory && (typeof factory.create == 'undefined')) {
                          // 如果 NP_Initialize() 返回错误信息，仍会创建 factory 对象
                          // 确保这种情况下不会出现齿轮效果
                          // 初始化
```

```
                        factory = null;
                    }
                }
            }
        }

        // 如果没有安装齿轮 , 不要定义任何对象
        if (!factory) {
            return;
        }

        // 现已建立对象，小心不要覆盖任何东西
        // 注意：在 IE 窗口中移动时，你不能添加属性窗口对象
        // 然而，全局对象会在所有浏览器中自动添加属性窗口对象
        if (!window.google) {
            google = {};
        }

        if (!google.gears) {
            google.gears = {factory: factory};
        }
    };

    function getGeoLocation(okCallback,errorCallback){
        initLocation();
        try{
            if(navigator.geolocation) {
                geo = navigator.geolocation;
            } else {
                geo = google.gears.factory.create('beta.geolocation');
            }
        }catch(e){}

        if (geo) {
            //watch 会触发多次，以便随时监控 ip 的改变，iPhone 在开始会调用两次，屏
幕旋转和解锁也会调用
            //navigator.geolocation.watchPosition(successCallback, errorCallback, options);
            geo.getCurrentPosition(okCallback , errorCallback);
        } else {
            alert(" 不好意思，你不让我定位！ ");
        }
```

```
            }

            function okCallback(d){
                alert(' 当前位置 ( 纬度，经度 ): ' + d.latitude + ',' + d.longitude);
                //iphone
                if(d.coords)
                    alert(' 当前位置 ( 纬度，经度 ): ' + d.coords.latitude + ',' + d.coords.longitude);
                if(d.gearsAddress)
                    alert(d.gearsAddress.city);

            };
            function errorCallback(err){
              alert(err.message);
            };
</script>
</head>

<body>
        // 获取当前的定位信息
        <input onclick="getGeoLocation(okCallback,errorCallback)" type="button" value=" 获取 ">
</body>
</html>
```

【运行结果】

执行后的效果如图 15-10 所示，单击“获取”按钮后会在弹出的对话框中显示当前的定位信息，如图 15-11 所示。

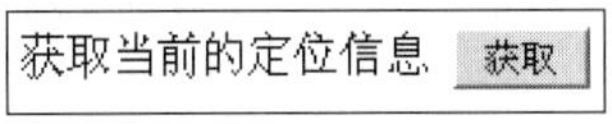

图 15-10　执行效果

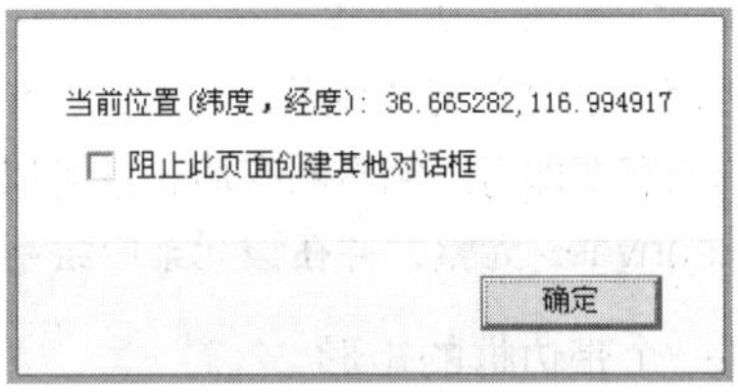

图 15-11　显示当前的定位信息

15.6 高手点拨

1. 深入理解 GPS 定位的基本原理

GPS 基本原理是测量出已知位置的卫星到用户接收机之间的距离，然后综合多颗卫星的数据就可知道接收机的具体位置。要达到这一目的，卫星的位置可以根据星载时钟所记录的时间在卫星星历中查出。而用户到卫星的距离则通过记录卫星信号传播到用户所经历的时间，再将其乘以光速得到。可见GPS 导航系统卫星部分的作用就是不断地发射导航电文。然而，由于用户接受机使用的时钟与卫星星载时钟不可能总是同步，所以除了用户的三维坐标 x、y、z 外，还要引进一个 Δt 即卫星与接收机之间的时间差作为未知数，然后用 4 个方程将这 4 个未知数解出来。所以如果想知道接收机所处的位置，至少要能接收到 4 个卫星的信号。

由上可知，GPS 并不是原先所想的，GPS 设备向卫星发请求、卫星把位置返回的模式。由 GPS 的原理可以得知它定位的优缺点。

- 优点：在空旷地区比较准确，覆盖面比较广。
- 缺点：需要比较长的时间定位，比较耗电池，在室内工作不太好，需要 GPS 设备支持。

2. 深入理解 Wi-Fi 定位的基本原理

Google 和 Skyhook 等一些 Geolocation service provider 会在全世界范围内去收集 Wi-Fi 热点的位置信息，然后用户的设备只要能支持 Wi-Fi 就能获取到周围 Wi-Fi 热点的位置和信号强弱信息，然后把这些信息发给 Google 或 Skyhook，就能得到自己的位置。这其中最为关键的是 Wi-Fi 热点的位置信息收集。一般有两种方式：一种是 provider（如 Google）自己开车到世界各地去收集；另一种就是通过用户参与的方式，由用户的设备或人工录入来提供位置信息。

各浏览器就是基于 Wi-Fi 来定位的，但所使用的 provider 却是不同的。

- Firefox & Grome：Google。
- Safari：Skyhook。

由 Wi-Fi 定位的原理可以得知它的优缺点。

- 优点：比较准确，适用于室内环境，相应速度快。
- 缺点：在 Wi-Fi 热点少的地方不适用。

15.7 实战练习

1. 绘制一个指定大小的正方形

与创建页面中的其他元素相同，创建 <canvas> 元素的方法也十分简单，只需要加一个标记 ID 号并设置元素的长和宽即可。创建画布后，就可以利用画布的上下文环境对象绘制图形了。请尝试在页面中新建一个 <canvas> 元素，并在该元素中绘制一个指定长度的正方形。

2. 绘制一个带边框的矩形

请尝试在页面中新建一个 <canvas> 元素，并在该元素中绘制一个有背景色和边框的矩形，单击该矩形时会清空矩形中指定区域的图形色彩。

第 4 篇

典型应用

第16章 使用 jQTouch 框架

本章教学录像：12 分钟

jQTouch 是一个 jQuery 插件，主要用于手机的 Webkit 浏览器，是实现动画、列表导航、默认应用样式等各种常见 UI 效果的 JavaScript 库。本章详细讲解在移动 Web 网页中使用 jQTouch 的方法，为读者步入本书后面知识的学习打下基础。

本章要点（已掌握的在方框中打钩）

- □ jQTouch 基础
- □ 开始使用 jQTouch
- □ 综合应用——使用 jQTouch 框架开发动画网页

16.1 jQTouch 基础

本节教学录像：4 分钟

随着 iPhone、iTouch、iPad 的流行，越来越多的开发者想开发相关的应用程序。但是要掌握 Objective-C 和 Swift 都不容易，且与 Web 网络比起来，移动开发会更加复杂。但是，这一切将发生变化，因为 jQuery 的工具 jQTouch 出现了。在本节的内容中，将详细讲解 jQTouch 的基本知识。

16.1.1 jQTouch 的特点

jQTouch 是一个开放源码的 jQuery 的 Ajax 库，你可以很容易地建立和优化 iPhone 的相关应用，它还适用于建立其他有触摸功能的设备的应用，如 Google 的 Android 应用。jQTouch 之所以受欢迎，是因为它构建于 jQuery 之上。从技术上来说，它是一个 jQuery 插件，添加特定移动功能和样式到应用程序。具体来说，它添加样式和可视效果，旨在利用 iPhone 的功能优势。尽管它的很多特性在其他移动设备上也能很好地工作，但 jQTouch 设计时无疑参考了 iPhone。我们来看一个构建于 jQTouch 之上的一个简单的移动 Web 应用程序。

jQTouch 与 jQuery Mobile 十分相似，本身是 jQuery 的一个插件，同样也支持 HTML 页面标签驱动，实现移动设备的视图切换效果。但与 jQuery Mobile 的不同在于，它是专为 WebKit 内核的浏览器打造的，可以借助该浏览器的专有功能对页面进行渲染；此外，开发时所需的代码量更少。如果所开发的项目中，目标用户群都使用 WebKit 内核的浏览器，可以考虑此框架。

jQTouch 是来自于 Sencha labs 的一个 jQuery 插件，可以在 iPhone、iPod Touch 等设备的 Mobile WebKit 浏览器上实现一些动画、列表导航、默认应用样式等各种常见 UI 效果。随着 iPhone、iPod Touch 等设备的使用日益增多，jQTouch 无疑为手机网站的开发减少了很多工作量，而且在样式和兼容性方面也得到了很大的提高。

虽然 jQTouch 有很好的文档管理，并且容易使用，但是在实际开发过程中，即使是执行一些简单的应用程序也会有问题。读者在观看 jQTouch 的演示时，可能会发现用普通的浏览器无法正常浏览其中的不少功能，这是因为演示使用 jQTouch 其实是为 iPhone 等设备进行过优化和改造的，其中不少触摸事件和动画效果在普通的 IE 浏览器中无法实现（甚至在 FireFox 4 中），但是可以在 Mac 上或者 Safari 浏览器上看到其效果。

读者可以登录 jQTouch 的官网 http://www.jqtouch.com/，免费下载 jQTouch 框架。

16.1.2 体验 jQTouch 程序

使用 jQTouch 使构建基于 iPhone 的应用变得容易，而且只需要一点 HTML、CSS 和一些 JavaScript 知识。下面我们先从一个基本的网页开始做个例子，下面的代码只是用到了 DIV 和 UL /the LI 元素。

```
<div id="about" class="selectable">
    <ul>
    <p><strong>William Shakespeare</strong><br /></p>
    <p><em>William Shakespeare (baptised 26 April 1564; died 23 April 1616) was an English poet and playwright, widely regarded as the greatest writer in the English language and the world’s pre-eminent dramatist. He is often called England’s national poet and the "Bard of Avon". <br /></em></p>
```

```
        </ul>
        <br /><a href="#">Close</a>
    </div>

    <div id="quotes">
      <div class="toolbar">
        <h1>Quotes</h1>
        <a href="#">Home</a>
      </div>
    <ul >
        <li><a href="#quote">Slide</a></li>
        <li><a href="#quote">Slide Up</a></li>
        <li><a href="#quote">Dissolve</a></li>
        <li><a href="#quote">Fade</a></li>
        <li><a href="#quote">Flip</a></li>
        <li><a href="#quote">Pop</a></li>
        <li><a href="#quote">Swap</a></li>
        <li><a href="#quote">Cube</a></li>
    </ul>
    </div>
    <div id="quote">
    <div class="toolbar">
        <h1>Quote</h1>
        <a href="#">Home</a>
    </div>
    <div class="info">
        Better a witty fool than a foolish wit.
    </div>
    </div>

    <div id="forms">
    <div >
        <h1>Contact Us</h1>
        <a href="#" >Back</a>
    </div>
    <form>
      <ul>
      <li><input type="text" name="search" placeholder="Name" id="some_name" /></li>
      <li><input type="text" name="phone" placeholder="Phone" id="some_name"   /></li>
      <li><textarea placeholder="Comments" ></textarea></li>
      <li>Do you want us to contact you?<span class="toggle"><input type="checkbox" /></span></li>
      <li>What is your favorite play</li>
```

```
<select id="lol">
  <optgroup label="Comedies">
  <option value ="Much Ado About Nothing">Much Ado About Nothing</option>
  <option value ="As You Like It">As You Like It</option>
    </optgroup>
    <optgroup label="Tragedies">
  <option value ="Hamlet">Hamlet</option>
  <option value ="Othello">Othello</option>
    </optgroup>
</select>
  </li>
  </ul>
</form>
</div>

<div id="home">
<div>
    <h1>Shakespeare</h1>
    <a id="infoButton" href="#about">Quote Shakespeare</a>
</div>
<ul >
    <li><a href="#about">About Shakespeare</a></li>
    <li><a href="#quotes">Quotes</a></li>
    <li><a href="#forms">Contact Us</a></li>
</ul>
<h2>External Links</h2>
<ul >
    <li><a href="http://www.insideria.com/" target="_blank">InsideRIA.com</a></li>
</ul>
<ul>
    <li><a href="mailto:mdavid@matthewdavid.ws" target="_blank">Email Me</a></li>
    <li><a href="tel:920-389-1212" target="_blank">Call Me</a></li>
</ul>

<div>
    <p>Add this page to your home screen to view the custom icon, startup screen, and full screen
mode.</p>
</div>
</div>
```

此时执行上述代码后的效果如图 16–1 所示。

在上面的代码中，唯一用到的 HTML5 的元素是“optgroup”元素。接下来把这个 HTML 应用转变为 iPhone 应用。iPhone 内置的浏览器 Safari 是目前市场上最先进的浏览器之一，在 CSS、动画方面一直有相当优秀的功能，而这些功能后来才被引入到桌面的浏览器中。

接下来展示的代码，需要在 Safari Mac 或直接在 iOS 设备（iPhone、iPod 的或 iPad）中运行。首先到网站 http://www.jqtouch.com/ 下载 jQTouch，而 jQTouch 的源代码可以在网站 http://code.google.com/p/jqtouch/ 下载。同时在该网站上，也有很多丰富的教学视频供读者学习。

将下载后的 jQTouch 解压，其中要特别留意的是 JavaScript 文件夹和 CSS/images 文件夹。jQTouch 其实是 jQuery 的插件，可以很灵活地配置，还可以更新这些文件，在此我们使用的是默认设置。

现在，我们开始将之前写好的 HTML 代码移植到移动设备上。在页面的 head 元素中添加两个 JavaScript 库，具体代码如下：

```
<script src="jqtouch/jquery.1.3.2.min.js" type="text/javascript" charset="utf-8"></script>
<script src="jqtouch/jqtouch.min.js" type="application/x-javascript" charset="utf-8"></script>
```

同时要引入两个 CSS 文件，在每一个项目中都必须引入：

```
<style type="text/css" media="screen">@import "jqtouch/jqtouch.min.css";</style>
```

而引入第二个 CSS 文件的代码如下：

```
<style type="text/css" media="screen">@import "themes/jqt/theme.min.css";</style>
```

这个 CSS 是主题文件，默认的主题让应用看起来像一个 iPhone 应用程序。当然也可以在 jQTouch 上下载其他主题，让应用程序看起来像一个 Android 风格的应用。事实上，甚至可以开发自己的 CSS 主题，并将其提交给 jQTouch 项目。

保存修改后的页面，再运行程序，你将看到图 16-2 所示的效果。

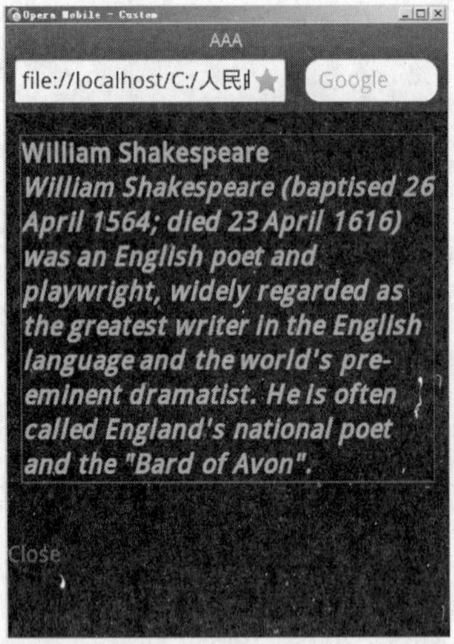

图 16-1　执行效果

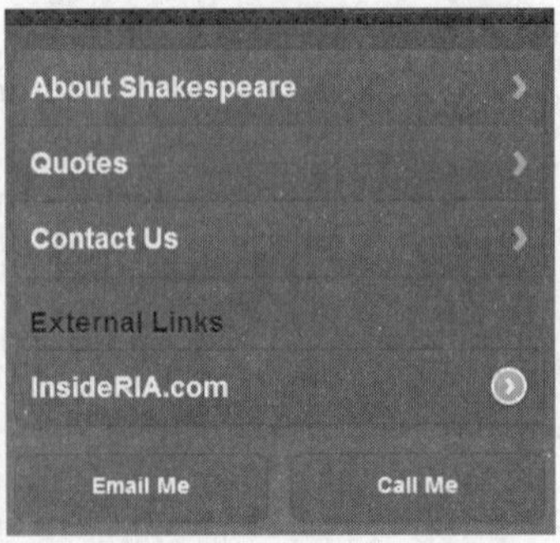

图 16-2　执行效果

为了让页面具有动画效果，接下来编写一个 JavaScript 函数，并添加到网页的 head 部分中。

```
<script type="text/javascript" charset="utf-8">
        var jQT = new $.jQTouch({
        });
            // Page animation callback events
            $('#pageevents').
                bind('pageAnimationStart', function(e, info){
                    $(this).find('.info').append('Started animating ' + info.direction + '&hellip; ');
                }).
                bind('pageAnimationEnd', function(e, info){
                    $(this).find('.info').append(' finished animating ' + info.direction + '.<br /><br />');
                });
</script>
```

以上使用动画的功能在普通网页上便可以正确地触发。在此需要注意的是，在上文中，使用 <div id="home"> 标签，表明当页面第一次加载时，默认显示首屏，记得要加上一个 class 为“current”的样式。接下来查看在 home 这个 div 内包含了另外一个 div，并且使用了样式 toolbar，具体代码如下：

```
<div id="home" class="current">
  <div class="toolbar">
  <h1>Shakespeare</h1>
  <a class="button slideup" id="infoButton" href="#about">
Quote Shakespeare
</a>
</div>
```

在此可以看到，只需要一个简单的样式，就可以在屏幕最上方生成一个 iPhone 风格的工具栏。

接下来看剩余部分的代码，其实都只是使用了 HTML 中的锚点进行跳转连接的。例如，要添加一个 iPhone 风格的右箭头，只需要添加一个样式 arrow 就可以了，具体代码如下：

```
<li class="arrow">
<a href="#about">About Shakespeare</a>
</li>
```

在此需要注意的是，如果要连接到外部网页，则需要添加目标指令“_WebApp”，具体代码如下所示：

```
<li class="forward">
<a href="http://www.insideria.com/" target="_WebApp">InsideRIA.com</a>
</li>
```

对于 iPhone 来说，也可以添加一个链接到电话号码。

```
<li><a href="tel:920-389-1212" target="_blank">Call Me</a></li>
```

接下来开始添加动画，动画功能在移动 Web 中实在太重要了，可以添加溶解、转换和页面翻转等很炫的动画效果。

在下面的代码中使用了锚点去指向同一个链接，其中每一个锚点都使用了不同风格的动画效果。

```
<li><a href="#quote">Slide</a></li>
<li><a class="slideup" href="#quote">Slide Up</a></li>
<li><a class="dissolve" href="#quote">Dissolve</a></li>
<li><a class="fade" href="#quote">Fade</a></li>
<li><a class="flip" href="#quote">Flip</a></li>
<li><a class="pop" href="#quote">Pop</a></li>
<li><a class="swap" href="#quote">Swap</a></li>
<li><a class="cube" href="#quote">Cube</a></li>
```

当然也可以添加更多的效果进来，例如可以在按钮中实践一下这些动画效果，具体代码如下：

```
class="button slideup"
```

16.2 开始使用 jQTouch

本节教学录像：3 分钟

和其他框架（比如 SproutCore 和 Cappuccino）相比，jQTouch 框架采取了一个截然不同的方法来进行 Web 应用程序开发。jQTouch 框架和这些框架也有很多共同之处；它同样允许您从您的服务器上检索数据以及在客户端创建整个用户接口。但是，不像这些框架，它不要求您使用此方法。事实上，它不仅仅建立在 JavaScript 上，也建立在 HTML 和 CSS 上。在本节的内容中，将详细讲解使用 jQTouch 的基本方法。

16.2.1 引入一段 jQTouch 代码

在下面引入的这段代码中，针对内部 Web 应用程序实现了一个员工通讯录。jQTouch 为我们提供了更友好的用户界面元素，因为它有一个更好的 UI，将以表格形式和清单形式显示数据。从一个主界面开始，具体代码如下所示，该界面允许用户选择表格格式或清单格式的数据。

```
<!doctype html>
<html>
<head>
    <meta http-equiv="Content-Type" content="text/html; charset=utf-8">
    <title>Intranet Employee Directory</title>
    <style type="text/css" media="screen">
        @import "jqtouch/jqtouch.min.css";
    </style>
    <style type="text/css" media="screen">
        @import "themes/jqt/theme.min.css";
    </style>
```

```
        <script src="jqtouch/jquery.1.3.2.min.js" type="text/javascript"
            charset="utf-8"></script>
        <script src="jqtouch/jqtouch.min.js" type="text/javascript"
            charset="utf-8"></script>
        <script type="text/javascript">
            var jQT = $.jQTouch({
              icon : 'icon.png'
          });
        </script>
    </head>
    <body>
        <div class="home">
            <div class="toolbar">
                <h1>Employees</h1>
            </div>
            <ul class="edgetoedge">
                <li class="arrow"><a href="#list-style">List</a>
    </li>
                <li class="arrow"><a href="#table-style">Table</a>
    </li>
            </ul>
        </div>
    </body>
    </html>
```

上述代码中包含了一个 jQTouch 应用程序的基本要点：两个 CSS 文件和两个 JavaScript 文件。要使用 jQTouch，这两个 JavaScript 文件都需要，在文件中包含了常用的 jQuery 库和 jQTouch 插件库。您也需要第一个 CSS 文件（jqtouch.min.css），另一个 CSS 文件是一个可选主题。jQTouch 包括两个主题，一个用来匹配 iPhone（Cocoa Touch）UI，另一个（jqt）较为中性。在清单 1 中，jqt 主题 CSS 文件也包括在其中。最后，您需要初始化 jQTouch 对象。许多选项可以被传送到这个构造函数。在这里，您只要指定一个应用程序图标，如果用户“安装”该应用程序，将会使用这个图标，如图 16-3 所示。

返回到上面的代码，剩余的都是基础 HTML。其中有一个含有 home 类的 div，这个类没什么特别之处。然而，如果您熟悉 jQuery，那么您将会认出这是 jQuery 中的一个页面。应用程序中的每个页面（屏幕）在单个 HTML 页面上是一个 div。所以在这种情况下，页面在顶层有一个 div，含有 toolbar 类。 这个特别的类是在核心 jQTouch CSS 文件中定义的几个样式中的一个。接着，您有一个含有 edgetoedge 类的无序列表——另一个 jQTouch 样式。这个列表中的每个条目都是链接到 HTML 页面其他部分的链接。此外，它也是另一个常用 jQuery 范式，用于链接一个 Web 应用程序中的不同页面。图 16-4 展示了上述代码创建的应用程序在 iPhone 中的样子。

图 16-4 显示了一个相对简单的用户界面，在上述实现代码中用到的是一些 HTML 元素。代码中的元素也是可单击的，而且它们将导向应用程序的其他页面。然而，这些页面需要一些加载 Ajax 的数据以正常工作。正如我们所看到的那样，Ajax 是 jQuery 与众不同的另一个方面。

图 16-3　执行效果

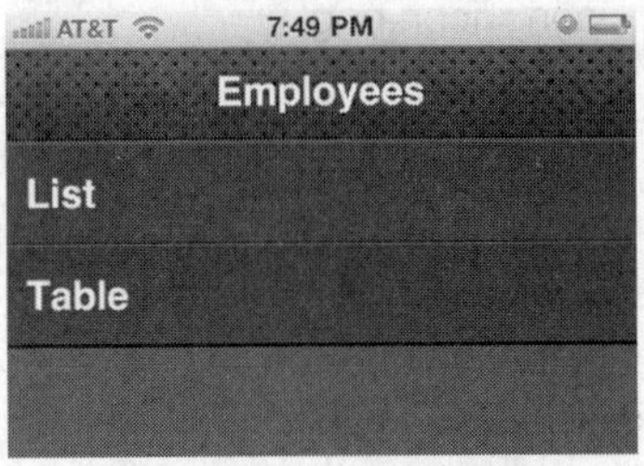

图 16-4　主屏幕效果

16.2.2 使用 jQuery 生成动态数据

迄今为止，已经利用了 jQTouch 为移动设备优化的样式来生成简单的 HTML，并将其变成一个引人注目的移动用户界面。现在生成一个动态清单和一个动态表格。首先检索这些界面的数据，具体代码如下所示。

```
$(document).ready(function(){
    $.getJSON('employees.json', function(data){
        data.forEach(addEmployee);
    });
...
});
function addEmployee(e){
    addEmployeeToList(e);
    addEmployeeToTable(e);
}
```

在上述代码中，只用到了基本的 jQuery 功能。初始页面加载完成后立即使用 Ajax 从服务器加载数据。这是 Web 开发中的一个常用范式，jQuery 使用 $ (document) .ready 函数就可以轻松地生成。该函数接受一个函数作为它的输入参数。在这个案例中使用了一个匿名内联函数，也称为一个闭包。这个闭包在初始页面加载完成后立即执行。jQuery 提供了很多方便的函数来处理 Ajax 请求和响应。在这种情况下，数据将被格式化为 JSON，因此，使用 jQuery 的 getJSON 函数，采用一个字符串来表示请求的 URL 端点。这个函数在后台使用一个 XMLHttpRequest 对象生成一个 HTTP GET 来请求这个 URL。

16.2.3 使用 jQTouch 创建动态 UI

回到 16.2.1 中的代码，将注意到主屏幕已经连接到其他两个页面了，一个是数据的列表视图，另一个是数据的表格视图，这是利用 jQuery 在页面上使用 div 的约定来代表应用程序的各个页面。这些列表和表格的 HTML 代码如下所示。

```
<div id="list-style">
    <div class="toolbar">
        <h1>List</h1>
        <a class="button back" href="#">Back</a>
    </div>
    <ul class="edgetoedge" id="eList"></ul>
</div>
<div id="table-style">
    <div class="toolbar">
        <h1>Table</h1>
        <a class="button back" href="#">Back</a>
        <a class="button flip" href="#new">+</a>
    </div>
    <table>
        <thead>
            <tr>
                <td>Name</td>
                <td>Phone</td>
                <td>Email</td>
            </tr>
        </thead>
        <tbody id="eTable"></tbody>
    </table>
</div>
```

上面只是一个简单的 HTML 页面。在列表页中，有一个使用工具栏样式的嵌套 div。它是一个简单标题，含有链接锚文本。注意到锚点有返回类按钮。再一次说明，这是 jQTouch 提供的一种样式，它将为页面创建一个返回按钮，看起来像源自移动平台的。图 16-5 显示了这个工具栏在 iPhone 中的效果。

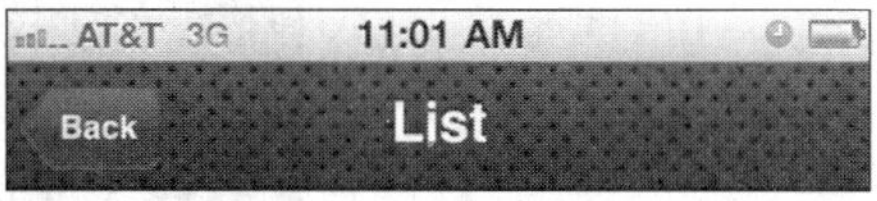

图 16-5 列表页面工具栏

由此可见，jQTouch 允许使用少量代码轻松地创建高质量的界面。返回到上面的代码，可以看到也有一个空的无序列表。注意，它使用 jQTouch 提供的 edgetoedge 风格，如果想水平拉伸整个屏幕，这是一个很合适的条目。使用在清单中从服务器检索到的数据来填充这个列表，创建一个列表的具体代码如下所示。

```
function addEmployeeToList(e){
    var list = $("#eList");
    var text = e.firstName + " " + e.lastName +
        ", " + e.phone + ", " + e.email;
    var li = $("<li>").html(text);
```

```
        list.append(li);
    }
```

在典型 Web 开发中动态创建 HTML 元素是一个比较烦琐的任务，这再一次成为 jQuery 炫目的地方。上述代码是纯 jQuery 代码，首先可以通过向 jQuery 传递一个 CSS 选择器从列表和表格的 HTML 代码中获取这个无序列表的一个引用。创建想要放入列表中的文本，然后使用 jQuery 提供的便捷方法来创建 DOM 元素，并向其中添加一个文本节点。最后，将这个 DOM 元素添加到无序列表中。图 16-6 使用模拟数据显示了这个列表的样子。

要创建列表，需要使用一些基本的 jQuery 代码来从服务器检索数据，然后创建一些标准 HTML 元素（以及一个引用 jQTouch 样式的 HTML 框架），这也是创建上述 UI 所必需的。如果在一个移动设备上测试它，将注意到它的加载速度很快而且屏幕滚动很流畅。现在看看如何创建一个表格来显示同样的数据。

回到列表和表格的 HTML 代码，会注意到表格页面类似于列表页面。它有一个类似的工具栏，只有一个额外按钮（不久您就会看到这个按钮的功能）。它也有一个纲要表格，即有表头但没有数据。数据和列表中的一样。只需要为表格创建行即可，创建表行的代码如下所示。

```
    function addEmployeeToTable(e){
        var table = $("#eTable");
        var tr = $("<tr>")
                .append($("<td>").html(e.firstName + " " + e.lastName))
                .append($("<td>").html(e.phone))
                .append($("<td>").html(e.email));
        table.append(tr);
    }
```

上述代码类似于前面创建一个列表的代码，可以依赖 jQuery 的便捷方法来创建 HTML DOM 元素，然后一起添加。此处需要注意，便利的附加函数允许使用一个构建器模式来快速创建表行，其中有 3 个单元格。图 16-7 使用模拟数据显示了表格的样子。

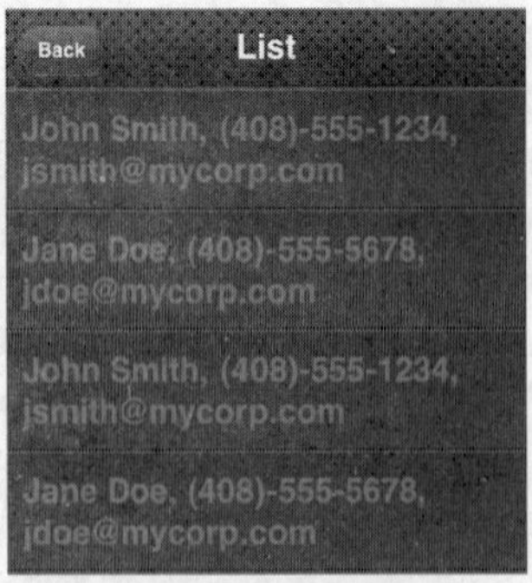

图 16-6　列表视图

图 16-7　表格视图

上述创建表行的代码显示了预期的用户界面，可以使用标准 CSS 使这个表格更漂亮。可能会注意到在顶部工具栏的右端有一个加号（+）按钮。回到列表和表格的 HTML 代码，注意到这个链接连接到另一个名为 New 的页面，也注意一下这个链接上的类是按钮翻转。这将再次创建一个本机外观按钮链接到新页面。该类的翻转指明 jQTouch 应该使用一个翻转转换。这是一个专有 WebKit CSS 3D 动画，目前仅在 iPhone 中支持，是 jQTouch 易于利用的 2D 和 3D 动画其中的一种。当您单击加号按钮时，将显示一个用于创建新员工表单的页面。下面的新员工对话框代码显示了该页面的代码。

```
<div id="new">
    <div class="toolbar">
        <h1>Add Employee</h1>
        <a class="button cancel" href="#">Cancel</a>
    </div>
    <form id="addEmp" method="post">
        <ul>
            <li><input type="text" placeholder="First Name" id="fn"
                name="firstName" />
            </li>
            <li><input type="text" placeholder="Last Name" id="ln"
                name="lastName" />
            </li>
            <li><input type="email" placeholder="Email"
                autocapitalize="off" id="email" name="email" />
            </li>
            <li><input type="tel" placeholder="Phone" id="phone"
                name="phone" />
            </li>
        </ul>
        <input type="submit" class="submit" value="Submit"/>
    </form>
</div>
```

上述新员工对话框代码是一个简单的 HTML 页面，工具栏是使用一个应用 toolbar 类的 div 创建的。此时有一个 Cancel 链接，是使用 button cancel 类设计的。当然 button 类是将这个链接放进一个按钮中的。cancel 类会使链接返回到之前的页面，类似于 back 类。然而，和 back 类有所不同，它将自动使用与转换到该页面效果相反的效果。

有了工具栏之后，就有了一个封装在无序列表之内的简单 HTML 表单，此时可能会注意到一些不同寻常的事。首先，所有字段都使用占位符属性，这是一个 HTML5 特性，因此会一直显示占位符文本，直至该字段获得焦点。这可以方便地替换对标签的使用，特别是当一个移动屏幕非常小的时候。注意电子邮件输入框有一个设置为 false 的 autocapitalize 属性。这是 iPhone 的另一个特性，通知浏览器临时禁用输入该框的文本的 OS 级自动大写。同时还可以注意到，邮件和电话输入类型都是不寻常的（email 和 tel），这是在 iPhone 和 Android 浏览器上都支持的一个特性，当焦点集中在输入字段时，通知浏览器弹出不同的键盘。图 16-8 显示了每个字段的样子，展示了 Android 和 iPhone 浏览器中的焦点在 tel 和 email 输入框的样子。

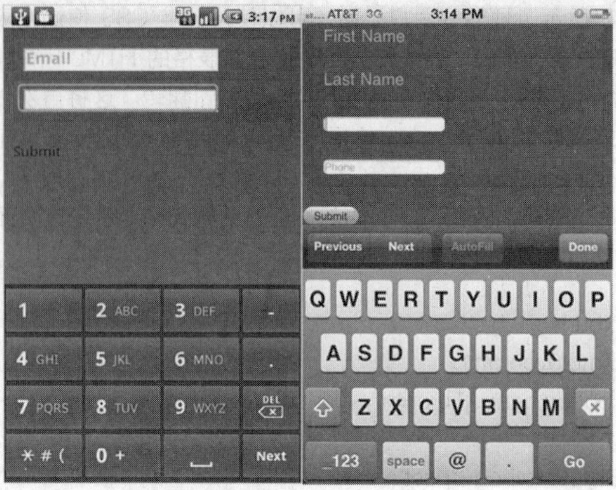

图 16-8　执行效果

最后一点值得注意的是，新员工对话框代码中的表单是 Submit 按钮，它的类是 submit，这是另一个使按钮（至少在 iPhone 上）更具吸引力的 jQTouch 类。下面的处理表单提交代码显示了当表单提交后，使用 jQTouch 建立一个事件处理程序的方法。

```
$(document).ready(function(){
    // Ajax call can be found in Listing 2
    $("#addEmp").submit(function(){
        var e = {
            firstName : $("#fn")[0].value,
            lastName : $("#ln")[0].value,
            email : $("#email")[0].value,
            phone : $("#phone")[0].value
        };
        addEmployee(e);
        jQT.goBack();
        return false;
    });
});
```

这是在使用 Ajax 检索数据代码中所见到的初始化代码的一部分。在这里使用另一个 jQuery 选择器来获取表单（新员工对话框代码中显示的）的一个引用。jQuery 提供了一种简便的方法来劫持表单的 submit 事件。再一次传递一个闭包来处理该事件。在闭包中，创建一个 JavaScript employee 对象，但是从表单中检索值。然后使用在 Ajax 检索数据代码中看到的 addEmployee 函数来将新员工信息添加到列表和记录视图中。接着，使用一个 jQTouch 函数 goBack。其工作方式类似于之前看到的 Cancel 按钮，转回到上一页。最后返回 false 来阻止表单提交。显然，该代码只能将员工信息添加到本机屏幕。可以想象一个可将员工信息添加到共享数据库的服务端 API，而且可以使用 jQuery 卓越的 Ajax 和表单功能来将数据序列化，然后发送回服务器。这样，在样例应用程序中就完成了所有功能。到此为止，已经使用 jQTouch 成功构建了一个移动 Web 应用程序。

16.3 综合应用——使用 jQTouch 框架开发动画网页

本节教学录像：5 分钟

在接下来的内容中，将以一个具体实例来讲解使用 JQTouch 框架开发适应于 Android 的动画网页。

【范例 16-1】使用 jQTouch 框架开发动画网页

源码路径：光盘 \ 配套源码 \16\donghua\
首先编写一个简单的 HTML 文件，命名为 index.html，具体代码如下所示。

```
<!DOCTYPE html>
<html>
    <head>
        <title>AAA</title>
        <link type="text/css" rel="stylesheet" media="screen" href="jqtouch/jqtouch.css">
        <link type="text/css" rel="stylesheet" media="screen" href="themes/jqt/theme.css">
        <script type="text/javascript" src="jqtouch/jquery.js"></script>
        <script type="text/javascript" src="jqtouch/jqtouch.js"></script>
        <script type="text/javascript">
            var jQT = $.jQTouch({
                icon: 'kilo.png'
            });
        </script>
    </head>
    <body>
        <div id="home">
            <div class="toolbar">
                <h1>Data</h1>
                <a class="button flip" href="#settings">Settings</a>
            </div>
            <ul class="edgetoedge">
                <li class="arrow"><a href="#dates">Dates</a></li>
                <li class="arrow"><a href="#about">About</a></li>
            </ul>
        </div>
        <div id="about">
            <div class="toolbar">
                <h1>About</h1>
                <a class="button back" href="#">Back</a>
            </div>
            <div>
                <p>Choose you food.</p>
```

```
                </div>
            </div>
            <div id="dates">
                <div class="toolbar">
                    <h1>Time</h1>
                    <a class="button back" href="#">Back</a>
                </div>
                <ul class="edgetoedge">
                    <li class="arrow"><a id="0" href="#date">AAA</a></li>
                    <li class="arrow"><a id="1" href="#date">BBB</a></li>
                    <li class="arrow"><a id="2" href="#date">CCC</a></li>
                    <li class="arrow"><a id="3" href="#date">DDD</a></li>
                    <li class="arrow"><a id="4" href="#date">EEE</a></li>
                    <li class="arrow"><a id="5" href="#date">FFF</a></li>
                </ul>
            </div>
            <div id="date">
                <div class="toolbar">
                    <h1>Time</h1>
                    <a class="button back" href="#">Back</a>
                    <a class="button slideup" href="#createEntry">+</a>
                </div>
                <ul class="edgetoedge">
                    <li id="entryTemplate" class="entry" style="display:none">
                        <span class="label">Label</span> <span class="calories">000</span>
<span class="delete">Delete</span>
                    </li>
                </ul>
            </div>
            <div id="createEntry">
                <div class="toolbar">
                    <h1>WHY</h1>
                    <a class="button cancel" href="#">Cancel</a>
                </div>
                <form method="post">
                    <ul class="rounded">
                        <li><input type="text" placeholder="Food" name="food" id="food"
autocapitalize="off" autocorrect="off" autocomplete="off" /></li>
                        <li><input type="text" placeholder="Calories" name="calories" id="calories"
autocapitalize="off" autocorrect="off" autocomplete="off" /></li>
                        <li><input type="submit" class="submit" name="waction" value="Save Entry" /></li>
                    </ul>
                </form>
```

```
        </div>
        <div id="settings">
            <div class="toolbar">
                <h1>Control</h1>
                <a class="button cancel" href="#">Cancel</a>
            </div>
            <form method="post">
                <ul class="rounded">
                    <li><input placeholder="Age" type="text" name="age" id="age" /></li>
                    <li><input placeholder="Weight" type="text" name="weight" id="weight" /></li>
                    <li><input placeholder="Budget" type="text" name="budget" id="budget" /></li>
                    <li><input type="submit" class="submit" name="waction" value="Save
Changes" /></li>
                </ul>
            </form>
        </div>
    </body>
</html>
```

接下来开始对上述代码进行详细讲解。

（1）通过如下代码启用了 jQTouch 和 jQuery。

```
<script type="text/javascript" src="jqtouch/jquery.js"></script>
<script type="text/javascript" src="jqtouch/jqtouch.js"></script>
```

（2）实现 home 面板，具体代码如下。

```
<div id="home">
    <div class="toolbar">
        <h1>Data</h1>
        <a class="button flip" href="#settings">Settings</a>
    </div>
    <ul class="edgetoedge">
        <li class="arrow"><a href="#dates">Dates</a></li>
        <li class="arrow"><a href="#about">About</a></li>
    </ul>
</div>
```

【运行结果】

此时对应的执行效果如图 16-9 所示。

（3）实现 about 面板，具体代码如下。

```
<div id="about">
    <div class="toolbar">
```

```
            <h1>About</h1>
            <a class="button back" href="#">Back</a>
        </div>
        <div>
            <p>Choose you food.</p>
        </div>
    </div>
```

【运行结果】

此时对应的执行效果如图 16-10 所示。

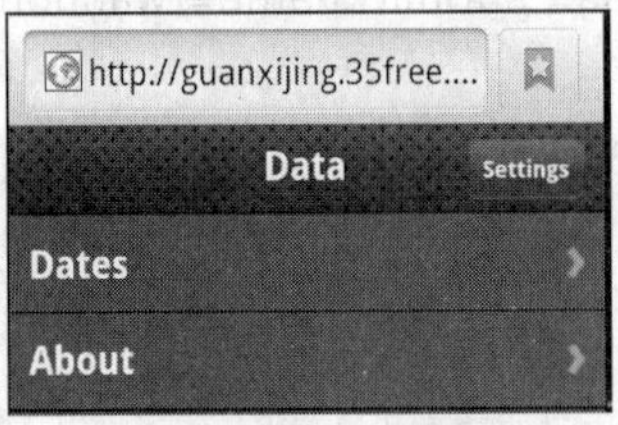

图 16-9 home 面板

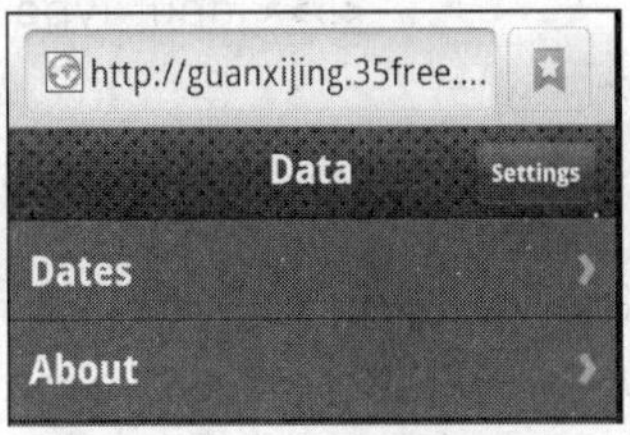

图 16-10 about 面板

（4）实现 dates 面板，具体代码如下。

```
<div id="dates">
    <div class="toolbar">
        <h1>Time</h1>
        <a class="button back" href="#">Back</a>
    </div>
    <ul class="edgetoedge">
        <li class="arrow"><a id="0" href="#date">AAA</a></li>
        <li class="arrow"><a id="1" href="#date">BBB</a></li>
        <li class="arrow"><a id="2" href="#date">CCC</a></li>
        <li class="arrow"><a id="3" href="#date">DDD</a></li>
        <li class="arrow"><a id="4" href="#date">EEE</a></li>
        <li class="arrow"><a id="5" href="#date">FFF</a></li>
    </ul>
</div>
```

【运行结果】

此时对应的执行效果如图 16-11 所示。

（5）实现 date 面板，具体代码如下。

```
<div id="date">
    <div class="toolbar">
        <h1>Time</h1>
```

```
            <a class="button back" href="#">Back</a>
            <a class="button slideup" href="#createEntry">+</a>
        </div>
        <ul class="edgetoedge">
            <li id="entryTemplate" class="entry" style="display:none">
                <span class="label">Label</span> <span class="calories">000</span>
<span class="delete">Delete</span>
            </li>
        </ul>
    </div>
```

（6）实现 settings 面板，具体代码如下。

```
    <div id="settings">
        <div class="toolbar">
            <h1>Control</h1>
            <a class="button cancel" href="#">Cancel</a>
        </div>
        <form method="post">
            <ul class="rounded">
                <li><input placeholder="Age" type="text" name="age" id="age" /></li>
                <li><input placeholder="Weight" type="text" name="weight" id="weight" /></li>
                <li><input placeholder="Budget" type="text" name="budget" id="budget" /></li>
                <li><input type="submit" class="submit" name="waction" value="Save Changes" /></li>
            </ul>
        </form>
    </div>
```

【运行结果】

此时对应的执行效果如图 16-12 所示。

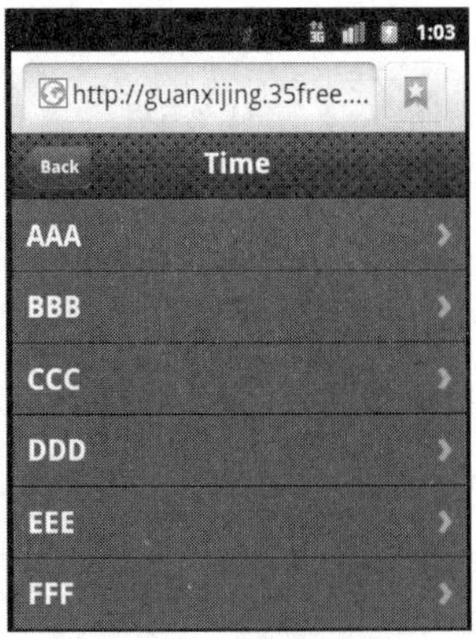

图 16-11　dates 面板

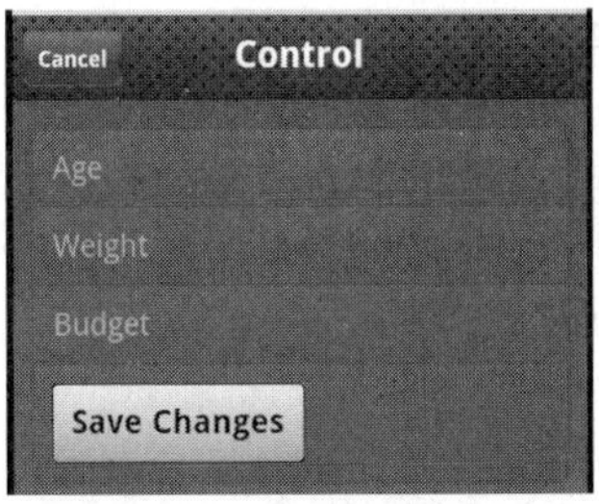

图 16-12　settings 面板

接下来看样式文件 theme.css，此样式文件非常简单，功能是对 index.html 中的元素进行修饰。其实图 16-10、图 16-11 和图 16-12 都是经过 theme.css 修饰之后的显示效果。主要代码如下所示。

```
body {
    background: #000;
    color: #ddd;
}
#jqt > * {
    background: -webkit-gradient(linear, 0% 0%, 0% 100%, from(#333), to(#5e5e65));
}
#jqt h1, #jqt h2 {
    font: bold 18px "Helvetica Neue", Helvetica;
    text-shadow: rgba(255,255,255,.2) 0 1px 1px;
    color: #000;
    margin: 10px 20px 5px;
}
/* @group Toolbar */
#jqt .toolbar {
    -webkit-box-sizing: border-box;
    border-bottom: 1px solid #000;
    padding: 10px;
    height: 45px;
    background: url(img/toolbar.png) #000000 repeat-x;
    position: relative;
}
#jqt .black-translucent .toolbar {
    margin-top: 20px;
}
#jqt .toolbar > h1 {
    position: absolute;
    overflow: hidden;
    left: 50%;
    top: 10px;
    line-height: 1em;
    margin: 1px 0 0 -75px;
    height: 40px;
    font-size: 20px;
    width: 150px;
    font-weight: bold;
    text-shadow: rgba(0,0,0,1) 0 -1px 1px;
    text-align: center;
    text-overflow: ellipsis;
    white-space: nowrap;
    color: #fff;
```

```
}
#jqt.landscape .toolbar > h1 {
    margin-left: -125px;
    width: 250px;
}
#jqt .button, #jqt .back, #jqt .cancel, #jqt .add {
    position: absolute;
    overflow: hidden;
    top: 8px;
    right: 10px;
    margin: 0;
    border-width: 0 5px;
    padding: 0 3px;
    width: auto;
    height: 30px;
    line-height: 30px;
    font-family: inherit;
    font-size: 12px;
    font-weight: bold;
    color: #fff;
    text-shadow: rgba(0, 0, 0, 0.5) 0px -1px 0;
    text-overflow: ellipsis;
    text-decoration: none;
    white-space: nowrap;
    background: none;
    -webkit-border-image: url(img/button.png) 0 5 0 5;
}
#jqt .button.active, #jqt .cancel.active, #jqt .add.active {
    -webkit-border-image: url(img/button_clicked.png) 0 5 0 5;
    color: #aaa;
}
#jqt .blueButton {
    -webkit-border-image: url(img/blueButton.png) 0 5 0 5;
    border-width: 0 5px;
}
#jqt .back {
    left: 6px;
    right: auto;
    padding: 0;
    max-width: 55px;
    border-width: 0 8px 0 14px;
    -webkit-border-image: url(img/back_button.png) 0 8 0 14;
}
#jqt .back.active {
```

```
        -webkit-border-image: url(img/back_button_clicked.png) 0 8 0 14;
    }
    #jqt .leftButton, #jqt .cancel {
        left: 6px;
        right: auto;
    }
    #jqt .add {
        font-size: 24px;
        line-height: 24px;
        font-weight: bold;
    }
    #jqt .whiteButton,
    #jqt .grayButton, #jqt .redButton, #jqt .blueButton, #jqt .greenButton {
        display: block;
        border-width: 0 12px;
        padding: 10px;
        text-align: center;
        font-size: 20px;
        font-weight: bold;
        text-decoration: inherit;
        color: inherit;
    }

    #jqt .whiteButton.active, #jqt .grayButton.active, #jqt .redButton.active, #jqt .blueButton.active, #jqt
.greenButton.active,
    #jqt .whiteButton:active, #jqt .grayButton:active, #jqt .redButton:active, #jqt .blueButton:active, #jqt
.greenButton:active {
        -webkit-border-image: url(img/activeButton.png) 0 12 0 12;
    }
    #jqt .whiteButton {
        -webkit-border-image: url(img/whiteButton.png) 0 12 0 12;
        text-shadow: rgba(255, 255, 255, 0.7) 0 1px 0;
    }
    #jqt .grayButton {
        -webkit-border-image: url(img/grayButton.png) 0 12 0 12;
        color: #FFFFFF;
    }
```

上述代码只是 theme.css 的五分之一，具体内容请读者参考本书附带光盘中的源码。因为里面的内容都在本书前面的知识中讲解过，所以在此不再占用篇幅。

【运行结果】

到此为止，我们的页面就能够动起来了，每一个页面的切换都具有了动画效果，如图 16-13 所示。

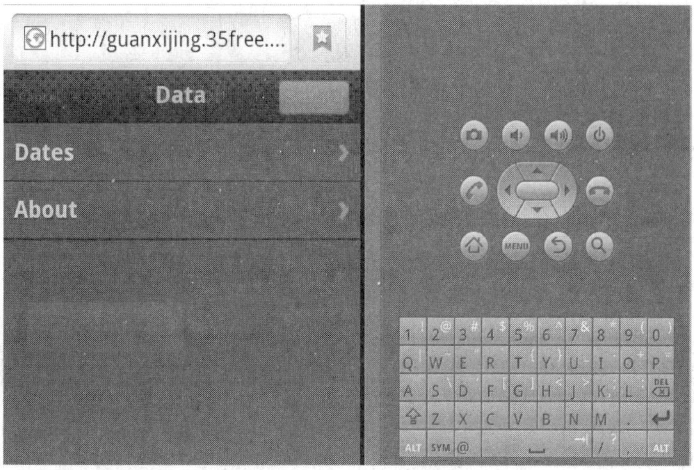

图 16-13 闪烁的动画效果

本书的截图体现不出动画效果，建议读者在模拟器上亲自实践体验。

16.4 高手点拨

jQuery Mobile 与 jQTouch、Sencha Touch、SproutCore 的比较

移动 Web 开发有易于上手、开发周期相对短以及可以自动更新等众多优点，因此，除 jQuery Mobile 外，还有很多框架可支持开发 Web 应用，如 jQTouch、Sencha Touch、SproutCore 等。那它们与 jQuery Mobile 有什么区别呢？接下来我们进行详细说明。

（1）jQTouch

jQTouch 与 jQuery Mobile 十分相似，也是一个 jQuery 插件，同样也支持 HTML 页面标签驱动，实现移动设备的视图切换效果。但与 jQuery Mobile 的不同在于，它是专为 WebKit 内核的浏览器打造的，可以借助该浏览器的专有功能对页面进行渲染；此外，开发时所需的代码量更少。如果所开发的项目中，目标用户群都使用 WebKit 内核的浏览器，可以考虑此框架。

官方下载地址：http://www.jqtouch.com/

（2）Sencha Touch

Sencha Touch 是一套基于 ExtJS 开发的插件库。它与 jQTouch 相同，也是只针对 WebKit 内核的浏览器开发移动应用，拥有众多效果不错的页面组件和丰富的数据管理，并且全部基于最新的 HTML5 与 CSS3 的 Web 标准。与 jQuery Mobile 不同之处在于，它的开发语言不是基于 HTML 标签，而是类似于客户端的 MVC 风格编写 JavaScript 代码，相对来说，学习周期较长。

官方下载地址：http://www.sencha.com/products/touch/

（3）SproutCore

SproutCore 同样也是一款开源的 JavaScript 框架，以少量的代码开发强大的 Web 应用。开始仅用于桌面浏览器的应用开发，后来，由于功能强大，许多知名的厂商也纷纷使用它来开发移动 Web 应用。但与 jQuery Mobile 相比，SproutCore 对一些主流终端浏览的支持还有许多不足之处，如屏幕尺寸略大，

开发代码相对复杂些。

官方下载地址：http://www.sproutcore.com/

16.5 实战练习

使用 jQTouch 开发一个多功能跨页程序，要求既有列表选项，也有后退和取消按钮，也能展示一个表单处理页面，预期执行效果如图 16-14 所示。

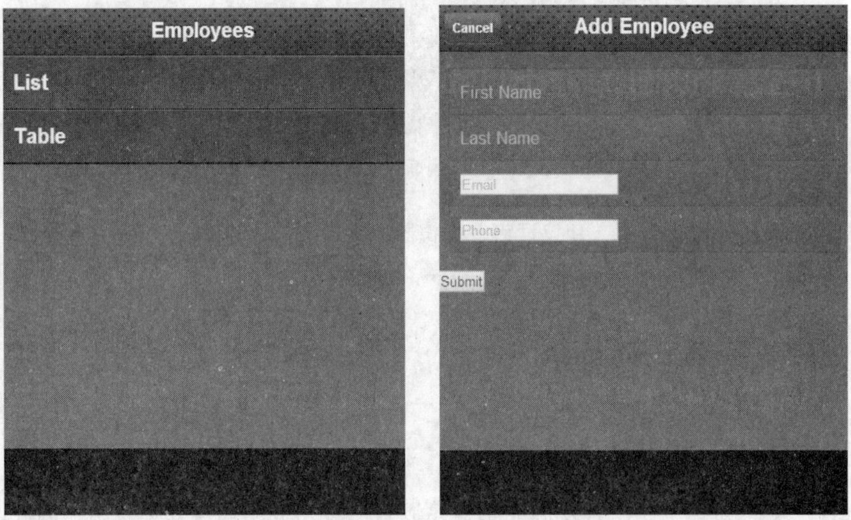

图 16-14　执行效果

第 17 章

本章教学录像：19 分钟

使用 Sencha Touch 框架

Sencha Touch 是一个应用于手持移动设备的前端 JavaScript 框架，与 ExtJS 是同一个门派的。Sencha Touch 框架的功能强大，效果炫丽，能够快速开发出适应于在 Android 和 iOS 等移动系统中运行的 Web 页面。本章详细讲解在移动 Web 网页中使用 Sencha Touch 框架的方法，为读者步入本书后面知识的学习打下基础。

本章要点（已掌握的在方框中打钩）

- □ Sencha Touch 基础
- □ 搭建 Sencha Touch 开发环境
- □ Sencha Touch 界面布局
- □ 综合应用——实现一个手机通讯录

17.1 Sencha Touch 基础

本节教学录像：6 分钟

随着 Android 设备和 iOS 设备的流行和普及，越来越多的开发者想开发在这些设备上运行的应用程序。Sencha Touch 框架的推出，为开发人员开发移动 Web 程序提供了方便。在本节的内容中，将详细讲解 Sencha Touch 的基本知识。

17.1.1 Sencha Touch 简介

Sencha Touch 框架是世界上第一个基于 HTML5 的 Mobile App 框架。同时，ExtJS 也正式更名为 Sencha。原域名 www.extjs.com 也已经跳转至 www.sencha.com。Sencha 是 ExtJS、jQTouch 和 Raphaël 三大框架的结合，如图 17-1 所示。

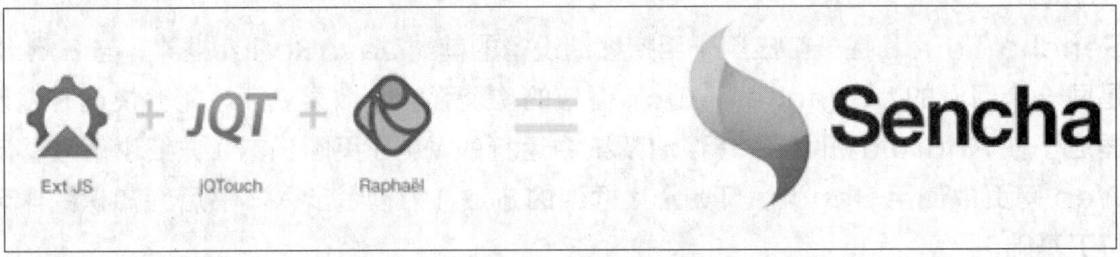

图 17-1　Sencha Touch 框架的构成

Sencha 意为“煎茶”，是指一种在日本很流行的绿茶品种，“我们之所以选择这个名字，是因为它会唤醒下一代软件开发并且它很容易记忆、拼写和发音”，在 Java 开发的传统中，它代表了软件开发的一个新水平阶段。另外，Sencha 还成立了一个基金会叫“Sencha Labs”，以支持非商业项目开发。jQTouch 和 Raphaël 将保留原有的 MIT 许可证。原 jQTouch 项目将由 Jonathan Stark 接手维护和更新。

Sencha 是目前为止所发现的最强大的应用于移动平台的框架。它将自己定位为框架（Framework）而不是类库（Library），也可以充分印证这一点。相信随着 Sencha 的出现，移动平台的 Web App 用户体验设计会得到提升，同时也会对 HTML5 和 CSS3 在移动平台上的普及推广产生很大的促进作用。可以预见，随着 HTML5 的功能愈加强大，未来的移动应用将会逐渐步入 Web App 时代，Native App 会逐渐走向终结。

Sencha Touch 可以让 Web App 看起来像 Native App，美丽的用户界面组件和丰富的数据管理，全部基于最新的 HTML5 和 CSS3 的 Web 标准，全面兼容 Android 和 iOS 设备。

通过官方提供的 DEMO 和案例演示，可以发现如下细节上的特点。

- HTML5 离线存储。
- HTML5 地理定位。
- Sencha Touch icon 设置。
- JSONP 代理。
- YQL 数据代理。
- 重力感应滚动。
- 滚动 Touch 事件。
- 遮罩弹出层。

- 为移动优化的表单元素。
- CSS3 Gradients。
- CSS3 Transitions。
- Multi-Card 布局。
- Tab 组件。
- 滚动列表视图。

17.1.2 Sencha Touch 的特性

下面是官方列出的 Sencha Touch 的几大特性。

- 基于最新的 Web 标准：HTML5、CSS3 和 JavaScript。整个库在压缩后大约 80KB，通过禁用一些组件还会使它更小。
- 支持世界上最好的设备：Beta 版兼容 Android 和 iOS，Android 上的开发人员还可以使用一个专为 Android 定制的主题。
- 增强的触摸事件：在 touchstart 等标准事件基础上，增加了一组自定义事件数据集成，如 tap、swipe、pinch、rotate 等。
- 数据集成：提供了强大的数据包，通过 Ajax、JSONp、YQL 等方式绑定到组件模板，写入本地离线存储。

17.1.3 Sencha Touch 的优势

和 jQuery Mobile 和 jQTouch 相比，Sencha Touch 学起来相对比较复杂。但是虽然比较复杂，却给移动 Web 程序带来了强大的功能。作为 Sencha 公司的一款双许可证（商业版和 GPL/FLOSS 版）产品，Sencha Touch 采用了与上述的几种移动开发框架全然不同的方法，原因在于布局和界面窗口组件是使用出色的 JavaScript 库构建而成的，而该 JavaScript 库恰好拥有丰富的实用特性，比如离线支持、独特布局和轻松制作主题的功能。

此外，Sencha Touch 采取了从极其全面的角度来应对应用程序开发所固有的挑战，原因在于它支持可以完全直接开发 MVC 驱动的应用程序。为了形象地说明开发 Sencha Touch 应用程序与开发 jQuery Mobile / jQTouch 应用程序之间的反差到底有多明显，下面将 jQuery Mobile/jQTouch 演示程序里面的源代码，与用于仅仅创建和启动一个视图功能的下列 Sencha Touch 代码进行比较。

```
Ext.regApplication({
  name: 'App',
  defaultUrl: 'Index/index',
  launch: function()
  {
    this.viewport = new App.views.Viewport();
  },
});
```

虽然这对于相对不熟悉 JavaScript 的新手来说可能难度很大，但是还是建议花点时间尝试一下 Sencha Touch，因为直观的语法、编写清晰的文档以及众多的配套实例对于尽快上手会大有帮助。

17.2 搭建 Sencha Touch 开发环境

本节教学录像：4 分钟

经过本章上一节内容的学习，已经了解了 Sencha Touch 的基本知识。在本节的内容中，将详细讲解搭建 Sencha Touch 开发环境的基本知识。

17.2.1 获取 Sencha Touch

Sencha Touch 是免费的，获取 Sencha Touch 的具体流程如下所示。

（1）登录 Sencha Touch 官方下载页面 http://www.sencha.com/products/touch/，如图 17-2 所示。

图 17-2　Sencha Touch 官方下载页面

（2）单击图 17-2 右上角的“Download”按钮，在弹出的新界面中填写自己的个人信息，如图 17-3 所示。

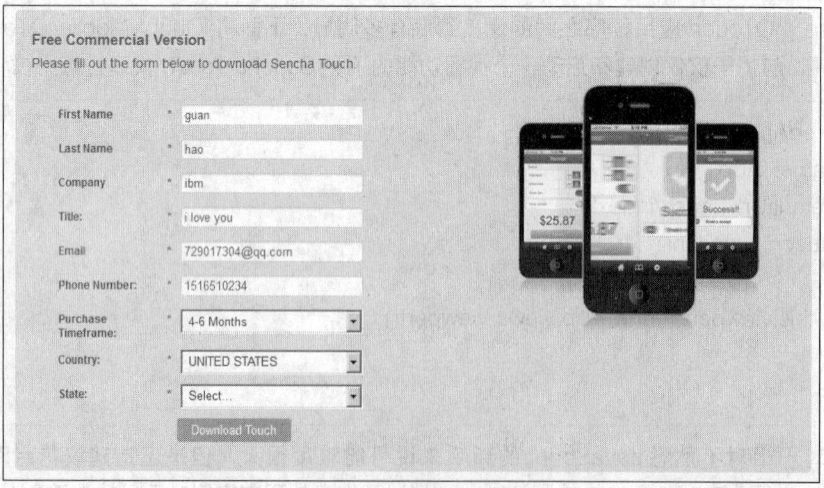

图 17-3　填写个人信息

（3）填写完毕后单击底部的“Download Touch”按钮，在弹出的新界面中告知我们下载链接已经发送到图 17-3 中填写的邮箱中，如图 17-4 所示。

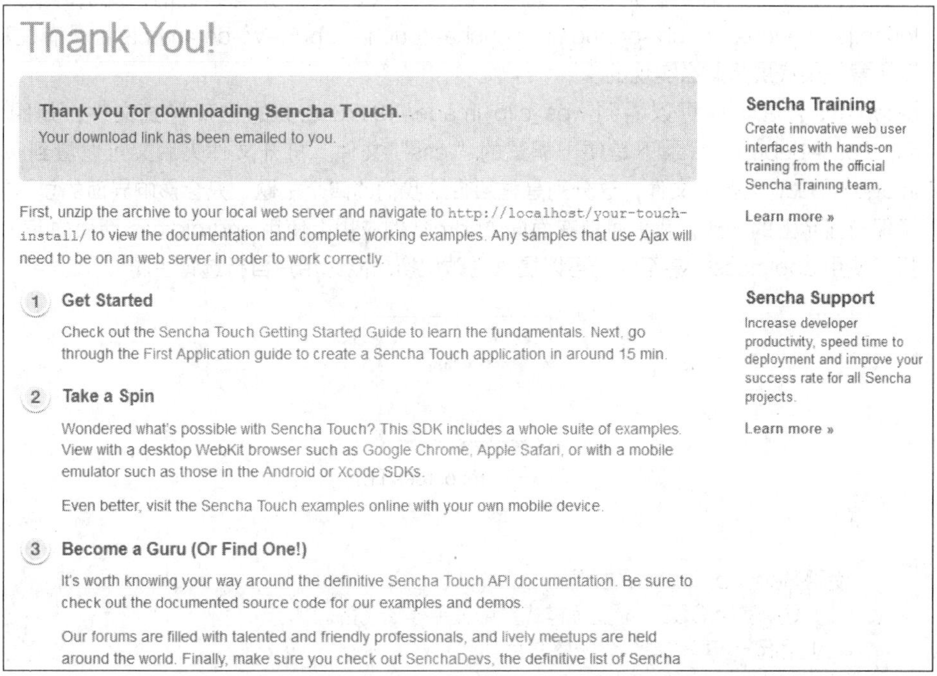

图 17-4　提示发送下载链接

（4）登录个人邮箱，单击“下载”链接后即可获取 Sencha Touch 压缩包。压缩包的目录结构如图 17-5 所示。

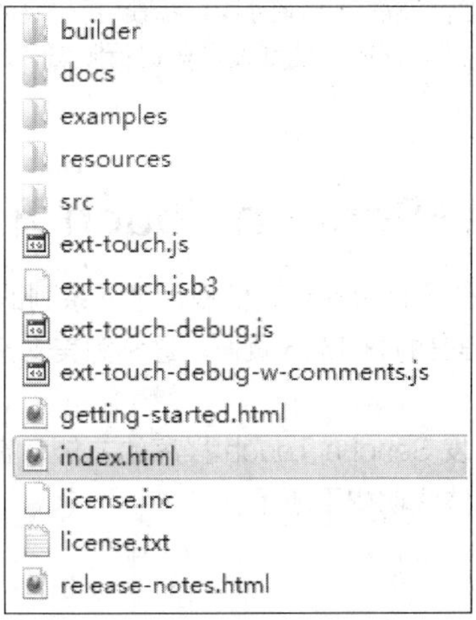

图 17-5　Sencha Touch 的目录结构

图 17-5 中各个目录的具体说明如下所示。

- docs：是官方的 API 文档文件。
- examples：是官方提供的示例程序。

- buider：用来对 JS 文件进行发布前的处理。
- sencha-touch.js、sencha-touch-debug.js、sencha-touch-debug-w-comments.js：三个主框架文件。这三个文件的区别在于：sencha-touch-debug.js 是有缩进的，便于调试；sencha-touch.js、sencha-touch-debug.js、sencha-touch-debug-w-comments.js 是有注释的，便于了解框架底层是怎么实现的。
- resources：在里面可以看到 wps_clip_image-19173 之类的框架样式文件，如图 17-6 所示。"css-debug"目录下是便于调试的".css"文件。打开文件夹后又可以看到 wps_clip_image-29936 之类的文件，这分别是框架带给我们的四个主题，只会影响界面的显示效果。为了保持显示上的一致，我们可以在面向 Android 的应用上使用 android.css 而面向 iPhone 的应用，使用 apple.css。甚至我们可以提供主题切换功能让用户自行选择主题

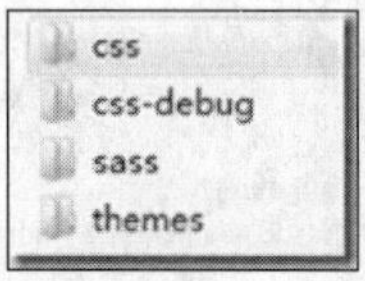

图 17-6　resources 目录

提 示

使用 Sencha Touch 的技巧

（1）避免使用 CSS3 渐变等样式，用扁平样式代替。

（2）用低分辨率代替高分辨率图片。

（3）滚动 List 清单限制在 30 ~ 40 个。

（4）提升 Panel 面板的过渡和响应能力：隐藏或显示组件，组装 Form 数据，动态组装数据到面板 Panel。

（5）将 JS 文件编译成一个单独的文件 app-all.js。

（6）寻求设计平衡，要专注实现一个具有快速响应的效果，应该尽量避免 CSS_3 效果，在设计时以简单开始，然后逐渐增加功能，逐步确认没有重大性能问题。并且建议先在 Chrome 浏览器里开发，然后在模拟器或设备里进行测试。

17.2.2 搭建 Eclipse+Sencha Touch 开发环境

跟其他的许多框架一样，Sencha Touch 给我们提供了一系列的控件，使用这些控件可以很方便地搭建起能够与 iPhone 手机应用相媲美的 HTML5 页面。这种完美支持的触控操作，弥补了传统手机网站触控体验不佳的缺陷。

在本节将讲解使用 Eclipse 开发 Sencha Touch 程序的方法，在开始之前需要先安装 Spket 插件。安装 Spket 插件的方法有两种，具体说明如下所示。

1. 网上更新方式

（1）Spket 插件首页：http://www.spket.com。

（2）插件名称：Spket IDE。

（3）更新连接（Update Site）地址：http://www.spket.com/update/。

（4）更新安装方法：

- [Help] → [Software Updates] → [Find and Install...]；

- [Search for new features to install] → [Next]；
- [New Remote Site...] Name: " 名 字 随 意，spketjs" URL: http://www.spket.com/update/ → [Finish]。

2. 网上下载 Spket 安装包

（1）双击下载的 Spket 压缩包进行安装，弹出图 17-7 所示的准备安装界面。

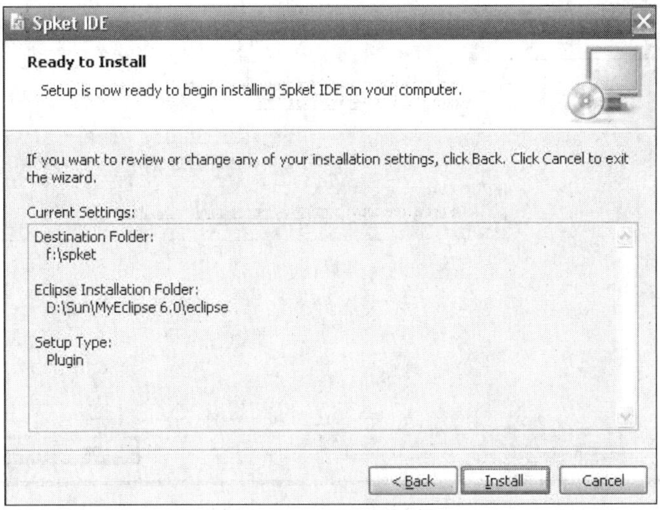

图 17-7　准备安装界面

（2）单击“Install”按钮开始安装，完成后弹出安装完成界面，如图 17-8 所示。

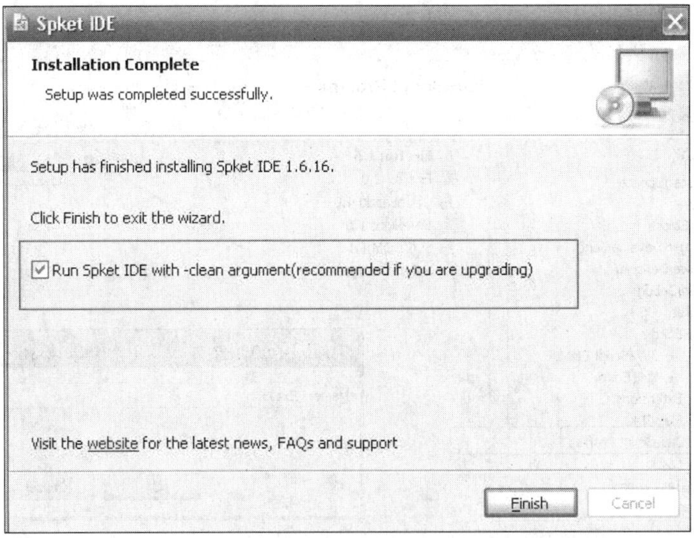

图 17-8　安装完成界面

按上述步骤安装 Spket 插件后，可通过如下所示的步骤配置 Spket。

（1）依次单击 Eclipse 的 Window → Preferences → Spket 命令，如图 17-9 所示。

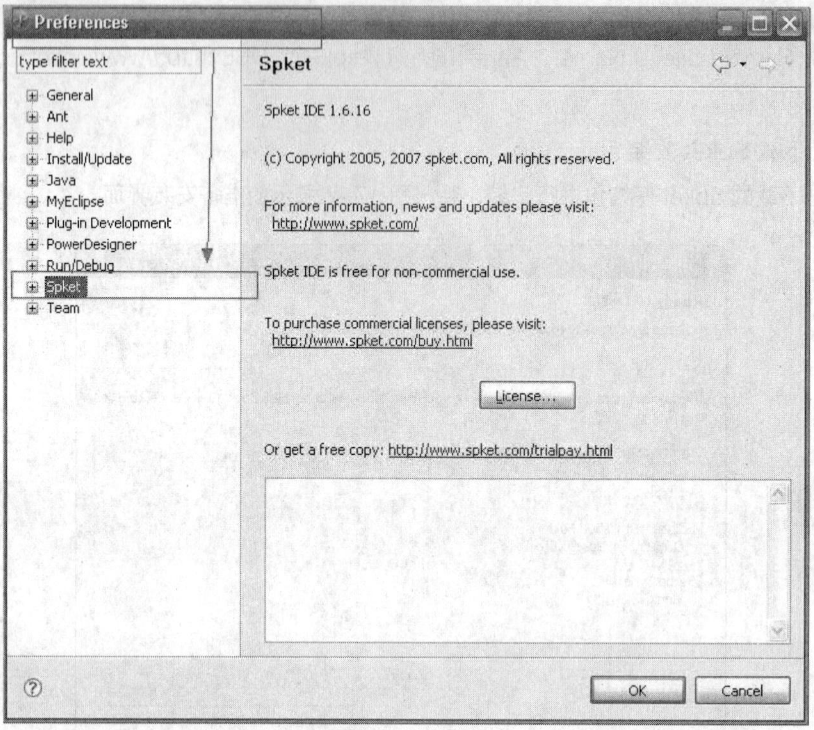

图 17-9　Preferences 界面

（2）依次单击 Spket → JavaScript Profiles → New，输入名字“ExtJS”后单击“OK”按钮，如图 17-10 所示。

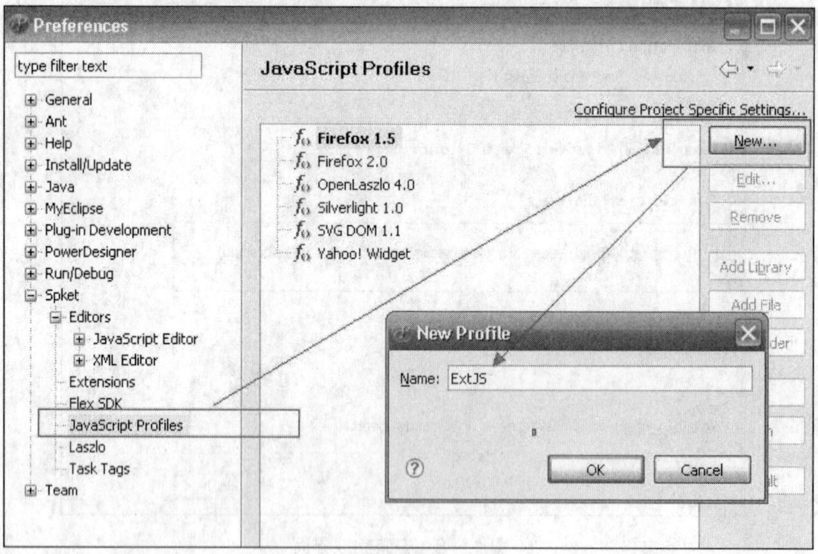

图 17-10　输入名字“ExtJS”

（3）在列表中选择刚创建的“ExtJS”，然后单击“Add Library”按钮，在下拉列表中选取“ExtJS”，如图 17-11 所示。

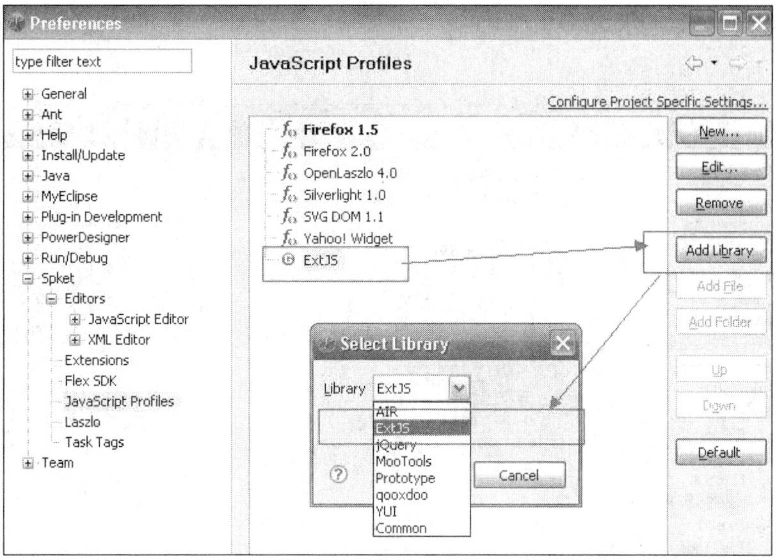

图 17-11　在下拉条中选取“ExtJS”

（4）选择“ExtJS”并单击“Add File”按钮，然后在“./ext-2.x/source”目录中选取“ext.jsb”文件，如图 17-12 所示。

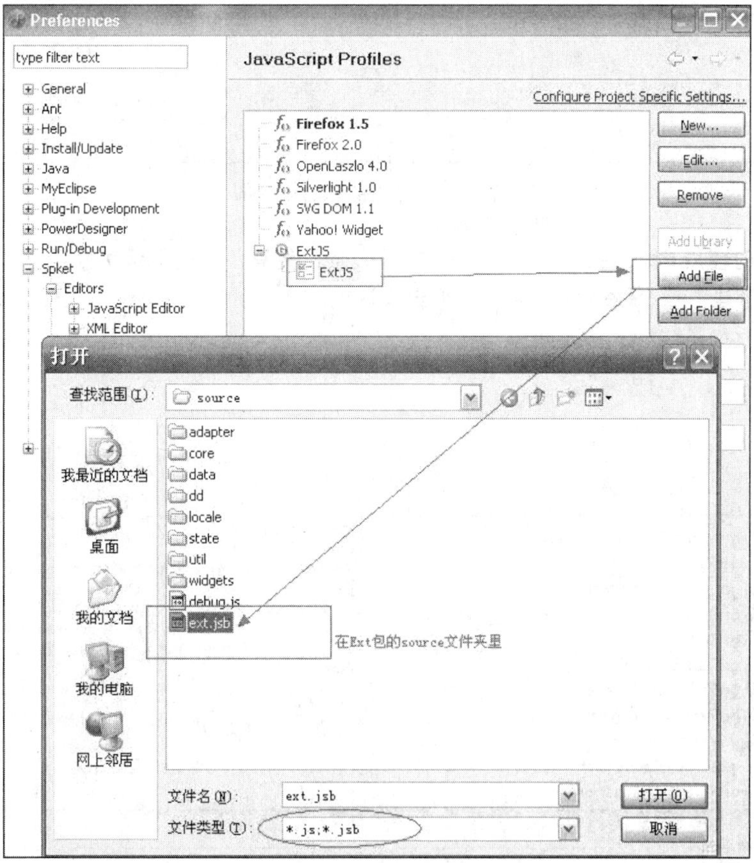

图 17-12　选取“ext.jsb”文件

（5）设置新的 ExtJS Profile，选中并单击"JavaScript Profiles"对话框右边的"Defalut"按钮，如图 17-13 所示。

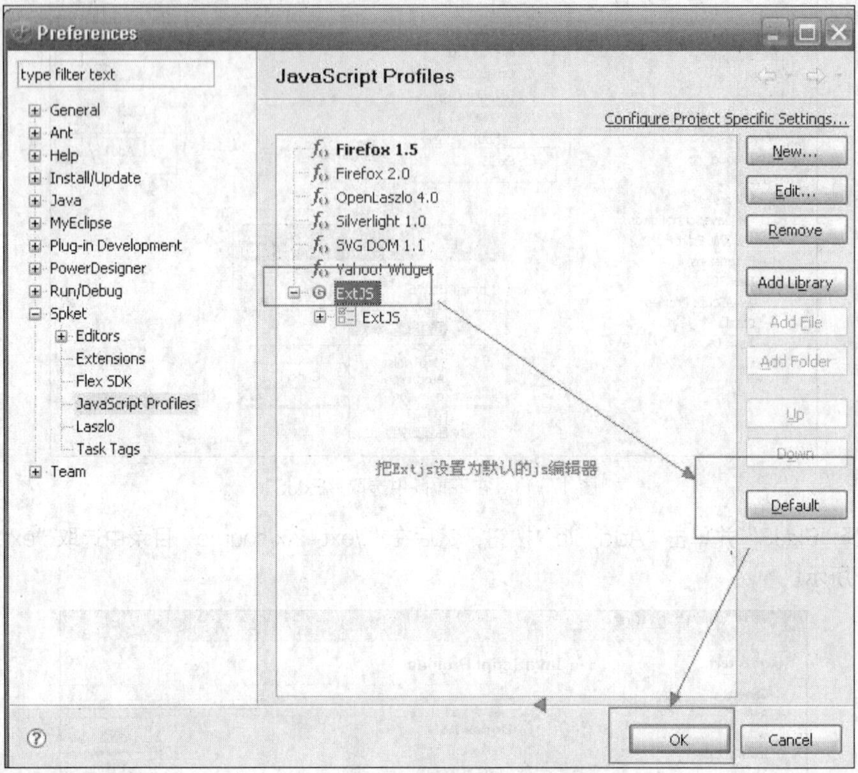

图 17-13　设置新的 ExtJS Profile

（6）如果此时使用 Eclipse 新建一个".js 文件"，便已经具备智能提示功能了，如图 17-14 所示。这说明已经成功搭建了 Eclipse+Sencha Touch 开发环境。

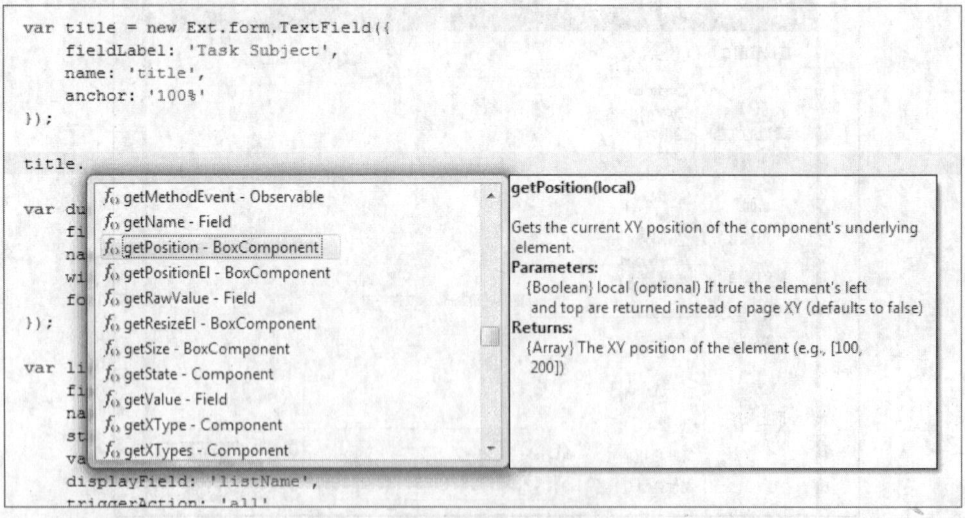

图 17-14　智能提示界面

17.2.3 调试 Sencha Touch 程序

目前 Sencha Touch 框架对桌面浏览器的支持不佳，但是对于 iOS 和 Android 的浏览器支持则相当完美。在此建议使用 Chrome 浏览器进行调试，在调试之前需要做如下两个工作。

- 创建一个空白的 HTML 页面，用 <script> 标签引入 sencha-touch.js，用 <link> 标签引入 sencha-touch.css。
- 为 HTML 页面新建一个 JS 文件，将用这个文件创建出 Sencha Touch 页面。

创建基本的 Sencha Touch 程序的流程如下所示。

（1）创建 HTML 页面。

使用 Dreamweaver 创建一个 HTML 页面 messageBox.html，具体实现代码如下所示。

```
<!doctype html>
<html>
  <head>
    <meta http-equiv="Content-Type" content="text/html; charset=utf-8">
    <title>messageBox.html</title>
    <link rel="stylesheet" href="../../ext/resources/css/sencha-touch.css" type="text/css">
    <script type="text/javascript" src="../../ext/sencha-touch.js"></script>
    <script type="text/javascript" src="messageBox.js"></script>
  </head>

  <body>

  </body>
</html>
```

上述代码分别实现了如下所示的三个功能：

- 引入 sencha-touch.css 样式文件。
- 引入 sencha-touch.js 核心库文件。
- messageBox.js 是例子用的文件。

（2）编写 JS 文件 messageBox.js，具体实现代码如下所示。

```
Ext.setup({
    icon: '../icon.png',
    tabletStartupScreen: '../tablet_startup.png',
    phoneStartupScreen: '../phone_startup.png',
    glossOnIcon: false,
    onReady: function() {
        Ext.Msg.alert(' 提示 ', ' 第一个 SenchaTouch 程序！ ');
    }
});
```

（3）使用 Opera 的手机模拟器（支持 HTML5）或 Google 浏览器进行调试，在浏览器中输入 http://

localhost:8080/messageBox.html，当然也可以直接打开 HTML 文件进行浏览，而不必要部署到服务器。执行效果如图 17-15 所示。

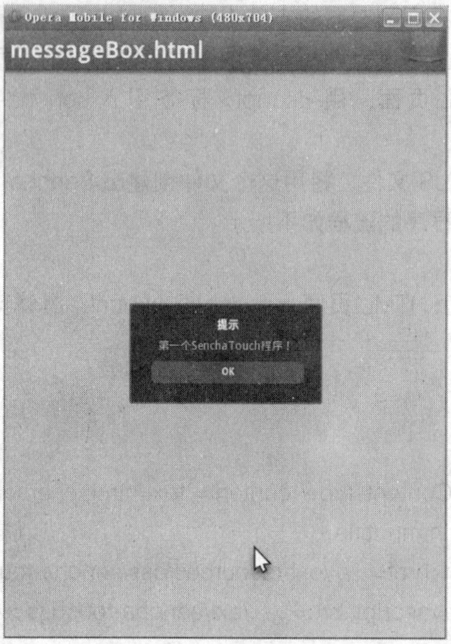

图 17-15　执行效果

技巧

优化 Sencha Touch 应用程序的启动时间

（1）使用 sencha cmd 的 build 工具打包和压缩所有需要的 JS 文件成一个单独的文件，例如 app-all.js。

（2）压缩 JS 和 CSS 文件，删除任何未使用的 JS 函数或 CSS mixin 的（通过 SASS/Compass 能很容易地检查）。有关详细信息，请仔细阅读：

http://www.sencha.com/blog/an-introduction-to-theming-sencha-touch

（3）动态加载外部 JS 文件，在这里已经有一个很好的话题：在 Sencha Touch 2 里什么是正确加载外部 JavaScript 的方式。

17.3 Sencha Touch 界面布局

本节教学录像：4 分钟

对于一个移动 Web 应用程序来说，UI 界面的布局规划十分重要。在移动 Web 应用程序中，布局用来描述组件的大小和空间位置信息。在本节的内容中，将详细讲解 Sencha Touch 界面布局级别的知识。

17.3.1 Hbox 布局（水平布局）

例如对于一个电子邮件的客户端来说，它有一个固定在屏幕左侧的邮件列表，占屏幕宽度的 1/3；在屏幕剩余的右侧空间，有一个查看邮件具体内容的浏览面板。此时可以用 hbox 布局来实现两个组件的伸缩 Flex，伸缩 Flex 意味着能够把可用的空间按照每一个子组件的 Flex 系数进行分割。例如进行图

17–16 所示的伸缩布局。

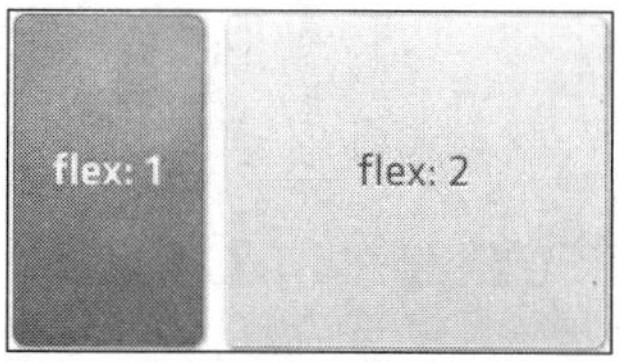

图 17–16 水平布局

上述功能的实现代码非常简单，仅需要为任意一个容器指定“hbox”布局，然后为每一个处于其中的组件分配一个 Flex 系数即可。

```
Ext.create('Ext.Container', {
fullscreen: true,
layout: 'hbox',
items: [
{
xtype: 'panel',
html: 'message list',
flex: 1
},
{
xtype: 'panel',
html: 'message preview',
flex: 2
}
]
});
```

在上述代码中创建了一个填满整个屏幕的容器，并在其内部创建了一个邮件列表面板和一个内容浏览面板。它们的 Flex 系数分别为 1 和 2（左侧面板的 Flex 系数为 1，右侧面板的 Flex 系数为 2），这意味着左侧面板将占去 1/3 的宽度，右侧面板将占用其余 2/3 的宽度。如果我们的容器宽度为 300 像素，那么左侧面板的宽度为 100 像素，右侧面板的宽度为 200 像素。

17.3.2 VBox 布局（垂直布局）

VBox 布局与 HBox 布局类似，只是它的排列方向为垂直而不是水平。同样，可以简单地把它想象为图 17–17 所示的两个盒子。

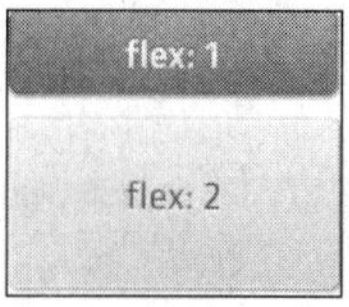

图 17–17 垂直布局

下面的演示代码几乎与上一个例子的代码相同，仅仅是把容器的布局属性设置为“vbox”。

```
Ext.create('Ext.Container', {
fullscreen: true,
layout: 'vbox',
items: [
{
xtype: 'panel',
html: 'message list',
flex: 1
},
{
xtype: 'panel',
html: 'message preview',
flex: 2
}
]
});
```

在上述代码中，如果容器的高度为 300 像素，那么第一个面板（flex：1）的高度为 100 像素，第二个面板（flex：2）高度为 200 像素。

17.3.3 Card 布局（卡片布局）

有时想将展现多个充满信息的屏幕，但是现实是只有一个小屏幕可用，这时可以考虑使用 Card 布局方式。卡片布局在其应用的容器中占满整个空间，使得当前活动的项目完全填满该容器，并隐藏其余项目。Card 布局允许选择任何一个项目作为当前可见的项目，但在同一时间只能显示一个，如图 17-18 所示。

图 17-18　卡片布局

在下面的演示代码中，灰色方块是我们的容器，它里面的蓝色方块是当前活跃的项目。其他三个项目在视图中是隐藏的，但这三个隐藏项目可以替换成当前显示的项目。通常并不直接创建 Card 布局，而是通过如下代码实现。

```
var panel = Ext.create('Ext.Panel', {
layout: 'card',
items: [
{
```

```
html: "First Item"
},
{
html: "Second Item"
},
{
html: "Third Item"
},
{
html: "Fourth Item"
}
]
});
panel.getLayout().setActiveItem(1);
```

此时创建了一个具有卡片布局的面板，在最后一句代码中设置第二个项目为该面板的显示项（数组的下标是从 0 开始的，所以 1 代表第二项）。通常情况下，最好使用一个 Tab Panel 或 Carousel。

17.3.4 Fit 布局（填充布局）

填充布局（Fit Layout）可能是最简单的布局了，其作用就是使一个子组件撑满它所在的父容器，如图 17-19 所示。

图 17-19　填充布局

例如，如果有一个 200 像素 ×200 像素的容器，为它建立一个独立的子组件并将该容器的布局设置为“Fit 布局”，那么子组件也将是 200 像素 ×200 像素。

```
var panel = Ext.create('Ext.Panel', {
width: 200,
height: 200,
layout: 'fit',
items: {
xtype: 'panel',
html: 'Also 200px by 200px'
}
});
Ext.Viewport.add(panel);
```

17.3.5 Docking(停靠)

每一种布局均具备在容器中“停靠”组件的功能，“停靠”功能能够将新增的组件放置在父容器的顶部、右侧、底部和左侧，并会自动重新分配其余组件所占的空间大小。例如，回到 hbox 布局，假设有一个要停靠在顶部的新增组件，如图 17-20 所示的蓝色部分。

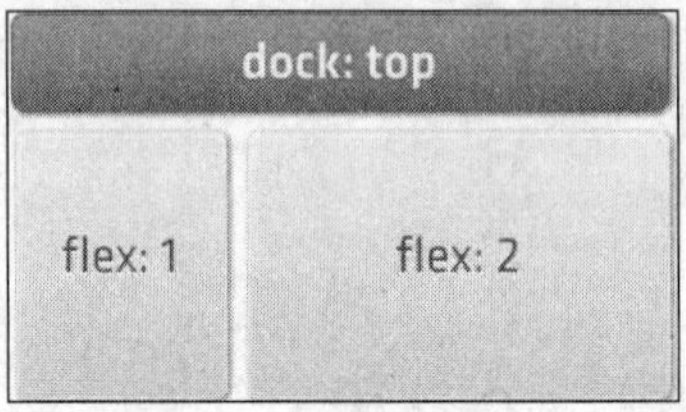

图 17-20　停靠布局

这种停靠经常用来实现 toolbar 和 banner 等，并很容易就通过“Dock:'top'”之类的语句来实现。

```
Ext.create('Ext.Container', {
fullscreen: true,
layout: 'hbox',
items: [
  {
  dock: 'top',
  xtype: 'panel',
  height: 20,
  html: 'This is docked to the top'
  },
  {
  xtype: 'panel',
  html: 'message list',
  flex: 1
  },
  {
  xtype: 'panel',
  html: 'message preview',
  flex: 2
  }
  ]
  });
```

此时可以在容器中增加多个停靠在其中的组件，只需要在想停靠的组件上简单地设置 dock 属性即可，可以将组件停靠在父容器的任意一边。例如，可以在之前的 vbox 布局中将一个新的组件停靠在父容器的左侧，如图 17-21 所示。

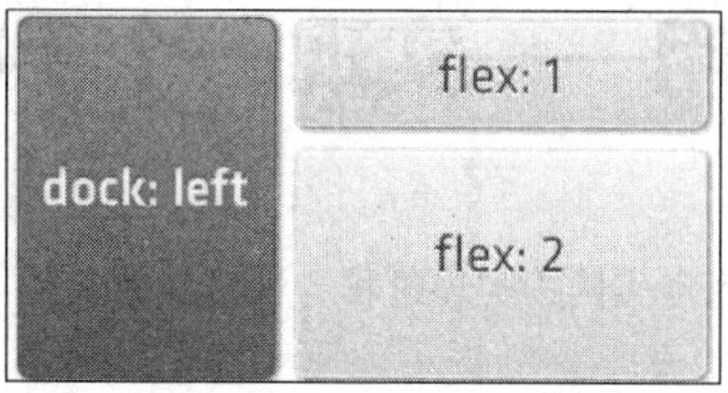

图 17-21　停靠在父容器的左侧

下面的代码可以指定新增组件的 dock 属性为"left"，这样即可实现此例。

```
Ext.create('Ext.Container', {
fullscreen: true,
layout: 'vbox',
items: [
{
dock: 'left',
xtype: 'panel',
width: 100,
html: 'This is docked to the left'
},
{
xtype: 'panel',
html: 'message list',
flex: 1
},
{
xtype: 'panel',
html: 'message preview',
flex: 2
}
]
});
```

此时可以在父容器的每一侧同时停靠多个组件，例如在底部同时停靠几个组件。

技 巧

优化 Sencha Touch 应用程序的性能

- 保持 DOM 结构尽可能小。不活动的 view 应当予以销毁（以后如果需要的话，可动态添加到容器中）。
- 避免使用 CSS3 属性，因为它们在 Android 设备上是很慢的。
- 对于任何 scrollviews，应该在 Android 上应禁用 overscrol 滚动效果。笔者已经在 Android 设备上测试过许多 Sencha Touch2 应用，overscroll 滚动效果因为延迟和滞后会严重导致不愉快的经历（测试过 Nexus S、Galaxy Tab 和一些 HTC 手机）。
- 压缩 JS 和 CSS，删除无用的 JS 方法和 CSS 文件。
- 启用硬件加速器。

17.4 综合应用——实现一个手机通讯录

本节教学录像：5 分钟

在本节的内容中，将以一个综合实例的实现过程，详细讲解使用 Sencha Touch 框架实现一个手机通讯录的方法。

【范例 17-1】实现一个手机通讯录

源码路径：光盘\配套源码\17\17-1\

本实例的具体实现流程如下所示。

（1）新建一个 Web 项目，然后新建一个 index.html 文件，具体实现代码如下所示。

```
<!DOCTYPE html PUBLIC "-//W3C//DTD XHTML 1.0 Transitional//EN" "http://www.w3.org/TR/xhtml1/
DTD/xhtml1-transitional.dtd">
<html xmlns="http://www.w3.org/1999/xhtml">
<head>
    <title>sencha</title>
    <link href="http://dev.sencha.com/deploy/touch/resources/css/sencha-touch.css" rel="stylesheet"
type="text/css" />
    <script src="http://dev.sencha.com/deploy/touch/sencha-touch-debug.js" type="text/
javascript"></script>
    <script src="js/notes.js" type="text/javascript"></script>
</head>
<body>
</body>
</html>
```

（2）新建“js”目录，然后在里面创建 3 个“.js”文件。其中 notes1.js 的功能是显示通讯录中的列表 list，具体实现代码如下所示。

```
var notesApp = new Ext.Application({
    name: "NotesApp",
    useLoadMask: true,
    launch: function() {
        Ext.regModel("Note", {
            idProperty: "Id",
            fields: [
                    { name: "Id", type: "int" },
                    { name: "Name", type: "string" },
                    { name: "Phone", type: "string" },
                    { name: "Email", type: "string"}
                ],
            validations: [
                { type: "presence", field: "Id" },
```

```
            { type: "presence", field: "Name", message: "Name cannot be empty!" }
            ]
});
NotesApp.views.NotesStore = Ext.regStore("NotesStore", {
        model: "Note",
        sorters: { property: "Name", direction: "ASC" },
        proxy: { type: "localstorage",id:"note-store-app" },
        data:[
            {Id:"-1",Name:"xiaoxinmiao",Phone:"15811016818",Email:"xiaoxm_001@163.com"}

            ,{Id:"-1",Name:"huangrong",Phone:"13145207520",Email:"huangrong_001@163.com"}
        ]
});
NotesApp.views.notesList = new Ext.List({
        id: "notesList",
        store: "NotesStore",
        emptyText: "<div>note is not cached</div>", //onItemDisclosure
        itemTpl: "<div>{Name}</div>" + "<div>{Phone}</div>",
        onItemDisclosure: function(record) {
            // show detail note
        }
});
NotesApp.views.notesListToolbar = new Ext.Toolbar({
        id: "notesListToolbar",
        title: "Contact",
        layout: "hbox",
        items: [
            { xtype: "spacer" },
            {
                text: "New", ui: "action", handler: function() {
                    //add new data
                }
        }]
});
NotesApp.views.notesListContainer = new Ext.Panel({
        id: "notesListContainer",
        layout: "fit",
        dockedItems: [NotesApp.views.notesListToolbar]
        items: [NotesApp.views.notesList]
});
NotesApp.views.viewport = new Ext.Panel({
        fullscreen: true, //fullscreen
        layout: "card",
```

```
                cardSwitchAnimation: "slide",
                items: [NotesApp.views.notesListContainer
                ]
            });
        }
});
```

对上述代码的具体说明如下所示。

- new Ext.Application：应用程序入口。
- NotesApp.views.viewport：应用程序的 viewport 界面视图，将整个界面布局设置为使用 Panel 面板，并且设置了 fullscreen 属性为 true，应用并启动后，首先显示的是 NotesApp.views.notesListContainer。NotesApp.views.notesListContainer 为记事列表页面，它包括如下两种。
  - NotesApp.views.notesListToolbar：显示标题和新增按钮。
  - NotesApp.views.notesList：显示 List 数据。
- NotesApp.views.notesList 需要指定 store，NotesApp.views.NotesStore 里面指定了 Model（相当于一个实体类），还指定了 proxy 属性，并使用 HTML5 本地存储机制保存用户本地的数据，还可以在客户端的浏览器中保存数据。

（3）编写文件 Notes2.js，功能是完成两个页面布局，并能成功跳转，具体实现代码如下所示。

```
var notesApp = new Ext.Application({
    name: "NotesApp",
    useLoadMask: true,
    launch: function() {
        Ext.regModel("Note", {
            idProperty: "Id",
            fields: [
                { name: "Id", type: "int" },
                { name: "Name", type: "string" },
                { name: "Phone", type: "string" },
                { name: "Email", type: "string" }
            ],
            validations: [
                { type: "presence", field: "Id" },
                { type: "presence", field: "Name", message: "Name cannot be empty!" }
            ]
        });
        NotesApp.views.NotesStore = Ext.regStore("NotesStore", {
            model: "Note",
            sorters: { property: "Name", direction: "ASC" },
            proxy: { type: "localstorage", id: "note-store-app" },
            data: [
                { Id: "-1", Name: "xiao", Phone: "15100000000", Email: "xiaoxm_001@163.com" }
```

```
            , { Id: "-1", Name: "huan", Phone: "13100000000", Email: "gxj_001@163.com" }
        ]
    });
    NotesApp.views.notesList = new Ext.List({
        id: "notesList",
        store: "NotesStore",
        emptyText: "<div>note is not cached</div>", //onItemDisclosure
        itemTpl: "<div>{Name}</div>" + "<div>{Phone}</div>",
        onItemDisclosure: function(record) {
        }
    });
    NotesApp.views.notesListToolbar = new Ext.Toolbar({
        id: "notesListToolbar",
        title: "Contact",
        layout: "hbox",
        items: [
            { xtype: "spacer" },
            {
                text: "New", ui: "action", handler: function() {
                    //add new data
                        NotesApp.views.viewport.setActiveItem("noteEditor", { type: "slide",
direction: "left" } );
                }
        }]
    });
    NotesApp.views.notesListContainer = new Ext.Panel({
        id: "notesListContainer",
        layout: "fit",
        dockedItems: [NotesApp.views.notesListToolbar],
        items: [NotesApp.views.notesList]
    });
    NotesApp.views.noteEditorTopToolbar = new Ext.Toolbar({
        id: "noteEditorTopToolbar",
        title: "Edit Contact",
        layout: "hbox",
        items: [
        { text: "Home", ui: "back",
            handler: function() {
                NotesApp.views.viewport.setActiveItem("notesListContainer", { type: "slide",
direction: "right" });
```

```
                }
            },
            { xtype: "spacer" },
            {
                text: "Save", ui: "action", handler: function() {
                    //save data
                }
            }
            ]
        });
        NotesApp.views.noteEditorBottomToolbar = new Ext.Toolbar({
            id: "noteEditorBottomToolbar",
            dock: "bottom",
            layout: "hbox",
            items: [
                { xtype: "spacer" },
                { iconCls: "trash", iconMask: true, handler: function() {
                    //delete data
                }
                }
            ]
        });
        NotesApp.views.noteEditor = new Ext.form.FormPanel({
            id: "noteEditor",
            items: [
                { xtype: "textfield", name: "Name", label: "Name", required: true },
                { xtype: "textfield", name: "Phone", label: "Phone" },
                { xtype: "textfield", name: "Email", label: "Email" }
            ],
            dockedItems: [NotesApp.views.noteEditorTopToolbar, NotesApp.views.noteEditorBottomToolbar]
        });
        NotesApp.views.viewport = new Ext.Panel({
            fullscreen: true, //fullscreen
            layout: "card",
            cardSwitchAnimation: "slide",
            items: [NotesApp.views.notesListContainer,
                NotesApp.views.noteEditor
            ]
        });
    }
});
```

对上述代码的具体说明如下所示。

- new Ext.form.FormPanel：因为有文本框，并且需要提交数据，所以在此使用了 FormPanel。
- NotesApp.views.viewport.setActiveItem：实现跳转功能。
- 属性 iconCls：指定了使用默认的垃圾站图标。
- 属性 iconMask：指定了图标在按钮中显示。

（4）编写文件 Notes3.js，功能是实现按钮 new、save 和 delete 的功能，具体实现代码如下所示。

```
var notesApp = new Ext.Application({
    name: "NotesApp",
    useLoadMask: true,
    launch: function() {
        NotesApp.views.notesListToolbar = new Ext.Toolbar({
            id: "notesListToolbar",
            title: "Contact",
            layout: "hbox",
            items: [
                { xtype: "spacer" },
                {
                    text: "New", ui: "action", handler: function() {
                        var note = Ext.ModelMgr.create({ Id: (new Date()).getTime(),Name: "",
Phone: "", Email: "" }, "Note");
                        // 自动加载数据
                        NotesApp.views.noteEditor.load(note);
                        NotesApp.views.viewport.setActiveItem("noteEditor", { type: "slide",
direction: "left" });
                    }
                }
            ]
        });
        Ext.regModel("Note", {
            idProperty: "Id",
            fields: [
              { name: "Id", type: "int" },
              { name: "Name", type: "string" },
              { name: "Phone", type: "string" },
              { name: "Email", type: "string", message: "Wrong Email Format" }
            ],
            validations: [
            { type: "presence", field: "Id" },
            { type: "presence", field: "Name", message: "Name cannot be empty!" },
            // 验证，注意 type 是 "format"
```

```
            { type: "format", field: "Phone", matcher: /^[0-9]+$/, message: "please enter corrent number!" },
            { type: "format", field: "Email", matcher: /^[.]*$|^[a-zA-Z0-9._-]+@[a-zA-Z0-9.-]+\.[a-zA-Z]
{2,4}$/, message: "please enter corrent email!" }

            ]
        });
        NotesApp.views.NotesStore = Ext.regStore("NotesStore", {
            model: "Note",
            sorters: { property: "Name", direction: "ASC" },
            proxy: { type: "localstorage", id: "note-store-app" },
            // 分组的时候用
            getGroupString: function(record) {
                if (record && record.data.Name) {
                    return record.get("Name")[0].toString();
                }
                else {
                    return "";
                }
            }
        });
        NotesApp.views.notesList = new Ext.List({
            id: "notesList",
            store: "NotesStore",
            // 分组
            grouped: true,
          // 右侧的字母索引
            indexBar: true,
            emptyText: "<div>note is not cached</div>", //onItemDisclosure
            itemTpl: "<div>{Name}</div>" + "<div>{Phone}</div>",
            onItemDisclosure: function(record) {
                var selectedNote = record;
                NotesApp.views.noteEditor.load(selectedNote);
                NotesApp.views.viewport.setActiveItem("noteEditor", { type: "slide", direction: "left" });
            }
            ,
            // 只要展示 listview 就会触发这个事件
            listeners: { "render":
            function(thisComponent) {
                thisComponent.getStore().load();
            }
            }
```

```
    });
    NotesApp.views.noteEditorTopToolbar = new Ext.Toolbar({
        id: "noteEditorTopToolbar",
        title: "Edit Contact",
        layout: "hbox",
        items: [
        { text: "Home", ui: "back",
            handler: function() {
                    NotesApp.views.viewport.setActiveItem("notesListContainer", { type:
"slide", direction: "right" });
            }
        },
        { xtype: "spacer" },
        {
            text: "Save", ui: "action", handler: function() {
                var noteEditor = NotesApp.views.noteEditor;
                // 得到 record 里的数据，比如：从 list 表单中选择一个
                var currentNote = noteEditor.getRecord();
                // 将修改后的数据保存在 record 里，如：在文本框中修改姓名
                noteEditor.updateRecord(currentNote);
                // 验证，规则对应于 Model 里的 validations
                var errors = currentNote.validate();
                if (!errors.isValid()) {
                    var message = "<span style='color:red'>";
                    Ext.each(errors.items, function(rec, i) {
                        message += rec.message + "<br>";
                    });
                    message += "</span>";
                    Ext.Msg.alert("<span style='color:red'>Validate</span>", message, Ext.emptyFn);
                    return;
                }
                // 保存 notesStore 中的数据
                var notesList = NotesApp.views.notesList;
                var notesStore = notesList.getStore();
                if (notesStore.findRecord('Id', currentNote.data.Id) === null) {

                    notesStore.add(currentNote);
                }
                notesStore.sync();
                notesStore.sort([{ property: 'Name', direction: 'ASC'}]);
```

```
                // 刷新 notesList 中的数据
                notesList.refresh();
               NotesApp.views.viewport.setActiveItem('notesListContainer', { type: 'slide',
direction: 'right' });
            }
        }
        ]
    });
    NotesApp.views.noteEditorBottomToolbar = new Ext.Toolbar({
        id: "noteEditorBottomToolbar",
        dock: "bottom",
        layout: "hbox",
        items: [
            { xtype: "spacer" },
            { iconCls: "trash", iconMask: true, handler: function() {
                // 得到 record 里的数据
                var currentNote = NotesApp.views.noteEditor.getRecord();
                // 删除 notesStore 中的数据
                var notesList = NotesApp.views.notesList;
                var notesStore = notesList.getStore();
                if (notesStore.findRecord('Id', currentNote.data.Id)) {
                    notesStore.remove(currentNote);
                }
                notesStore.sync();
                // 刷新 notesList 中的数据
                notesList.refresh();
                 NotesApp.views.viewport.setActiveItem('notesListContainer', { type: 'slide',
direction: 'right' });
            }
            }
        ]
    });
    NotesApp.views.noteEditor = new Ext.form.FormPanel({
        id: "noteEditor",
        items: [
            { xtype: "textfield", name: "Name", label: "Name", required: true },
            { xtype: "textfield", name: "Phone", label: "Phone" },
            { xtype: "textfield", name: "Email", label: "Email" }
        ],
```

```
                dockedItems: [NotesApp.views.noteEditorTopToolbar, NotesApp.views.
noteEditorBottomToolbar]
            });
            NotesApp.views.notesListContainer = new Ext.Panel({
                id: "notesListContainer",
                layout: "fit",
                dockedItems: [NotesApp.views.notesListToolbar],
                items: [NotesApp.views.notesList]
            });
            NotesApp.views.viewport = new Ext.Panel({
                fullscreen: true, //fullscreen
                layout: "card",
                cardSwitchAnimation: "slide",
                items: [NotesApp.views.notesListContainer
                , NotesApp.views.noteEditor
                ]
            });
        }
    });
```

【运行结果】

执行后将首先显示通讯录列表，如图 17-22 所示。单击列表中的某个联系人后，会显示这个联系人的详细联系信息，如图 17-23 所示。

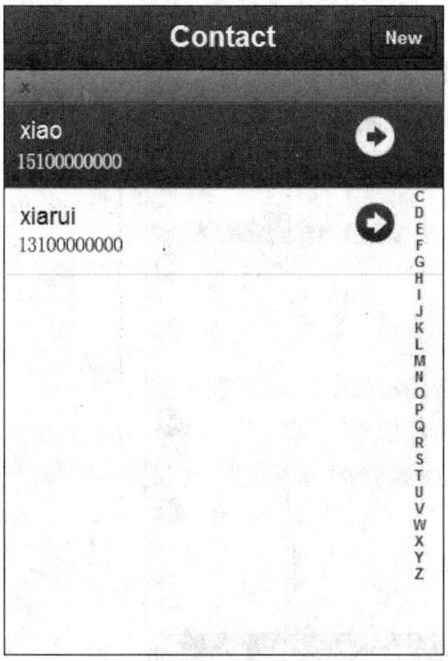

图 17-22　通讯录列表

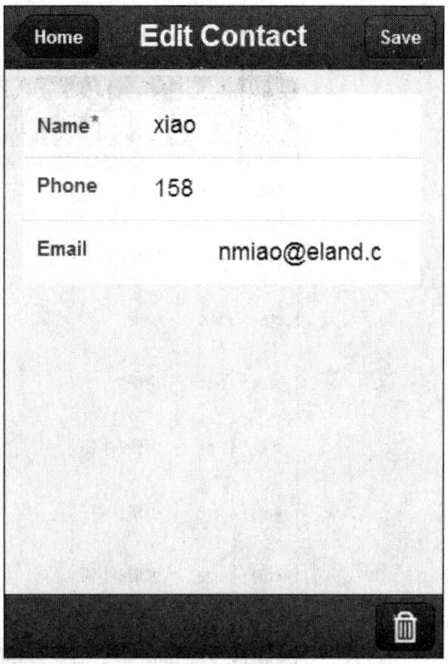

图 17-23　详细联系信息

17.5 高手点拨

实现 Sencha Touch 性能优化的技巧

Sencha Touch 跟 Ext js 提供了丰富且高级的组件，让开发者能快速地开发出一个跨手机平台。但是开发者发现了一个严重的问题，手机上的效果根本没有在 PC 上用 Chrome 打开的效果好。Sencha Touch 和 ext 一样，两者的组件是类式继承的，大大降低了使用和学习的周期，但是缺点也是很明显的，每增加一个组件，内存消耗就增加很多，此时可以考虑性能优化。

(1) 每个组件都应该考虑它的 xtype，如果可以使用 container，就不要使用一个 panel 了。

(2) 在 list 中一列的个数显示一屏就可以了，list 有很多高级功能，但性能非常差，只能通过减少加载项来解决。

(3) 尽量不要使用 tbar/bbar，Sencha Touch 的提供的 toolbar 功能强大，按钮也很易用，但使用的 DOM 元素也非常多，自己写一个 bar 是非常必要的。

(4) 把不在置顶的 view 中的 DOM 删除，有时候项目中有好几个 view，但我们在同一时间内是不可能同时查看两个 view 的，应该把其他 view 的 DOM 元素释放掉。

从上面看来，性能优化的关键是控制 DOM 元素的数量，但 Sencha Touch 还会对一些元素绑定事件，如果开始就不显示这些元素，那么内存开销会更低。

17.6 实战练习

学习开源代码“Sencha Touch+PhoneGap 打造超级奶爸之喂养记”。

这是一个综合性的源程序，开源地址是 https://git.oschina.net/liongis/WeiYang。

最终的执行效果如图 17-24 所示。

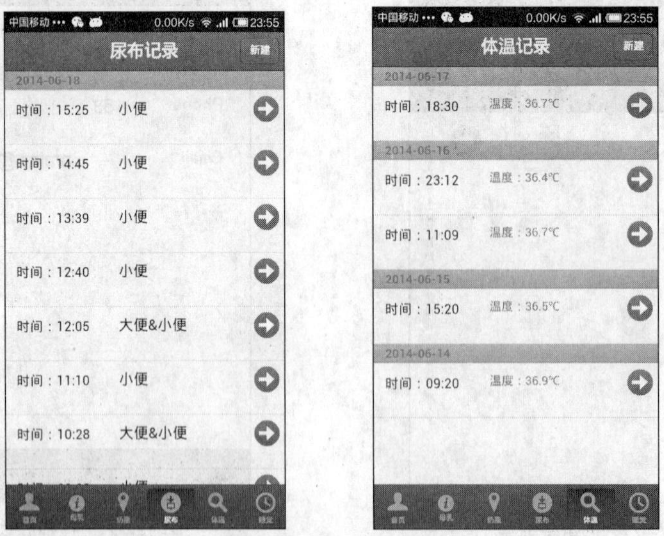

图 17-24 执行效果

第 5 篇

综合实战

第18章 记事本系统

本章教学录像：13 分钟

经过本书前面内容的学习，相信读者已经掌握了移动 Web 开发技术的基本知识。本章综合运用前面所学的知识，结合使用 HTML5、CSS3 和 jQuery Mobile 技术开发一个能够在移动设备中运行的记事本管理系统。希望读者认真阅读本章内容，仔细品味 HTML5+jQuery Mobile+CSS 组合在移动 Web 开发领域的真谛。

本章要点（已掌握的在方框中打钩）

- ☐ 系统功能分析
- ☐ 系统模块划分
- ☐ 构建 jQuery Mobile 平台
- ☐ 页面实现
- ☐ 系统样式文件

18.1 系统功能分析

在进行一个 Web 项目之前，一定要做好需求分析方面的工作，这是设计并开发任何软件项目的准备工作。作为一个基本的记事本系统，需要具备如下所示的功能。

（1）提供快速入口导航功能。

为了帮助使用者迅速上手，提高系统的美观性，专门设置了一个导航主界面。当系统运行后会以左右滑动的方式显示系统截图，并自动进入系统首页。

（2）列表展示系统中的记录信息。

进入系统后，将列表显示系统中的所有记事本的类别信息，并显示每一个类别的记事本条数。

（3）记事本列表。

当单击某一个类别名称后会来到记事本类表界面，在此界面中列表显示了这个类别下的所有记事本的名称，并且还提供了过滤搜索功能，能够快速检索到符合用户输入关键字的记事本信息。

（4）记事本详情。

单击某一个记事本名称后，会在新界面中显示这条记事本的详细信息。

（5）新增记事本。

系统必须提供发布新记事本的功能，供用户随时发布新的记事本信息。

（6）修改记事本。

系统必须提供修改新记事本的功能，供用户随时根据需要编辑修改某一条记事本信息。

（7）删除记事本。

系统必须提供删除新记事本的功能，供用户随时根据需要删除某一条不需要的记事本信息。

18.2 系统模块划分

根据前面 18.1 中的系统功能分析，得出本系统的模块结构，如图 18-1 所示。

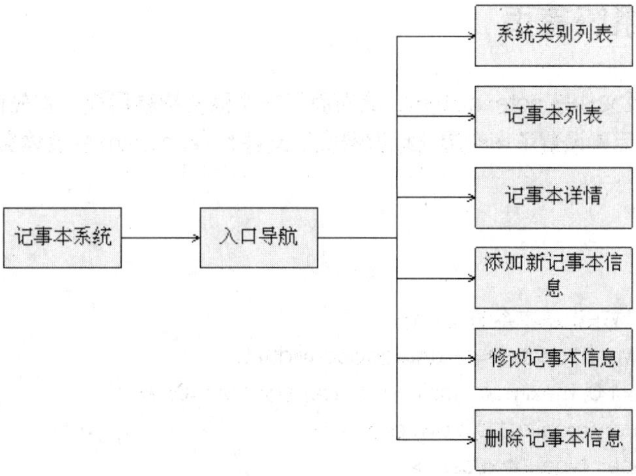

图 18-1　系统构成模块图

18.3 构建 jQuery Mobile 平台

本系统需要借助于 jQuery Mobile 技术实现，所以需要在页面中事先构建 HTML+jQuery Mobile+CSS 平台。构建工作需要在 HTML 文件的头文件中实现，具体实现代码如下所示。

```
<!DOCTYPE html>
<html>
<head>
<title> 首页 _ 城南记事本系统 </title>
<meta name="viewport" content="width=device-width,
        initial-scale=1.0, maximum-scale=1.0, user-scalable=0;" />
<link href="Css/jquery.mobile-1.0.1.min.css"
        rel="stylesheet" type="text/css"/>
<link href="Css/rttopHtml5.css"
        rel="stylesheet" type="text/css"/>
<script src="Js/jquery-1.6.4.js"
        type="text/javascript" ></script>
<script src="Js/jquery.mobile-1.0.1.js"
        type="text/javascript" ></script>
</head>
```

18.4 页面实现

经过系统分析、模块划分和平台搭建工作之后，接下来正式步入系统实现阶段的工作。在本节的内容中，将首先详细讲解 HTML5 页面的具体实现过程。

18.4.1 实现系统首页

本实例的系统首页文件是 notenav.htm，此页面是一个图片导航界面，首先使用 <div> 设置了一幅图片，然后使用 <ul> 元素设置了一个滑动标识图像。文件 notenav.htm 的具体实现代码如下所示。

```
<!DOCTYPE html>
<html>
<head>
<title> 新手导航 _ 城东记事本系统 </title>
<meta name="viewport" content="width=device-width,
        initial-scale=1.0, maximum-scale=1.0, user-scalable=0;" />
<link href="Css/jquery.mobile-1.0.1.min.css"
        rel="stylesheet" type="text/css"/>
<link href="Css/mmmHtml5.css"
```

```
        rel="stylesheet" type="text/css"/>
<script src="Js/jquery-1.6.4.js"
        type="text/javascript" ></script>
<script src="Js/jquery.mobile-1.0.1.js"
        type="text/javascript" ></script>
<style type="text/css">
.ui-page{ background:#414141}
</style>
</head>
<body>
  <div data-role="page" id="notenav_index">
    <div data-role="header"><h4> 新手导航 </h4></div>
      <div data-role="content">
      <div id="notenav_wrap">
       <div id="notenav_list">
           <a href="javascript:">
              <img src="Images/nav1.jpg" alt="" /></a>
           <a href="javascript:">
              <img src="Images/nav2.jpg" alt="" /></a>
       </div>
       <ul id="notenav_icon"><li></li><li></li></ul>
       </div>
      </div>
  </div>
<script src="Js/mmmHtml5.base.js"
        type="text/javascript"></script>
<script src="Js/mmmHtml5.note.js"
        type="text/javascript" ></script>
</body>
</html>
```

在上述代码中调用了两个 JS 脚本文件，分别是 mmmHtml5.base.js 和 mmmHtml5.note.js。其中文件 mmmHtml5.base.js 的功能是设置系统的基本属性，定义并设置 localStorage 对象的键名和键值方法。文件 mmmHtml5.base.js 的具体实现代码如下所示。

```
var mmmhtml5mobi = {
    author: 'mmm',
    version: '1.0',
    website: 'http://localhost'
}
mmmhtml5mobi.utils = {
    setParam: function(name, value) {
        localStorage.setItem(name, value)
    },
```

```
    getParam: function(name) {
        return localStorage.getItem(name)
    }
}
```

文件 mmmHtml5.note.js 是由 jQuery Mobile 框架实现的，实现了本系统所有页面需要的 JavaScript 代码，其中和导航页相关的实现代码如下所示。

```
//新手导航页面创建事件
$("#notenav_index").live("pagecreate", function() {
    if (mmmhtml5mobi.utils.getParam('bln_look') != null) {
        $.mobile.changePage("index.htm", "slideup");
    } else {
        var $count = $("#notenav_list a").length;
        $("#notenav_list a:not(:first-child)").hide();
        $("#notenav_icon li:first-child").addClass('on').html("1");
        $("#notenav_list a img").each(function(index) {
            $(this).swipeleft(function() {
                if (index < $count - 1) {
                    var i = index + 1;
                    var s = i + 1;
                    $("#notenav_list a").filter(":visible").fadeOut(500).parent().children().eq(i).fadeIn(1000);
                    $("#notenav_icon li").eq(i).html(s);
                    $("#notenav_icon li").eq(i).toggleClass("on");
                    $("#notenav_icon li").eq(i).siblings().removeAttr("class").html("");
                    if (s == $count) {
                        mmmhtml5mobi.utils.setParam('bln_look', 1);
                        $.mobile.changePage("index.htm", "slideup");
                    }
                }
            }).swiperight(function() {
                if (index > 0) {
                    var i = index - 1;
                    var s = i + 1;
                    $("#notenav_list a").filter(":visible").fadeOut(500).parent().children().eq(i).fadeIn(1000);
                    $("#notenav_icon li").eq(i).html(s);
                    $("#notenav_icon li").eq(i).toggleClass("on");
                    $("#notenav_icon li").eq(i).siblings().removeAttr("class").html("");
                }
            })
        })
    }
})
```

此时执行后的效果如图 18-2 所示。

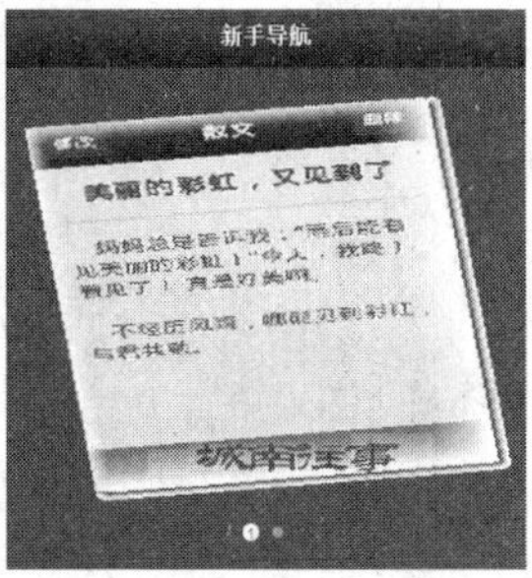

图 18-2 执行效果

18.4.2 实现记事本类别列表页面

当滑动系统首页文件后会进入系统记事本类别列表页面 index.htm，此页面列表显示了系统内所有的记事本类别名称，并在每一个类别项的后面显示了此类别下记事本信息的数目。文件 index.htm 的具体实现代码如下所示。

```
<!DOCTYPE html>
<html>
<head>
<title> 首页 _ 城南记事本系统 </title>
<meta name="viewport" content="width=device-width,
        initial-scale=1.0, maximum-scale=1.0, user-scalable=0;" />
<link href="Css/jquery.mobile-1.0.1.min.css"
        rel="stylesheet" type="text/css"/>
<link href="Css/mmmHtml5.css"
        rel="stylesheet" type="text/css"/>
<script src="Js/jquery-1.6.4.js"
        type="text/javascript" ></script>
<script src="Js/jquery.mobile-1.0.1.js"
        type="text/javascript" ></script>
</head>
<body>
  <div data-role="page" id="index_index">
    <div data-role="header" data-position="fixed"
         data-position="inline">
      <h4> 城南记事 </h4>
      <a href="addnote.htm" class="ui-btn-right"> 新增 </a>
    </div>
    <div data-role="content">
      <ul data-role="listview"></ul>
    </div>
    <div data-role="footer" data-position="fixed" >
      <h1>©2014@ 版权所有 </h1>
```

```
        </div>
    </div>
    <script src="Js/mmmHtml5.base.js"
            type="text/javascript"></script>
    <script src="Js/mmmHtml5.note.js"
            type="text/javascript" ></script>
    </body>
    </html>
```

在脚本文件 mmmHtml5.note.js 中，和此页面相关的脚本代码如下所示。

```
// 首页页面创建事件
$("#index_index").live("pagecreate", function() {
    var $listview = $(this).find('ul[data-role="listview"]');
    var $strKey = "";
    var $m = 0, $n = 0;
    var $strHTML = "";
    for (var intI = 0; intI < localStorage.length; intI++) {
        $strKey = localStorage.key(intI);
        if ($strKey.substring(0, 4) == "note") {
            var getData = JSON.parse(mmmhtml5mobi.utils.getParam($strKey));
            if (getData.type == "a") {
                $m++;
            }
            if (getData.type == "b") {
                $n++;
            }
        }
    }
    var $sum = parseInt($m) + parseInt($n);
    $strHTML += '<li data-role="list-divider"> 全部记事本内容 <span class="ui-li-count">' + $sum + '</span></li>';
    $strHTML += '<li><a href="list.htm" data-ajax="false" data-id="a" data-name=" 散 文 "> 散 文 <span class="ui-li-count">' + $m + '</span></li>';
    $strHTML += '<li><a href="list.htm" data-ajax="false" data-id="b" data-name=" 随 笔 "> 随 笔 <span class="ui-li-count">' + $n + '</span></li>';
    $listview.html($strHTML);
    $listview.delegate('li a', 'click', function(e) {
        mmmhtml5mobi.utils.setParam('link_type', $(this).data('id'))
        mmmhtml5mobi.utils.setParam('type_name', $(this).data('name'))
    })
})
```

此时执行后的效果如图 18-3 所示。

图 18-3 执行效果

18.4.3 实现记事本列表页面

当单击类别列表中的某个类别项后，会进入系统记事本列表页面 list.htm，此页面列表显示了被单击类别下所有记事本信息的名称，并在每一个记事本名称。在上方显示了一个文本框，用户可以输入关键字，系统会自动检索出和关键字有关的记事本信息。文件 list.htm 的具体实现代码如下所示。

```
<!DOCTYPE html>
<html>
<head>
<title> 类别列表页 _ 城南记事本系统 </title>
<meta name="viewport" content="width=device-width,
        initial-scale=1.0, maximum-scale=1.0, user-scalable=0;" />
<link href="Css/jquery.mobile-1.0.1.min.css"
        rel="stylesheet" type="text/css"/>
<link href="Css/mmmHtml5.css"
        rel="stylesheet" type="text/css"/>
<script src="Js/jquery-1.6.4.js"
        type="text/javascript" ></script>
<script src="Js/jquery.mobile-1.0.1.js"
        type="text/javascript" ></script>
</head>
<body>
  <div data-role="page" id="list_index">
    <div data-role="header" data-position="fixed"
         data-position="inline">
      <a href="index.htm"> 返回 </a>
      <h4> 记事列表 </h4>
      <a href="addnote.htm"> 新增 </a>
    </div>
```

```
        <div data-role="content">
            <ul data-role="listview" data-filter="true"></ul>
        </div>
        <div data-role="footer" data-position="fixed" >
            <h1>©2014@ 版权所有 </h1>
        </div>
    </div>
<script src="Js/mmmHtml5.base.js"
        type="text/javascript"></script>
<script src="Js/mmmHtml5.note.js"
        type="text/javascript" ></script>
</body>
</html>
```

在脚本文件 mmmHtml5.note.js 中，和此页面相关的脚本代码如下所示。

```
//记事列表页面创建事件
$("#list_index").live("pagecreate", function() {
    var $listview = $(this).find('ul[data-role="listview"]');
    var $strKey = "", $strHTML = "", $intSum = 0;
    var $strType = mmmhtml5mobi.utils.getParam('link_type');
    var $strName = mmmhtml5mobi.utils.getParam('type_name');
    for (var intI = 0; intI < localStorage.length; intI++) {
        $strKey = localStorage.key(intI);
        if ($strKey.substring(0, 4) == "note") {
            var getData = JSON.parse(mmmhtml5mobi.utils.getParam($strKey));
            if (getData.type == $strType) {
                $strHTML += '<li data-icon="false" data-ajax="false"><a href="notedetail.htm" data-
id="' + getData.nid + '">' + getData.title + '</a></li>';
                $intSum++;
            }
        }
    }
    var strTitle = '<li data-role="list-divider">' + $strName + '<span class="ui-li-count">' + $intSum +
'</span></li>';
    $listview.html(strTitle + $strHTML);
    $listview.delegate('li a', 'click', function(e) {
        mmmhtml5mobi.utils.setParam('list_link_id', $(this).data('id'))
    })
})
```

此时执行后的效果如图 18-4 所示。

图 18-4　执行效果

18.4.4 实现记事本详情和删除页面

当单击记事本列表中的某个记事本名称后，会进入系统记事本详情页面 notedetail.htm，此页面显示了被单击记事本的详细信息，包括名称和内容。当单击右上角的“删除”按钮后，会删除这条记事本信息。文件 notedetail.htm 的具体实现代码如下所示。

```
<head>
<title> 浏览记事页 _ 城南记事本系统 </title>
<meta name="viewport" content="width=device-width,
        initial-scale=1.0, maximum-scale=1.0, user-scalable=0;" />
<link href="Css/jquery.mobile-1.0.1.min.css"
        rel="stylesheet" type="text/css"/>
<link href="Css/mmmHtml5.css"
        rel="stylesheet" type="text/css"/>
<script src="Js/jquery-1.6.4.js"
        type="text/javascript" ></script>
<script src="Js/jquery.mobile-1.0.1.js"
        type="text/javascript" ></script>
</head>
<body>
  <div data-role="page" id="notedetail_index">
    <div data-role="header" data-position="fixed"
          data-position="inline">
      <a href="editnote.htm" data-ajax="false"> 修改 </a>
      <h4></h4>
      <a href="javascript:" id="alink_delete"> 删除 </a></div>
    <div data-role="content">
      <h3 id="title"></h3>
      <p class="notep"></p>
      <p id="content"></p>
    </div>
    <div data-role="footer" data-position="fixed" >
```

```
            <h1>©2014@ 版权所有 </h1>
        </div>
    </div>
<script src="Js/mmmHtml5.base.js"
        type="text/javascript"></script>
<script src="Js/mmmHtml5.note.js"
        type="text/javascript" ></script>
</body>
</html>
```

在脚本文件 mmmHtml5.note.js 中，和此页面相关的脚本代码如下所示。

```
// 记事详细页面创建事件
$("#notedetail_index").live("pagecreate", function() {
    var $type = $(this).find('div[data-role="header"] h4');
    var $strId = mmmhtml5mobi.utils.getParam('list_link_id');
    var $titile = $("#title");
    var $content = $("#content");
    var listData = JSON.parse(mmmhtml5mobi.utils.getParam($strId));
    var strType = listData.type == "a" ? " 散文 " : " 随笔 ";
    $type.html(strType);
    $titile.html(listData.title);
    $content.html(listData.content);
    $(this).delegate('#alink_delete', 'click', function(e) {
        var yn = confirm(" 您真的要删除吗？ ");
        if (yn) {
            localStorage.removeItem($strId);
            window.location.href = "list.htm";
        }
    })
})
```

此时执行后的效果如图 18-5 所示。

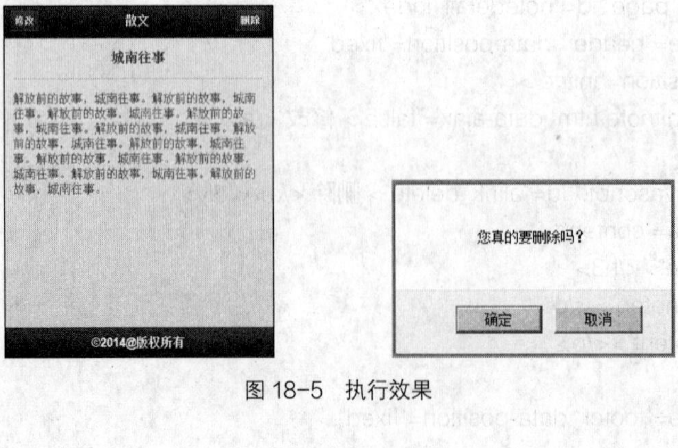

图 18-5　执行效果

18.4.5 实现记事本修改页面

当在记事本详情界面单击左上角的“修改”按钮后，会进入系统记事本修改页面 editnote.htm，此页面显示了当前记事本的详细信息，并且用户可以编辑修改当前记事本的名称和内容。修改完毕后，单击“更新”按钮后可以完成保存工作。文件 editnote.htm 的具体实现代码如下所示。

```
<html>
<head>
<title> 修改记事 - 城南记事本系统 </title>
<meta name="viewport" content="width=device-width,
      initial-scale=1.0, maximum-scale=1.0, user-scalable=0;" />
<link href="Css/jquery.mobile-1.0.1.min.css"
      rel="stylesheet" type="text/css"/>
<link href="Css/mmmHtml5.css"
      rel="stylesheet" type="text/css"/>
<script src="Js/jquery-1.6.4.js"
      type="text/javascript" ></script>
<script src="Js/jquery.mobile-1.0.1.js"
      type="text/javascript" ></script>
</head>
<body>
  <div data-role="page" id="editnote_index">
    <div data-role="header" data-position="fixed"
         data-position="inline">
      <a href="notedetail.htm" data-ajax="false"> 返回 </a>
      <h4> 编辑记事 </h4>
      <a href="javascript:"> 更新 </a>
    </div>
    <div data-role="content">
      <label for="rdo-type"> 类型 :</label>
    <fieldset data-role="controlgroup" id="rdo-type" data-mini="true"
              data-type="horizontal" style="padding:5px 0px 0px 0px; margin:0px">
        <input type="radio" name="rdo-type" id="rdo-type-0" value="a" />
        <label for="rdo-type-0" id="lbl-type-0"> 散文 </label>
        <input type="radio" name="rdo-type" id="rdo-type-1" value="b"/>
        <label for="rdo-type-1" id="lbl-type-1"> 随笔 </label>
        <input type="hidden" id="hidtype"   value="a"/>
      </fieldset>
      <label for="txt-title"> 标题 :</label>
      <input type="text" name="txt-title" id="txt-title" value=""   />
      <label for="txta-content"> 正文 :</label>
      <textarea name="txta-content" id="txta-content"></textarea>
    </div>
    <div data-role="footer" data-position="fixed" >
      <h1>©2014@ 版权所有 </h1>
```

```
        </div>
    </div>
<script src="Js/mmmHtml5.base.js"
        type="text/javascript"></script>
<script src="Js/mmmHtml5.note.js"
        type="text/javascript" ></script>
</body>
</html>
```

在脚本文件 mmmHtml5.note.js 中，和此页面相关的脚本代码如下所示。

```
// 修改记事页面创建事件
$("#editnote_index").live("pageshow", function() {
    var $strId = mmmhtml5mobi.utils.getParam('list_link_id');
    var $header = $(this).find('div[data-role="header"]');
    var $rdotype = $("input[type='radio']");
    var $hidtype = $("#hidtype");
    var $txttitle = $("#txt-title");
    var $txtacontent = $("#txta-content");
    var editData = JSON.parse(mmmhtml5mobi.utils.getParam($strId));
    $hidtype.val(editData.type);
    $txttitle.val(editData.title);
    $txtacontent.val(editData.content);
    if (editData.type == "a") {
        $("#lbl-type-0").removeClass("ui-radio-off").addClass("ui-radio-on ui-btn-active");
    } else {
        $("#lbl-type-1").removeClass("ui-radio-off").addClass("ui-radio-on ui-btn-active");
    }
    $rdotype.bind("change", function() {
        $hidtype.val(this.value);
    });
    $header.delegate('a', 'click', function(e) {
        if ($txttitle.val().length > 0 && $txtacontent.val().length > 0) {
            var strnid = $strId;
            var notedata = new Object;
            notedata.nid = strnid;
            notedata.type = $hidtype.val();
            notedata.title = $txttitle.val();
            notedata.content = $txtacontent.val();
            var jsonotedata = JSON.stringify(notedata);
            mmmhtml5mobi.utils.setParam(strnid, jsonotedata);
            window.location.href = "list.htm";
        }
    })
})
```

记事本修改页面执行后的效果如图 18-6 所示。

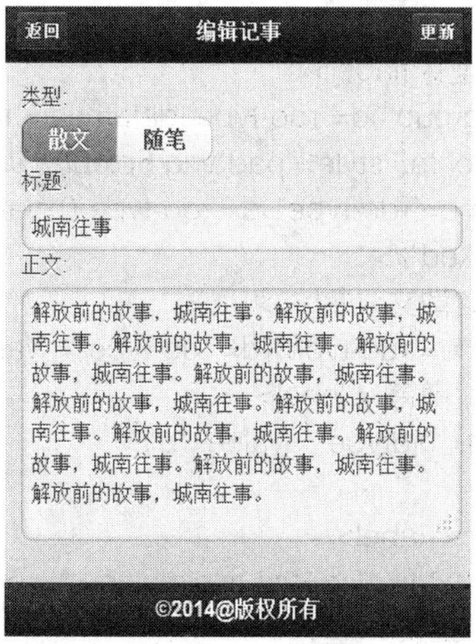

图 18-6 执行效果

18.4.6 实现添加记事本页面

在系统记事本类别列表界面或系统记事本列表界面中，单击右上角的“新增”按钮后会进入系统记事本添加页面 addnote.htm。添加页面提供了两个表单，可以在表单中分别输入新的记事本名称和内容，然后单击右上角的“保存”按钮，这样可以实现添加新记事本信息的功能。文件 addnote.htm 的具体实现代码如下所示。

```
<!DOCTYPE html>
<html>
<head>
<title> 增加记事页 _ 城南记事本系统 </title>
<meta name="viewport" content="width=device-width,
      initial-scale=1.0, maximum-scale=1.0, user-scalable=0;" />
<link href="Css/jquery.mobile-1.0.1.min.css"
      rel="stylesheet" type="text/css"/>
<link href="Css/mmmHtml5.css"
      rel="stylesheet" type="text/css"/>
<script src="Js/jquery-1.6.4.js"
      type="text/javascript" ></script>
<script src="Js/jquery.mobile-1.0.1.js"
      type="text/javascript" ></script>
</head>
<body>
  <div data-role="page" id="addnote_index">
    <div data-role="header" data-position="fixed"
         data-position="inline">
      <a href="javascript:" data-rel="back"> 返回 </a>
      <h4> 增加记事 </h4>
      <a href="javascript:"> 保存 </a>
    </div>
```

```
    <div data-role="content">
      <label for="rdo-type"> 类型 :</label>
    <fieldset data-role="controlgroup" id="rdo-type" data-mini="true"
                data-type="horizontal" style="padding:5px 0px 0px 0px; margin:0px">
        <input type="radio" name="rdo-type" id="rdo-type-0" value="a"
                checked="checked" />
        <label for="rdo-type-0"> 散文 </label>
        <input type="radio" name="rdo-type" id="rdo-type-1" value="b"   />
        <label for="rdo-type-1"> 随笔 </label>
        <input type="hidden" id="hidtype"    value="a"/>
      </fieldset>
      <label for="txt-title"> 标题 :</label>
      <input type="text" name="txt-title" id="txt-title" value=""    />
      <label for="txta-content"> 正文 :</label>
      <textarea name="txta-content" id="txta-content"></textarea>
    </div>
    <div data-role="footer" data-position="fixed" >
      <h1>©2014@ 版权所有 </h1>
    </div>
  </div>
<script src="Js/mmmHtml5.base.js"
      type="text/javascript"></script>
<script src="Js/mmmHtml5.note.js"
      type="text/javascript" ></script>
</body>
</html>
```

在脚本文件 mmmHtml5.note.js 中，和此页面相关的脚本代码如下所示。

```
// 增加记事页面创建事件
$("#addnote_index").live("pagecreate", function() {
    var $header = $(this).find('div[data-role="header"]');
    var $rdotype = $("input[type='radio']");
    var $hidtype = $("#hidtype");
    var $txttitle = $("#txt-title");
    var $txtacontent = $("#txta-content");
    $rdotype.bind("change", function() {
        $hidtype.val(this.value);
    });
    $header.delegate('a', 'click', function(e) {
        if ($txttitle.val().length > 0 && $txtacontent.val().length > 0) {
            var strnid = "note_" + RetRndNum(3);
            var notedata = new Object;
            notedata.nid = strnid;
            notedata.type = $hidtype.val();
            notedata.title = $txttitle.val();
            notedata.content = $txtacontent.val();
            var jsonotedata = JSON.stringify(notedata);
```

```
                mmmhtml5mobi.utils.setParam(strnid, jsonotedata);
                window.location.href = "list.htm";
            }
        });
        function RetRndNum(n) {
            var strRnd = "";
            for (var intl = 0; intl < n; intl++) {
                strRnd += Math.floor(Math.random() * 10);
            }
            return strRnd;
        }
})
```

记事本修改页面执行后的效果如图 18-7 所示。

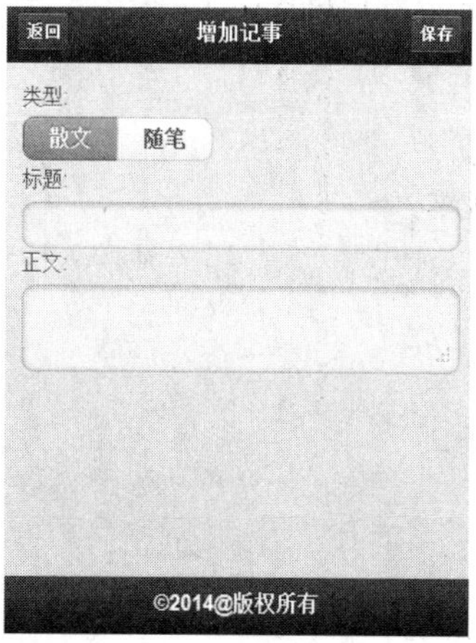

图 18-7 执行效果

18.5 系统样式文件

本系统编写的 CSS 样式文件是 mmmHtml5.css，此文件的原理比较简单。在下面只列出文件 mmmHtml5.css 的具体代码，不再对此文件的具体实现进行详细讲解。

```
#notenav_wrap
  {
      position:relative;width:100%;
      height:auto;min-height:322px;
      overflow:hidden;
  }
  #notenav_wrap ul
  {
      position:absolute;list-style-type:none;
      z-index:2;margin:0;bottom:0px;
      padding:0;left:45%;
```

```
}
#notenav_wrap ul li
{
    background:url(images/icons_off.png)
    center no-repeat;width:12px;
    height:12px;float:left;
    margin-right:8px;
}
#notenav_wrap ul li.on
{
    background:url(images/icons_on.png)
    center no-repeat;width:12px;
    height:12px;line-height:12px;
    float:left;margin-right:8px;font-size:10px;
    text-align:center;color:#666; font-family:Arial
}
#notenav_list a
{
    position:absolute;width:100%;
}
#notenav_list a img
{
    border:0px;width:100%;
    height:auto;height:298px;
}
#title
{
    margin:0px;text-align:center
}
.notep
{
    border-bottom:solid 1px #ccc
}
.ui-btn-corner-all
{
    border-radius: .2em;
}
.ui-header .ui-btn-inner
{
    font-size: 12.5px; padding: .35em 6px .3em;
}
.ui-btn-inner
{
    padding: .3em 20px; display: block;
    text-overflow: ellipsis; overflow: hidden;
    white-space: nowrap;
    position: relative; zoom: 1;
}
```

第 19 章

本章教学录像：16 分钟

Android 版电话本管理系统

本章综合运用前面所学的知识，结合 CSS 和 JavaScript 技术，开发一个在 Android 平台运行的电话本管理系统。希望读者认真阅读本章内容，仔细品味 HTML5+jQuery Mobile+PhoneGap 组合在移动 Web 开发领域的真谛，为步入以后的工作岗位打下坚实的基础。

本章要点（已掌握的在方框中打钩）

- □ 需求分析
- □ 创建 Android 工程
- □ 实现系统主界面
- □ 实现信息查询模块
- □ 实现系统管理模块
- □ 实现信息添加模块
- □ 实现信息修改模块
- □ 实现信息删除模块和更新模块

19.1 需求分析

本实例使用 HTML5+jQuery Mobile+PhoneGap 实现了一个经典的电话本管理工具，能够实现对设备内联系人信息的管理，包括添加新信息、删除信息、快速搜索信息、修改信息、更新信息等功能。在本节的内容中，将对本项目进行必要的需求性分析。

19.1.1 产生背景

随着网络与信息技术的发展，很多陌生人之间都有了或多或少的联系。如何更好地管理这些信息是每个人必须面临的问题，特别是那些很久没有联系的朋友，再次见面无法马上想起关于这个人的记忆，造成一些不必要的尴尬。基于上述种种原因，开发一套电话本管理系统很重要。

另外，随着移动设备平台的发展，以 Android 为代表的智能手机系统已经普及到普通消费者用户。智能手机设备已经成为了人们生活中必不可少的物品。在这种历史背景之下，手机通讯录变得愈发重要，已经成为人们离不开的联系人系统。

正是因为上述两个背景，可以得出一个结论：开发一个手机电话本管理系统势在必行。本系统的主要目的是为了更好地管理每个人的通讯录，给每个人提供一个井然有序的管理平台，防止手工管理混乱而造成不必要的麻烦。

19.1.2 功能分析

通过市场调查可知，一个完整的电话本管理系统应该包括：添加模块、主窗体模块、信息查询模块、信息修改模块、系统管理模块。本系统主要实现设备内联系人信息的管理，包括添加、修改、查询和删除。整个系统模块划分如图 19-1 所示。

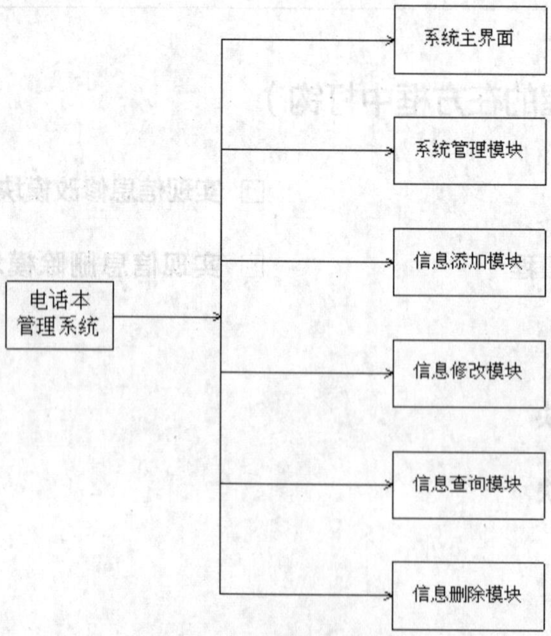

图 19-1 系统构成模块图

1. 系统管理模块

用户通过此模块来管理设备内的联系人信息，在屏幕下方提供了实现系统管理的 5 个按钮。

- 搜索：触摸按下此按钮后能够快速搜索设备内我们需要的联系人信息。
- 添加：触摸按下此按钮后能够向设备内添加新的联系人信息。
- 修改：触摸按下此按钮后能够修改设备内已经存在的某条联系人信息。
- 删除：触摸按下此按钮后能够删除设备内已经存在的某条联系人信息。
- 更新：触摸按下此按钮后能够更新设备的所有联系人信息。

2. 系统主界面

在系统主屏幕界面中显示了两个操作按钮，通过这两个按钮可以快速进入本系统的核心功能。

- 查询：触摸按下此按钮后能够来到系统搜索界面，能够快速搜索设备内我们需要的联系人信息。
- 管理：触摸按下此按钮后能够来到系统管理模块的主界面。

3. 信息添加模块

通过此模块能够向设备中添加新的联系人信息。

4. 信息修改模块

通过此模块能够修改设备内已经存在的联系人信息。

5. 信息删除模块

通过此模块能够删除设备内已经存在的联系人信息。

6. 信息查询模块

通过此模块能够搜索设备内我们需要的联系人信息。

19.2 创建 Android 工程

本节教学录像：2 分钟

（1）启动 Eclipse，依次选中“File”“New”“Other”菜单，然后在向导的树形结构中找到“Android”节点。并单击“Android Project”，在项目名称上填写“phonebook”。

（2）单击“Next”按钮，选择目标“SDK”，在此选择 4.3。单击“Next”按钮，在其中填写包名“com.example.web_dhb”，如图 19-2 所示。

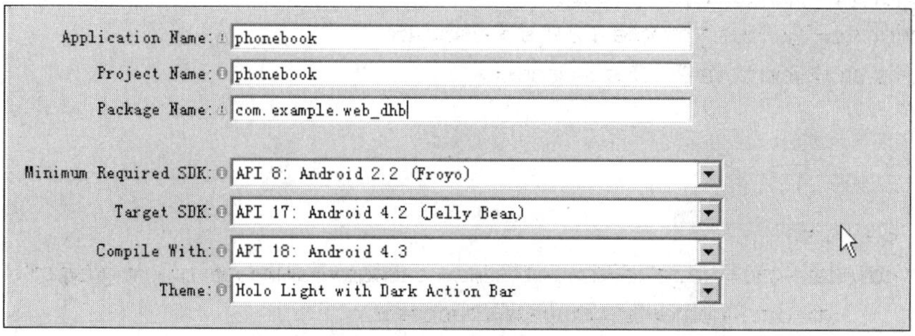

图 19-2 创建 Android 工程

（3）单击“Next”按钮，此时将成功构建一个标准的 Android 项目。图 19-3 展示了当前项目的目录结构。

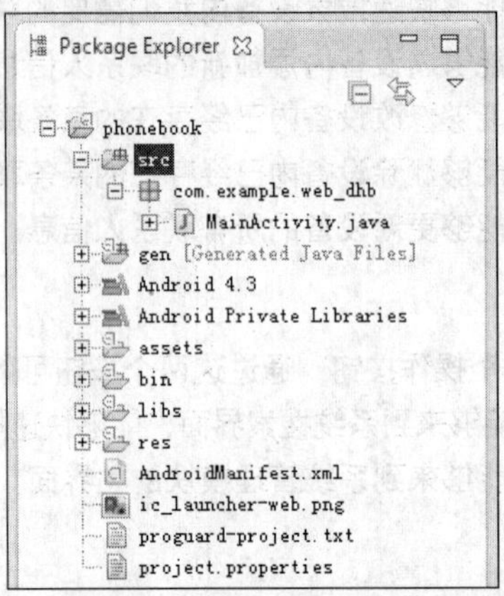

图 19-3　创建的 Android 工程

（4）修改文件 MainActivity.java，为此文件添加执行 HTML 文件的代码，主要代码如下所示。

```
public class MainActivity extends DroidGap {
    @Override
    public void onCreate(Bundle savedInstanceState) {
        super.onCreate(savedInstanceState);
        super.loadUrl("file:///android_asset/www/main.html");
    }
}
```

19.3 实现系统主界面

本节教学录像：4 分钟

在本实例中，系统主界面的实现文件是 main.html，主要实现代码如下所示。

```
    <script src="./js/jquery.js"></script>
    <script src="./js/jquery.mobile-1.2.0.js"></script>
    <script src="./cordova-2.1.0.js"></script>

</head>
<body>
        <!-- Home -->
        <div data-role="page" id="page1" style="background-image: url(./img/bg.gif);" >
            <div data-theme="e" data-role="header">
                    <h2> 电话本管理中心 </h2>
            </div>
```

```
            <div data-role="content" style="padding-top:200px;">
                <a data-role="button" data-theme="e" href="./select.html" id="chaxun"  data-
icon="search" data-iconpos="left" data-transition="flip"> 查询 </a>
                <a data-role="button" data-theme="e" href="./set.html" id="guanli"  data-
icon="gear" data-iconpos="left"> 管理 </a>
            </div>
            <div data-theme="e" data-role="footer" data-position="fixed">
                <span class="ui-title"> 免费组织制作 v1.0</span>
            </div>

            <script type="text/javascript">
                // 应用 javascript 代码
            sessionStorage.setItem("uid","");

              $('#page1').bind('pageshow',function(){
                  $.mobile.page.prototype.options.domCache = false;

              });
              // 等待加载 PhoneGap
              document.addEventListener("deviceready", onDeviceReady, false);

              // PhoneGap 加载完毕
              function onDeviceReady() {
                    var db = window.openDatabase("Database", "1.0", "PhoneGap myuser", 200000);
                    db.transaction(populateDB, errorCB);
              }
              // 填充数据库
            function populateDB(tx) {
                tx.executeSql('CREATE TABLE IF NOT EXISTS `myuser` (`user_id` integer primary
key autoincrement ,`user_name` VARCHAR( 25 ) NOT NULL ,`user_phone` varchar( 15 ) NOT NULL
,`user_qq` varchar( 15 ) ,`user_email` VARCHAR( 50 ),`user_bz` TEXT)');

            }
            // 事务执行出错后调用的回调函数
            function errorCB(tx, err) {
                alert("Error processing SQL: "+err);
            }


                </script>
        </div>
    </body>
</html>
```

执行后的效果如图 19-4 所示。

图 19-4 执行效果

19.4 实现信息查询模块

本节教学录像：2 分钟

信息查询模块的功能是快速搜索设备内我们需要的联系人信息。触摸按下图 19-4 中的“查询”按钮后会来到查询界面，如图 19-5 所示。

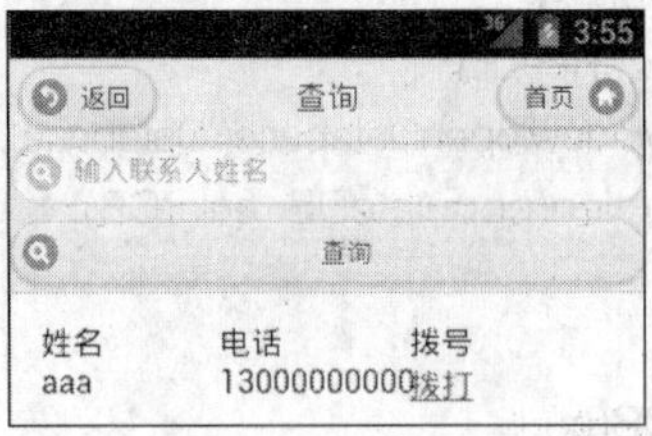

图 19-5 查询界面

在查询界面上面的表单中可以输入搜索关键字，然后触摸按下“查询”按钮后会在下方显示搜索结果。信息查询模块的实现文件是 select.html，主要实现代码如下所示。

```
    <script src="./js/jquery.js"></script>
    <script src="./js/jquery.mobile-1.2.0.js"></script>
    <!-- <script src="./cordova-2.1.0.js"></script> -->
</head>
<body>
<body>
        <!-- Home -->
        <div data-role="page" id="page1">
            <div data-theme="e" data-role="header">
                <a data-role="button" href="./main.html" data-icon="back" data-iconpos="left"
class="ui-btn-left"> 返回 </a>
                <a data-role="button" href="./main.html" data-icon="home" data-iconpos="right"
class="ui-btn-right"> 首页 </a>
```

```
            <h3> 查询 </h3>
            <div >
                <fieldset data-role="controlgroup" data-mini="true">
                    <input name="" id="searchinput6" placeholder=" 输 入 联 系 人 姓 名 " value=""
type="search" />
                </fieldset>
            </div>
            <div>
              <input type="submit" id="search"  data-theme="e" data-icon="search" data-
iconpos="left" value=" 查询 " data-mini="true" />
            </div>
        </div>
        <div data-role="content">
              <div class="ui-grid-b" id="contents" >
                  </div >
        </div>
        <script>
          // 应用 javascript 代码
        var u_name="";
        <!-- 查询全部联系人   -->
        // 等待加载 PhoneGap
        document.addEventListener("deviceready", onDeviceReady, false);
        // PhoneGap 加载完毕
           function onDeviceReady() {
             var db = window.openDatabase("Database", "1.0", "PhoneGap myuser", 200000);
             db.transaction(queryDB, errorCB);  // 调用 queryDB 查询方法，以及 errorCB 错误
回调方法
           }
        // 查询数据库
        function queryDB(tx) {
            tx.executeSql('SELECT * FROM myuser', [], querySuccess, errorCB);
        }
        // 查询成功后调用的回调函数
        function querySuccess(tx, results) {
            var len = results.rows.length;
            var str="<div class='ui-block-a' style='width:90px;'> 姓  名 </div><div class='ui-
block-b'> 电话 </div><div class='ui-block-c'> 拨号 </div>";
            console.log("myuser table: " + len + " rows found.");
            for (var i=0; i<len; i++){
                // 写入到 logcat 文件
                str +="<div class='ui-block-a' style='width:90px;'>"+results.rows.item(i).user_
name+"</div><div class='ui-block-b'>"+results.rows.item(i).user_phone
                              +"</div><div class='ui-block-c'><a href='tel:"+results.rows.item(i).
user_phone+"'  data-role='button' class='ui-btn-right' > 拨打 </a></div>";
```

```
                }
                $("#contents").html(str);
            }
            // 事务执行出错后调用的回调函数
            function errorCB(err) {
                    console.log("Error processing SQL: "+err.code);
            }
            <!-- 查询一条数据 -->
            $("#search").click(function(){
                var searchinput6 = $("#searchinput6").val();
                u_name = searchinput6;
                var db = window.openDatabase("Database", "1.0", "PhoneGap myuser", 200000);
                 db.transaction(queryDBbyone, errorCB);
            });
            function queryDBbyone(tx){
                tx.executeSql("SELECT * FROM myuser where user_name like '%"+u_name+"%'", [],
querySuccess, errorCB);
            }
            </script>
        </div>
    </body>
</html>
```

19.5 实现系统管理模块

本节教学录像：2 分钟

系统管理模块的功能是管理设备内的联系人信息，触摸按下图 19-4 中的“管理”按钮后来到系统管理界面，如图 19-6 所示。

图 19-6 系统管理界面

系统管理模块的实现文件是 set.html，主要实现代码如下所示。

```
    <body>
        <!-- Home -->
```

```
<div data-role="page" id="set_1"  data-dom-cache="false">
    <div data-theme="e" data-role="header" >
        <a data-role="button" href="main.html" data-icon="home" data-iconpos="right"
class="ui-btn-right"> 主页 </a>
        <h1> 管理 </h1>
        <a data-role="button" href="main.html" data-icon="back" data-iconpos="left"
class="ui-btn-left"> 后退 </a>
        <div >
            <span id="test"></span>
            <fieldset data-role="controlgroup" data-mini="true">
                <input name="" id="searchinput1" placeholder=" 输 入 查 询 人 的 姓 名 "
value="" type="search" />
            </fieldset>
        </div>
        <div>
            <input type="submit" id="search" data-inline="true" data-icon="search" data-
iconpos="top" value=" 搜索 " />
            <input type="submit" id="add" data-inline="true" data-icon="plus" data-
iconpos="top"  value=" 添加 "/>
            <input type="submit" id="modfiry"data-inline="true" data-icon="minus" data-
iconpos="top" value=" 修改 " />
            <input type="submit" id="delete" data-inline="true" data-icon="delete" data-
iconpos="top" value=" 删除 " />
            <input type="submit" id="refresh" data-inline="true" data-icon="refresh" data-
iconpos="top" value=" 更新 " />
        </div>
    </div>
    <div data-role="content">
      <div class="ui-grid-b" id="contents">
        </div >
    </div>
    <script type="text/javascript">

        $.mobile.page.prototype.options.domCache = false;
        var u_name="";
        var num="";


        var strsql="";
    <!-- 查询全部联系人  -->
    // 等待加载 PhoneGap
    document.addEventListener("deviceready", onDeviceReady, false);
    // PhoneGap 加载完毕
      function onDeviceReady() {
         var db = window.openDatabase("Database", "1.0", "PhoneGap myuser", 200000);
```

```
                db.transaction(queryDB, errorCB);  // 调用 queryDB 查询方法，以及 errorCB 错误
回调方法
            }
            // 查询数据库
            function queryDB(tx) {
                tx.executeSql('SELECT * FROM myuser', [], querySuccess, errorCB);
            }
            // 查询成功后调用的回调函数
            function querySuccess(tx, results) {
                var len = results.rows.length;
                var str="<div class='ui-block-a'> 编  号 </div><div class='ui-block-b'> 姓  名 </
div><div class='ui-block-c'> 电话 </div>";
                console.log("myuser table: " + len + " rows found.");
                for (var i=0; i<len; i++){
                    // 写入到 logcat 文件
                    console.log("Row = " + i + " ID = " + results.rows.item(i).user_id + " Data =   " +
results.rows.item(i).user_name);
                    str +="<div class='ui-block-a'><input type='checkbox' class='idvalue'
value="+results.rows.item(i).user_id+" /></div><div class='ui-block-b'>"+results.rows.item(i).user_name
                        +"</div><div class='ui-block-c'>"+results.rows.item(i).user_phone+"</div>";
                }
                $("#contents").html(str);
            }
            // 事务执行出错后调用的回调函数
            function errorCB(err) {
                console.log("Error processing SQL: "+err.code);
            }

            <!-- 查询一条数据  -->
            $("#search").click(function(){
                var searchinput1 = $("#searchinput1").val();
                u_name = searchinput1;
                var db = window.openDatabase("Database", "1.0", "PhoneGap myuser", 200000);
                    db.transaction(queryDBbyone, errorCB);
            });
            function queryDBbyone(tx){
                tx.executeSql("SELECT * FROM myuser where user_name like '%"+u_name+"%'", [],
querySuccess, errorCB);
            }
            $("#delete").click(function(){
                var len = $("input:checked").length;
                for(var i=0;i<len;i++){
                    num +=","+$("input:checked")[i].value;
                }
                num=num.substr(1);
```

```
            var db = window.openDatabase("Database", "1.0", "PhoneGap myuser", 200000);
             db.transaction(deleteDBbyid, errorCB);
        });
        function deleteDBbyid(tx){
            tx.executeSql("DELETE FROM `myuser` WHERE user_id in("+num+")", [], queryDB,
errorCB);
        }
            $("#add").click(function(){
                $.mobile.changePage ('add.html', 'fade', false, false);
            });
            $("#modfiry").click(function(){
                if($("input:checked").length==1){
                    var userid=$("input:checked").val();
                    sessionStorage.setItem("uid",userid);
                    $.mobile.changePage ('modfiry.html', 'fade', false, false);
                }else{
                     alert(" 请选择要修改的联系人，并且每次只能选择一位 ");
                }
            });
            // 与手机联系人同步数据
            $("#refresh").click(function(){
                // 从全部联系人中进行搜索
            var options = new ContactFindOptions();
            options.filter="";
            var filter = ["displayName","phoneNumbers"];
            options.multiple=true;
            navigator.contacts.find(filter, onTbSuccess, onError, options);
            });
            // onSuccess：返回当前联系人结果集的快照
        function onTbSuccess(contacts) {
            // 显示所有联系人的地址信息

            var str="<div class='ui-block-a'> 编  号 </div><div class='ui-block-b'> 姓  名 </
div><div class='ui-block-c'> 电  话 </div>";
            var phone;
            var db = window.openDatabase("Database", "1.0", "PhoneGap myuser", 200000);
            for (var i=0; i<contacts.length; i++){
                for(var j=0; j< contacts[i].phoneNumbers.length; j++){
                    phone = contacts[i].phoneNumbers[j].value;
                }

              strsql +="INSERT INTO `myuser` (`user_name`,`user_phone`) VALUES
('"+contacts[i].displayName+"','"+phone+"');#";
            }
```

```
            db.transaction(addBD, errorCB);
        }
        // 更新插入数据
        function addBD(tx){
            strs=strsql.split("#");
            for(var i=0;i<strs.length;i++){
                tx.executeSql(strs[i], [], [], errorCB);
            }
            var db = window.openDatabase("Database", "1.0", "PhoneGap myuser", 200000);
            db.transaction(queryDB, errorCB);
        }
        // onError： 获取联系人结果集失败
        function onError() {
            console.log("Error processing SQL: "+err.code);
        }
    </script>
    </div>
</body>
```

19.6 实现信息添加模块

本节教学录像：2 分钟

在图 19-6 所示的界面中提供了实现系统管理的 5 个按钮，如果触摸按下“添加”按钮则会来到信息添加界面，通过此界面可以向设备中添加新的联系人信息，如图 19-7 所示。

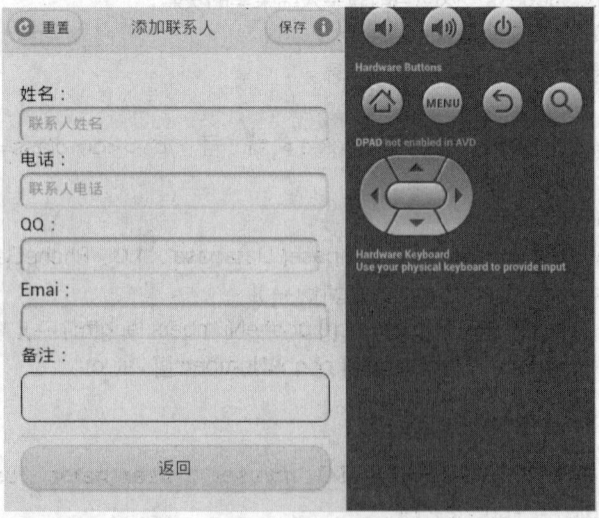

图 19-7　信息添加界面

信息添加模块的实现文件是 add.html，主要实现代码如下所示。

```
<body>
  <!-- Home -->
      <div data-role="page" id="page1">
          <div data-theme="e" data-role="header">
              <a data-role="button"  id="tjlxr" data-theme="e" data-icon="info" data-iconpos="right"
class="ui-btn-right"> 保存 </a>
              <h3> 添加联系人 </h3>
              <a data-role="button"  id="czlxr" data-theme="e"  data-icon="refresh" data-
iconpos="left" class="ui-btn-left"> 重置 </a>
          </div>
          <div data-role="content">
              <form action="" data-theme="e" >
                  <div data-role="fieldcontain">
                      <fieldset data-role="controlgroup" data-mini="true">
                           <label for="textinput1"> 姓  名: <input name="" id="textinput1"
placeholder=" 联系人姓名 " value="" type="text" /></label>
                      </fieldset>
                      <fieldset data-role="controlgroup" data-mini="true">
                           <label for="textinput2"> 电  话: <input name="" id="textinput2"
placeholder=" 联系人电话 " value="" type="tel" /></label>
                      </fieldset>
                      <fieldset data-role="controlgroup" data-mini="true">
                           <label for="textinput3">QQ : <input name="" id="textinput3"
placeholder="" value="" type="number" /></label>
                      </fieldset>
                    <fieldset data-role="controlgroup" data-mini="true">
                         <label for="textinput4">Emai : <input name="" id="textinput4"
placeholder="" value="" type="email" /></label>
                    </fieldset>
                    <fieldset data-role="controlgroup">
                        <label for="textarea1"> 备注: </label>
                        <textarea name="" id="textarea1" placeholder="" data-mini="true"></textarea>
                    </fieldset>
                  </div>
                  <div>
                      <a data-role="button"  id="back" data-theme="e" > 返回 </a>
                  </div>
              </form>
          </div>
          <script type="text/javascript">
          $.mobile.page.prototype.options.domCache = false;
          var textinput1 = "";
```

```
                var textinput2 = "";
                var textinput3 = "";
                var textinput4 = "";
                var textarea1   = "";
                  $("#tjlxr").click(function(){

                    textinput1 =   $("#textinput1").val();
                    textinput2 =   $("#textinput2").val();
                    textinput3 =   $("#textinput3").val();
                    textinput4 =   $("#textinput4").val();
                    textarea1 =   $("#textarea1").val();
                    var db = window.openDatabase("Database", "1.0", "PhoneGap myuser", 200000);
                    db.transaction(addBD, errorCB);
                  });
                  function addBD(tx){
                   tx.executeSql("INSERT INTO `myuser` (`user_name`,`user_phone`,`user_qq`,`user_
email`,`user_bz`) VALUES ('"+textinput1+"','"+textinput2+"','"+textinput3+"','"+textinput4+"','"+textarea1+"')",
[], successCB, errorCB);
                  }
                  $("#czlxr").click(function(){
                    $("#textinput1").val("");
                    $("#textinput2").val("");
                    $("#textinput3").val("");
                    $("#textinput4").val("");
                    $("#textarea1").val("");
                  });
                  $("#back").click(function(){
                    successCB();
                  });
                  // 等待加载 PhoneGap
                  document.addEventListener("deviceready", onDeviceReady, false);
                  // PhoneGap 加载完毕
                  function onDeviceReady() {
                    var db = window.openDatabase("Database", "1.0", "PhoneGap myuser", 200000);
                    db.transaction(populateDB, errorCB);
                  }
                  // 填充数据库
                  function populateDB(tx) {
                          tx.executeSql('DROP TABLE IF EXISTS `myuser`');
                          tx.executeSql('CREATE TABLE IF NOT EXISTS `myuser` (`user_id` integer
primary key autoincrement ,`user_name` VARCHAR( 25 ) NOT NULL ,`user_phone` varchar( 15 ) NOT
NULL ,`user_qq` varchar( 15 ) ,`user_email` VARCHAR( 50 ),`user_bz` TEXT)');
                          tx.executeSql("INSERT INTO `myuser` (`user_name`,`user_phone`,`user_
qq`,`user_email`,`user_bz`) VALUES ('刘',12222222,222,'nlllllull','null')");
```

```
                tx.executeSql("INSERT INTO `myuser` (`user_name`,`user_phone`,`user_
qq`,`user_email`,`user_bz`) VALUES (' 张山 ',12222222,222,'nllllull','null')");
                tx.executeSql("INSERT INTO `myuser` (`user_name`,`user_phone`,`user_
qq`,`user_email`,`user_bz`) VALUES (' 李四 ',12222222,222,'nllllull','null')");
                tx.executeSql("INSERT INTO `myuser` (`user_name`,`user_phone`,`user_
qq`,`user_email`,`user_bz`) VALUES (' 李四搜索 ',12222222,222,'nllllull','null')");
                //tx.executeSql('INSERT INTO DEMO (id, data) VALUES (2, "Second row")');
            }
            // 事务执行出错后调用的回调函数
            function errorCB(tx, err) {
                alert("Error processing SQL: "+err);
            }

            // 事务执行成功后调用的回调函数
            function successCB() {
                $.mobile.changePage ('set.html', 'fade', false, false);
            }
        </script>
    </div>
</body>
```

19.7 实现信息修改模块

本节教学录像：2 分钟

在图 19-6 所示的界面中，如果先勾选一个联系人信息，然后触摸按下“修改”按钮后会来到信息修改界面，通过此界面可以修改这条被选中的联系人的信息，如图 19-8 所示。

图 19-8　信息修改界面

信息修改模块的实现文件是 modfiry.html，主要实现代码如下所示。

```
<script type="text/javascript" src="./js/jquery.js"></script>
</head>
<body>
<!-- Home -->
        <div data-role="page" id="page1">
            <div data-theme="e" data-role="header">
                <a data-role="button"  id="tjlxr" data-theme="e" data-icon="info" data-iconpos="right"
class="ui-btn-right"> 修改 </a>
                <h3> 修改联系人 </h3>
                <a data-role="button"  id="back" data-theme="e"  data-icon="refresh" data-
iconpos="left" class="ui-btn-left"> 返回 </a>
            </div>
            <div data-role="content">
                <form action="" data-theme="e" >
                    <div data-role="fieldcontain">
                        <fieldset data-role="controlgroup" data-mini="true">
                            <label for="textinput1"> 姓  名: <input name="" id="textinput1"
placeholder=" 联系人姓名 " value="" type="text" /></label>
                        </fieldset>
                        <fieldset data-role="controlgroup" data-mini="true">
                            <label for="textinput2"> 电  话: <input name="" id="textinput2"
placeholder=" 联系人电话 " value="" type="tel" /></label>
                        </fieldset>
                        <fieldset data-role="controlgroup" data-mini="true">
                            <label for="textinput3">QQ : <input name="" id="textinput3"
placeholder="" value="" type="number" /></label>
                        </fieldset>
                    <fieldset data-role="controlgroup" data-mini="true">
                        <label for="textinput4">Emai : <input name="" id="textinput4"
placeholder="" value="" type="email" /></label>
                    </fieldset>
                    <fieldset data-role="controlgroup">
                        <label for="textarea1"> 备注: </label>
                        <textarea name="" id="textarea1" placeholder="" data-mini="true"></textarea>
                    </fieldset>
                </div>
            </form>
        </div>
        <script type="text/javascript">
        $.mobile.page.prototype.options.domCache = false;
        var textinput1 = "";
        var textinput2 = "";
```

```
            var textinput3 = "";
            var textinput4 = "";
            var textarea1  = "";
            var uid = sessionStorage.getItem("uid");
//=================================================================
              $("#tjlxr").click(function(){


                  textinput1 =   $("#textinput1").val();
                  textinput2 =   $("#textinput2").val();
                  textinput3 =   $("#textinput3").val();
                  textinput4 =   $("#textinput4").val();
                  textarea1 =   $("#textarea1").val();
               var db = window.openDatabase("Database", "1.0", "PhoneGap myuser", 200000);
                  db.transaction(modfiyBD, errorCB);
             });
               function modfiyBD(tx){
                 alert("UPDATE `myuser`SET  `user_name`='"+textinput1+"',`user_phone`='"+textinput2+"',`user_qq`='"+textinput3 +"',`user_email`='"+textinput4+"',`user_bz`='"+textarea1+"' WHERE userid="+uid);
                  tx.executeSql("UPDATE `myuser`SET  `user_name`='"+textinput1+"',`user_phone`='"+textinput2+"',`user_qq`='"+textinput3 +"',`user_email`='"+textinput4+"',`user_bz`='"+textarea1+"' WHERE user_id="+uid, [], successCB, errorCB);
               }
//=================================================================
               $("#back").click(function(){
                    successCB();
               });
               document.addEventListener("deviceready", onDeviceReady, false);
               // PhoneGap 加载完毕
               function onDeviceReady() {
                 var db = window.openDatabase("Database", "1.0", "PhoneGap myuser", 200000);
                 db.transaction(selectDB, errorCB);
               }
              function selectDB(tx) {
                   alert("SELECT * FROM myuser where user_id="+uid);
                 tx.executeSql("SELECT * FROM myuser where user_id="+uid, [], querySuccess, errorCB);
              }
              // 事务执行出错后调用的回调函数
              function errorCB(tx, err) {
                   alert("Error processing SQL: "+err);
              }
              // 事务执行成功后调用的回调函数
              function successCB() {
                   $.mobile.changePage ('set.html', 'fade', false, false);
```

```
            }
            function querySuccess(tx, results) {
                var len = results.rows.length;
                for (var i=0; i<len; i++){
                    // 写入到 logcat 文件
                    console.log("Row = " + i + " ID = " + results.rows.item(i).user_id + " Data =   " +
results.rows.item(i).user_name);
                    $("#textinput1").val(results.rows.item(i).user_name);
                    $("#textinput2").val(results.rows.item(i).user_phone);
                    $("#textinput3").val(results.rows.item(i).user_qq);
                    $("#textinput4").val(results.rows.item(i).user_email);
                    $("#textarea1").val(results.rows.item(i).user_bz);
                }
            }
        </script>
    </div>
</body>
</html>
```

19.8 实现信息删除模块和更新模块

本节教学录像：2 分钟

在图 19-6 所示的界面中，如果先勾选一个联系人信息，然后触摸按下“删除”按钮后会删除这条被勾选的联系人信息。信息删除模块的功能在文件 set.html 中实现，相关的实现代码如下所示。

```
function deleteDBbyid(tx){
    tx.executeSql("DELETE FROM `myuser` WHERE user_id in("+num+")", [], queryDB, errorCB);
}
```

在图 19-5 所示的界面中，如果触摸按下“更新”按钮则会更新整个设备内的联系人信息。信息更新模块的功能在文件 set.html 中实现，相关的实现代码如下所示。

```
$("#refresh").click(function(){
    // 从全部联系人中进行搜索
var options = new ContactFindOptions();
options.filter="";
var filter = ["displayName","phoneNumbers"];
options.multiple=true;
navigator.contacts.find(filter, onTbSuccess, onError, options);
});
```